Herausgegeben von
Carsten Suntrop

Chemiestandorte

Herausgegeben von
Carsten Suntrop

Chemiestandorte

Markt, Herausforderungen und Geschäftsmodelle

Verlag GmbH & Co. KGaA

Herausgegeben von

Carsten Suntrop
CMC² GmbH (Consulting for Manager in Chemical Industries)
Grimmelshausenstraße 14
50996 Köln
Deutschland

Europäische Fachhochschule
Rhein/Erft GmbH
Kaiserstraße 6
50321 Brühl
Deutschland

1.Nachdruck 2017

Alle Bücher von Wiley-VCH werden sorgfältig erarbeitet. Dennoch übernehmen Autoren, Herausgeber und Verlag in keinem Fall, einschließlich des vorliegenden Werkes, für die Richtigkeit von Angaben, Hinweisen und Ratschlägen sowie für eventuelle Druckfehler irgendeine Haftung.

Bibliografische Information der Deutschen Nationalbibliothek
Die Deutsche Nationalbibliothek verzeichnet diese Publikation in der Deutschen Nationalbibliografie; detaillierte bibliografische Daten sind im Internet über http://dnb.d-nb.de abrufbar.

© 2016 WILEY-VCH Verlag GmbH & Co. KGaA, Boschstr. 12, 69469 Weinheim, Germany

Alle Rechte, insbesondere die der Übersetzung in andere Sprachen, vorbehalten. Kein Teil dieses Buches darf ohne schriftliche Genehmigung des Verlages in irgendeiner Form – durch Photokopie, Mikroverfilmung oder irgendein anderes Verfahren – reproduziert oder in eine von Maschinen, insbesondere von Datenverarbeitungsmaschinen, verwendbare Sprache übertragen oder übersetzt werden. Die Wiedergabe von Warenbezeichnungen, Handelsnamen oder sonstigen Kennzeichen in diesem Buch berechtigt nicht zu der Annahme, dass diese von jedermann frei benutzt werden dürfen. Vielmehr kann es sich auch dann um eingetragene Warenzeichen oder sonstige gesetzlich geschützte Kennzeichen handeln, wenn sie nicht eigens als solche markiert sind.

Umschlaggestaltung Grafik-Design Schulz, Fußgönheim, Deutschland
Satz le-tex publishing services GmbH, Leipzig, Deutschland
Druck und Bindung betz-druck GmbH, Deutschland

Print ISBN 978-3-527-33441-4
ePDF ISBN 978-3-527-68137-2
ePub ISBN 978-3-527-68136-5
Mobi ISBN 978-3-527-68135-8
oBook ISBN 978-3-527-68134-1

Gedruckt auf säurefreiem Papier.

Inhaltsverzeichnis

Prolog *XI*

Vorwort *XV*

Beitragsautoren *XVII*

Teil 1 Grundlagen und Abgrenzung *1*

1 Chemiestandortperspektiven und -strategien *3*
Carsten Suntrop
1.1   Chemische Industrie als Rahmenbedingung für den Chemiestandort *3*
1.2   Der Chemiestandort *7*
1.2.1 Interessen der Chemiestandort-Stakeholder *8*
1.2.2 Definition und Charakterisierung Chemiestandort *10*
1.2.3 Herausforderungen der Stakeholder an einem Chemiestandort *13*
1.3   Perspektiven auf den Chemiestandort *14*
1.3.1 Kundenperspektive *15*
1.3.2 Eigentümerperspektive *17*
1.3.3 Perspektive des Standortbetreibers *20*
1.3.4 Perspektive des Standortmanagers *25*
1.4   Perspektiven-Integration mit dem Site-Service-Audit *30*

Teil 2 Markt und Kundenanforderungen *33*

2 Das Chemieparkkonzept – Ein Modell mit Zukunft? *35*
Horst Wildemann
2.1   Treiber für die Entstehung von Chemieparks *35*
2.1.1 Bedeutung der chemischen Industrie *35*
2.1.2 Strukturwandel in der chemischen Industrie *36*
2.1.3 Chemieindustrie heute *37*
2.1.4 Relevanz der Chemieparks für die deutsche Chemieindustrie *38*

2.2	Ein Chemiepark, was ist das? *39*	
2.2.1	Abgrenzung des Begriffs *39*	
2.2.2	Historische Entwicklung der Chemieparks in Deutschland *42*	
2.2.3	Erscheinungsformen und Interessengruppen *43*	
2.2.4	Die Chemieparkstruktur *45*	
2.2.5	Anforderungen der Chemieindustrie an Chemieparks *47*	
2.3	Perspektiven des Chemieparkkonzepts *51*	
2.3.1	Chancen und Herausforderungen *51*	
2.3.2	Erfolgsfaktoren von Chemieparks *53*	
2.3.3	Trends und Optimierungsansätze *55*	
2.4	Zusammenfassung und Ausblick *57*	
	Literatur *59*	

3 Chemiekomplexe in ihrer historischen Entwicklung und Trends in der Entwicklung von Chemiestandorten *61*
Cord Matthies

3.1	Die Entwicklung der Chemischen Industrie im Kontext der industriellen Evolution *61*	
3.2	Chemische Industrie und Chemiestandorte in der Gründerzeit *61*	
3.3	Standortmodelle der Zwischenkriegszeit bis in die 1960er-Jahre *64*	
3.4	Standortmodelle der Nachkriegszeit bis in die 1980er-Jahre: Die Entwicklung von Chemie-Clustern *65*	
3.5	Zusammenwachsen von Clustern zu Megaclustern *67*	
3.6	Aufgabentrennung im Rhein-Maas-Schelde-Megacluster *69*	
3.7	Konzentration auf das Kerngeschäft: Chemiekonzerne reorganisieren sich vom standortorientierten Modell zum Business-Unit-Modell *71*	
3.8	Standortbetrieb als Geschäftsmodell *72*	
3.9	Trends im Standortbetrieb von Chemieparks *74*	
3.10	Globale Trends der Chemieindustrie mit Auswirkung auf Chemieparks *75*	
3.11	Chemieparks müssen sich diesen Trends stellen *80*	
3.12	Schlussworte *81*	
	Literatur *81*	

4 Industriedienstleistungen im Umfeld der Chemie- und Industrieparks *83*
Benjamin Fröhling und Marcus Schnell

4.1	Einleitung und Definitionen *83*	
4.2	Marktüberblick Industriedienstleister *84*	
4.3	Entstehung des Marktes für Industriedienstleistungen in Chemieparks *89*	
4.3.1	Dienstleistungen zur Unterstützung der Wertschöpfungskette *89*	
4.3.2	Dienstleistungsbeziehungen zwischen Rollen im Chemiepark *90*	
4.4	Das Dienstleistungsportfolio als Differenzierungsmerkmal *94*	
4.5	Geschäftsmodelle der Industriedienstleistung *96*	

4.6 Der eigene Chemiepark   97
4.7 Die Eigentümerstruktur prägt das Geschäftsmodell   100
4.8 Spezialisierung und Diversifikation   101
4.9 Von Einzelgewerken zum Full-Service-Anbieter   103
4.10 Bewertung der Geschäftsmodelle   106
4.11 Perspektiven aus der Branche   108
4.12 Zusammenfassung und Ausblick   112
4.12.1 Veränderung der Wertschöpfungskette   113
4.12.2 Globalisierung und Verlagerung der Produktion   113
4.12.3 Veränderung der chemischen Industrie   114
4.12.4 Externe Vergabe   114

Teil 3   Management von Chemiestandorten   117

5 **InfraServ Knapsack – durch Wachstum und Wandel vom Standortbetreiber zum Industriedienstleister   119**
Clemens Mittelviefhaus, Pierre Kramer und Daniel Marowski
5.1 Ausgangslage   119
5.1.1 Übersicht und Differenzierung/Ausrichtung der verschiedenen Betreiber   119
5.1.2 Veränderungen in der Chemieindustrie   120
5.1.3 Richtungsentscheidung – Wie und wo können Standortbetreiber wachsen?   122
5.2 Marktumfeld   125
5.2.1 Der Markt für Industrieservices   125
5.2.2 Spezifische Chancen für InfraServ Knapsack   127
5.2.3 Positionierung von InfraServ Knapsack   129
5.2.4 Erfolgsfaktoren   129
5.3 Umsetzung   131
5.3.1 Strukturierung des Leistungsangebots   131
5.3.2 Konsequente Marktausrichtung des gesamten Unternehmens   134
5.4 Marktgerichtete Organisation und Prozesse   135
5.5 Geografische Expansion   136
5.6 „Neue" Produkte als Erfolgsfaktoren   137
5.6.1 Individualisierung statt vorgefertigter Lösungen – Beispiel: strategische Instandhaltungskonzepte   138
5.6.2 Effizienzsteigerung im Planungsprozess – Beispiel: Entwicklung und Einsatz von mathematischen Optimierern in der Anlagenplanung   138
5.6.3 Konsequente Umsetzung von Kundenbedürfnissen – Beispiel: Prüfmanagement   139
5.7 Fazit   139

6		Erhöhung der Attraktivität eines Chemiestandortverbundes am Beispiel von CHEMPARK – Verbundstrukturen von Chemiestandorten – Bedeutung und Entwicklungsperspektiven *141*

Ernst Grigat

6.1 Einleitung *141*
6.2 Verbund – Definition und Detaillierung *143*
6.3 Stofflicher und energetischer Verbund *144*
6.4 Wissensverbund *146*
6.5 Interessenverbund *147*
6.6 Rollenmodelle des Standortbetreibers *149*
6.7 Entwicklungsperspektiven der Standorte *150*
6.8 Ein Blick nach draußen *151*
6.9 Zusammenfassung und Ausblick *152*

Teil 4   Betrieb von Chemiestandorten *155*

7   Integration von Investoren in das Standortkonzept am Beispiel ValuePark® *157*

Klaus-Dieter Heinze

7.1 Einleitung *157*
7.1.1 Überblick zur Geschichte des Chemiestandortes Schkopau *157*
7.1.2 Wendezeiten 1990–1995: Stilllegung oder Privatisierung? *160*
7.1.3 Ökologische Altlasten – Hemmschwelle für Investoren *161*
7.1.4 Privatisierung *162*
7.2 Investor in Sicht: Bildung des mitteldeutschen Olefinverbundes *162*
7.3 Der ValuePark *164*
7.3.1 ValuePark – Ein themenorientiertes Ansiedlungskonzept *164*
7.3.2 Das Grundkonzept ValuePark *165*
7.4 Umwelt- und sicherheitsrelevante Ansiedlungsbedingungen *167*
7.5 Die Auswahl potenzieller Investoren *167*
7.6 Der Investor als Kunde und König *169*
7.7 Regionale Vernetzung *170*
7.7.1 Forschung und Entwicklung *171*
7.7.2 Wissens- und Technologietransfer *172*
7.7.3 Ausbildung und Qualifikation *173*
7.8 Ergebnisse *173*
7.9 Ausblick *175*
Literatur *176*

8   Standortdienstleistungen in der chemischen Industrie als Wettbewerbsfaktor *179*

Christian Hofmann und Christoph Michel

8.1 Standortdienstleistungen – ein breites Spektrum *179*

8.2	Die Potenziale von Outsourcing bei der Optimierung von Standortdienstleistungen in der chemischen Industrie	181
8.3	Aktive Steuerung der Nachfrage als weiterer Optimierungshebel für Standortdienstleistungen in der chemischen Industrie – Beispiel Asset- und Instandhaltungsstrategie	183
8.4	Optimierte Gesamtprozesssteuerung	186
8.5	Total-Waste-Management als Beispiel einer Optimierung der Gesamtprozesssteuerung in der chemischen Industrie	189
8.6	Fazit	190
9	**Energiemanagement und Versorgung von Chemieparks – Ein Ansatz zur wertschöpfungsgetriebenen Risikosteuerung**	**193**
	Jörg Borchert und Sebastian Rothe	
9.1	Einleitung	193
9.2	Energiewirtschaftliche Unternehmenssteuerung	194
9.3	Risikomanagementsysteme	197
9.4	Fallstudien	204
9.5	Konzeption eines strategischen Risikomanagementsystems für Energiemanagement und -versorgungsanlagen eines Chemieparkbetreibers	205
9.6	Konzeption einer Marktrisikosteuerung von Erzeugungsportfolios von Energieversorgungsunternehmen	207
9.7	Handlungsempfehlungen und Ausblick	209
10	**Unternehmensinfrastruktur als Erfolgsfaktor für den Chemiestandort – Modelle, Abhängigkeiten, Investitionen**	**211**
	Werner Mailinger	
10.1	Einleitung	211
10.2	Das Unternehmen und seine Infrastruktur	212
10.2.1	Unternehmensinfrastruktur im Kontext des Unternehmens	213
10.2.2	Was ist Unternehmensinfrastruktur?	214
10.3	Unternehmensinfrastruktur und deren Auswirkungen auf die Unternehmenseffizienz und -effektivität	216
10.3.1	Unternehmenseffizienz und -effektivität	216
10.3.2	Kategorien der Infrastrukturleistungen in einem Standort	218
10.3.3	Merkmale, Eigenschaften und Effekte der Unternehmensinfrastruktur	219
10.4	Kriterien und Auswahl von Infrastrukturmodellen	221
10.4.1	Verfügungsrechtsstrukturen und Rollenbilder	223
10.4.2	Koordinationsmöglichkeiten für den Unternehmensinfrastrukturbereich	224
10.4.3	Auswahlkriterien für ein Infrastrukturmodell	228
10.4.4	Der Weg zur Wahl des passenden Infrastrukturmodells	231
10.5	Fazit und Ausblick	232
	Literatur	233

Teil 5   Geschäftsmodelle und Organisation   *235*

11   Strategien und Geschäftsmodelle   *237*
  Carsten Suntrop
11.1   Standortbetreiber Abnehmer- und Leistungsstrukturen   *237*
11.2   Geschäftsmodelle Standortbetreiber   *240*
11.3   Erfolgreiche Geschäftsmodelle   *245*
11.3.1   Bester Eigentümer   *245*
11.3.2   Umfang des Dienstleistungsportfolios   *246*
11.3.3   Prozessorientierung   *248*
11.3.4   Effizienzsteigerung   *250*
11.3.5   Unternehmensfähigkeiten   *251*

Sachverzeichnis   *253*

Prolog

Chemiestandorte – früher waren es Werke, Stammwerke, Chemiewerke, heute sind es Chemieparks, Industrieparks, Infrastrukturdienstleister. In den vergangenen 100 Jahren haben sich nicht nur die Begrifflichkeiten verändert. Insbesondere in den letzten 15 Jahren hat sich auch das grundlegende Verständnis der Chemiestandorte geändert. Chemiestandorte sind nicht nur mehr die Nummer in einer Werkeliste eines Chemieunternehmens – Chemiestandorte machen heute den entscheidenden Vorteil im globalen Wettbewerb der produzierenden chemischen Industrie aus, ziehen hochkarätige Arbeitskräfte an, machen die Attraktivität einer ganzen Region oder eines Landes aus, sind innovativer und kundenorientierter Dienstleister in unterschiedlichen Disziplinen zur Ver-/Entsorgung, Betrieb und Management des Standortes.

Branchenzweig Chemiestandorte

Der Betrieb und das Management von Chemiestandorten entwickeln sich zu einem eigenen Zweig innerhalb der Branche der Industriedienstleister. Mit ca. 180 000 Mitarbeitern in Deutschland und der Verantwortung zur Attraktivitätserhöhung der gesamten Chemieregion Europa stellen die (insbesondere deutschsprachigen) Betreiber und Manager der Chemiestandorte eine volkswirtschaftliche erfolgskritische Größe dar. Betriebswirtschaftlich entwickeln sich die Chemiestandorte seit 15 Jahren mit großer Geschwindigkeit von damaligen internen Werksorganisationen zu professionell geführten Dienstleistungsunternehmen. Wissenschaft, Beratung und Praxis haben noch nicht alle Potenziale ausgeschöpft, um einen Chemiestandort zu einem Top-Performer zu entwickeln. Das Stärken der internationalen Chemie-Position von Deutschland bzw. Europa mit innovativen, serviceorientierten Ansätzen sollte das Ziel der Bemühungen aller Beteiligten sein.

Herausforderungen von Chemiestandorten

Die maßgeblichen strategischen Entscheidungen sind bei vielen Multi-User-Standorten gefallen: Konzern- oder Infrastrukturdienstleister im Wettbewerb, integriertes Standortserviceportfolio (relationale Diversifikation) oder Fokus auf:

Aufstellen der Standort-Services als Konzern-Shared-Services oder Quasi-Monopol-Leistungen, Betrieb der Eigentümerstandorte oder Wachstum im Chemiestandortmarkt, Trennung der Verantwortung von Flächeneigentum, Betrieb und Management des Chemiestandortes oder Funktionenbündelung. Die operativen Herausforderungen wie Restrukturierungen, operative Exzellenz, Optimierung des Leistungsportfolios (Outsourcing/Off-Shoring), Kooperationen, Erzeugen von Kundennähe und -verständnis konnten zahlreiche Chemiestandorte bereits sehr erfolgreich meistern. Die Veränderung zu einem innovativen und serviceorientierten Dienstleistungsunternehmen mit den Kernfähigkeiten des Veränderungs- und Komplexitätsmanagements steht bei den meisten Chemiestandorten noch an. Insbesondere die strategische Frage, ob und wie das vorliegende Geschäftsmodell auf andere Chemiestandorte übertragen werden kann, bleibt eine Herausforderung.

Perspektiven auf den Chemiestandort

Im vorliegenden Buch werden verschiedene Perspektiven eingenommen. Zu diesen Perspektiven zählen die der Chemiestandortkunden, der Chemiestandortbetreiber, der Chemiestandortmanager, der Chemiestandorteigentümer und die des Chemiestandortmarktes. Aus der Verknüpfung dieser verschiedenen Perspektiven ergeben sich zahlreiche Möglichkeiten von idealtypischen und realen Organisations- und Geschäftsmodellen. Hierzu wird das Buch einen Überblick liefern, aber auch einzelne Organisations- und Geschäftsmodelle real existierender Chemiestandorte im Detail darstellen.

Themenfelder des Buches Chemiestandorte

Für Sie als Leser soll mit dem vorliegenden Buch *Chemiestandorte* in folgenden Themenfeldern ein Mehrwert entstehen:
Perspektive Chemiestandortmarkt:

- Transparenz, Segmentierung und Abgrenzung des Marktes Chemiestandorte,
- Entwicklung zwischen In-House-, Quasi-In-House- und externen Dienstleistern,
- Trends im Markt der Chemiestandorte.

Perspektive Chemiestandortkunden:

- Anforderungen von Kunden der chemischen Industrie (Supply Chain Management, Risiko-Management, Safety-Management, Wirtschaftlichkeit),
- globale versus lokale Tendenzen,
- Erfolgsfaktoren der Zusammenarbeit.

Perspektive Standortbetrieb:

- Arten von Betreibermodellen und Herausforderungen des Standortbetriebes,

- Erfahrungsberichte und verschiedene Entwicklungspfade strategischer und operativer Unternehmensentwicklungsprozesse von Chemiestandortbetreibern,
- aktuelle Herausforderungen der Betreiber (Operative Exzellenz, Innovation, Business Development).

Perspektive Standortmanager:

- Management und Vermarktung eines Chemiestandortes (Attraktivitätsmessung, Ansiedlung, Flächenentwicklung),
- heterogenes Kompetenzportfolio wie Infrastruktur, Ansiedlung, Zukunftsfähigkeit,
- Chemiestandortportfolio managen (Produktionsverbund, Dienstleistungen).

Perspektive Standorteigentümer

- Kaufen und Verkaufen von Chemiestandorten (Standort-Audit),
- Erfahrungswerte und Lerneffekte aus Kauf-/Verkaufsbemühungen,
- Investorenmodelle.

Perspektive Geschäfts- und Organisationsmodelle:

- Strukturierung der verschiedenen Geschäftsmodelle (fachbezogen/diversifiziert),
- erfolgreiche Aufbauorganisations-/Prozessmanagementmodelle,
- Differenzierung zwischen Kunden-, Betreiber-, Manager- und Flächeneigentümeraufgaben.

Das Buch *Chemiestandorte* soll Ihnen die Möglichkeit geben, aus anderen, bereits gemachten Erfahrungen zu lernen und über aktuelle Erkenntnisse aus Marktstudien/Einzelfallstudien (Projekte) neue Ideen für die eigene Rolle als Kunde, Betreiber, Manager oder Eigentümer eines Chemiestandortes zu gewinnen.

Leserkreis des Buches Chemiestandorte

Das vorliegende Buch Chemiestandorte nimmt mit seinen Co-Autoren aus Wissenschaft, Beratung und Praxis die Herausforderung an, das Thema Chemiestandorte aus verschiedenen Perspektiven transparent zu machen und zu strukturieren. Das Buch *Chemiestandorte* adressiert einen Leserkreis aus Führungskräften in der chemischen Industrie, interessierten Führungskräften aus anderen Branchen (wie z. B. der Automobilindustrie, Hochtechnologien) mit ähnlichen Herausforderungen (Produktion an Standorten), im Umfeld Industriedienstleister und chemische Industrie tätigen Unternehmensberatern, Studierende mit dem Fokus Industriedienstleistungen und Management sowie Mitarbeitern und Dozenten an Hochschulen mit dem Fokus Chemische Industrie, Industrie-/Infrastrukturdienstleistungen und strategisches Management/Organisationsgestaltung.

Vorwort

Die chemische Industrie in Deutschland ist eine Schlüsselbranche. Sie ist global, sie ist lokal, sie ist wettbewerbsintensiv – und sie ist fit. Die Fitness ist dabei alles andere als ein Selbstläufer. Sie beruht in erster Linie auf Ausdauer und Flexibilität.

Mit innovativen Antworten begegnen die Chemieunternehmen und Chemiestandorte mit ihren Betreibergesellschaften den unterschiedlichsten Herausforderungen, und davon gab und gibt es viele: Wertschöpfungsketten verlagern sich weiter in Regionen mit günstigen Rohstoffkosten, Regionen mit höherem Wirtschaftswachstum oder besserem Investitionsklima ziehen Investitionen an. Wirtschaftliche und politische Rahmenbedingungen können, wenn sie klug und weitsichtig gewählt werden, stabilisierend und wachstumsfördernd wirken. Kurzfristige und erratische Änderungen regulatorischer Rahmenbedingungen verunsichern dagegen zusätzlich.

Investitionen in Chemieanlagen und noch ausgeprägter Investitionen in die Infrastruktur von Chemiestandorten sind langfristiger angelegt als in vielen anderen Industrien. Stabile Rahmenbedingungen sind ein wesentlicher Schlüssel zum nachhaltigen Erfolg, denn die chemische Industrie ist eine typische Investitionsgüterindustrie. Was aber geschieht, wenn sich wirtschaftliche und politische Rahmenbedingungen in immer schnelleren Zyklen ändern?

Die Lektüre der „Chemiestandorte" bietet Antworten an. Erfahren Sie, mit welchen Herausforderungen Chemiestandorte bereits erfolgreich umgegangen sind und verfolgen Sie, wie durch zielgerichtete Transformationsprozesse neue Herausforderungen angegangen werden können. Heute beobachten wir in der chemischen Industrie wieder eine ansteigende Dynamik im positiven Sinne. Wir lernen, wie mit der Beschleunigung der Veränderungsgeschwindigkeit neue Chancen entstehen und als Wettbewerbsvorteile genutzt werden können.

Gerade der Wirtschafts- und Chemiestandort Deutschland braucht zielführende Antworten auf die vielfältigen Herausforderungen jenseits von Kostensenkung und Produktionsverlagerung. Die Chemieunternehmen und die Betreiber von Chemiestandorten meistern diesen Transformationsprozess durch den innovativen, professionellen Umgang mit den Herausforderungen. Beispielsweise bieten die Chemiestandortbetreiber individuelle flexible Contracting-Modelle, investieren in hocheffiziente Energieversorgungsanlagen und sind in wettbewerbsintensiven Dienstleisterbranchen erfolgreich.

„Chemiestandorte" zeigt Ihnen ausführlich und übertragbar auf, welche Lösungen für die nachhaltige Steigerung der Wettbewerbsfähigkeit von Chemiestandorten in Deutschland funktionieren. Erfahren Sie, wie chemiekundenorientierte Serviceleistungen, innovative Geschäftsmodelle und professioneller Chemieparkbetrieb die Wettbewerbsfähigkeit von Chemieunternehmen am Standort Deutschland auch in schwirigen Zeiten mit hoher Transformationsdynamik nachhaltig sicherstellen.

Das richtige Handeln von heute stellt die Weichen für die Attraktivität und Zukunft des Standortes Deutschland für die Chemie- und Pharmaindustrie von morgen.

Beitragsautoren

Dr. Jörg Borchert
BET GmbH
Alfonsstr. 44
52070 Aachen
Joerg.Borchert@bet-aachen.de

Benjamin Fröhling
compreneur GmbH
Consulting. Management. Entrepreneurship.
Salierring 32
50677 Köln
benjamin.froehling@compreneur.de

Dr. Ernst Grigat
Currenta GmbH & Co. OHG
Leiter CHEMPARK Leverkusen
51368 Leverkusen, E 1
ernst.grigat@currenta.de

Klaus-Dieter Heinze
Dow Olefinverbund GmbH
ValuePark® Manager
06258 Schkopau
DHHEINZE@dow.com

Dr. Christian Hofmann
The Boston Consulting Group GmbH
Chilehaus A
Fichertwiete
20095 Hamburg
Hoffmann.Christian@bcg.com

Pierre Kramer
InfraServ GmbH & Co. Knapsack KG
Industriestraße 300
Chemiepark Knapsack
50354 Hürth
pierre.kramer@infraserv-knapsack.de

Dr. Werner Mailinger
Erbachtal 14
65604 Elz
werner.mailinger@web.de

Daniel Marowski
InfraServ GmbH & Co. Knapsack KG
Industriestraße 300
Chemiepark Knapsack
50354 Hürth
daniel.marowski@infraserv-knapsack.de

Cord Matthies
Transaction Advisory Services
Ernst & Young GmbH
Wirtschaftsprüfungsgesellschaft
Graf Adolf Platz 15
40213 Düsseldorf
cord.matthies@de.ey.com

Dr. Christoph Michel
The Boston Consulting Group
(Austria) GmbH
Am Hof 8
1010 Wien
Michel.Christop@bcg.com

Dr. Clemens Mittelviefhaus
InfraServ GmbH & Co. Knapsack KG
Industriestraße 300
Chemiepark Knapsack
50354 Hürth
clemens.mittelviefhaus@
infraserv-knapsack.de

Dr. Sebastian Rothe
BET GmbH
Alfonsstr. 44
52070 Aachen
Sebastian.Rothe@bet-aachen.de

Dr.-Ing. Marcus Schnell
BELFOR DeHaDe GmbH
Wittekindstraße 99
59075 Hamm
marcus.schnell@de.belfor.com

Prof. Dr. rer. Pol. Dipl.-Betriebswirt, Dipl.-Kaufmann Carsten Suntrop
CMC² GmbH
Europäische Fachhochschule Rhein Erft GmbH
Grimmelshausenstraße 14
50996 Köln

Europäische Fachhochschule
Rhein/Erft GmbH
Kaiserstr. 6
50321 Brühl
carsten.suntrop@cmc-quadrat.de

Univ.-Prof. Dr. Dr. h.c. mult. Horst Wildemann
Technische Universität München
Leopoldstraße 145
80804 München
prof.wildemann@wi.tum.de

**Teil 1
Grundlagen und Abgrenzung**

1
Chemiestandortperspektiven und -strategien

Carsten Suntrop

In diesem Beitrag wird der Chemiestandort aus Sicht der beteiligten Stakeholder charakterisiert und die Bedeutung des Chemiestandortes aus den verschiedenen Perspektiven gegenübergestellt. Es werden existierende Ansätze, idealtypische und visionäre Chemiestandort-Modelle vorgestellt, um einen Perspektivenwechsel und damit strategische Diskussion zu ermöglichen. Für den eigenen Chemiestandort oder die eigenen Chemiestandorte können daraus Handlungsempfehlungen abgeleitet werden, die im situativen Kontext zu prüfen sind. Dieser situative Kontext setzt sich zusammen aus der Historie des Chemiestandortes, den individuellen Interessen und Kulturen der produzierenden Chemieunternehmen an den Chemiestandorten und den strategischen Möglichkeiten der Chemiestandorteigentümer, -betreiber und -manager. Die hohe Komplexität des Chemiestandortes wird in diesem Beitrag für strategische Managementprozesse greifbar gemacht. Dies erfolgt auf Basis von Erfahrungen der Wissenschaft, Beratung und Praxis.

1.1
Chemische Industrie als Rahmenbedingung für den Chemiestandort

Als Rahmenbedingung für strategische Diskussionen dürfen zum einen die aktuellen positiven Entwicklungen in der chemischen Industrie gesehen werden. Zum anderen aber auch die Zeit der schweren Wirtschaftskrise Ende 2008 bis 2010, welche als Sinnbild für Kettenreaktionen von schwachen Abnehmerbranchen und deren massive negative Auswirkung auf eine weltweit überraschte, nachhaltig beeindruckte chemische Industrie zu sehen ist. Die Verletzbarkeit auch dieser stoisch wirkenden, von Erfolgen verwöhnten chemischen Industrie hat deutlich gemacht, dass zum einen die Branche nicht auf die Schnelligkeit von Risikoereignissen eingestellt war und zum anderen Liquidität (neben zahlreichen anderen Anforderungen) das Erfolgsrezept ist, um länger anhaltende Krisen zu überstehen. Die chemische Industrie, insbesondere auch die deutsche chemische Industrie, hat sehr deutlich gezeigt, dass die Stakeholder gemeinsam in der Lage sind, Krisensituation zu meistern. Die chemische Industrie (Produzenten und Dienstleister) ist gestärkt mit vielen Learnings aus der Krise hervorgegangen und verzeichnen sehr gute Geschäfte.

Vergleichbar mit der gesamten deutschen Wirtschaftssituation gab es auch in der Chemieindustrie Umsatzeinbrüche (von 173 Mrd. € in 2007 auf 145 Mrd. € in 2009). Dennoch erholte sich die Branche in den Folgejahren sehr rapide (von 171 Mrd. € in 2010 auf 191 Mrd. in 2014. Während der Inlandsumsatz seit 2010 bei 71 Mrd. € bis 2014 bei 76 Mrd. € stagniert, steigt der Auslandsumsatz von 100 Mrd. € auf 115 Mrd. €. (www.vci.de/die-branche/zahlen-berichte/chemiewirtschaft-in-zahlen-online.jsp)). Die Branche hat mit der Wirtschaftskrise viele neue Erfahrungen sammeln können. Die Möglichkeit, auch verletzt zu werden, sensibilisiert die Unternehmen für die Themen Liquidität, Investition, Working Capital aber auch Humankapital und Organisationsperformance. Die kurzfristige Steuerung von Unternehmen macht insbesondere in den oligopolistischen Strukturen der chemischen Industrie nur wenig Sinn. Einige Mechanismen der Früherkennung, Leistungsmessung und nachhaltigen Unternehmensführung sind überarbeitet und professionalisiert worden. Leider weichen diese Themen dann schnell wieder kurzfristigen Effizienzsteigerungen. Die Erfolge der letzten Jahre zeigen jedoch, dass viele richtige Hebel umgelegt worden sind. Hier haben wir in Deutschland, aber auch in anderen europäischen Ländern, noch Verbesserungspotenzial.

Die Chemie-/Pharmaindustrie ist mit 445 000 Beschäftigten und einem Umsatz von 191 Mrd. € (www.vci.de/die-branche/zahlen-berichte/chemiewirtschaft-in-zahlen-online.jsp) der drittgrößte deutsche Industriezweig. Neben den reinen Zahlen ist die chemische Industrie der Garant für hochwertige Produkte „Made in Germany". Da die chemische Industrie nicht den Endkunden beliefert, wird oft vergessen, wie wichtig die Vorprodukte und Rohstoffe aus der chemischen Industrie für zahlreiche andere Branchen in Deutschland sind, wie z. B. innovative Lacke für die Automobilindustrie oder spezifische Wirkstoffe für die Pharmaindustrie.

Die chemischen Grundstoffe nehmen immer noch den größten Teil der Umsätze der deutschen Chemie ein (52 %). Hier hat die deutsche chemische Industrie verstanden, dass der globale Kampf um die Commodities eher in anderen Kontinenten stattfindet. Die bedarfsgerechte Produktion von Commodities für Folgestufen wird nach wie vor auch in Deutschland bzw. Europa stattfinden. Eine völlige Abwanderung scheint unrealistisch.

Leistungsstark ist die deutsche chemische Industrie in den Folgestufen, wenn es um anwendungsorientierte und ideenreiche Produkte geht. Hier rücken dann auch chemische Industrie, Forschungsinstitute und Kunden näher zusammen, um Innovationen zu generieren wie leichtere, stabilere Werkstoffe bei den Polymermaterialien, effiziente Wasseraufbereitungsverfahren oder Nanotechnologien für Beschichtungsmaterialien.

Es gibt spezifische deutsche Herausforderungen, welche die chemische Industrie meistern muss, dazu gehören beispielsweise der indirekte Zugang zu den Rohstoffen, die damit einhergehende Abwanderung der Commodity-Produkte und der Umgang mit der Commoditisierung von heutigen Fein- oder Spezialchemikalien.

Die Trends für die deutsche Chemie lassen sich mit den globalen Trends in Verbindung bringen, da die chemische Industrie selten eine lokale Industrie ist. In der Produktentwicklung sind dies Trends wie Wasserverfügbarkeit, Minimalisierung oder Individualisierung. In der Beschaffung sind es Trends wie Verfügbarkeit von (natürlichen) Ressourcen, Rückwärtsintegration in den Tertiärbereich oder Nachhaltigkeit. Für das Unternehmen selber sind es Trends wie Demografie, Partnermanagement in der Wertschöpfungskette und Entkomplizierung sowie Flexibilisierung interner Strukturen und Prozesse.

Wenn man sich Ostdeutschland vor ca. 25 Jahren anschaut, war die Chemieindustrie monostrukturell aufgebaut und von veralteten Produktionsapparaten als auch teilweise von Erzeugnissen minderer Qualität gezeichnet. Durch die Wiedervereinigung ergab sich im Osten vorerst ein Verlust des Absatzmarktes sowie neben Konkurrenzproblemen ein starker Rückgang der Beschäftigtenzahl. Zehn Jahre nach der Wiedervereinigung entstanden mehrere Chemieparks, wobei sich aus früheren Kombinaten mit Produkten der Basischemie offene Chemiestandorte mit einer spezialisierten Produktpalette entwickelten. In den Folgejahren ergaben sich eine erhebliche Verbesserung der Infrastruktur sowie eine pro aktiv gesteuerte Reduzierung des Schadstoffausstoßes. Der ost- bzw. mitteldeutsche Chemie-Cluster hat sich damit zu einem sehr wettbewerbsfähigen Teil der deutschen chemischen Industrie entwickelt – entsprechende Investitionen zeigen dies.

Für umfangreiche Investitionen in den deutschen Chemiestandort gibt es in den letzten Jahren zahlreiche Beispiele in allen Bundesländern: im Süden die Investitionen in das bereits lang geplante Gaskraftwerk (650 Mio. €) oder die Überholung der Raffinerie durch die OMV (100 Mio. €), das Zentrallabor der Wacker AG (30 Mio. €), die abgeschlossene Ethylen-Pipeline als wichtiges strategisches Projekt, die Umrüstung auf Membrantechnologie in 2009 durch Vinnolit (70 Mio. €). Im Osten investierte Dow Chemicals in 2014 ca. 100 Mio. € und mit anderen Chemieunternehmen im ValuePark in den letzten Jahren mehrere Hundert Mio. €, im Chemie- und Industriepark Zeitz erfolgten zahlreiche Investitionen in Höhe von 300 Mio. €, welche in den letzten Jahren bereits umgesetzt wurden. Am Standort Leuna sind rund 300 Mio. € Investitionen geplant. In Deutschlands Mitte investierte Clariant 100 Mio. € in das neue Clariant Innovation Center im Industriepark Höchst. Die BASF plant in Ludwigshafen Investitionen in Höhe bis zu 10 Mrd. €, einen Teil davon in neue Anlagen für Dämmstoffe, Weichmacher und Aroma-Chemikalien. Im Westen setzte die Currenta Investitionen an den CHEMPARK-Standorten in 2013 und 2014 in Höhe von 500 Mio. € um, Evonik investiert in neue Großanlagen, Kapazitätserweiterungen, Neubau von Forschungseinrichtungen in Höhe von 2 Mrd. € von 2012 bis 2016 in Deutschland. Im Norden investierte Sasol in Brunsbüttel 100 Mio. € in verschiedene Anlagen. Die aufgezeigten Investitionen sind der Beraterdatenbank mit dem Blick auf regionale Schwerpunkte entnommen und zeigen, wie vielfältig aber auch umfangreich und strategisch diese den Chemiestandort Deutschland absichern werden. Die Konkurrenz unter den weltweiten Chemiestandorten ist nicht zu ignorieren – Deutschland hat aber immer sehr gute Argumente für eine Investition an einem deutschen Chemiestandort. Hier stehen natürlich Verbundüberlegungen, optimale Wertschöpfungsketten und eine Umfeldbetrachtung im Vordergrund.

Die Studie „Energieversorgung der Zukunft" geht davon aus, dass sich bis 2030 der Primärenergieverbrauch durch den intelligenten Einsatz von Chemie und intensiver Forschung um 20 % senken lässt. Es werden drei Wege für die bewusste Nutzung nachwachsender Rohstoffe gesehen: sparsamer Umgang, Effizienzsteigerung oder Wechsel des Rohstoffes. Hierbei unterstützen verschiedene Ansätze wie die intensive Forschung zu neuen Technologien und nachhaltigeren Chemieprodukten, die optimale Nutzung, das Recycling als auch die Beachtung der Langlebigkeit und Materialeffizienz von Rohstoffen. Insgesamt werden die deutschen Aktivitäten als sehr führend eingeschätzt.

Die Rolle der Chemieparks ist erheblich und wird sich zu einem differenzierenden Wettbewerbsvorteil entwickeln. Die Rohstoffkosten nehmen den größten Anteil an den Gesamtkosten des Chemieunternehmens ein. Die Produktionskosten hatte die chemische Industrie immer im Fokus und diese werden auch kontinuierlich verbessert. Es verbleiben neben 2–5 % Overheadkosten noch 10–15 % Infrastrukturkosten. Diese werden maßgeblich durch den Chemiestandort und seine Leistungen beeinflusst. Viele der Chemiestandorte haben die Herausforderungen angenommen, sich zu einem echten Industriedienstleister und wettbewerbsfähigem Servicepartner zu entwickeln. Der Entwicklungsgrad bzw. die Leistungsfähigkeit hat hier nicht zwingend etwas mit der gesellschaftsrechtlichen Struktur zu tun. Das Chemiestandort-Audit zeigt, dass auch interne Standortbetreiber in eigener organisatorischer Struktur ähnlich erfolgreich sein können wie teilweise oder komplett ausgegliederte Standortbetreiber. Erfolgreich sind die Chemiestandorte, welche zwischen Eigentum des Standortes, dem Betrieb und dem Management des Standortes differenzieren, welche sich den Effizienzsteigerungsprogrammen für Dienstleister unterziehen, welche ein homogenes Geschäftsmodell etablieren und welche eine Servicementalität (Industriedienstleistermentalität) verankern. Die Differenzierung zwischen produzierender chemischer Industrie und Chemiedienstleistern ist ein schwieriger Weg. Viele sind dort schon sehr weit und können die angesiedelten Chemieproduktionen, Forschungseinrichtungen und Head-Offices sehr erfolgreich unterstützen.

Die deutsche chemische Industrie ist hier mit allen Beteiligten sehr gut aufgestellt und die folgenden Rahmenbedingungen werden zur Überprüfung heutiger Geschäftsmodelle führen müssen:

- Steigende Nachfrage aus den Schwellenländern (v. a. Asien),
- neue Anwendungsgebiete im Bereich des Klima- und Umweltschutzes (Brennstoff- und Solarzellen, Gebäudeisolationen),
- energie- und umweltpolitische Maßnahmen beeinflussen die Produktion teilweise stark,
- Produktion von Grundchemikalien aus heranwachsenden Rohstoffen als Innovationstrend,
- Nachfrage nach Agrarchemikalien wird durch die wachsende Weltbevölkerung angetrieben,

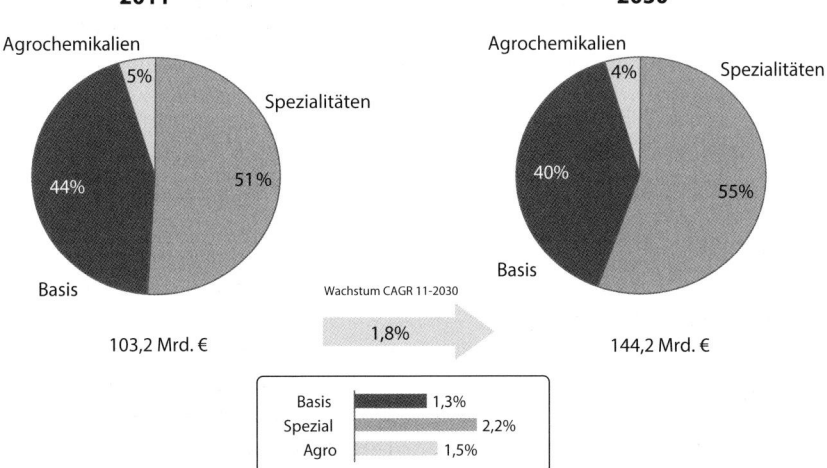

Abb. 1.1 Strukturwandel in der Chemie in Deutschland. Quelle: Informationen aus Kundenprojekt, Basis VCI-Prognos-Studie 2030. Abrundungen füren zu < 100 %

- nur China gewinnt Anteile an der weltweiten Chemieproduktion hinzu,
- spürbar steigende Exportabhängigkeit,
- Globalisierung Portfoliomanagement (M&A-Aktivitäten),
- Standortdienstleistungen nicht mehr Kerngeschäft,
- Verlagerung Commodity-Produktion nach Asien,
- steigender Anteil Spezialchemieproduktion in Europa (Abb. 1.1),
- Veränderung Kundenstruktur: Single User → Multi-User-Standorte und steigender Anteil Drittkundengeschäft an Standorten,
- Entstehung von Freiflächen in Chemie-/Industrieparks:
- Bildung eigenständiger, wettbewerbsorientierter Standortdienstleister führt zu Ausgliederung/Differenzierung von Leistungen,
- Anpassung von Personalkosten und Flexibilisierung von Arbeitszeit,
- aktives Standortmarketing, ggf. Auftritt am Markt außerhalb des Standortes,
- langfristig Konsolidierung von Standortdienstleistern wahrscheinlich.

1.2 Der Chemiestandort

Der Chemiestandort und die damit einhergehenden vielfältigen strategischen Sichtweisen sollte grundsätzlich aus verschiedenen Perspektiven betrachtet werden. Dazu zählen aus betriebswirtschaftlicher Sicht die Perspektive des Kunden des Chemiestandortes, also dem produzierenden, vermarktenden, forschenden Chemieunternehmen, die Perspektive des Chemiestandorteigentümers (Fläche), des Chemiestandortmanagers und des Chemiestandortbetreibers/der Chemiestandortdienstleister.[1)] Die Interessen und resultierenden strategischen Herausforderungen der Chemiestandort-Stakeholder werden im Folgenden Abschnitt erläutert.

1.2.1
Interessen der Chemiestandort-Stakeholder

Der Chemiestandort als räumlicher Inbegriff für alle Aktivitäten eines Chemieunternehmens in Form von Produktion, Forschung und Entwicklung, Vertrieb und Vermarktung, Einkauf und Supply-Chain-Management, Health-, Safety-, Environmental- und Qualitäts (HSEQ)-Management. Es finden sich nicht alle Produktionstypen der chemischen Industrie zwingend an einem Chemiestandort wieder, da die Anforderungen an die unendlich vielen Subchemiegeschäftssegmente und damit verbundenen Wertschöpfungsstufen der chemischen Industrie sehr unterschiedlich sind. Eine gängige Strukturierung der chemischen Industrie ist die Position des Geschäftes in der chemischen Wertschöpfungskette. Diese beginnt mit der Petrochemie, geht über in die Basischemikalien und weiterhin zu den Spezial-/Feinchemikalien bin hin zu Agrochemikalien oder Wirkstoffen für die Pharmaindustrie. Die Inputfaktoren, also Rohstoffe, und die Fertigung der jeweiligen Chemikalien sind dann eng verbunden mit dem Grad der Gefährlichkeit des Prozesses und des Produktes selbst. Davon hängt dann zum einen die Einordnung des Produktionsbetriebes gemäß des Bundes-Immissionsschutzgesetzes (BImSchG) ab. Zum anderen werden die benötigten Rohstoffe und erstellten Zwischen- und Fertigprodukte einer Gefahrstoffklasse zugeteilt. Die daraus resultierenden Reglementierungen in der Forschung und Entwicklung von kleineren Mengen im Technikum oder kleineren bis großen Mengen in den regulären Chemieanlagen geben einen Hinweis, in welcher Umgebung das Chemieprodukt entwickelt und produziert werden sollte. In den überwiegenden Fällen ist es dann sinnvoll, dies auf einem nicht frei zugänglichen Gelände vorzunehmen.

Neben den Anforderungen aus der Art der Produktion und den Typen der Rohstoffe, Zwischen- und Fertigprodukte gibt es weitere Überlegungen, den Chemiestandort als den erfolgskritischen Bestandteil der chemischen Industrie zu verstehen. Die Bedarfe der verschiedenen Aktivitäten in einem Chemieunternehmen sind sehr vielfältig. Die Forschung und Entwicklung benötigt geeignete Forschungseinrichtungen, Laborbedarfe und hochwertige Messverfahren. Der Einkauf eines Chemieunternehmens ist u. a. dann erfolgreich, wenn der Chemiestandort flexible Inbound- und Outbound-Logistikketten mit Lagerung und Transport ermöglicht. Die Nähe des Chemiestandortes zu Rohstoffquellen ist für den Einkauf sicherlich wünschenswert, genau wie für den Vertrieb die Nähe des Chemiestandortes zu den Kunden einen Mehrwert darstellt, optimal sogar

---

1) Die weiteren Perspektiven wie die des Staates, der Nachbarn oder Mitarbeiter/Führungskräfte des Chemiestandortes werden nicht explizit dargestellt, sondern finden ihre Berücksichtigung bei der Entwicklung geeigneter Strategien.

einem gemeinsamen Chemiestandort. Sobald die Rohstoffe und Produkte den Kreislauf von Rohrleitungen nicht verlassen müssen, wird dies in der chemischen Industrie als ein Verbund verstanden. Je mehr vor- und nachgelagerte Produkte an einem Chemiestandort miteinander verbunden sind, desto höher ist dort die Effizienz und desto niedriger die resultierenden Gefahren mit diesen Produkten. Die Produktion hat von allen Aktivitäten in einem Chemieunternehmen die meisten Bedarfe an einem Chemiestandort. Die Bedarfe reichen von der Versorgung der Produktion mit Energien wie Strom, Dampf, Wasser (zur Kühlung oder Einspeisung) über die Entsorgung von Abfällen und Abwasser sowie der Instandhaltung, Wartung und Entwicklung der Anlagen und der logistischen Versorgung, Logistik im Betrieb und logistischen Entsorgung bis hin zur Unterstützung in allen HSEQ-Anforderungen. Alle Aktivitäten in einem Chemieunternehmen benötigen darüber hinaus Räumlichkeiten, in denen sie ihre Funktion ausüben können. Der Faktor Mensch wird für alle Bereiche eines Chemieunternehmens zunehmend wichtiger und daher ist auch das Thema Bildung für alle Aktivitäten erfolgskritisch.

Neben diesen spezifischen Anforderungen hat ein Chemieunternehmen grundsätzlich die Anforderung, mit den gewählten Chemiestandorten in einem optimalen Umfeld aktiv zu sein. Dazu zählen allgemeine Standortfaktoren, einsatzbezogene Standortfaktoren, absatzbezogene Standortfaktoren und Managementfaktoren. Allgemeine Standortfaktoren sind Ver- und Entsorgungskosten/-sicherheit, Anforderungen an den Umweltschutz und ein staatliches, stabiles System. Zu den einsatzbezogenen Standortfaktoren gehören möglichst kurze Wege zur Rohstoffquelle, die optimale logistische Anbindung über alle Verkehrsträger Pipeline, Wasser, Straße und Schiene und ein attraktives Angebot von Chemielogistikdienstleistungen, die Kosten für das Entgelt der Mitarbeiter und Flächen. Zu diesem optimalen Umfeld zählen auch soziokulturelle Aspekte, da die besten Mitarbeiter gerne in einem attraktiven Umfeld leben, wo sich auch die Familie wohlfühlt und weiterentwickeln kann. Bei den absatzbezogenen Standortfaktoren zählen die Nachfragekraft und die Wirtschaftsstruktur zu den wichtigsten Kriterien. Managementfaktoren sind die Qualität des Wissensmanagements, wie die Nähe zu Forschungseinrichtungen und Hochschulen und die Netzwerkmöglichkeiten für das Management.

Bisher sind insbesondere die Anforderungen der chemischen Industrie in Form des Chemieunternehmens als Kunden des Chemiestandortes erläutert. Zusätzlich sind noch weitere Perspektiven auf den Chemiestandort notwendig, die Perspektive des Eigentümers des Chemiestandortes, die des Standortbetreibers und der Anbieter von Chemiestandortdienstleistungen und die Perspektive des Chemiestandortmanagers. Der Eigentümer des Chemiestandortes möchte eine marktgerechte Verzinsung seines eingesetzten Kapitals und die Herausforderungen mit den Altlasten gut gemanagt wissen. Der Standortbetreiber als Serviceanbieter zahlreicher Dienstleistungen möchte attraktive Preise durchsetzen können, langfristige Auslastungen sicherstellen und exzellente Lieferanten-Kunden-Beziehungen aufbauen. Der Standortmanager möchte eine gute Auslastung am Chemiestandort, damit alle entstehenden Fixkosten in diesem

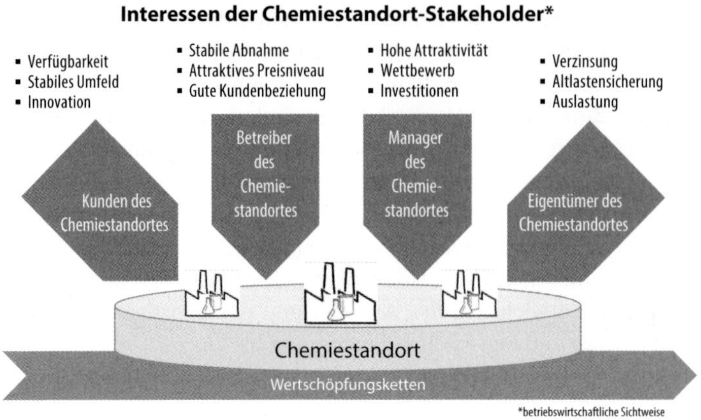

Interessen der Chemiestandort-Stakeholder*

- Verfügbarkeit
- Stabiles Umfeld
- Innovation

- Stabile Abnahme
- Attraktives Preisniveau
- Gute Kundenbeziehung

- Hohe Attraktivität
- Wettbewerb
- Investitionen

- Verzinsung
- Altlastensicherung
- Auslastung

Kunden des Chemiestandortes — Betreiber des Chemiestandortes — Manager des Chemiestandortes — Eigentümer des Chemiestandortes

Chemiestandort
Wertschöpfungsketten

*betriebswirtschaftliche Sichtweise

Abb. 1.2 Interessen der Chemiestandort-Stakeholder.

Verbund-/„Standort-Familien"-Modell nahezu verbrauchsgerecht belastet werden können. Dies wird durch die Generierung eines gesunden Wettbewerbs unter den Dienstleistern positiv beeinflusst. Darüber hinaus ist dem Standortmanager die nachhaltige, langfristige hohe Attraktivität des Chemiestandortes für alle beteiligten Anspruchsgruppen sehr wichtig. Diese Zusammenhänge werden in Abb. 1.2 zusammengefasst.

1.2.2
Definition und Charakterisierung Chemiestandort

Diese verschiedenen Perspektiven führen zu einer umfassenden Definition des Begriffes Chemiestandort. Der Chemiestandort ist …

- die geografische Bündelung von rechtlich unabhängigen chemischen Anbietern und chemisch/industriellen Nachfragern (chemische Industrie in den Wertschöpfungsstufen Petro-, Basis-, Spezial-/Fein-, Agrarchemie),
- an dem überwiegend nicht frei zugänglich Gefahr-/Nichtgefahrstoffe produziert, erforscht und vermarktet werden,
- wozu zahlreiche Dienstleistungen wie Versorgung mit Medien, Entsorgung von Abfällen und Abwässer, Instandhaltung, Logistik, Basisinfrastruktur, Facility Management, Health-, Safety-, Environmental- und Quality Management, Sicherheit, Analytik, Bildung, soziale Services und Verwaltung
- die effektive und effiziente Abwicklung der am Chemiestandort verlaufenen Wertschöpfungsketten mit den Chemiestandortdienstleistern (Betreiber, interne/externe Dienstleister, eigene/fremde Assets) sicherstellen,
- damit die durch den Chemiestandortmanager gesteuerte nachhaltige und hohe Attraktivität des Chemiestandortes

- dem Eigentümer des Chemiestandortes eine langfristige Sicherstellung des eingesetzten Kapitals für die Infrastruktur und die Flächen des Chemiestandortes ermöglicht
- und dies auf einer Basis einer sehr individuellen Entwicklungsgeschichte des Chemiestandortes (Eigentümer, Produkte, Altlasten, Lage, Verbund).

Der Anspruch an den Chemiestandort ist die Vereinigung dieser extrem hohen Komplexität von Anforderungen. In vielen Fällen von Chemiestandorten sind diese Perspektiven nicht deutlich voneinander getrennt, da die Beteiligten mehrere Rollen von Stakeholdern wahrnehmen. So sind Eigentümer des Standortes auch oft Kunden des Chemiestandortes, oder der Standortbetreiber ist gleichzeitig der Standortmanager. Diese Anforderungen führen zu gegenläufigen Ansprüchen und Konfliktpotenzial, welches jedoch grundsätzlich gelöst werden kann. Die Voraussetzung für die Lösung dieser Komplexität von teilweise gegensätzlichen Anforderungen in einem Chemiestandort ist die klare Kenntnis messbarer Anforderungen und die Bereitschaft zur notwendigen, konstruktiven und offenen Kommunikation mit den Beteiligten des Chemiestandortes. Die später in diesem Beitrag dargestellte Entwicklung von Strategien aus Sicht der einzelnen Beteiligten ist ein hilfreiches Medium zur Bewältigung der langfristigen Komplexität und Ausnutzung der massiven Vorteile eines Chemiestandortes.

Die Komplexität eines Chemiestandortes endet nicht bei der Betrachtung eines singulären Standortes. In der Regel agieren mittlere und große Chemieunternehmen an mehreren Chemiestandorten und agieren in einem weltweiten Chemiestandortnetzwerk. Oft sind es über 100 Chemiestandorte, an denen ein Chemiekonzern weltweit agiert. Hiermit entsteht auf der einen Seite für das produzierende Chemieunternehmen ein Prioritäts- und Auswahlprozess der für das Unternehmen absolut notwendigen Anzahl von Chemiestandorten. Auf der anderen Seite entsteht global und in den wichtigen Regionen der Welt wie EMEA (Europa, Mittlerer Osten, Afrika), Amerika und Asien ein Wettbewerb unter den attraktivsten Chemiestandorten um die zukünftigen Investitionen der Chemieproduzenten.

Aus dieser Beschreibung und Definition des Begriffes Chemiestandort lassen sich Kriterien zu dessen Charakterisierung ableiten, welche in einer strategischen Diskussion Berücksichtigung finden sollten. Die Kriterien zur Charakterisierung von Chemiestandorten werden in Abb. 1.3 dargestellt.

Für die Standorteigentümer, -manager und -betreiber resultiert daraus ein sehr großer Anspruch an die mittel- und langfristige Entwicklung des Chemiestandortes, um mit einer hohen Attraktivität von Verbundproduktionen, Serviceangeboten und Standortattraktivität die Entscheidungen der Chemieproduzenten und Kapitalinvestorengesellschaften positiv zu beeinflussen. Die Chemiestandorte stehen in ihrem Wettbewerb um die weltweiten Chemie-Investitionen in einem globalen Kampf. Dabei ist die Nähe der Chemieproduzenten zur Versorgung mit Rohstoffen und den Abnehmerbranchen wie Pharma, Automotive, Consumer etc. mit einer weltweiten Präsenz selbstverständlich. Der Wettbewerb zwischen Chemiestandort-Investitionen findet auch national in den globalen Regionen und teil-

Kriterien zur Charakterisierung von Chemiestandorten					
Kunden als Anbieter Chemieproduzenten	Petrochemie	Basischemie	Spezial-/Feinchemie		Agrochemie
Kunden als Nachfrager Chemieproduzenten	Basis-/Spezial- Agrochemie	Automotive/ Transport	Konsumgüter- industrie	Pharmaindustrie	Andere Industrie
Rechtliche Abhängigkeiten	unabhängig	Anbieter/ Nachfrager	Betreiber/Manager	Betreiber/ Manager/ Eigentümer	Betreiber/ Manager/ Eigentümer/ Kunden
Räumlicher Scope	Stadt	Chemie-Cluster	National z. B. Deutschland	Europa	Global
Abgrenzung	Frei zugänglich		Zugangskontrolle		Kein Zutritt
Anzahl Chemie- standortkunden	Single User		Main User		Multi User
Anteil Gefahrstoffe/- güter	Keine Gefahrstoffe/- güter	Mix Gefahr-/Nicht-Gefahr		Gefahrgüter/-stoffe	Extreme GSt-Klassen
Angebot von Dienstleistungen	Versorgung Medien	Entsorgung	Basis- Infrastruktur	Logistik/Technik/ FM	HSEQ, Analytik, Bildung	F&E, Produktion
Wettbewerb Dienstleister	Insourcing	Single Supplier	Main Supplier	Multi Supplier	Multi Supplier je Leistung
Eigentum/Verzinsung Asset	Fläche	Basis-Infrastruktur	Zentrale Infrastruktur	Dezentrale Infrastruktur	Anlagen/ Labore
Spezifische Historie/ Situation	Eigentümer Ziele	Produkthistorie/ Verbund	Infrastruktur	Altlasten	Lage
Wertschöpfungsketten	Verbundketten		Inboundketten		Outboundketten
Attraktivität	Allgemeine Standortfaktoren	Einsatzbezogene Standortfaktoren		Absatzbezogene Standortfaktoren	Managementfaktoren
Anzahl Standorte	Einzelner Standort	Regionale Standortgruppe	Nationale Anzahl Standorte	Kontinentale Anzahl Standorte	Globale Anzahl Standorte
Grad der Flexibilität	Green Field Chemiestandort	Existierender Chemiestandort	Grad gemeinsamer Assets/Services	Grad dezentraler Assets/Services	Völlige Unabhängigkeit

Abb. 1.3 Kriterien zur Charakterisierung eines Chemiestandortes.

weise in den einzelnen Ländern unter strategischen Chemie-Clustern statt. Die Betrachtung des Chemiestandortes muss also eine übergreifende Perspektive, den Chemiestandortmarkt mit einbeziehen, wenn diese vollständig sein möchte.

Weitere wichtige Perspektiven auf den Chemiestandort, wie die aus Sicht der Nachbarn eines Chemiestandortes, des Staates und dessen Einfluss auf die Versorgung der Chemiestandorte mit Energien oder Optimierung der öffentlichen Infrastruktur oder die Sicht der einzelnen Individuen wie Mitarbeiter und Führungskräfte, werden hier nicht ausgeführt. Diese Sichtweisen werden in anderen Beiträgen dieses Buches erläutert. Dieser Beitrag konzentriert sich auf die direkt beeinflussenden, betriebswirtschaftlichen Organisationen Chemiestandortkunden, Chemiestandortbetreiber/-dienstleister, Chemiestandortmanager und Chemiestandorteigentümer.

In der Wissenschaft und in der Praxis finden sich neben dem Begriff des Chemiestandortes in der chemischen Industrie auch noch die Begriffe des Chemieparks, des Industrieparks, des Gewerbeparks oder des Produktionsbetriebs bzw. der Produktionsfläche wieder. Auch in diesem Buch werden die Begriffe unterschiedlich abgegrenzt, was jeder Autor jedoch für seinen Beitrag entsprechend vornimmt. Eine ausführliche Gegenüberstellung der Begriffe Industriepark, Chemiepark und Chemiestandort ist im Beitrag von Prof. Wildemann zu finden. Mit dem Begriff des Chemieparks werden inhärent einige semantische Verknüpfungen vollzogen, wie beispielsweise der Grad der Vermarktung. Es wird davon ausgegangen, dass ein Chemiestandort eines Chemieunternehmens nicht aktiv vermarktet und ggf. nicht professionell betrieben wird, dagegen ein Chemiepark diese Ausprägung verdient.

1.2.3
Herausforderungen der Stakeholder an einem Chemiestandort

Die beschriebenen verschiedenen Perspektiven und ihre Herausforderungen/strategischen Themen führen jeden einzelnen Stakeholder zu spezifischen strategischen Fragestellungen. Eine Auswahl der übergreifenden strategischen Kernfragen sind hier kurz dargestellt, eingehender erläutert im Abschn. 1.3.

1. Wie können alle Chemiestandort-Stakeholder die Nachhaltigkeit, Attraktivität und langfristige Wettbewerbsfähigkeit des Chemiestandortes positiv beeinflussen?
2. Wie werden gemeinsame Interessen aller Stakeholder gleichzeitig mit geschäftlichen homogenen/gegenläufigen Individualinteressen der einzelnen Stakeholder erreicht?
3. Wie können die Chemieproduzenten die höchste Organisationsperformance erzielen und gleichzeitig auch alle Dienstleister attraktive Margen erzielen?
4. Wie können großvolumige Infrastrukturdienstleistungen zentral für alle Abnehmer großen Nutzen erzielen und gleichzeitig kein Gefühl der monopolistischen Abhängigkeit auslösen?
5. Wie können horizontale Sichtweisen der Verbund-, Inbound- und Outbound-Ketten mit einer vertikalen standortspezifischen Sichtweise professionell verknüpft werden?
6. Wie kann sich die Standortgemeinschaft oder auch der Single-User-/Main-User-Chemiestandort in existierende/neue Chemiestandort-Cluster weltweit integrieren?
7. Wie können gemeinsam Site-Service-Kosten gesenkt werden ohne das Risiko von Ausfallkosten zu erhöhen?
8. Wie sieht das Chemiestandort-Betreiber Geschäftsmodell aus, welches übertragbar ist und so attraktiv, dass es Investoren zum Kauf eines Chemiestandortes reizt?

1 Chemiestandortperspektiven und -strategien

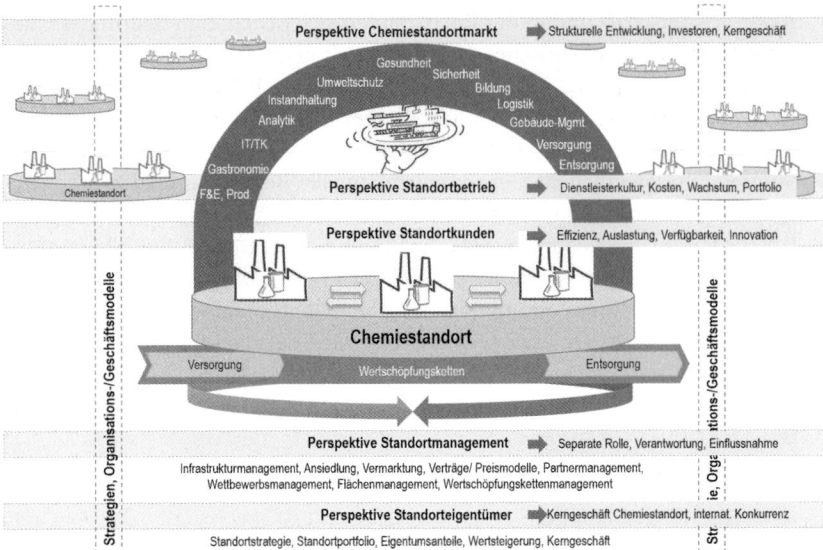

Abb. 1.4 Übersicht der verschiedenen Perspektiven zum Thema Chemiestandort.

In Abb. 1.4 sind die jeweiligen individuellen strategischen Herausforderungen der Chemiestandort-Stakeholder mit jeweiligen erfolgskritischen Stichworten zusammengefasst.

Als Zwischenfazit zu diesen verschiedenen Perspektiven kann im Rahmen von Strategieprozessen um das Thema Chemiestandort die Empfehlung gelten, sich diese vielen unterschiedlichen Perspektiven bewusst zu machen und sich auch in die Rolle der anderen Perspektiven zu versetzen, also einen Perspektivenwechsel durchzuführen. Optimal ist es in Strategieprozessen ohnehin, die anderen Perspektiven zu verschiedenen Zeitpunkten persönlich vor Ort zu haben, um eine direkte Kommunikation zu ermöglichen. Die Interpretation dessen, was die andere Perspektive wertschätzt oder was ihr wichtig ist, kann richtig sein, muss aber nicht. Der direkte Austausch ist hier durch keine Studie oder schriftliche, anonyme Befragung zu ersetzen.

1.3
Perspektiven auf den Chemiestandort

Im folgenden Abschnitt werden im Detail die einzelnen Perspektiven auf den Chemiestandort mit den Herausforderungen vorgestellt. In der Übersicht sind es die vier bereits darstellten Perspektiven, grundsätzlich zu trennen zwischen der Kundenperspektive und der Dienstleisterperspektive. Die Dienstleisterperspektive ist dann zu differenzieren in die Eigentümer-, Betreiber- und Managerrolle (Abb. 1.5). Jegliche Dienstleistung hängt jedoch ausschließlich vom Bedürfnis der Standortkunden ab.

Abb. 1.5 Aufgaben und Verantwortung der Chemiestandortrollen.

Diese Aufgaben und Rollen der verschiedenen Stakeholder werden im Folgenden ausführlicher dargestellt.

1.3.1
Kundenperspektive

Der Chemiestandortkunde entscheidet letztendlich über den nachhaltigen und langfristigen wirtschaftlichen Erfolg des Chemiestandortes. Die Herausforderungen für den Kunden sind u. a., je nach Wertschöpfungsstufe eine zuverlässige Versorgung mit Rohstoffen und eine hohe Auslastung seiner Produktion zu gewährleisten, individuelle, innovative Lösungen für seine Kunden zu finden und schnell an den Markt zu bringen und die globale Wertschöpfungskette optimal zu planen, zu steuern und effizient abzuwickeln. Das Chemieunternehmen trägt die Verantwortung für die folgenden, den Chemiestandort betreffende strategischen Entscheidungen:

1. Langfristige, globale Auswahl eines Standortes/der Standorte zur Produktion, Forschung und Entwicklung und Vermarktung von Chemikalien,
2. Ausgestaltung und Optimierung durchgängiger, weltweiter Wertschöpfungsketten zur Versorgung/Entsorgung der Produktion und Befriedigung der Bedürfnisse der Chemiekunden,
3. Grad der Tiefe zur Erstellung von Leistungen in der Wertschöpfungskette und damit Outsourcing-/Outtasking-Aktivitäten oder kompletter Abgabe an den Dienstleister,
4. Effizienz, Effektivität und Kultur der Zusammenarbeit mit den Partnern der Wertschöpfungskette, also den Lieferanten, Dienstleistern und Kunden,

5. Senkung der Chemiestandortkosten (Infrastrukturen, Dienstleistungen) bei gleichzeitiger Minimierung von Ausfallkosten von Produktionsanlagen, Versorgungs-/Entsorgungs-/Logistikinfrastruktur.

Die Größe des Chemiekunden ist hierbei weniger relevant als die Strukturen seines Unternehmens. Die Beeinflussung dieser strategischen Fragen findet insbesondere durch die Kundenstruktur und die Struktur seines Leistungsangebotes statt. Daraus resultiert auch die Zuordnung zu einer der zahlreichen Subsegmente in der Wertschöpfungskette der chemischen Industrie. Die Kernerfolgsfaktoren verändern sich vom Beginn der Wertschöpfungskette bis zum Ende erheblich.

So sind für einen Massenchemieproduzenten die Kriterien der günstigen Rohstoffversorgung ausschlaggebender als das innovative Umfeld mit einer hochwertigen Labor- und Entwicklungslandschaft. Daher ist es entscheidend, die Kernerfolgsfaktoren (KEF) für das jeweilige Geschäft und die Anforderungen an den Chemiestandort herauszuarbeiten.

Chemische Industrie

KEF Innovation:
F&E und Marketing

Pharma/Biotech
Agrochemie
Spezial-/Feinchemie
Polymere
Basischemikalien/Massenkunststoffe
Petrochemikalien

Chemiestandortdienstleister

KEF Vertrauen:
Kundennähe und Zuverlässigkeit

KEF Kosten:
Rohstoffe und Anlagenintensität

Für die Geschäfte Petrochemie, Massenkunststoffe und Basischemikalien sind es die Kernerfolgsfaktoren Rohstoffkosten und Anlagenauslastung, für die Geschäfte Polymere und einen Teil der Spezialchemie sind es große Kundennähe, Produktionskosten, Serviceorientierung und Massenindividualisierung und für einen Teil der Spezialchemie und die Geschäfte der Agrochemie, Biotechnologie, und Pharmaindustrie das innovative Potenzial und die Marketingexpertise. Diese Erfolgsfaktoren finden sich als Bewertungskriterien bei der Diskussion der strategischen Fragestellung hinsichtlich des Chemiestandorts wieder. Zwischenformen wie z. B. eine Quasi-Commodity vereinen verschiedene Erfolgsfaktoren miteinander. Vollständig wird diese Betrachtung der Kernerfolgsfaktoren unter Einbezug der Chemiestandortdienstleister. Die Chemiestandortdienstleister haben, um erfolgreich zu sein, den Faktor Vertrauen in Form von Kundennähe und Zuverlässigkeit bei seiner Unternehmensentwicklung zu berücksichtigen.

Die Charakterisierung eines Standortes wird über den Standortsteckbrief vorgenommen. In diesem Steckbrief sind Basisinformationen zum Chemiestandort, die eigenen Kundeninformationen und die Informationen zum Dienstleister bzw.

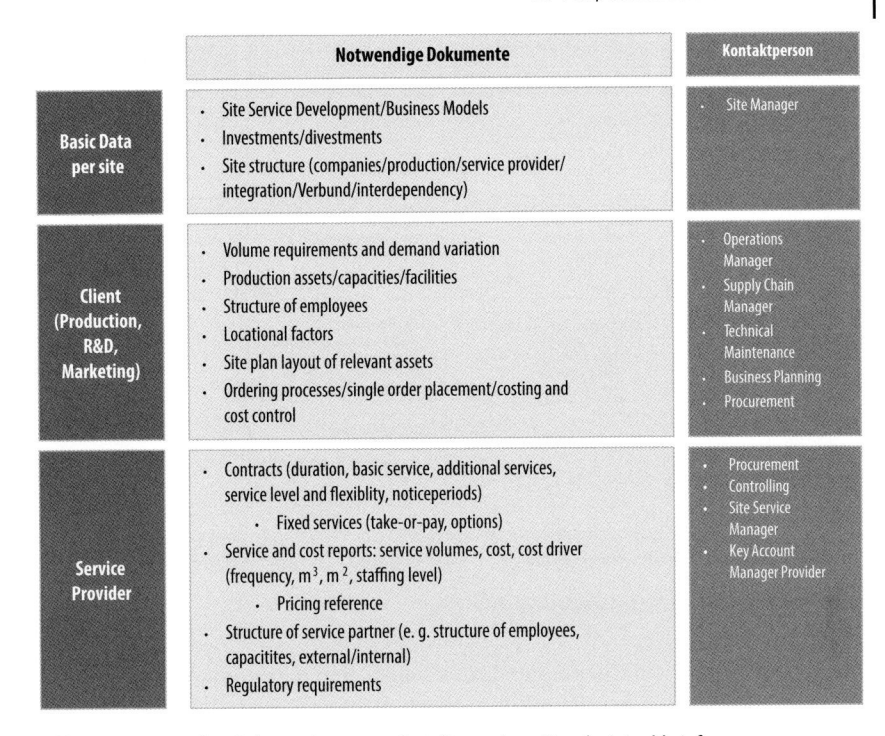

	Notwendige Dokumente	Kontaktperson
Basic Data per site	• Site Service Development/Business Models • Investments/divestments • Site structure (companies/production/service provider/integration/Verbund/interdependency)	• Site Manager
Client (Production, R&D, Marketing)	• Volume requirements and demand variation • Production assets/capacities/facilities • Structure of employees • Locational factors • Site plan layout of relevant assets • Ordering processes/single order placement/costing and cost control	• Operations Manager • Supply Chain Manager • Technical Maintenance • Business Planning • Procurement

Service Provider	• Contracts (duration, basic service, additional services, service level and flexiblity, noticeperiods)
	   • Fixed services (take-or-pay, options)
	• Service and cost reports: service volumes, cost, cost driver (frequency, m^3, m^2, staffing level)
	   • Pricing reference
	• Structure of service partner (e. g. structure of employees, capacitites, external/internal)
	• Regulatory requirements
		• Procurement
		• Controlling
		• Site Service Manager
		• Key Account Manager Provider

Abb. 1.6 Notwendige Informationen zur Erstellung eines Standortsteckbriefes.

zu den Dienstleistern zusammengefasst. Die notwendigen Dokumente, aus denen diese Informationen hervorgehen, sind in Abb. 1.6 aufgezeigt – ebenso die Kontaktperson, bei der diese Informationen vorliegen sollten.

Zur vollständigen Transparenz des Themas Chemiestandort aus Sicht Standortkunde sind neben dem Standortsteckbrief die Instrumente des Chemiestandortportfolios, das Site-Service-Audit und der Outsourcing-Gradmesser geeignet.

1.3.2
Eigentümerperspektive

Das Eigentum an einem Chemiestandort kann Flächeneigentum und Infrastruktureigentum sein. Die Standortfläche ist überwiegend eingezäunt, öffnet sich jedoch in den vergangenen Jahren auch immer mehr zur Nachbarschaft des Chemiestandortes. Die Flächen können unterschiedlich charakterisiert sein. Unterschieden wird hier nach Produktionsfläche für Chemieproduktion, Produktionsfläche für Industrieproduktion, Flächen für Forschungs- und Innovationszentren, Administrationsflächen, Logistikflächen und Grünflächen. Fest mit dem Standort verbundene Infrastruktur ist eine Frage der Perspektive, da grundsätzlich durch umfangreiche Bauarbeiten alles auf eine reine Standortfläche zurückzubauen wäre. In der Regel sind es jedoch Infrastrukturen wie Kanäle, Fernleitungen oder Hafenmauern.

1 Chemiestandortperspektiven und -strategien

Allgemeine Standortfaktoren	Einsatzbezogene Standortfaktoren	Absatzbezogene Standortfaktoren	Managementfaktoren
Versorgung • Preise • Verfügbarkeit	**Infrastruktur** • Produktion/F&E/Verwaltung • Logistik Straße/ Bahn Flughafen, Wasser, Umschlag/Lagerung	**Ballungsraum** • Einwohner • Nachfragekraft • Metropole	**Qualität** • Wissensmanagement • Dienstleistungen
Entsorgung • Preise • Verfügbarkeit	**Kosten** • Arbeitsentgelt • Bauland	**Wirtschaft** • Wirtschaftsstruktur • BIP/ Kopf	**Management** • Chemieausbildung • Chemieinitiativen • Chemieregion
Umwelt (-schutz) • Schutzgebiete • Bürgerinitiativen • gesetzliche Anforderungen	**Wertschöpfungsketten** • Inbound-Kette • Nähe zu Rohstoff/ Rohstoffkosten • Outbound-Kette	**Chemiekunden** • Nachfrage Standortkunden Allgemein • Struktkur der Abnehmer • Abnehmerverhalten	
Staatliche Leistungen • Rechtssystem • Steuern • Subventionen		**Standortkunden** • Nachfrage anderer Wettbewerber/ Hub-Kunden	

Legende Nutzwert (NW): ● NW 1-3: geringe Standortattraktivität ○ NW 4-7: mittlere Standortattraktivität ● NW 8-10: hohe Standortattraktivität

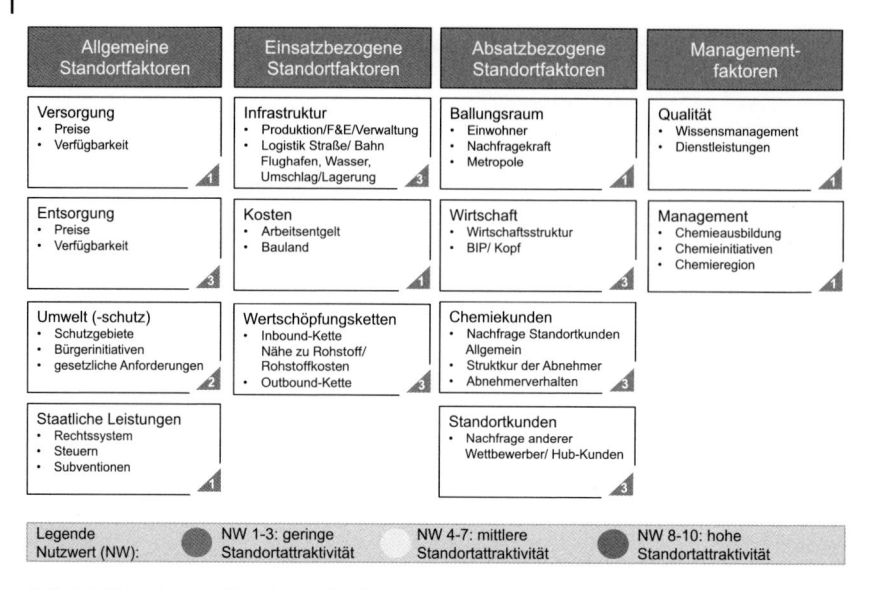

Abb. 1.7 Kriterien zur Chemiestandortbewertung.

Die Eigentümer von Chemiestandorten haben eine sehr erfolgskritische Rolle. In vielen Fällen ist ihnen diese Rolle jedoch nicht so bewusst, weil in der Rolle zum einen eine wechselseitige Abhängigkeit zwischen Eigentümer und Kunde des Standortes existiert. Zum anderen versteht sich der Eigentümer des Chemiestandortes nicht als Dienstleister für den Standortkunden, sondern als Verwalter einer Fläche und Monopolist erfolgskritischer Infrastrukturen. Diese gegensätzlichen Perspektiven führen in der Praxis zu keinem klaren Rollenverständnis des Eigentümers und Abstimmungsnotwendigkeiten zwischen Standortbetreiber und Standortmanager.

Der Standorteigentümer hat zwei grundsätzliche, langfristige Ziele zu erreichen:

1. Erhöhung der finanziellen Attraktivität seines Investments in Fläche und Infrastrukturen (Werterhaltung/Wertsteigerung, Verzinsung),
2. Verminderung des Risikos seines Investments durch Altlasten und Haftung.

Die mit diesen Zielen zusammenhängenden Fragestellungen können ausschließlich standortindividuell beantwortet werden. Jeder Standort hat eine individuelle Geschichte, jedes Leistungsportfolio und damit auch mögliche Altlastensituationen sind völlig unterschiedlich. Es ist notwendig, individuelle Einschätzungen über Chemiestandortkriterien zu standardisieren und zu nivellieren (Abb. 1.7).

In einem Portfolio von über 100 Chemiestandorten weltweit als (Mit-)Eigentümer von Fläche und Infrastruktur ist es von hoher Bedeutung, standardisierte Transparenz zur Attraktivität jedes einzelnen Chemiestandortes zu besitzen. Die regelmäßige Einschätzung der finanziellen Aspekte, aber auch insbesondere der Risiken durch entstandene oder entstehende Altlasten sind für einen Eigentümer von Chemiestandorten überlebensnotwendig. Die Flexibilität ist bezüglich Veräußerung von Chemiestandorten extrem gering:

- In den heutigen Chemieschwerpunktregionen Europa und USA existieren durch die strukturelle Verschiebung von Angebot und Nachfrage weltweit ausreichend Angebote von Chemiealtflächen; in den Entwicklungsregionen bestehen noch Bedarfe für den Ausbau von Flächen.
- Die Thematik der Altlasten an den Chemiestandorten begrenzt die Veräußerung massiv – die Altlasten sind bekannt und nicht in einem angemessenen Nutzen-Aufwand-Verhältnis zu bereinigen, oder die Altlasten sind unbekannt und mehr Transparenz wäre weder für den weiteren Betrieb als auch Veräußerung nicht hilfreich.
- Die Abgabe des Altlastenmanagements an einen Dritten ist zu hinterfragen, da die möglichen resultierenden Schäden aus einem falschen Altlastenmanagement bei keiner Deckung des neuen Eigentümers wieder an den vorherigen Eigentümer zurückfällt.

In den meisten Fällen wird diese Diskussion um die Struktur der Anteilseigner an Chemiestandorten erschwert. Die strukturellen Veränderungen in der chemischen Industrie haben dazu geführt, dass unterschiedliche Eigentümer für den Chemiestandort verantwortlich sind. Es gibt also sowohl die Eigentumssituation, dass

- der Eigentümer 100 % der Anteile am Chemiestandort besitzt und gleichzeitig Kunde des Standortes ist,
- der Eigentümer 100 % der Anteile am Chemiestandort besitzt und gleichzeitig nicht Kunde des Standortes ist,
- die Eigentümer sich in unterschiedlichen Verhältnissen die Anteile am Chemiestandort teilen.

Bei der Veränderung der Eigentumssituation von Chemiestandorten geht es derzeit vorwiegend um die Möglichkeiten, das Eigentum abzugeben bzw. umzunutzen. In Europa wird es zunehmend die Situation geben, dass auslaufende Produktionsanlagen nicht erneuert werden. Wenn dann der Chemiestandort im Gesamtportfolio des Eigentümers nicht Priorität hat (Klassifizierung B oder C), werden strategische Optionen wie Verkauf oder Umnutzung zu bewerten sein. Dieser Optionenraum lässt sich mit den Kriterien aus Abb. 1.8 darstellen. Je nach Altlastensituation werden der Verkauf oder abgebende Maßnahmen schwierig bis unmöglich. Dann gibt es zahlreiche Möglichkeiten, diesen Chemiestandort umzunutzen. Diese Optionen sind dann mit Kooperationspartnern zu vertiefen und zu prüfen.

Die resultierenden Optionen sind grundsätzlich in folgende Szenarien zu überführen: Teil-/Komplettabgabe des Chemiestandortes, Verwaltung des Chemiestandortes, Betrieb des Standortes und Ausbau des Chemiestandortes/Aufbau als Kernkompetenz. In den zu erstellenden Business Cases sind zum einen Einkünfte aus dem Verkauf von Standortdienstleistungen bzw. der Verpachtung von Flächen/Infrastrukturen zu ermitteln. Zum anderen müssen die Kosten für die

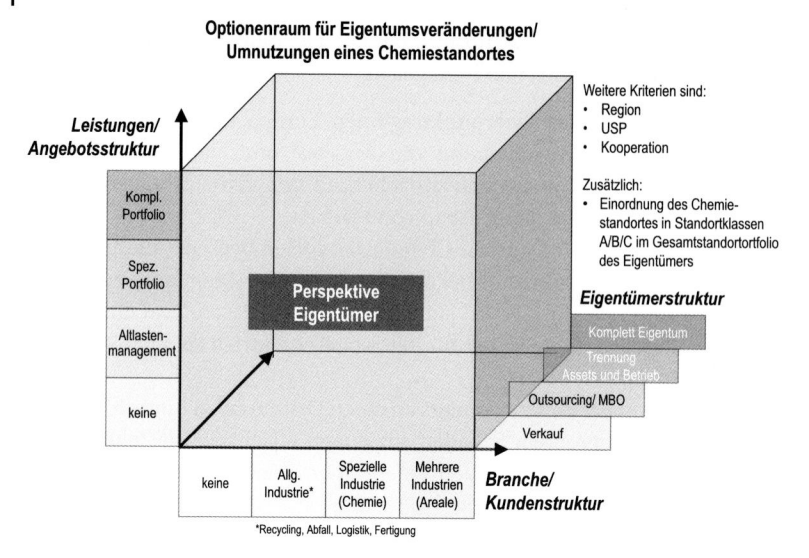

Abb. 1.8 Strategische Bewertungskriterien für den Optionenraum zur Prüfung Eigentumsveränderungen/Umnutzung.

Altlastensicherung, den Rückbau notwendiger Altinfrastrukturen und Restrukturierungskosten konkretisiert werden. Dieser Business Case gilt dann als Unterstützung zu einer qualitativen Bewertung der priorisierten Optionen für die Veränderung der Eigentumssituation und/oder Umnutzung der Standortfläche und -infrastruktur.

Die aktuelle Situation zur Veränderung von Eigentumssituationen von Chemiestandorten scheint nach wie vor eher reaktiv als proaktiv zu sein, zeigt jedoch in geringem Umfang Marktbewegung. Dagegen sprechen verschiedene Signale des Marktes. Ein führender Chemiestandortbetreiber übernimmt erneut einen Standort eines Wettbewerbers und verändert aktiv Marktstrukturen. Andere unbekannte Chemiestandorte optimieren Infrastruktur-/Industriedienstleistungen am eigenen Standort. Diese Chemiestandorte bringen aktiv zahlreiche Strukturen in Bewegung: Produktstrukturen, Dienstleisterstrukturen, Gesellschafterstrukturen – und damit auch Marktstrukturen. Maßgebliche strukturelle Veränderungen haben aus Sicht des Marktes nur in Teilbereichen stattgefunden. Große strukturelle Bewegungen zur Veränderung von Eigentumssituationen gibt es nur sehr partiell. Die Veränderungen von Betreiberverhältnissen erfolgen dagegen schneller, da sich dadurch keine Eigentumsverhältnisse ändern müssen.

1.3.3
Perspektive des Standortbetreibers

Der Standortbetreiber, oft auch als Site-Service-Provider oder Anbieter von Standortdienstleistungen verstanden, nimmt von den Dienstleisterrollen die erfolgskritischste Rolle ein. Der Standortbetreiber ist für den größten Teil der

Kosten des Chemiestandortes verantwortlich und kann diese aktiv beeinflussen. Ausgenommen davon sind natürlich die direkt bei Chemieproduzenten anfallenden Kosten für die Herstellung, Vermarktung und Forschung. Als Dienstleister für den Chemieproduzenten hat der Standortbetreiber einen maßgeblichen Kernerfolgsfaktor – das Vertrauen seiner Kunden in die Erfüllung der Standortdienstleistungen.

Grundsätzlich ist das Leistungsportfolio des Chemiestandortbetreibers in die Bereiche Versorgungs-, Entsorgungs-, Sicherheits-/Standort-, technische, logistische und andere Dienstleistungen zu unterteilen. Dieses Leistungsportfolio kann dazu führen, dass es 1 bis n unterschiedliche Leistungsanbieter an einem Chemiestandort geben kann.[2] Je nach Wertschöpfungsstufe des Chemieunternehmens entsprechen die Kosten für die Standortdienstleistungen 10–20 % der Wertschöpfung des Chemieproduzenten (ca. 3–7 % des Umsatzes, siehe Abb. 1.9).

Die einzelnen Leistungsbereiche und der Anteil der Site-Service-Kosten am gesamten Kostenblock der Site Services sind in Abb. 1.10 zu erkennen.

Das heterogene Leistungsportfolio stellt eine Herausforderung in Form der strategischen und organisatorischen Ausrichtung an das Management des Standortbetreibers dar. Die Teilmärkte der Leistungsbereiche sind sehr unterschiedlich. Die Dienstleistungen sind nur bedingt durch Wettbewerber ersetzbar, insbesondere dann, wenn die Infrastruktur fest mit dem Chemiestandort verbunden ist. Zu diesen schwerer austauschbaren Dienstleistungen zählen Versorgungsmedien, wie Dampf, Wasser oder Kälte, oder Entsorgungsleistungen, wie Abwasserreinigung, oder logistische Dienstleistungen, wie die Pipeline-Versorgung. Die Betrachtung mehrerer Chemiestandorte als Standortbetreiber ist in jedem Fall sinnvoll. Insbesondere dispositive, beratende und mobile Dienstleistungen sowie

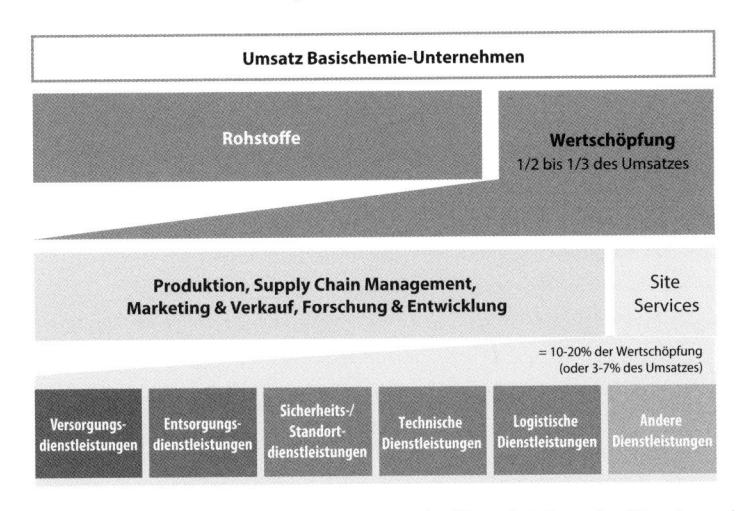

Abb. 1.9 Anteile der Site-Service-Kosten an der Wertschöpfung des Chemieproduzenten.

---

2) Im Folgenden wird von dem Standortbetreiber gesprochen, auch wenn es 1 bis n unterschiedliche Unternehmen sein können.

1 Chemiestandortperspektiven und -strategien

Versorgungsdienstleistungen	Entsorgungsdienstleistungen	Sicherheits-/ Standortdienstleistungen	Technische Dienstleistungen	Logistische Dienstleistungen	Andere Dienstleistungen
• Electricity • Process Steam • Process and Drinking Water • Industrial Gases	• Environmental Management • Waste Water • Waste Treatment and Removal	• Basic Infrastructure • Facility Management • Site Security • Safety incl. Fire Prevention & Fire Protection • General Site Management	• Electrical and Mechanichal Maintenance and Repair • Technical Warehouse • Engineering • Contractor Management	• Transport • Storage • Supply and logistics planning • Production logistics	• Analytics • IT • Canteen • Medical • Training • Purchasing • Quality
		Share of Site Service Cost			
60–80%	10–15%	5–8%	5–8%	5–8%	1–3%

Abb. 1.10 Dienstleistungsbereiche des Standortbetreibers und Kostenanteile.

teilweise regionale Konzepte von Infrastrukturen generieren über den Standortnetzwerkgedanken große Synergiepotenziale (Abb. 1.11).

Übergreifend sind auch tarifliche Fragen im Rahmen der Öffnungsklauseln im Tarifvertrag der chemischen Industrie zu klären. Da die überwiegenden Leistungsgebiete des Standortbetreibers durch andere Branchentarifverträge abgedeckt sind, besteht auch seitens der Industriegewerkschaft Bergbau, Chemie, Energie (IG BCE) eine gewisse Bereitschaft zur Diskussion anderer Tarifmodelle. Einheitliche, standortübergreifende Organisationsstrukturen führen zur Möglichkeit der Ressourcenbündelung und damit Kostensenkung. Zu den aktuellen Ansätzen zählen dort die Konsolidierung von dispositiven Tätigkeiten in der Logistik, Zusammenlegung von Leitständen in der Ver- und Entsorgung oder Zentralisierung von Instandhaltungsteams.

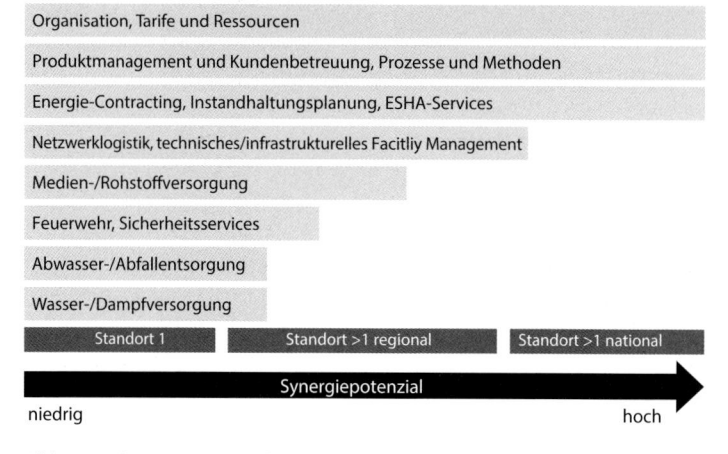

Abb. 1.11 Synergiepotenziale von Standortdienstleistungen.

Dem Standortbetreiber sollte jedoch bewusst sein, dass grundsätzlich jegliche Dienstleistung mit einem anderen Site-Service-Provider möglich ist. Hier kommt es auf den Betrachtungszeitraum an. Jegliche monopolistische Situation ist nur solange erfolgreich, wie sich der Kunde der Dienstleistung bei der Abnahme vertrauensvoll behandelt fühlt. Nicht angemessene Leistungserbringung oder überproportionale Preissprünge führen langfristig zu einer kompletten Verlagerung der Produktion von diesem Chemiestandort zu einem anderen.

Das Geschäft mit der industriellen Dienstleistung ist eine große Herausforderung, da der Chemiestandortkunde das Produkt nur selten faktisch erfassen kann. In den meisten Fällen stellt der Mitarbeiter des Dienstleisters einem Großteil des „Produktes" für den Standortkunden dar. Der Kunde an einem Chemiestandort ist davon abhängig, dass die Menschen in der Dienstleisterorganisation ihren Job perfekt machen. Das Vertrauen des Chemiestandortkunden in die Erstellung der Dienstleistung und deren Anforderung wie Sicherheit, Qualität und Aufwand wird damit zu einem besonderen Faktor. Aus Sicht zahlreicher Erhebungen ist für langfristige, erfolgreiche Dienstleistungsbeziehungen der Erfolgsfaktor Nr. 1 „Aufbau von Vertrauen" beim Kunden durch den Chemiestandortdienstleister.

Die Hürde bei der Generierung von Vertrauen ist in der Definition von Vertrauen begründet: „… subjektive Überzeugung (Gefühl/Glaube) von der Richtigkeit, Wahrheit bzw. Redlichkeit von Personen, von Handlungen und Aussagen eines anderen …"(Quelle: Quelle: Wikipedia https://de.wikipedia.org/wiki/Vertrauen, Zugriff am 7.12.15). Der Chemiestandortdienstleister ist also in großem Maße von der subjektiven Einschätzung seines Kunden abhängig. Eine gesamte Kundenorganisation kann keinen subjektiven Eindruck eines Dienstleisters haben. Es sind doch eher die einzelnen Ansprechpartner in der Organisation des Chemiestandortkunden, welche sich ein subjektives Bild von ihrem industriellen Dienstleister aufbauen. Daher ist es für einen Chemiestandortdienstleister extrem wichtig zu wissen, wie diese subjektiven Bilder entstehen und wie man dann diese subjektiven Bilder beeinflussen kann. Dies führt dazu, dass es eine bestimmte Anzahl von Mitarbeitern in der Dienstleisterorganisation gibt, welche diese subjektiven Bilder ihres Kunden aufnehmen, verstehen, verarbeiten, austauschen und zu einem Gesamtbild formen sollten. Auf dieses Gesamtbild sollte dann eine ähnlich große Anzahl von Mitarbeitern mit individuell für diesen Ansprechpartner geschaffene Botschaften und Aktionen reagieren. Dies beeinflusst das subjektive Bild positiv und erhöht das Vertrauen auf ein Maximum.

Zur Umsetzung dieses Vertrauensaufbaus sind es nur wenige Schritte (Abb. 1.12). Die wichtigen Ansprechpartner sind zu identifizieren. Jeder Ansprechpartner der Kundenorganisation ist im Detail analysieren, welche Themen für ihn interessant sind, welche Bedürfnisse dieser hat und was für einen Charakter dieser Ansprechpartner besitzt. Anschließend ist eine Taktik festzulegen, wie der Standortdienstleister den einzelnen Ansprechpartner begeistern kann. Dies erfolgt, indem seine subjektive Wahrnehmung in Gesprächen, Kontakten, Terminen über ein professionelles, inhaltlich perfektes und individuelles Miteinander beeinflusst wird. Dazu ist es notwendig, sich immer wieder auf der Seite des Chemiestandortdienstleisters über einzelne Ansprechpartner auszutauschen,

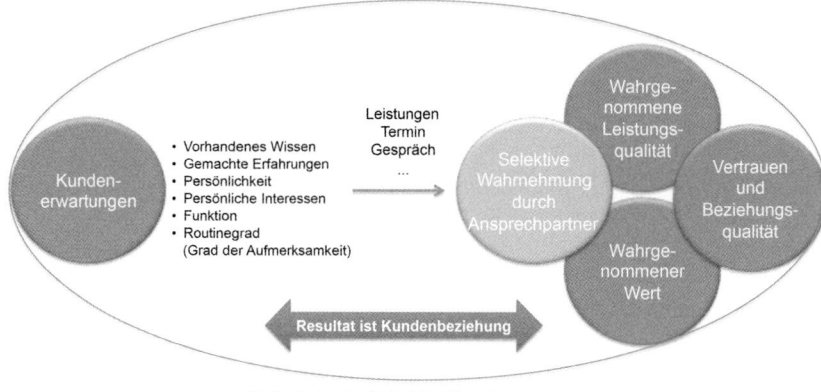

Abb. 1.12 Erwartungen der Chemiestandortkunden und Ergebnis Kundenbeziehung.

die Botschaften klar zu formulieren, mit Transparenz und guter Termin-Vor- und Nachbereitung zu überraschen (Abb. 1.13). Wenn der Dienstleister mehr Wissen über die Kundenorganisation aufgebaut hat, als die Kundenorganisation selbst, und er dieses zur positiven Gestaltung der Dienstleistungsbeziehung einsetzt, ist es gut!

In einem Umfeld von sich seit Jahrzehnten kennender Ansprechpartner aufseiten des Chemiestandortkunden als auch des Standortdienstleisters ist dies sicherlich eine große Herausforderung und kostet immer wieder Überwindung, begeistern zu wollen. Dabei sind sowohl die inhaltliche Perfektion der Leistung, die thematische Brillanz in den Dienstleisterthemen als auch die vertrieblich-menschliche Professionalität für den Aufbau von Vertrauen gleichbedeutend von großem

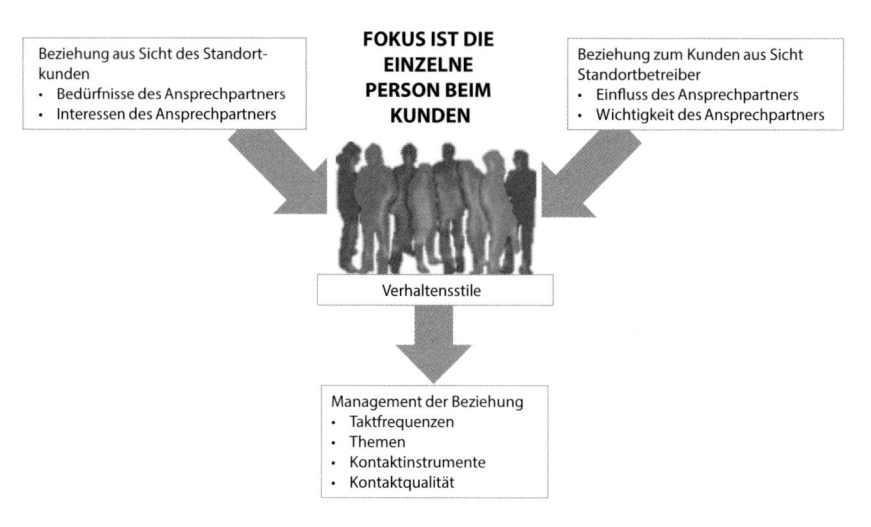

Abb. 1.13 Chemiestandortkunde als Person.

Einfluss. Der Chemiestandortdienstleister muss in die Perspektive des Chemiestandortkunden wechseln und prüfen, inwieweit diese Einflussfaktoren immer wieder zutreffen.

Inhaltlich kann der Standortdienstleister den Standortkunden mit den folgenden Themen begeistern:

1. *Transparenz* über Kostenanteile in der Gesamtkostentreppe des Chemieproduzenten und im Vergleich zu möglichen Wettbewerbern,
2. kontinuierliche Steigerung der *Effizienz* und proaktives Aufzeigen von gemeinsamen Verbesserungspotenzialen und Erhöhung der Wettbewerbsfähigkeit der Standortkunden,
3. *Individualisierung* von Standortdienstleistungen zur Reduktion der Ausfallrisiken von Produktion und Inbound-/Outbound-Strömen und Generierung von 100 % Sicherheit,
4. *Variabilisierung* des Leistungsangebotes hin zur vollständig freien Wahl von aufwandgerechten Standortdienstleistungen und Reduktion von Pflichtleistungen,
5. Messbare, steuerbare und qualitätsgesicherte *Dienstleistungsprozesse* zur Erfüllung unterschiedlichster Bedürfnisse des Standortkunden,
6. Freundliches, verbindliches und serviceorientiertes *Dienstleisterverhalten* bei Mitarbeitern im Vertrieb und Leistungserstellung.

Der Standortbetreiber ist also für den Chemiestandortkunden ein erfolgskritischer Dienstleister. Der Standortbetreiber muss sowohl inhaltlich im Umfeld von hohen Sicherheitsanforderungen Dienstleistungen auf höchstem Niveau anbieten als auch menschlich hohe Anforderungen an die Erbringung und den Verkauf der Dienstleistungen erfüllen. Das heterogene Leistungsportfolio ist zugleich Chance zur Differenzierung als auch Herausforderung an das Management.

1.3.4
Perspektive des Standortmanagers

Der Standortmanager trägt Sorge für die wettbewerbsfähige Entwicklung des gesamten Chemiestandortes. In der Praxis findet oft keine differenzierte Sichtweise zwischen Standortbetreiber und Standortmanager statt. Der Fokus des Standortbetreibers ist das wettbewerbsfähige Angebot einer unterschiedlichen Anzahl von Standortservices. Der Fokus des Standortmanagers ist die Wettbewerbsfähigkeit des gesamten Chemiestandortes. Zu seinen strategischen Zielen zählen:

1. Entwicklung der Bestandskunden,
2. Stärkung des Standortverbundes und Ansiedlung von neuen Unternehmen,
3. Erhöhung der Standortattraktivität.

Die *Entwicklung der Bestandskunden* durch den Standortmanager führt zu Neuinvestitionen der Bestandskunden am Chemiestandort. Dies ist nur möglich, wenn der Standortmanager die zukünftigen mittel- und langfristigen Bedarfe an Forschung und Entwicklung und Produktion der Bestandskunden kennt. Dazu ist das Geschäft jedes einzelnen Bestandskunden und der zukünftigen Anforderungen zu verstehen. Auf dieser Basis sind gemeinsam Bestandskundenentwicklungspläne zu formulieren. Die Bestandskundenentwicklungspläne beinhalten Projekte zur Abschätzung von möglichen Entwicklungen am Chemiestandort, insbesondere der Abgleich mit anderen möglichen weltweiten Standorten.

Die *Stärkung des Standortverbundes* ist der Kernerfolgsfaktor für die langfristige Sicherung des Chemiestandortes. Ein starker Produkt- und Produktionsverbund ermöglicht für neue Produkte geeignete Verknüpfungen sowohl im Up- als auch Downstream. Die sicherste Form der Chemieproduktion ist die Weiterleitung des Vor- oder Zwischenproduktes per Pipeline an einem Chemiestandort. Insbesondere für die europäischen Chemiestandorte ist die Stärkung der Produktionsverbunde das Differenzierungskriterium zu anderen weltweiten Regionen, wo entweder der Absatzmarkt, wie in Asien, oder der Rohstoffmarkt, wie im Mittleren Osten oder den USA, sehr stark ist.

Der Standortmanager sollte zur Ansiedlung neuer Unternehmen mit einem Push-Ansatz gezielt in den weltweiten Markt gehen, anstatt über einen Pull-Ansatz zu versuchen, sich attraktiv für alle Chemieunternehmen darzustellen. Jeder Produktionsverbund ist standortspezifisch, und es eignen sich in den meisten Fällen sehr spezifische Up- und Downstream-Produktionen. Dieses gilt es über Transparenz des eigenen Produktionsverbundes deutlich zu machen und weltweit zu identifizieren. Dazu ist auch eine gute Kenntnis der Standortwettbewerber aufzubauen und ein klares Vermarktungsprofil zu erstellen. Der Fokus zur Ansiedlung von neuen Betrieben mit Chemieanforderungen, zur Stärkung des Verbundes und innovativer Technologie, ist klar zu definieren. Anschließend erfolgt eine systematische Marketingkommunikation durch weltweite Präsenz im Chemiemarkt, fokussierte Außendarstellung, Themenmanagement und der Vernetzung mit Entscheidungsträgern.

Zur *Erhöhung der Standortattraktivität* eines Chemiestandortes muss sich der Standortmanager der Perspektive des potenziellen Ansiedlers oder Bestandskunden annehmen. Aus dieser Sicht sind es die folgenden Themenbereiche, welche die Attraktivität eines Standortes ausmachen:

- Angebot an Standortleistungen am Chemiestandort,
- Art der Vertrags- und Preisgestaltung,
- Auswahl an potenziellen Dienstleistern am Standort (Wettbewerb),
- Angebot an Flächen und innovativen Gebäudekonzepten,
- zukunftsgerichtete logistische Konzepte,
- einzigartige Infrastrukturen.

Vor dem Hintergrund dieser Anforderungen ist der Standortmanager angehalten eine langfristige Infrastruktur- und Flächenplanung vorzunehmen, die Nachfrage der heutigen und zukünftigen Standortkunden mit dem entsprechenden Angebot abzugleichen. Zusätzlich ist für ausreichend Wettbewerb zwischen Standortdienstleistern mit attraktiven Preis- und Vertragsmodellen zu sorgen. Diese Anforderungen sind in einem Standort-Layer-Modell zusammenzuführen und kann für spezifische Leistungsbereiche wie beispielsweise eine Bahnlogistik differen-

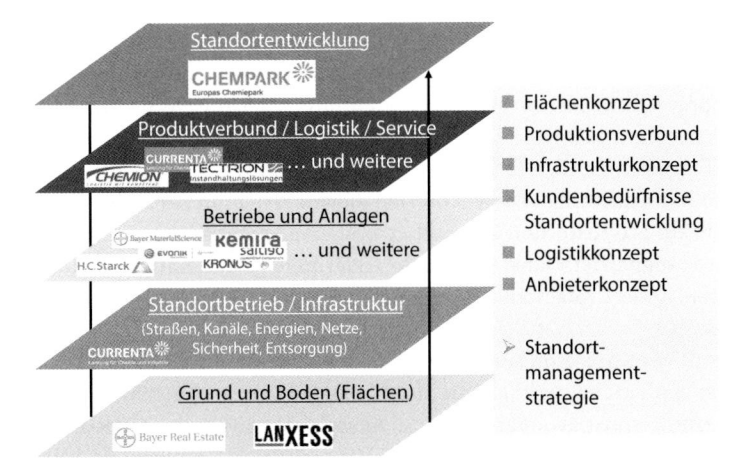

Abb. 1.14 Standort-Layer-Modell zur Entwicklung der Standortmanagementstrategie (Bsp. CHEMPARK).

ziert dargestellt werden. Alle notwendigen Informationen und Standortkonzepte resultieren in einer Standortmanagementstrategie (Abb. 1.14).

Die Aufgabe des Standortmanagers besteht im Kern darin, die Entscheidung eines Chemieunternehmens positiv zur Ansiedlung am eigenen Chemiestandort zu beeinflussen. Die Standortentscheidung ist ein komplexer Prozess, der unter Einbezug vieler Beteiligter und unter Beachtung verschiedener Kriterien ein Ergebnis findet. Für die Notwendigkeit einer Standortentscheidung durch ein beispielsweise Chemie- oder innovatives KMU (Kleineres, mittelständisches Unternemen) (wie z. B. Biotechnologie) gibt es unterschiedliche Gründe: die technische Kapazitätserweiterung, eine Markterschließung, die Veränderung der Wertschöpfungskette oder die Neugründung eines Unternehmens. Zur Unterstützung dieser Standortplanung existieren Instrumente, welche eine sachliche Entscheidung zwischen verschiedenen Standortalternativen ermöglichen – z. B. die Standort-Nutzwert-Analyse oder die Break-Even-Analyse. In der Praxis dienen diese Instrumente dazu, eine Entscheidung zwischen verschiedenen Standorten quantifizieren und qualifizieren zu können. Vor einem Jahrzehnt war diese Entscheidung aufgrund mangelnder Alternativen nur eingeschränkt möglich, da Chemieunternehmen ihre Standorte für ihre eigene Produktion, Forschung und Entwicklung und Logistik genutzt haben. Seit der Entstehung von wettbewerbsfähigen Chemiestandorten besteht für Chemieunternehmen die Möglichkeit, neben der Grüne-Wiese-Ansiedlung in einem Technologie- und/oder Chemiestandort anzusiedeln.

Die Anwendung der Standortwahlinstrumente zeigt deutliche Vorteile für die Ansiedlung an einem Chemiestandort. Diese identifizierten Vorteile hängen von den Rahmenbedingungen der Entscheidung und den einzelnen Entscheidungskriterien ab, die zur Standortwahl herangezogen werden. Rahmenbedingungen für die Standortwahl sind die unternehmensindividuellen Interessen (Unternehmenszweck), das Ergebnis der Normstrategie aus dem Standortportfolio, die Größe des Beschaffungs- und Absatzmarktes, ggf. der fest vorgegebene topologische Aufbau des Supply-Chain-Netzwerkes und der Einfluss von Umwelt- und Entsorgungsverpflichtungen. Die Bewertung der einzelnen, auf Basis dieser Rahmenbedingungen infrage kommenden Standorte, erfolgt anhand der folgenden bereits dargestellten Standortkriterien. Diese Kriterien dienen erst dann zur Bewertung, wenn eine Maßzahl pro Kriterium definiert ist und eine Quantifizierung der einzelnen Kriterien möglich ist. Dabei sind Kosten oder Zeiten sehr einfach im Kontext zu bewerten, andere qualitative Kriterien werden mit subjektiven Einschätzungen objektiviert.

Für ein innovatives KMU sind laut einer Studie die folgenden Standortfaktoren von besonderer Bedeutung: verfügbares Humankapital (Hoch-/Fachhochschulabsolventen und sonstige Fachkräfte, Ausbildungsniveau), Netzwerke, Agglomerationsvorteile, die Standortnähe der Wissenschaft, Gewerbe- und Inkubatorflächen (Verfügbarkeit von und Preise für Gewerbe-/Laborflächen), die Verkehrsanbindung der Region, der Zugang zu Risiko-/Beteiligungskapital, Kultur- und Freizeitangebote und die Gründungs- und Ansiedlungsförderung. Bei der Standortplanung für ein Basischemikalienunternehmen sind gemäß unserer Erfahrung der Produktionsverbund (Kosten für Rohstoff- und Vorproduktversorgung), die Nähe zum Absatzmarkt, das Angebot von Fachpersonal und die Verfügbarkeit essenzieller Services wie Versorgung (Dampf, Wasser etc.), Entsorgung, technischer Service und Logistik ausschlaggebend.

Die für ein Chemie- oder innovatives KMU möglichen Standorte sind grundsätzlich auf der grünen Wiese in Form von Industriegebieten oder in Technologie- und/oder Chemieparks zu finden. Der Technologiepark unterscheidet sich vom Chemiepark insbesondere durch seine geringere sicherheitstechnische Abgegrenztheit von der Außenwelt und die weniger umfangreichen Kapazitäten im Ver- und Entsorgungsbereich sowie in der Logistik. Für Chemieunternehmen gelten diese Auswahlmöglichkeiten nur, soweit gesetzliche Genehmigungen für die Produktion des jeweiligen Gefahrstoffes auf der grünen Wiese erlangt werden können (Konzessionen).

Als Vergleich für die beiden Beispielunternehmen Innovatives KMU und Basischemikalienunternehmen dienen drei Standorte: eine klassische Grüne-Wiese-Überlegung, ein bestehender Chemiestandort mit unterschiedlichen Einsatzzonen (= Flächendifferenzierung) und ein bestehender Main-User-Standort. Bei der Grünen-Wiese-Planung ist das Unternehmen bei der Planung seines Standortes völlig frei. Der flächendifferenzierte Chemistandort ist ein offener Technologie-/Chemiepark mit unterschiedlichen Ansiedlungszonen (Basischemie, Pharma, Forschung, Logistik). Der Main-User-Standort setzt einen Schwerpunkt auf einen Teil der Wertschöpfungskette (Petro-, Spezialchemie- oder Pharmaorientierung).

Die Entscheidungskriterien für das Innovative KMU (Innovations GmbH) sind Humankapital, Infrastruktur, Verkehrsanbindung, Netzwerk und Image der Region. Die Kriterien für das Basischemikalienunternehmen sind Rohstoffversorgung, Produktionsverbund, Fachpersonal, Services und Verkehrsanbindung. Die

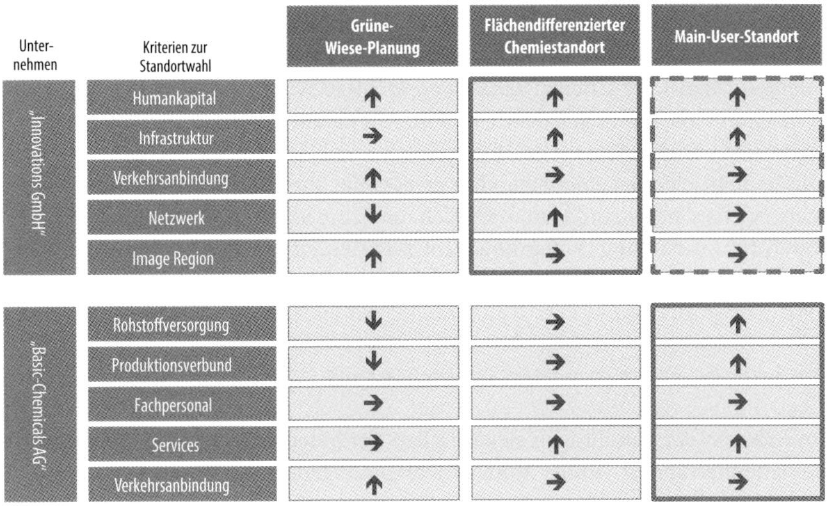

Unternehmen	Kriterien zur Standortwahl	Grüne-Wiese-Planung	Flächendifferenzierter Chemiestandort	Main-User-Standort
"Innovations GmbH"	Humankapital	↑	↑	↑
	Infrastruktur	→	↑	↑
	Verkehrsanbindung	↑	→	→
	Netzwerk	↓	↑	→
	Image Region	↑	→	→
"Basic Chemicals AG"	Rohstoffversorgung	↓	→	↑
	Produktionsverbund	↓	→	↑
	Fachpersonal	→	→	→
	Services	→	↑	↑
	Verkehrsanbindung	↑	→	→

Abb. 1.15 Vergleich Ansiedlung Grüne Wiese, flächendifferenzierter Chemiestandort und Main-User-Standort.

Bewertung der drei Standorte durch diese beiden unterschiedlichen Unternehmen ist in Abb. 1.15 dargestellt.

Das Ergebnis der Bewertung zeigt, dass existierende Zonen- oder Main-User-Standorte erhebliche Vorteile bieten. Für die Ansiedlung des innovativen KMUs ist eine innovative Forschungs- und Entwicklungsinfrastruktur von großer Bedeutung. Professionelle Standorte, welche in der Ansiedlung von innovativen Unternehmen einen Schwerpunkt sehen, stellen solchen Unternehmen skalierbare Forschungsumgebungen in einem frei wählbaren Facility-Management-Angebot zur Verfügung. In vielen Fällen liegen die bestehenden Standorte verkehrstechnisch optimal und bieten den innovativen KMUs eine zahlreiche Logistikvielfalt vom Kleinmengenversand über etablierte Kurier-/Express- und Postdienst (KEP)-Prozesse bis zur anspruchsvollen Distribution von Produkten auf der Schiene oder im Flugzeug.

Die Ansiedlung des Chemieunternehmens hängt in erheblichem Maß von den benötigten Up-/Downstream-Produkten in der Wertschöpfungskette ab. In vielen Fällen ist damit der Produktionsverbund, der von den Main Usern des Standortes abhängt, ausschlaggebend für die Ansiedlung. Je weiter das Basischemikalienunternehmen in der Wertschöpfungskette nahe zum Erdöl und Erdgas produziert (also Massenkunststoffe oder sogar Petrochemie), desto notwendiger wird ein Cracker oder eine Chlorproduktion in unmittelbarer Nähe. Die Ansiedlung auf der grünen Wiese ist damit überwiegend ausgeschlossen. Zusätzlich können Prozesse zur Genehmigung unterschiedlich langwierig sein. Darüber hinaus werden zahlreiche Services benötigt, die an einem Chemiestandort in modularer Art und Weise vom Kunden ausgewählt werden können. Zusätzlich hilft der Chemiestandort Unternehmen aus dem Ausland bei Genehmigungen, der Beschaffung von Arbeitskräften und behördlichen Prozessen. Damit ist für ein Basischemikalienunternehmen eine entsprechende Zone in einem Zonenpark oder der Main-User-Chemiestandort die richtige Wahl.

Zusammenfassend wird deutlich, dass von einem „Gemeinschaftskonzept" in Form eines Technologie- oder Chemiestandortes erhebliche Vorteile ausgehen. Die Gemeinschaft an einem Standort ermöglicht zum einen, Material- und Informationsflüsse miteinander zu verbinden, und zum anderen, synergetische Effekte durch die Ausnutzung gemeinsamer Infrastrukturen und Ressourcen zu erzielen.

1.4
Perspektiven-Integration mit dem Site-Service-Audit

Im Rahmen der zukünftigen strukturellen Veränderungen wird das Instrument des Chemiestandort-Audits immer wichtiger. Eigentümer, Betreiber oder Investoren gewinnen schnell und zuverlässig ein gemeinsames Bild der Leistungsfähigkeit des Chemiestandortes. Dieses in Abb. 1.16 dargestellte Audit kann als Kriterium für Kooperations-/Übernahmediskussionen oder als Kompass für die Geschäftsaufbau- oder Restrukturierungsaktivitäten dienen. Die Innenperspektive des Audits umfasst die 12 Leistungsdimensionen aus dem Modell des Organisationsperformancemanagements. Die Außenperspektive des Audits enthält die Sichten Standortfläche, Standortmanagement und Chemiestandortservices.

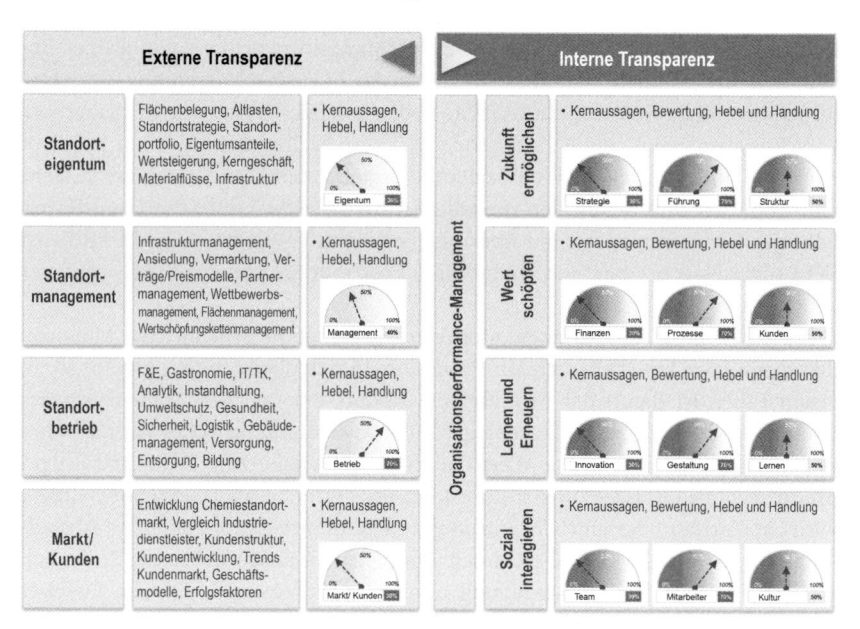

Abb. 1.16 Site-Service-Audit.

Zur Sicht Standortfläche sind Parameter wie z. B. Belegung, Eigentum, Altlasten oder Nutzer entscheidende Audit-Größen. In der Perspektive Standortmanagement wird Transparenz zu Themen wie z. B. Infrastrukturmanagement, Ansiedlung, Vermarktung, Verträge/Preismodelle, Wettbewerbermanagement oder Wertschöpfungsketten erzeugt. Im Bereich Standortbetrieb sind es die notwendigen Services wie z. B. Ver- und Entsorgung, Logistik oder Sicherheit. Die Ausprägungen der (bis max. 5) Einzelparameter werden im Vergleich zu einem idealen Wettbewerber auf (einfachen) Skalen abgetragen. Es ergibt sich ein Gesamtbild zur Chemiestandortleistungsfähigkeit und je nach Audit-Ergebnis entsprechende strategische und operative Handlungspfade.

Diese Transparenz über das Site-Service-Audit dient als Basis für die weitere Diskussion von geeigneten Strategien und Geschäftsmodellen für Chemiestandorte.

Teil 2
Markt und Kundenanforderungen

2
Das Chemieparkkonzept – Ein Modell mit Zukunft?

Horst Wildemann

Seit Anfang der 1990er-Jahre hat sich die Struktur der Chemieindustrie grundlegend gewandelt. Mit diesem Wandel ging die Entstehung von Chemieparks und den zugehörigen Standortbetreibergesellschaften einher. Inzwischen hat sich dieser neue Standorttypus etabliert und professionalisiert. Für angesiedelte Chemieunternehmen ergeben sich Synergiepotenziale durch Verbundeffekte, sowie durch die gemeinsame Nutzung von Ver- und Entsorgungsstrukturen. Um Wettbewerbsvorteile realisieren zu können und den effizienten Betrieb von Chemieparks zu gewährleisten, werden von Chemieunternehmen verschiedene Anforderungen an die Parkbetreiber gestellt. Die Anforderungen und Erfolgsfaktoren werden in diesem Beitrag diskutiert.

2.1
Treiber für die Entstehung von Chemieparks

2.1.1
Bedeutung der chemischen Industrie

Die Chemieindustrie zählt neben der Elektroindustrie, Maschinenbau und Automobilindustrie zu den bedeutendsten Industriezweigen in Deutschland. Ihr Umsatzanteil betrug im Jahr 2011 mit fast 184 Mrd. € etwa 10,5 % des Gesamtumsatzes des verarbeitenden Gewerbes in Deutschland (vgl. VCI, 2013). Dabei ist die Chemieproduktion in Deutschland in Bezug auf die Bundesländer stark unterschiedlich verteilt. Vor allem entlang der Rheinschiene sowie im Süden der Bundesrepublik lassen sich Schwerpunkte ausmachen (vgl. Abb. 2.1). Nordrhein-Westfalen ist mit 28,5 % am Gesamtumsatz das bedeutendste Bundesland. Gründe hierfür sind vor allem in der historischen Entwicklung und der engen Verzahnung mit anderen Industrien zu sehen. Ebenfalls bedeutende Faktoren sind die günstigen Infrastrukturanbindungen entlang des Rheins und des Mains.

Der Erfolg der chemischen Industrie in Deutschland ist insbesondere durch eine vielseitige An- und Verwendbarkeit chemisch erzeugter Produkte in anderen Wirtschaftssektoren begründet. In über 90 % der alltäglich verwendeten Produkte

Umsatzverteilung nach Bundesländern (∑ = 184 Mrd. €, 2011)

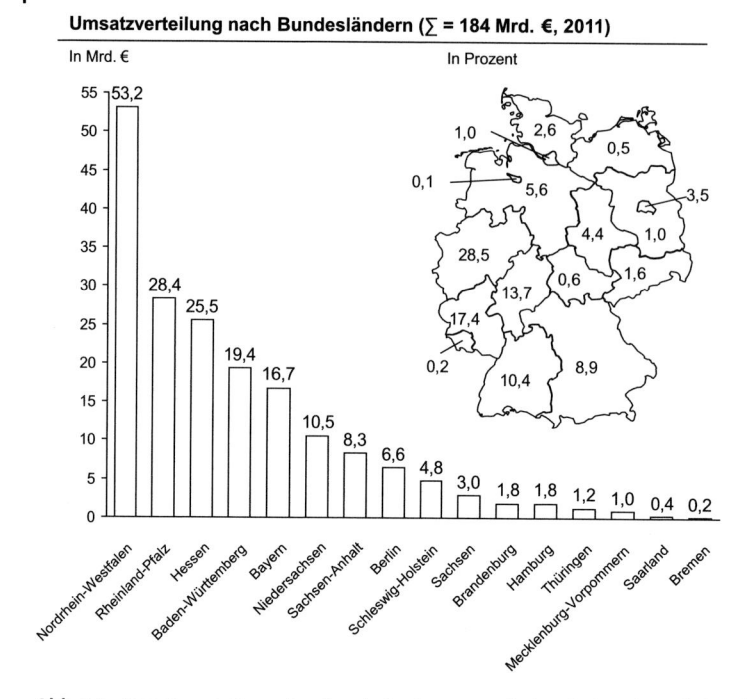

In Mrd. €: Nordrhein-Westfalen 53,2; Rheinland-Pfalz 28,4; Hessen 25,5; Baden-Württemberg 19,4; Bayern 16,7; Niedersachsen 10,5; Sachsen-Anhalt 8,3; Berlin 6,6; Schleswig-Holstein 4,8; Sachsen 3,0; Brandenburg 1,8; Hamburg 1,8; Thüringen 1,2; Mecklenburg-Vorpommern 1,0; Saarland 0,4; Bremen 0,2

In Prozent (Karte): 28,5; 17,4; 13,7; 10,4; 8,9; 5,6; 4,4; 3,5; 2,6; 1,6; 1,0; 1,0; 0,6; 0,5; 0,2; 0,1

Abb. 2.1 Umsatzverteilung der chemisch-pharmazeutischen Industrie nach Bundesländern (eigene Darstellung basierend auf Daten des VCI, 2013).

haben chemische Erzeugnisse ihren Weg in unseren Alltag gefunden (vgl. Wildemann, 2009). Folglich ist die Chemieindustrie eng mit anderen Industriezweigen wie etwa der Automobilbranche verbunden. Insgesamt werden nur etwa 30 % der Erzeugnisse der chemischen Industrie direkt für den Endverbraucher produziert (vgl. Abb. 2.2). Etwa die Hälfte der chemischen Produktion wird in anderen Industrien weiter verarbeitet.

2.1.2
Strukturwandel in der chemischen Industrie

Die Chemieindustrie am Standort Deutschland blickt auf eine lange Tradition zurück. Bereits 1865 wurde in Ludwigshafen die Badische Anilin- & Soda-Fabrik (BASF) gegründet. Heute ist die BASF eines der größten Chemieunternehmen der Welt. Dabei ist der Konzern eines der wenigen großen Chemieunternehmen, welches sich dem Trend der Desintegration von Großkonzernen weitgehend entzogen hat.

Abgesehen von BASF und Dow Chemicals hat sich die Unternehmensstruktur in der chemischen Industrie seit Ende der 1980er Jahre grundlegend gewandelt. Während der Markt noch vor 20 Jahren von diversifizierten Großkonzernen dominiert wurde, sind die heutigen Unternehmen deutlich spezialisierter und kleiner in Bezug auf Umsatz und Mitarbeiterzahl. So waren im Jahr 2006 etwa 93 %

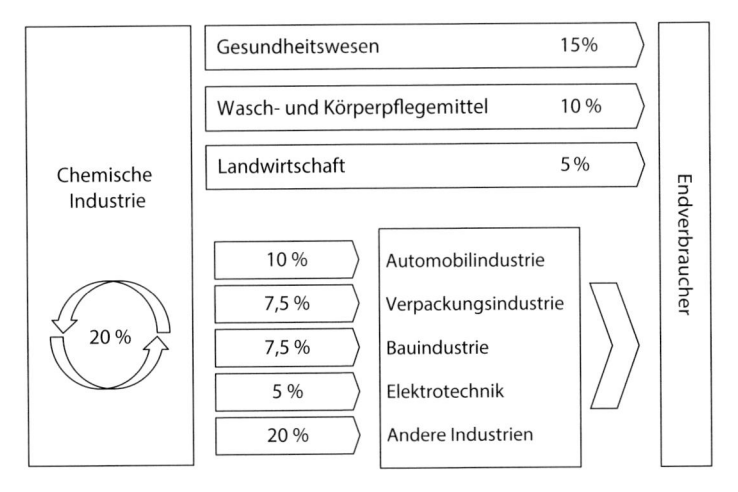

```
Chemische          Gesundheitswesen              15%
Industrie          Wasch- und Körperpflegemittel 10%
                   Landwirtschaft                5%                      Endverbraucher
     20%           10%   Automobilindustrie
                   7,5%  Verpackungsindustrie
                   7,5%  Bauindustrie
                   5%    Elektrotechnik
                   20%   Andere Industrien
```

Abb. 2.2 Abnehmerbranchen von chemischen Produkten.

der Chemieunternehmen in Deutschland kleine und mittlere Unternehmen (vgl. Wildemann, 2009). Bis heute hat sich diese Entwicklung weiter fortgesetzt. Vielfach sind die heutigen Chemieunternehmen aus der Abspaltung von Organisationseinheiten aus diversifizierten Konzernen und der damit verbundenen Konzentration auf Kernprozesse entstanden. Altana Chemie und Altana Pharma, Bayer und Lanxess sowie die Aufgliederung des ehemaligen Hoechst Konglomerats in Clariant, Aventis und weitere Gesellschaften sind prominente Beispiele. Eine Folge der Konzentration auf Kernaktivitäten der einzelnen Chemieunternehmen ist die zunehmende Ausgliederung von Infrastrukturservices und Dienstleistungen in Tochtergesellschaften oder die Vergabe an externe Dienstleister.

Diese Entwicklung veränderte nicht nur die Branchenstruktur, sondern beeinflusst ebenfalls den zukünftigen Weg des Chemiestandorts Deutschland. So arbeiten in Frankfurt am ehemaligen Standort der Hoechst AG im Industriepark Hoechst heute mehr Menschen als zu Zeiten des großen Industriekonglomerats, allerdings verteilt sich die Beschäftigtenzahl auf mehr als 90 Einzelunternehmen (vgl. InfraServ Hoechst, 2012).

Dies birgt Herausforderungen für die ansässigen Chemieunternehmen, aber auch für die verantwortlichen Standortbetreiber. So müssen u. a. eine Vielzahl von Interessen und die gestiegene Menge der Schnittstellen zwischen den Unternehmen im Chemiepark berücksichtigt werden.

2.1.3
Chemieindustrie heute

Enge Verflechtungen mit Unternehmen aus anderen Industriezweigen wie der Automobilindustrie, dem Maschinenbau oder der Elektroindustrie stellen die Befähigerfunktion der Chemieindustrie in den Vordergrund. So haben sich Kunststoffe in den letzten Jahrzehnten zum zweitwichtigsten Werkstoff in der Automo-

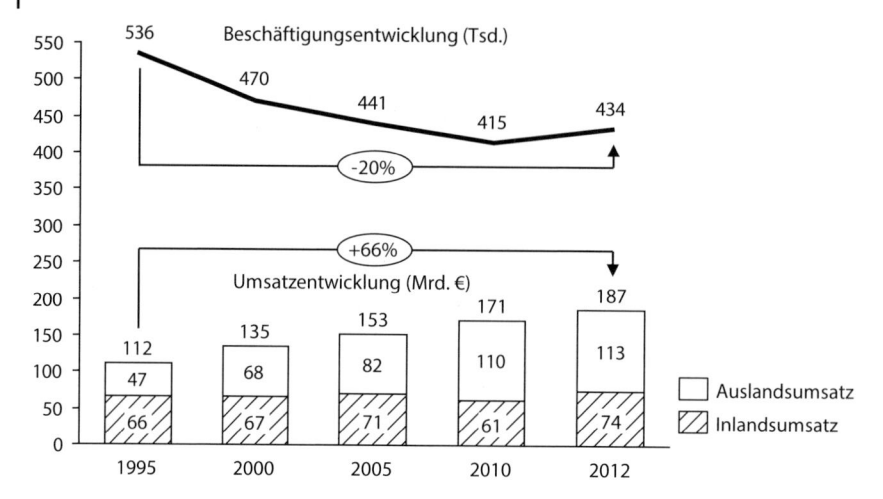

Abb. 2.3 Umsatz- und Beschäftigungsentwicklung der Chemieindustrie im Vergleich (vgl. VCI, 2013).

bilindustrie entwickelt (vgl. Wildemann, 2009). Im Maschinenbau sind chemische Produkte wie Kleb- und Dichtstoffe, Schmier- und Reinigungsmittel sowie Materialien für den Oberflächen- und Korrosionsschutz nicht mehr wegzudenken. Durch die zunehmende Elektrifizierung von Fahrzeugen entwickelt die deutsche Elektroindustrie immer leistungsfähigere Batterien, die nur mit innovativen und wettbewerbsfähigen Produkten aus der Chemieindustrie zu realisieren sind. Auch die gut ausgebaute Logistikinfrastruktur sowie Pipelineanbindungen für Rohstoffe machen Deutschland zu einem attraktiven Standort für Chemieunternehmen, da fehlende Rohstoffe kostengünstig importiert werden können.

Im Gegensatz zur rückläufigen Beschäftigungsentwicklung, ist beim Umsatz der deutschen Chemieindustrie in den letzten 15 Jahren ein deutlich positiverer Trend zu verzeichnen (vgl. Abb. 2.3).

Im Zeitraum von 1995 bis 2012 konnte die Chemiebranche ihren Umsatz um über 65 % steigern (vgl. VCI, 2013). Diese gegenläufige Entwicklung zwischen Umsatzsteigerungen auf der einen und Verlust von Arbeitsplätzen auf der anderen Seite lässt sich vor allem durch Produktivitätssteigerungen, durch die Konzentration der Chemieunternehmen auf ihre Kernkompetenzen und der damit verbundenen Auslagerung von Serviceaktivitäten in rechtlich eigenständige Gesellschaften und an externe Dienstleister erklären, welche nicht mehr direkt der Chemiebranche zuzurechnen sind.

2.1.4
Relevanz der Chemieparks für die deutsche Chemieindustrie

Synergien durch Netzwerkeffekte beim Bezug von Medien, Rohstoffen und Zwischenprodukten sowie eine gemeinsame Nutzung von Ver- und Entsorgungsstrukturen in Chemieparks bieten den ansässigen Chemieunternehmen einen signifikanten Wettbewerbsvorteil. Die so entstandenen Strukturen in Chemieparks stellen sowohl für kleine und mittelständische Betriebe als auch für Großkonzerne eine Möglichkeit dar, sich auf die jeweiligen Kernkompetenzen zu konzentrieren und Infrastrukturaufgaben an spezialisierte Dienstleister zu übertragen. Chemieparks verfügen hierzu über eine anforderungsgerechte Infrastruktur, und deren Betreiber können mit fachlicher Expertise ansässige Unternehmen bei Planung, Bau und Betrieb von Anlagen unterstützen.

Im Zuge des Strukturwandels der Chemieindustrie ist eine Entwicklung von Chemieparks hin zu professionellen Service-Providern zu beobachten. Es entstehen zunehmend fokussierte Betreibergesellschaften, die eine auf die Anforderungen der Standortnutzer ausgerichtete Infrastruktur und ein fokussiertes Dienstleistungsspektrum anbieten. Auf diese Weise können Chemieparks und deren Betreiber direkt die Wettbewerbsfähigkeit von ansässigen Unternehmen positiv beeinflussen. Chemieparks haben dabei Einfluss auf etwa 15–20 % der Kostenstruktur ansässiger Unternehmen (vgl. Wildemann, 2013).

2.2
Ein Chemiepark, was ist das?

2.2.1
Abgrenzung des Begriffs

In der Literatur lassen sich unterschiedliche Sichtweisen und begriffliche Abgrenzungen zum Begriff „Chemiepark" finden. Eine allgemeingültige Definition hat sich bislang nicht etabliert. Einigkeit besteht bei verschiedenen Autoren aus Wissenschaft und Praxis lediglich in der Hinsicht, dass es sich bei einem Chemiepark um eine Sonderform eines Industrieparks handelt. Jedoch hat sich in der Literatur zu Industrieparks ebenfalls keine allgemeingültige Definition durchsetzen können. In Deutschland gibt es im Wesentlichen zwei Arten von Industrieparks: Automobile Zuliefererparks und Parks, die von der chemisch-pharmazeutischen und Biotech-Industrie dominiert werden. Dies spiegelt sich ebenfalls in der einschlägigen Literatur wider (vgl. etwa Wiesinger, 2010 oder Wilkens, 2004). Für die begriffliche Abgrenzung eines Chemieparks sind daher Definitionsansätze zu betrachten, welche sich entweder auf Industrieparks mit Standortbetreibergesellschaften und gemeinsam genutzten Services oder direkt auf Chemieparks beziehen.

Doch auch in diesem Betrachtungsbereich hat sich keine einheitliche Definition des Begriffs Chemiepark durchsetzen können. In der Literatur finden sich daher verschiedene, voneinander abweichende Begriffserklärungen, welche unterschiedliche Teilelemente des Konstrukts hervorheben. So stellen einige Begriffsklärungen die Funktion der Servicegesellschaft in den Mittelpunkt. Andere stellen die Verbundstruktur als wesentliches Merkmal von Chemieparks heraus. Dennoch lassen sich in vielen der divergierenden Definitionen gemeinsame Elemente identifizieren. Den meisten Ansätzen ist eine enge begriffliche Verknüpfung zwischen Industrie- und Chemieparks gemein. Wobei die Bezeichnung Chemiepark die Branchenherkunft der Betreibergesellschaft sowie das Hauptgeschäftsfeld der meisten angesiedelten Unternehmen am Standort betont (vgl. Müggenborg und Bruns, 2003). Weitere Charakteristika sind das Fehlen von physischen Grenzen zwischen den Standortunternehmen, deren Aktivitäten teils über den gesamten Chemiepark verstreut sind, sowie eine gemeinsame Nutzung von Infrastruktureinrichtungen und die Integration in einen Produktions- und Dienstleistungsverbund (vgl. Hög und Juszak, 2004). Unabhängig von der Entstehungsgeschichte lassen sich somit folgende Gemeinsamkeiten von Chemieparks identifizieren (vgl. Bergmann *et al.*, 2004; Höchst *et al.*, 2010; Müggenborg, 2007):

- Die in einem Chemiepark ansässigen Unternehmen sind rechtlich eigenständig und im Bereich der Chemie oder verwandter Industrien tätig.
- Die Zusammenarbeit erfolgt im Verbund bei direkten und/oder indirekten Wertschöpfungsprozessen.
- Die ansässigen produzierenden Unternehmen nutzen gemeinschaftlich die Infrastruktureinrichtungen des Chemieparks.
- Die Ausgestaltung des Serviceangebots erfolgt standortspezifisch.
- Die Koordination und Organisation des Standortbetriebs erfolgt durch eine Betreibergesellschaft.

Ausgewählte Definitionen von Autoren und Institutionen aus Wissenschaft, Politik und Praxis sind in Abb. 2.4 aufgeführt.

Die Übersicht zeigt, dass die unterschiedlichen Autoren bei ihren Definitionen zwar wesentliche Elemente des Chemieparkbegriffs herausstellen, jedoch deckt kein Begriffsverständnis alle beschriebenen Charakteristika vollständig ab. Die aufgeführten Definitionen verdeutlichen somit die Unschärfe im Verständnis des Begriffs „Chemiepark".

Die Arbeitsdefinition für diesen Beitrag besteht daher aus unterschiedlichen Elementen, die eine begriffliche Abgrenzung des Begriffs „Chemiepark" ermöglichen.

Demnach ist ein Chemiepark ein von einer rechtlich oder organisatorisch selbstständigen Betreibergesellschaft geführtes und organisiertes sowie nicht öffentlich zugängliches Industriegelände, auf dessen Gebiet mehrere rechtlich selbstständige Standortunternehmen aus der chemischen oder chemienahen Industrie in einem engen Verbund aus Lieferungen und Leistungen zusammenarbeiten und die dabei von der Betreibergesellschaft zur Verfügung gestellten Infrastruktur- und Serviceleistungen auf Basis privatrechtlicher Vereinbarungen in Anspruch nehmen.

In der Praxis werden auch solche Chemiestandorte als Chemieparks bezeichnet werden, die nur einen Teil der hier aufgeführten Kriterien aufweisen. So unterscheiden sich Chemieparks in einer ganzen Reihe von Faktoren. Einige dieser Varianten werden im Folgenden ausführlicher dargestellt.

Autor	Definition
Bundesregierung (2010)	Das Chemieparkkonzept ist darauf ausgerichtet, die gesamte Wertschöpfungskette zu unterstützen […] Chemieparkbetreiber bündeln und übernehmen zentrale Aufgaben, schaffen dadurch Synergien und entlasten die produzierenden Unternehmen, die häufig eine mittelständische Struktur aufweisen, innerhalb des Chemieparks.
Friedenstab (2004)	Bei einem Industriepark handelt es sich um einen Standort mit mehreren benachbarten industriellen Nutzern, die von einer Infrastrukturgesellschaft versorgt werden.
Höchst (2010)	Der Schwerpunkt von Chemieparks sind Unternehmen des Verarbeitenden Gewerbes im Bereich der Chemie oder verwandter Industrien. Die produzierenden Firmen nutzen die Dienstleistungen der Standortbetreibergesellschaft.
Müggenborg, Bruns (2003)	Industrieparks sind standortspezifische, industriell genutzte Einrichtungen, bei denen auf engem Raum eine Mehrzahl rechtlich selbstständiger Unternehmen in einem engen Verbund aus Lieferungen und Leistungen zusammenarbeiten und bei denen die Nutzer des Parks typischerweise verschiedene spezifische Infrastruktureinrichtungen gemeinsam nutzen.
Müggenborg (2007)	Industrieparks sind standortspezifische, industriell genutzte Infrastruktureinrichtungen, die auf engem Raum von einer Mehrzahl rechtlich selbstständiger Unternehmen in einem engen Verbund von Lieferungen genutzt werden.
Schwerzmann (2004)	Von der Öffentlichkeit nicht zugangliche Industriefläche (Werkszaun, Pforten) mit eigenem (nicht durch öffentliche Ämter wahrgenommenem) Notfall Management. Genutzt von mehreren, rechtlich unabhängigen Unternehmen.
United Nations Industrial Development Organization (1997)	An industrial park can be defined as a tract of land developed and subdivided into plots according to a comprehensive plan with provision for roads, transport and public utilities for the use of a group of industrialists.
Wilkens (2004)	Ein Chemie- oder Industriepark ist im Wesentlichen dadurch gekennzeichnet, dass innerhalb eines räumlich begrenzten Produktionsgeländes mehrere Unternehmen Produktionsstätten - zum Teil im Verbund - betreiben, gegenseitig Dienstleistungen erbringen und eine gemeinsame Infrastruktur nutzen.
Geng (2009)	Industrial parks are characterized as a clustering of industries designed to meet compatible demands of different organizations within one location.

Abb. 2.4 Definitionsansätze für Industrie- und Chemieparks.

2.2.2
Historische Entwicklung der Chemieparks in Deutschland

Die Entwicklung von Chemieparks in Deutschland erfolgte in den neuen und alten Bundesländern getrennt voneinander und aufgrund unterschiedlicher Treiber sowie zu unterschiedlichen Zeitpunkten.

In Ostdeutschland etablierte sich Anfang der 90er-Jahre des letzten Jahrhunderts das Konzept der Chemieparks, nachdem sich eine Gesamtprivatisierung der ehemaligen Chemiekombinate durch die Treuhandanstalt nach der Wiedervereinigung als unrealistisch erwies (vgl. Hauthal, 2004). Es zeigte sich, dass die Standorte aufgrund ihrer Größe als Ganzes nicht privatisierungsfähig waren. Um die geschlossenen Chemiestandorte zu erhalten, entstand der Ansatz der „geschäftsfeldbezogenen Privatisierung". Anstelle der vollständigen Privatisierung von Standorten, wurden entlang der existierenden Produktionslinien Teile des Kombinats an verschiedene Investoren verkauft. Hieraus folgte unmittelbar das Problem wer die vorhandene Infrastruktur für die teilprivatisierten Bereiche betreiben sollte (vgl. Müggenborg, 2007). Dieses Problem wurde in Form der Gründung von Betreibergesellschaften gelöst, welche sich primär um den Betrieb von Infrastruktureinrichtungen in den Chemieparks kümmern. Die Chemieparks in Ostdeutschland haben sich somit vorwiegend als Auffangorganisation für die Reste der mit der politischen Wende 1989/1990 zusammengebrochenen verstaatlichten Chemiekombinate und für deren vorhandene, stark sanierungsbedürftige Infrastruktur entwickelt (vgl. Hauthal, 2004). Die ursprünglichen Betreiber der Kombinatsstandorte haben in vielen Fällen einen eigenen Geschäftsbereich gegründet oder sich zu einer reinen Servicegesellschaft gewandelt, die selbst keine chemieindustrielle Produktion mehr durchführt, sondern sich ausschließlich auf die Vermietung und Verpachtung von Anlagen und Grundstücken konzentriert sowie verschiedene Serviceleistungen für die Nutzer des Industrieparks erbringt (vgl. Müggenborg, 2007).

In Westdeutschland entstanden erst Ende der 90er-Jahre des 20. Jahrhunderts die ersten Chemieparks. Treiber war hier vor allem die sich verändernde Branchenstruktur der chemischen Industrie. Seit Anfang der 1990er-Jahre hat sich die Unternehmenslandschaft innerhalb der Chemiebranche stark verändert. So gliederten Unternehmen Firmenteile aus, um diese konsolidierungsfähig zu machen. Sukzessive trennten sich zahlreiche Chemieunternehmen von Unternehmenseinheiten, die nicht ihrem Kerngeschäft zugerechnet werden konnten (vgl. Müggenborg, 2007). Aus den ehemaligen Verbundstandorten wurden Produktionssparten sowie Nischenprodukte separiert, geschlossen oder durch andere Unternehmen übernommen, um einzelne Geschäftsfelder zu stärken. Strategiewechsel, Strukturwandel und die Konzentration auf Kernkompetenzen in der Chemiebranche brachten parallel dazu eine neue Art von Dienstleistungseinheit hervor – die Standortbetreibergesellschaft. Diese Gesellschaften bieten heute spezialisierte, branchen-optimierte Serviceleistungen an, die zuvor im Unternehmensverbund selbst erbracht wurden (vgl. von Zedlitz, 2010). Im Zuge dieser Entwicklungen öffneten sich die traditionell geschlossenen Verbundstandorte für neue Chemieunternehmen. Aus den ehemals internen Serviceabteilungen entstanden sukzessive rechtlich und (teilweise) wirtschaftlich eigenständige Geschäftseinheiten. Heute firmieren diese Gesellschaften unter Namen wie Currenta oder InfraServ. Kaum etwas an ihrem neuen Erscheinungsbild lässt heute noch Rückschlüsse auf ihre Herkunft als Geschäftseinheit eines Chemiekonzerns zu. Im Rahmen von Erweiterungen und Ansiedlungen neuer Betriebe sind zwischen den Jahren 2000 und 2008 an allen deutschen Chemiestandorten rund 33 Mrd. € in neue Produktionskapazitäten investiert worden (vgl. VCI, 2009).

2.2.3
Erscheinungsformen und Interessengruppen

Chemieparks in Deutschland sind in ihrem Erscheinungsbild durch ein hohes Maß an Heterogenität geprägt. Bei den Eigentümerstrukturen und Betreibermodellen dieser Parks lassen sich zwei wesentliche Kategorien identifizieren: Major-User-Parks und Betreibermodelle mit einer vollständig oder teilweise unabhängigen Infrastruktur- und Servicegesellschaft.

Das Major-User-Modell zeichnet sich durch eine enge Verbindung zwischen dem größten Unternehmen am Standort und den Standortservices aus. Major-User-Standorte sind ausschließlich aus früheren einheitlichen Werken entstanden, welche sich für die Ansiedlung Dritter geöffnet haben. In diesen Chemieparks gibt es ein dominierendes Unternehmen (Major User), welches Infrastruktur- und Serviceleistungen für alle am Standort ansässigen Unternehmen erbringt und die entsprechenden Verträge mit den Standortnutzern abschließt. Das integrale Modell kommt der klassischen Werksorganisation eines Unternehmens sehr nahe (vgl. Müggenborg und Bruns, 2003). Die Serviceorganisation ist dabei zumeist vom Kerngeschäft der Chemieproduktion organisatorisch separiert. In einigen dieser Standorte ist die Chemieparkbetreiber- und Servicegesellschaft als rechtlich eigenständiges Tochterunternehmen ausgegründet. Der Vorteil gegenüber einer integralen Werksorganisation ist eine erhöhte Transparenz über Kosten und Kapitalbindung der Sekundärprozesse. Die Ausgründung in eine rechtlich eigenständige Gesellschaft ist jedoch mit großen Herausforderungen verbunden. Frühere Kollegen aus dem Bereich der Werksorganisation werden zu externen Dienstleistern. Ein eingespieltes Lieferanten-Abnehmer-Verhältnis zwischen dem Major User und der Servicegesellschaft besteht jedoch nicht. Fehlende Strukturen in Produktmanagement, Marketing und Vertrieb müssen aufgebaut werden, um standortgebundene Dienstleistungen in Konkurrenz zu Drittanbietern erfolgreich am Markt positionieren zu können. Dabei gilt, dass je länger Major User und Servicegesellschaft operativ und organisatorisch voneinander getrennt sind, desto mehr professionalisiert sich der abnehmerseitige Einkauf und damit der Druck auf die Servicegesellschaft (vgl. Schwerzmann, 2004b).

Nachteile für die weiteren am Standort ansässigen Unternehmen sind die oftmals sehr intransparente Kostensituation sowie die Tatsache, dass die Standortentwicklung zu großen Teilen durch den Major User bestimmt wird. Da die Betreibergesellschaft weder strategisch noch operativ vollständig unabhängig entscheiden kann, müssen Vorgaben des Major Users von den Minor Usern akzeptiert werden (vgl. Müggenborg und Bruns, 2003). Aus dieser Konstellation ergibt sich jedoch auch einer der größten Vorteile, nämlich der geringere Koordinationsaufwand zwischen der Standortbetreibergesellschaft und den ansässigen Unternehmen.

Neben den unterschiedlichen Ausprägungen des Major-User-Modells hat sich in Deutschland die Chemieparkorganisationsform einer eigenständigen Service- und Infrastrukturgesellschaft etabliert. Charakteristisch für diese Ausprägung ist, dass die Standortbetreibergesellschaften oftmals Eigentümer der Flächen und der Infrastruktur des Chemieparks sind. Ähnlich dem Major-User-Modell existieren auch im Fall der eigenständigen Betreibergesellschaft mehrere Ausprägungsformen. Im Gegensatz zum Major-User-Modell verfügen diese Betreibergesellschaften über weitgehende operative Eigenständigkeit, da die Steuerung lediglich über einen Gesellschafterkreis oder über einen Servicebeirat wahrgenommen werden wird. Andere weniger verbreitete Modelle sind Ansätze, bei denen Grundstücke innerhalb des Parks nicht verpachtet, sondern verkauft werden und sich somit nach Veräußerung nicht mehr durch die Betreibergesellschaft steuern lassen. Auch sind Modelle, in denen Dienstleistungen und der Betrieb der Infrastruktur an außenstehende Drittanbieter vergeben werden, möglich (vgl. Schwerzmann, 2004b).

Im Gegensatz zum Major-User-Modell mit teils vorgegebenen Entscheidungen, unterliegt die selbstständige Infrastrukturgesellschaft der Notwendigkeit einen Interessenausgleich zwischen den beteiligten Unternehmen herbeizuführen. Diese Abstimmung erweist sich in der Praxis häufig als zeitaufwendig. Als Vorteil lassen sich die aufgrund der Eigenständigkeit tendenziell höhere Professionalisierung sowie die im Vergleich zum Major-User-Konzept höhere Kostentransparenz nennen. Allerdings ergibt sich auch in vielen Parks mit einer eigenständigen Betreibergesellschaft oftmals Diskussionsbedarf, insbesondere bei der Aufteilung der Kosten und der Preisgestaltung (vgl. Müggenborg und Bruns, 2003).

Durch die Ausgründung eines Chemieparks aus einem ehemaligen Ein-Unternehmen-Standort verteilen sich die Rollen zwischen Chemieunternehmen und Servicegesellschaft zwangsweise neu. Dabei sind deren Ziele sehr unterschiedlich (vgl. Bergmann, 2004). Die Praxis zeigt, dass die Regelung der Eigentümerfrage eng mit der Strategie eines Chemieparks und mit der Konstellation der jeweiligen Interessengruppen innerhalb eines Chemieparks verknüpft ist.

Bei den Interessensgruppen innerhalb eines Chemieparks ergeben sich zwischen ansässigen Chemieunternehmen sowie der Standortbetreibgesellschaft und den Eigentümern komplexe Verflechtungen. Nach Bode/Schwerzmann lassen sich innerhalb eines Chemieparks fünf Hauptrollen identifizieren (vgl. Abb. 2.5). Dabei ist zu beachten, dass jede dieser fünf Funktionen von einer oder mehreren Organisationen ausgefüllt werden kann. Organisationen umfassen hierbei Abteilungen oder rechtlich eigenständige Unternehmen (vgl. Schwerzmann, 2004b). Zwischen den am Standort ansässigen Organisationen können sich zusätzlich unterschiedliche Eigentumsverhältnisse ergeben. Im Extremfall können alle diese Rollen von einer einzigen Organisation ausgefüllt werden.

Rollen in einem Chemiepark

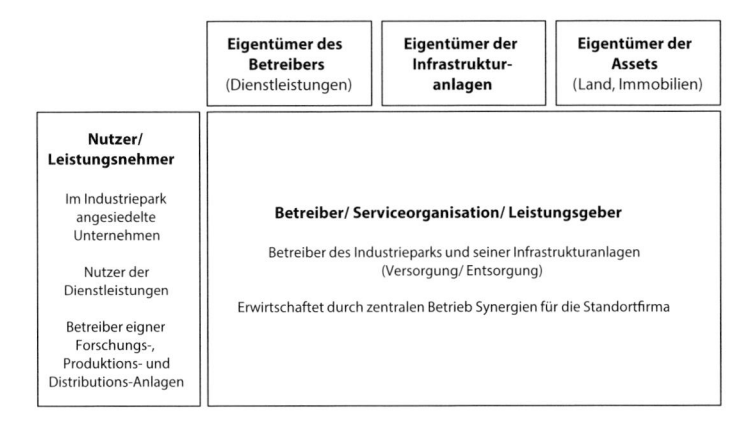

```
┌─────────────────┐ ┌─────────────────┐ ┌─────────────────┐
│ Eigentümer des  │ │ Eigentümer der  │ │ Eigentümer der  │
│   Betreibers    │ │  Infrastruktur- │ │     Assets      │
│ (Dienstleistungen)│ │    anlagen     │ │ (Land, Immobilien)│
└─────────────────┘ └─────────────────┘ └─────────────────┘

┌──────────────────┐ ┌────────────────────────────────────────────────┐
│ Nutzer/          │ │                                                │
│ Leistungsnehmer  │ │                                                │
│                  │ │   Betreiber/ Serviceorganisation/ Leistungsgeber│
│ Im Industriepark │ │                                                │
│ angesiedelte     │ │ Betreiber des Industrieparks und seiner        │
│ Unternehmen      │ │ Infrastrukturanlagen (Versorgung/ Entsorgung)  │
│                  │ │                                                │
│ Nutzer der       │ │ Erwirtschaftet durch zentralen Betrieb         │
│ Dienstleistungen │ │ Synergien für die Standortfirma                │
│                  │ │                                                │
│ Betreiber eigner │ │                                                │
│ Forschungs-,     │ │                                                │
│ Produktions- und │ │                                                │
│ Distributions-Anlagen│ │                                            │
└──────────────────┘ └────────────────────────────────────────────────┘
```

Abb. 2.5 Rollen in einem Chemiepark (eigene Darstellung in Anlehnung an Bode und Schwerzmann, 2005).

2.2.4
Die Chemieparkstruktur

Betreibergesellschaften und ihre Tochterunternehmen stellen in einem Chemiepark die notwendige Infrastruktur und Dienstleistungen für alle Standortunternehmen zur Verfügung, sind damit verantwortlich für den Standortbetrieb und kümmern sich um die weitere Erschließung und Vermarktung des Standorts. Ein wichtiger Aspekt beim Betrieb eines Chemieparks ist die individuelle Ausgestaltung des Produktportfolios. Aus den ehemaligen Randbereichen der Chemieindustrie, wie der Instandhaltung, der Analytik oder der Logistik, entwickelte sich sukzessive das Kerngeschäft der heutigen Chemieparkbetreiber. Die Servicegesellschaft bietet den ansässigen Unternehmen gegen Entgelt ein breites Spektrum an Dienstleistungen und Serviceangeboten. Im Rahmen des Forschungsprojekts „Chemieparks als Service- und Kompetenzcenter" wurde zur besseren Vergleichbarkeit der Chemieparks untereinander eine einheitliche Nomenklatur entwickelt, welche das Dienstleistungs- und Serviceangebot von Chemieparks in sechs Bereiche unterteilt (vgl. Wildemann, 2012). Dies ermöglicht eine einfache Clusterung der Chemieparkservices und verschafft einen differenzierten Überblick auf alle Leistungen eines Chemieparks. Abbildung 2.6 skizziert diese identifizierten Dienstleitungsbereiche.

Wie bei ihrer Struktur unterscheiden sich Chemieparks ebenfalls in Bezug auf die angebotenen Leistungen. Während einige Chemieparks lediglich grundlegende Services anbieten oder ihrerseits Leistungen an Dritte outsourcen, existieren in anderen Parks integrale Betreibergesellschaften, die eine große Leistungsbreite sowie -tiefe abdecken. Dabei haben sich in den vergangenen Jahren unterschiedliche Ausprägungen und Mischformen zwischen den beiden genannten Extrempunkten ergeben. Auch in Bezug auf das Angebot und die Abnahmepflicht der einzelnen Dienstleistungen und Services unterscheiden sich Chemieparks signifikant. Generell kann das Leistungsangebot in abnahmepflichtige Leistungen

Basisinfrastruktur	Know-how	Ver- und Entsorgung
• Flächenmanagement (Frei- und Grünflächen) • Anschluss an Fernleitungen & Rohrnetze • Anschluss an Straßen-/ Schienennetze, Flughafen • Anschluss an Gewässer (Fluss/Meer)	• Technische Instandhaltung • F&E-Kooperationen • Engineering • Analytik-Services • Bauüberwachung • Anlagenbetreuung • Zentraler Einkauf und Vertrieb • Zentrale Aus- und Weiterbildung	• Primärenergieversorgung • Medienversorgung (Strom, Dampf, Kälte, technische Gase, Wasser, Druckluft …) • Abfallentsorgung • Abwasserreinigung • Kuppelprodukte

Site Operations	Logistik	Behördenmanagement
• Arbeitssicherheit • Werksschutz • Kantine und Verpflegung • IT-Services • Notfall- und Krisenmanagement • Werksfeuerwehr • Werksärztliche Dienste • Facility Management	• Auftragsabwicklung • Administration (z.B. Zoll) • Gefahrgütertransport • Gefahrstofflagerung • Werksverkehr	• Rechtsbetreuung • Auflagenmanagement • Zertifizierungs- und Genehmigungsmanagement

Abb. 2.6 Dienstleistungs- und Serviceangebot von Chemieparks (vgl. Wildemann, 2013).

und in Leistungen, die freiwillig in Anspruch genommen werden können, unterteilt werden. Dies bedeutet, dass einige Services, wie etwa Feuerwehr oder Werkschutz, von den ansässigen Unternehmen abgenommen werden müssen, Dienstleistungen, wie Analytik- oder Engineering-Services, hingegen lediglich optional oder von einigen Chemieparks gar nicht angeboten werden.

Das Leistungsspektrum in Chemieparks kann neben der Einteilung in abnahmepflichtige und freiwillig abzunehmende Services in zwei weitere Bereiche gegliedert werden: das standortgebundene Infrastrukturangebot und das standortungebundene Dienstleistungsspektrum. Standortgebundenheit und Abnahmepflicht der Services sind dabei als interdependent zu betrachten. Auf der einen Seite bedeutet dies, dass standortgebundene Leistungen oftmals abnahmepflichtig sind, da mit dem Vorhalten von Werksfeuerwehr und Infrastruktur häufig hohe Fixkosten verbunden sind. Diese Kosten werden auf alle Unternehmen am Standort umgelegt. Auf der anderen Seite werden nicht standortgebundene Dienstleistungen chemieparkinternen, aber auch externen Unternehmen in direkter Konkurrenz zu externen Industriedienstleistern offeriert. Dies hat den Vorteil, dass die Betreibergesellschaft auch über den Chemiepark hinaus neue Absatzmärkte erschließen kann, da innerhalb des Standorts der Absatzmarkt aufgrund der begrenzten Zahl ansässiger Unternehmen eingeschränkt ist.

2.2.5
Anforderungen der Chemieindustrie an Chemieparks

Auf Basis der entwickelten Nomenklatur zur Clusterung des Service- und Dienstleistungsangebots wurde eine empirische Untersuchung der Anforderungen von Chemieunternehmen an das Service- und Dienstleistungsspektrum von Chemieparks durchgeführt (vgl. Abb. 2.7–2.12). Aufgrund der Heterogenität der chemisch-pharmazeutischen Industrie ist es zweckmäßig, die Anforderungen an Chemieparks industriesegmentspezifisch zu erheben und differenziert zu analysieren. Die statistische Signifikanz der empirisch erhobenen Anforderungsprofile von Chemieunternehmen an Chemieparks schwankt aufgrund der ungleichmäßigen Verteilung der Teilnehmer an der Befragung. Während 33 % der insgesamt 55 Umfrageteilnehmer aus der Polymerindustrie stammen, sind Unternehmen aus der Petrochemie und anorganische Grundchemikalien mit Anteilen von jeweils 2 bzw. 5 % weniger stark vertreten.

Betrachtet man die durchschnittliche Bedeutung der Basisinfrastruktur von Chemieparks für die befragten Chemieunternehmen, so lassen sich vor allem die geografische Nähe zu einem Flughafen sowie gute verkehrsinfrastrukturelle Anbindungen als wichtige Standortfaktoren für ansässige Unternehmen identifizieren (vgl. Abb. 2.7). Bei einer differenzierten Betrachtung ergibt sich, dass für Unternehmen aus der Petrochemie eine gute Verkehrsinfrastruktur besonders wichtig ist, während gerade Unternehmen aus der Polymerindustrie sowie aus dem Pharmabereich einen geringeren Fokus auf die Verkehrsinfrastruktur legen. Dies kann u. a. auf die im Verhältnis geringeren Transportmengen zurückgeführt werden.

In Bezug auf Site Operations stehen für Chemieunternehmen vor allem der Arbeits- und Werksschutz, die Werksfeuerwehr sowie das Notfall- und Krisenmanagement im Vordergrund. Bei Unfällen innerhalb des Parks sind ansässige Unternehmen aus Image-, aber auch aus Sicherheitsgründen auf ein adäquates Krisenmanagement des Chemieparkbetreibers angewiesen. Professionelle Öffentlichkeitsarbeit spielt eine für die chemische Industrie besondere Rolle, da

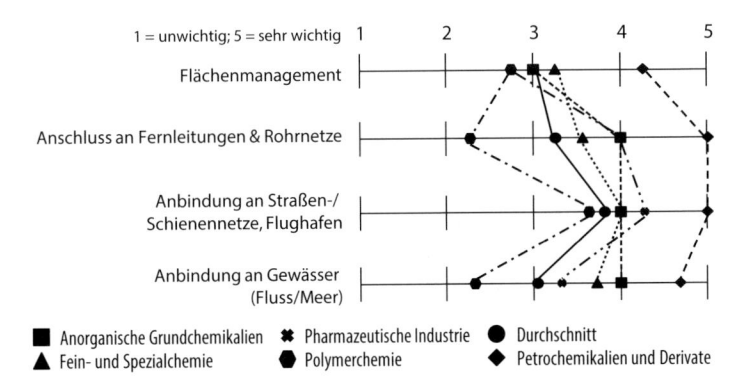

Abb. 2.7 Anforderungen aller Unternehmen an die Basisinfrastruktur (vgl. Wildemann, 2013).

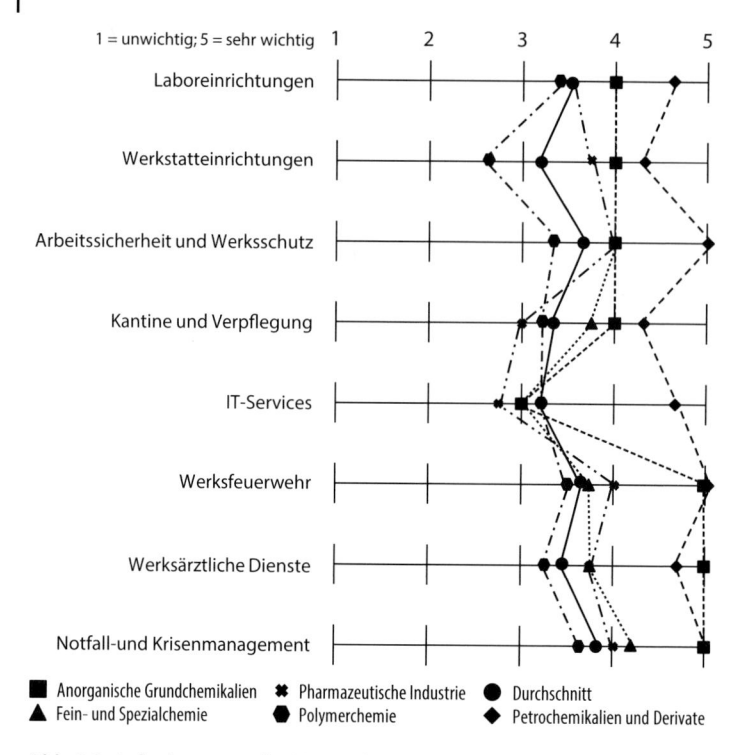

Abb. 2.8 Anforderungen aller Unternehmen an Site Operations (vgl. Wildemann, 2013).

diese häufig als Gefahrindustrie angesehen wird (vgl. Wildemann, 2009). Auffällig ist die geringe Bedeutung von IT-Services in der Befragung. Wie auch in der Kategorie der Basisinfrastruktur, stellen die Unternehmen aus dem Segment der Petrochemie eine Ausnahme im Vergleich zur restlichen Stichprobe dar. Ihre Anforderungen liegen deutlich über denen der anderen Chemiesegmente (vgl. Abb. 2.8).

Ähnliches trifft auch auf den Bereich des Chemiepark-Know-hows zu. Während die Mehrzahl der befragten Unternehmen Services dieser Kategorie als weniger wichtig bis neutral einstuft, werden diese Dienstleistungen von Vertretern der Petrochemie als wichtig bis sehr wichtig klassifiziert. Trotz der großen Abweichung in der Bedeutung der einzelnen Services zwischen den Anforderungen der Petrochemie und den restlichen befragten Unternehmen, lässt sich erkennen, dass die durchschnittliche relative Bedeutung der einzelnen Dienstleistungen für die Unternehmen zueinander sehr ähnlich ist (vgl. Abb. 2.9). So sind die Bereitstellung von F&E-Kooperationen, Bauüberwachung sowie Zentraleinkauf- und Vertrieb durch den Chemieparkbetreiber für Unternehmen aller Chemiesegmente im Durchschnitt von geringerer Bedeutung als etwa die technische Instandhaltung, die Anlagenbetreuung und die Analytik.

Im Bereich der Logistik lässt sich segmentübergreifend ein hoher Stellenwert von Lagerleistungen (vgl. Abb. 2.10) identifizieren. Dagegen ist eine geringe Rele-

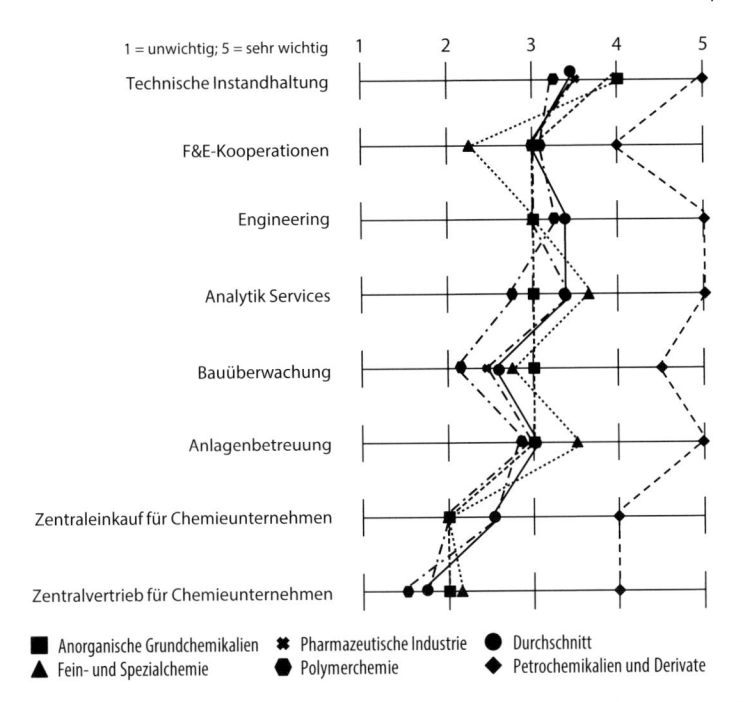

Abb. 2.9 Anforderungen aller Unternehmen an das Chemiepark-Know-how (vgl. Wildemann, 2013).

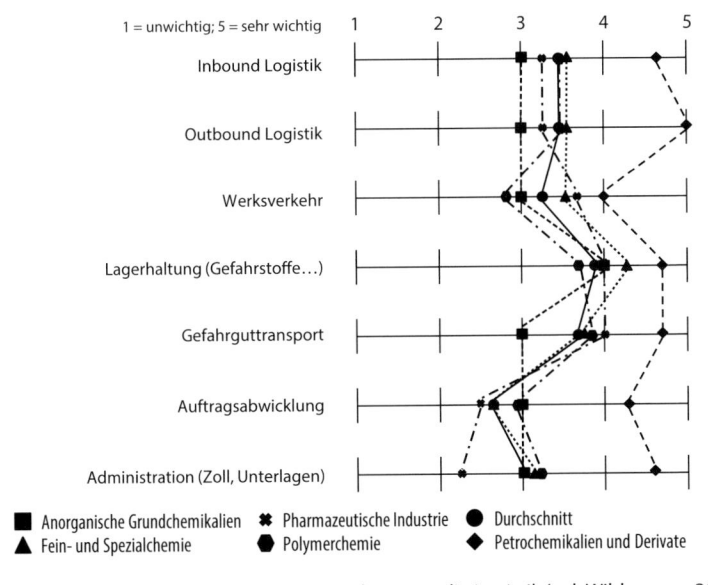

Abb. 2.10 Anforderungen aller Unternehmen an die Logistik (vgl. Wildemann, 2013).

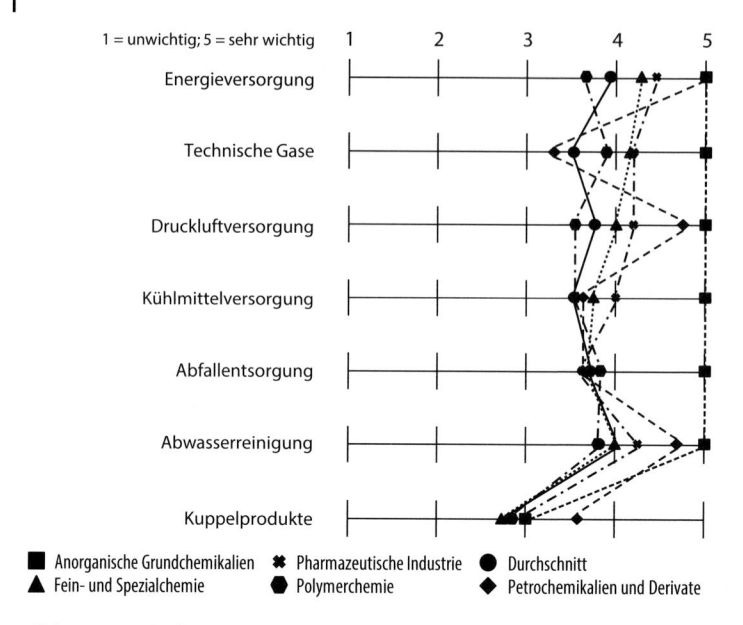

Abb. 2.11 Anforderungen aller Unternehmen an die Ver- und Entsorgung (vgl. Wildemann, 2013).

vanz von Value-Added-Services sowie administrativen Tätigkeiten im Logistikbereich, also der Auftragsabwicklung und der Administration, zu verzeichnen. Es zeigt sich, dass Chemieunternehmen von Standortbetreibern eher die „klassischen" Logistikservices, nämlich Transport, Umschlag und Lagerung von Stoffen und Gütern, nachfragen, während administrative Tätigkeiten im Logistikumfeld nur von geringer bis mittlerer Bedeutung sind.

Ver- und Entsorgungsleistungen stellen für die meisten Chemieunternehmen einen elementaren Grund für ein Engagement in einem Chemiepark dar. Services aus dem Bereich der Ver- und Entsorgung wurden von den befragten Unternehmen im Durchschnitt als tendenziell wichtig bis sehr wichtig eingestuft (vgl. Abb. 2.11). Vor allem die Energieversorgung und die Reinigung von Abwässern stellen wichtige Leistungen im Portfolio eines Chemieparks dar. Dies lässt sich sowohl durch den hohen Verbrauch an Strom und anderen Medien sowie aufgrund der benötigten Versorgungssicherheit erklären, als auch durch die Problematik der Entsorgung von Sonderabfällen. Beide Bereiche stellen daher einen erfolgskritischen Wettbewerbsfaktor für Chemieunternehmen und Chemieparks dar, welcher in vergleichbarer Weise auf der „grünen Wiese" nur mit hohen Fixkostenaufwendungen umsetzbar ist.

Im Gegensatz zu anderen Servicekategorien wie der Ver- und Entsorgung oder der Logistik zeigt sich, dass Chemieunternehmen, Dienstleitungen der Kategorie Behördenmanagement lediglich eine mittlere bis unbedeutende Rolle zubilligen. Dies trifft gleichermaßen für alle untersuchten Chemiesegmente zu (vgl. Abb. 2.12).

```
1 = unwichtig; 5 = sehr wichtig    1    2    3    4    5
```

Rechtbetreuung

Auflagenmanagement

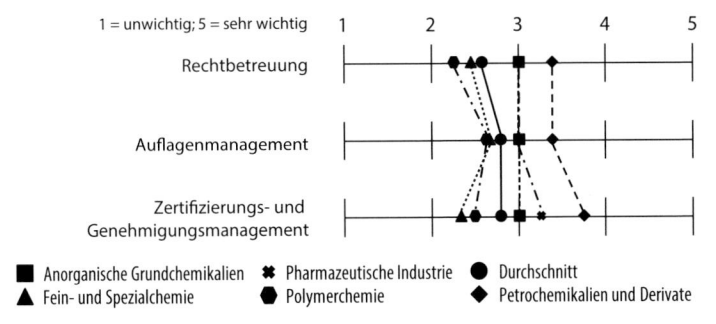

Zertifizierungs- und Genehmigungsmanagement

■ Anorganische Grundchemikalien ✱ Pharmazeutische Industrie ● Durchschnitt
▲ Fein- und Spezialchemie   ⬢ Polymerchemie   ◆ Petrochemikalien und Derivate

Abb. 2.12 Anforderungen aller Unternehmen an das Behördenmanagement (vgl. Wildemann, 2013).

Die Analyse der Umfrageergebnisse lässt Rückschlüsse auf die Perspektiven des Chemieparkkonzepts zu. Sie zeigt, welche Faktoren bereits heute wichtig für die Kunden sind und gibt Chemieparks eine Hilfestellung, wie sie ihr Dienstleistungs- und Serviceportfolio aufstellen sollten, um für die jeweiligen Chemiesegmente zielgerichtete Services anzubieten.

2.3 Perspektiven des Chemieparkkonzepts

Im vorangegangenen Kapitel wurden die historische Entwicklung und der Status Quo der deutschen Chemieparks skizziert sowie Anforderungen von Chemieunternehmen an einen Chemiepark dargestellt. In diesem Kapitel werden Perspektiven und zukünftige Entwicklungsmöglichkeiten des Chemieparkkonstrukts vorgestellt. Analysiert wird dabei insbesondere das Zusammenspiel zwischen Erfolgsfaktoren und möglichen Optimierungsansätzen.

2.3.1 Chancen und Herausforderungen

Bei der Betrachtung von Chancen und Herausforderungen, die mit Chemieparks verbunden sind, ist es entscheidend, beide Seiten – die der Betreibergesellschaft und die der angesiedelten Unternehmen – zu betrachten.

Mit der Ausgründung von Betreibergesellschaften ging eine Professionalisierung des Betreiber- und Dienstleistungsgeschäfts einher. Durch die Erbringung von Leistungen für mehrere Standortunternehmen können Synergieeffekte realisiert werden, von denen auch die Abnehmer profitieren. Ein weiterer Vorteil des Chemieparkkonzepts neben dem Nutzen von Skaleneffekten ist im Standortverbund der ansässigen Unternehmen zu sehen. Dieser beschränkt sich nicht nur auf den reinen Stoffverbund, sondern schließt auch Elemente wie einen gemeinsamen Logistikverbund, Forschungs- und Entwicklungsverbund sowie einen Aus- und Weiterbildungsverbund mit ein. Auch die Schnittstellenkomplexität kann durch die Übernahme von Dienstleistungen durch einen zentralen Serviceanbieter für die Standortunternehmen maßgeblich reduziert und effizienter werden.

Das Engagement in einem Chemiepark bietet für die Standortunternehmen auf der einen Seite große Potenziale. So kann die Integration von Verbund- und Dienstleistungsstruktur eine Kostenreduktion für angesiedelte Unternehmen bedeuten. Gleichzeitig birgt ein Engagement gerade für Neuansiedler einige Risiken wie z. B. die langfristige Abhängigkeit von einem Dienstleister, welcher großen Einfluss auf die Gesamtproduktivität ausüben kann. Somit ist es für Chemieunternehmen wichtig vor einem Engagement zu bewerten, welche Vor- und Nachteile die Investition in einem Chemiepark für das betreffende Unternehmen mit sich bringt.

Dies bedeutet, dass durch die Vielzahl an unterschiedlichen Parks mit differierenden Eigentümerstrukturen, Betreibermodelltypen und Geschäftsmodellen die richtige Auswahl des Standortes für eine Investition eine schwierige und weitreichende Entscheidung darstellt.

Für die deutschen Chemieparks besteht eine der größten Herausforderungen darin den oftmals noch nicht vollständig abgeschlossenen Wandel vom konzerninternen Zentralbereich über ein Shared-Services-Center hin zu einem professionellen und marktorientierten Industriedienstleister zu vollziehen. Diese Entwicklung geht selten ohne eine weitreichende Restrukturierung der Organisation einher. Damit verbunden ist die Herausforderung einer für Chemieunternehmen transparenten Preisgestaltung für einzelne Services nachzukommen. Dies kann u. a. zu Neid und Preisdiskussion zwischen den ansässigen Unternehmen führen. Auch die Abnahmepflicht von Leistungen sorgt oftmals für Diskussionen, da Unternehmen vielfach auch Dienstleistungen und Services des Chemieparks beziehen müssen, die nur selten oder gar nicht benötigt werden. Durch die Umlagefinanzierung von Werksfeuerwehr, Werksschutz sowie von Ver- und Entsorgungseinrichtungen können die Betriebskosten für den gesamten Park gesenkt werden. Einzelne Unternehmen profitieren von dieser Vorgehensweise jedoch mehr als andere, sodass sich Standortunternehmen ungleich behandelt fühlen und sich unter Umständen Wettbewerbsnachteilen ausgesetzt sehen.

Nur wenn es den Betreibern gelingt, den Spagat zwischen Gewinnorientierung und nachhaltiger Standortentwicklung zu meistern, kann das Chemieparkkonzept zur langfristigen Sicherung der Wettbewerbsfähigkeit des Chemiestandorts Deutschland beitragen. Entscheidend hierbei ist die Weiterentwicklung und kontinuierliche Neuausrichtung der zugrunde liegenden chemieparkindividuellen Geschäftsmodelle. Nur so können die Standortbetreibergesellschaften ihre eigene Wirtschaftlichkeit sichern und gleichzeitig für ansiedlungswillige oder bereits angesiedelte Unternehmen attraktiv bleiben. Was aber genau sind die Faktoren, die einen Chemiepark für Unternehmen interessant machen?

2.3.2
Erfolgsfaktoren von Chemieparks

Im Forschungsprojekt „Chemieparks als Service- und Kompetenzcenter" wurde neben einer detaillierten Analyse des Leistungsangebots von Chemieparks und der korrespondierenden Anforderungen von Seiten der Chemieunternehmen ebenfalls eine Untersuchung der Erfolgsfaktoren von Chemieparks durchgeführt. Abbildung 2.13 zeigt die arithmetischen Mittelwerte der Erfolgsfaktorenbeurteilung von Chemieparks. Die Bewertung erfolgte aus Sicht der Betreibergesellschaften von Chemieparks und aus Sicht von Chemieunternehmen. Die Kriterien wurden in Interviews gemeinsam mit Experten festgelegt sowie in Workshops mit den Praxispartnern des Forschungsprojekts verifiziert. Zwei wesentliche Erkenntnisse konnten identifiziert werden:

Zum einen gab es sowohl bei Chemieunternehmen als auch bei Chemieparks bei der Klassifizierung der Bedeutung einzelner Kriterien erhebliche Streubreiten. Es zeigte sich, dass es nicht den einen entscheidenden Faktor für den Erfolg eines Chemieparks gibt. Vielmehr lassen sich je nach Park unterschiedliche Bündel an Erfolgsfaktoren identifizieren. Diese Erkenntnis ist eng mit den heterogenen Erscheinungsformen der Chemieparks verknüpft. Je nach Geschäftsmodell oder Branchenzusammensetzung am Standort unterscheiden sich diese Erfolgsfaktorkombinationen erheblich. Zum anderen ließ die Auswertung darauf schließen, dass übergreifende Faktoren existieren, welche unabhängig von den oben genannten Einflussgrößen für die meisten Chemieparks einen hohen Stellenwert aufweisen.

Auffällig ist, dass Chemieparkbetreiber die Bedeutung der einzelnen Kategorien fast durchgängig höher bewerteten als Chemieunternehmen. Auch lassen sich anhand der Antworten aus dem Standortmanagement eine stärkere Akzentuierung der Ergebnisse sowie eine schwächer ausgeprägte Mittelwerttendenz erkennen. Trotz dieser Differenzen wurde die Bedeutung der Faktoren relativ zueinander von Chemieunternehmen und Parkbetreibern ähnlich gewichtet. Von beiden befragten Teilnehmergruppen werden

- Leistungs- und Servicequalität,
- Wettbewerbsfähigkeit im Preis-/Leistungsverhältnis, sowie
- Verfügbarkeit von qualifiziertem Fachpersonal

als die wichtigsten Erfolgsfaktoren eingestuft. Diese Rangfolge lässt darauf schließen, dass der Erfolg eines Standorts von den vorherrschenden Produktionsbedingungen für ansässige Chemieunternehmen determiniert wird. Entgegen der Meinung einiger Experten, spielen weiche Standortfaktoren wie das Freizeit- und Sportangebot zurzeit nur eine untergeordnete Rolle. Ihre wachsende Bedeutung lässt sich jedoch bereits implizit an der hohen Bedeutung von Faktoren wie der Verfügbarkeit qualifizierten Fachpersonals erkennen. Dieser und weitere wichtige Trends mit dem sich Betreibergesellschaften und Standortunternehmen in Zukunft auseinanderzusetzen haben, werden im Folgenden näher spezifiziert.

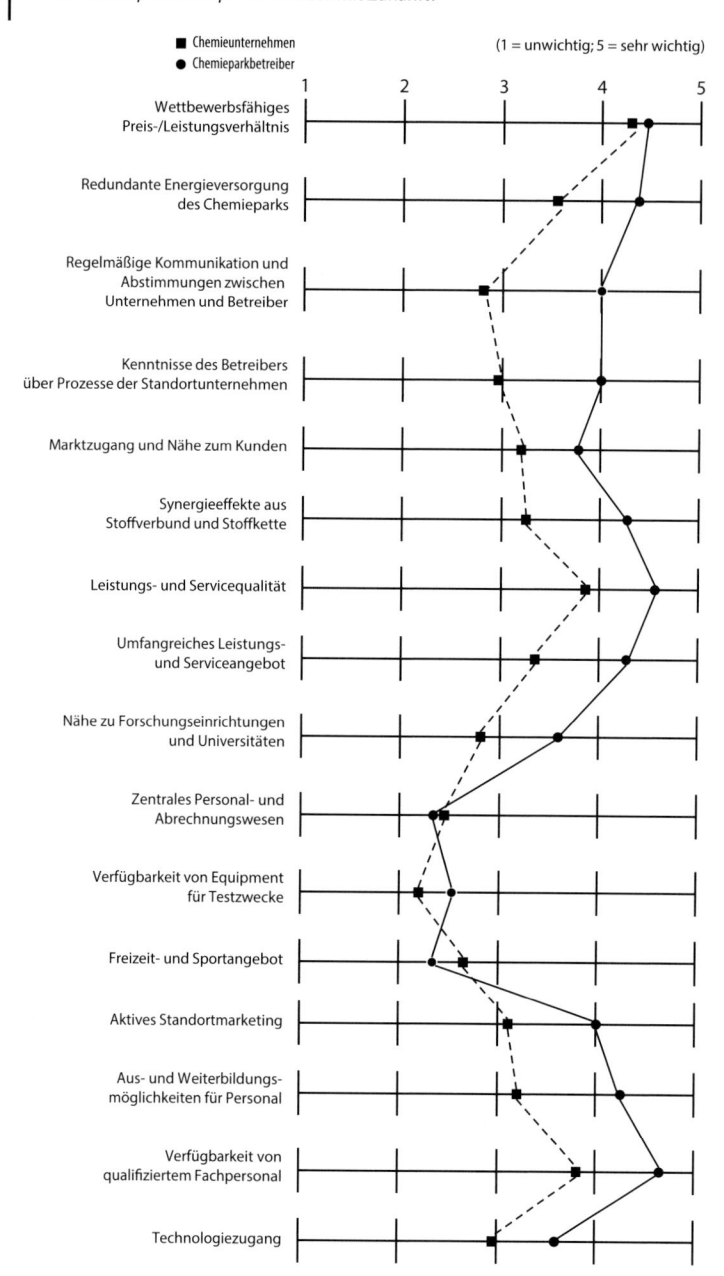

Abb. 2.13 Erfolgsfaktoren aus Sicht von Chemieparks und Chemieunternehmen (vgl. Wildemann, 2013).

2.3.3
Trends und Optimierungsansätze

Viele der in den vergangenen Jahren propagierten Trends wie die Konsolidierung von Betreibergesellschaften über Standortgrenzen hinweg und Optimierungsansätze hinsichtlich einer Bereinigung der Eigentumsverhältnisse an Chemieparkparzellen, Infrastruktur und Betreibergesellschaft haben den Markt (noch) nicht in vollem Umfang erreicht. In Workshops und Expertengesprächen konnten Trends bei der zukünftigen Entwicklung von Chemieparks identifiziert werden:

- *Nachfrage nach einem umfassenden Service- und Dienstleistungsangebot.* Chemieparks mit einem umfassenden Service- und Dienstleistungsangebot sind auch zukünftig eine attraktive Option bei der Standortwahl und Produktionserweiterung von Chemieunternehmen. Die wachsende Bedeutung von Dienstleistungen basiert im Wesentlichen auf einer stärkeren Kundenorientierung der Betreibergesellschaft sowie auf individuell zugeschnittenen Services von einem einzigen Dienstleister. Dies erlaubt den Standortunternehmen eine wesentliche Reduzierung der Schnittstellenkomplexität.
- *Notwendigkeit einer nachhaltigen sowie kostengünstigen Stromerzeugung.* Steigende Strompreise in Deutschland stellen besonders die Chemieindustrie vor erhebliche Herausforderungen. In der aktuellen Nachhaltigkeits- und Strompreisentwicklungsdiskussion können die Betreibergesellschaften durch den Betrieb eigener Kraftwerke, einer CO_2-optimierten Stromerzeugung sowie mit Dienstleistungen zur Energieeinsparung, wie Prozessoptimierungen oder unternehmensübergreifende Anlagensteuerungen, die Attraktivität des Standorts steigern.
- *Zunehmende Verschärfung des Wettbewerbs für die Betreibergesellschaften durch den Markteintritt externer, häufig auch branchenfremder Dienstleister.* Diese Dienstleister verfügen über spezifisches Prozess-Know-how, welches sie aus branchenähnlichen Bereichen, wie der Ölraffination oder dem Anlagenbau, mitbringen. Dadurch können sie mit ihren Dienstleistungen standortübergreifende Skaleneffekte über die Chemieparkgrenzen hinaus realisieren.
- *Zunehmende Bedeutung von weichen Standortfaktoren für die Attraktivität eines Chemieparks.* Chemieunternehmen werden zukünftig bei der Chemieparkwahl immer mehr Wert auf ein aktives Flächenmanagement mit einer optisch ansprechenden Gestaltung von Frei- und Grünflächen Wert legen. Auch ein zentrales, auf die Anforderungen der Chemieunternehmen zugeschnittenes Aus- und Weiterbildungsangebot im Chemiepark wird von Chemieunternehmen immer häufiger nachgefragt. Zudem verlangt der demografische Wandel die Steigerung der Standortattraktivität, um ausreichend hochqualifizierte Arbeitskräfte anzuziehen. Dazu gewinnen umfassende Freizeit- und Sportangebote, Kinderbetreuungsmöglichkeiten, Gründerzentren innerhalb der Chemieparks sowie die Kooperationen mit Hochschulen zur frühen Bindung von Nachwuchskräften zunehmend an Bedeutung.

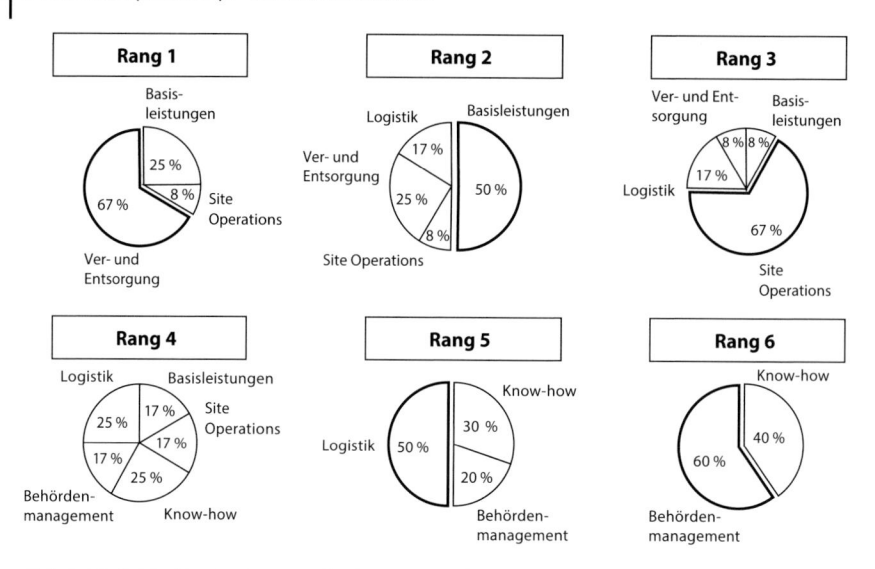

Abb. 2.14 Zukünftige Bedeutung der Services im Chemiepark (vgl. Wildemann, 2013).

Eine kundenorientierte Ausrichtung und Anpassung der Dienstleistungen im Chemiepark ist daher ein nachhaltiges Optimierungspotenzial für die Betreibergesellschaft. Hierbei gewinnt eine zielgerichtete Ausgestaltung des Dienstleistungsangebots immer mehr an Bedeutung, da häufig die Leistungsbreite und -tiefe sowie eine wettbewerbsfähige Preis- und Kostenstruktur der angebotenen Services ein wesentlicher Faktor bei der Standortentscheidung ist. Im Forschungsprojekt ist daher die zukünftige Bedeutung verschiedener Leistungskategorien für den Erfolg des Chemieparks durch die Betreibergesellschaften betrachtet worden. Es wurde untersucht, welche Leistungskategorien in Zukunft für die Betreibergesellschaft die größte Bedeutung haben. Das Ergebnis spiegelt die durchschnittliche Bedeutung der einzelnen Leistungskategorien der Chemieparks wider (vgl. Abb. 2.14).

Den höchsten Stellenwert messen Chemieparkbetreiber mit 67 % der Ver- und Entsorgung bei. Für ein Viertel der Befragten Chemieparks ist ein breites Angebot an Basisleistungen zukünftig die wichtigste Servicekategorie. Diese Bedeutung der Leistungskategorie Ver- und Entsorgung für die Betreibergesellschaften lässt sich auf zwei wesentliche Treiber zurückführen. Zum einen beeinflussen hohe Marktpreise, beispielsweise für Strom, und hohe Anforderungen an den Bereich der Medienversorgung dieses Themenfeld. Zum anderen ist ein Treiber in den steigenden Kosten und immer komplexer werdenden Auflagen zur Entsorgung von Chemikalien zu sehen. Im Gegensatz dazu wählten 60 % der Teilnehmer die Leistungskategorie Behördenmanagement auf Platz sechs, sowie 40 % die Leistungskategorie Know-how auf den letzten Platz. Die zukünftige Bedeutung dieser Kategorien aus Sicht der Chemieparks korrespondiert mit den heutigen Anforderungen der Chemieunternehmen an einen Chemiepark (vgl. Wildemann, 2013). Dies zeigt, dass Chemieunternehmen durch Inanspruchnahme von Leistungen wie dem Behördenmanagement durch den Chemiepark zwar Vorteile realisieren können, diese jedoch nicht so kostenwirksam sind wie Leistungen beispielsweise aus dem Bereich Ver- und Entsorgung. Services, die nicht unmittelbar das Kerngeschäft der Chemieunternehmen beeinflussen, spielen nur eine geringe Rolle für den zukünftigen Erfolg von Chemieparks. Der geringe Stellenwert, der den Kategorien Behördenmanagement und Know-how sowohl von Betreiber als auch von Leistungsnehmerseite attestiert wird, wird längerfristig dazu führen, dass Chemieparks diese Bereiche sukzessive nicht mehr zu ihrem Kerngeschäft zählen und diese über langfristige Verträge an externe Dienstleister auslagern oder gar nicht mehr anbieten. Die empirische Auswertung zeigt, dass zukünftig die Parkbetreiber den Schwerpunkt ihrer Arbeit auf die wirtschaftliche Erbringung von infrastrukturellen Leistungen sowie einer kostengünstigen Ver- und Entsorgung legen. Ziel ist es, einen Beitrag zur Steigerung der Wettbewerbsfähigkeit der ansässigen Unternehmen zu leisten, um den Chemiestandort Deutschland weiterhin international konkurrenzfähig zu halten. Dies bedeutet auch für die Betreiber- und Servicegesellschaften mittel- und langfristig eine Konzentration auf Kernkompetenzen. Gerade an Standorten, an denen das Nachfragevolumen – also die kritische Masse an Unternehmen – nicht ausreicht, um alle Dienstleistungen und Services kostendeckend anzubieten, werden solche aus dem Portfolio der Betreibergesellschaften verschwinden und von externen Dienstleistern oder Betreibern von Infrastrukturanlagen angeboten werden. Zumindest bei den nicht standortgebundenen Dienstleistungen gibt es für Chemieparkbetreiber eine Alternative zur Bereinigung des Serviceportfolios. Einige Chemieparks gehen bereits heute dazu über, Dienste aus den Bereichen Instandhaltung oder Logistik chemieparkexternen Kunden zu offerieren. Im vollständigen Wettbewerb gegenüber externen Dienstleistungsunternehmen können so Umsatzrestriktionen, welche durch die Charakteristika des Parks gegeben sind, umgangen werden. Chemieparks entwickeln sich auf diese Weise hin zum marktorientierten und auf eigene Kernkompetenzen fokussierten Industriedienstleister.

2.4 Zusammenfassung und Ausblick

Viele traditionelle Verbundstandorte lösten sich Anfang der 1990er-Jahre im Zug einer zunehmenden Konzentration auf Kernkompetenzen und Konzernzerschlagung auf. Durch Outsourcing trennten sie sich von nicht kerngeschäftsrelevanten Unternehmensbereichen. Die Folge davon war die Ausgründung von Standortdienstleistungen in eigenständige Geschäftseinheiten im Unternehmen oder rechtlich selbstständige Tochtergesellschaften. Mit der zunehmenden Spezialisierung auf die Erbringung von Infrastruktur- und Serviceleistungen entwickelten sich die Betreibergesellschaften zu zunehmend unabhängigen Dienstleistungseinheiten. Ursprünglich als Notlösung gedacht, ist das Konzept des Chemieparks heute als nachhaltiges Erfolgsmodell zu betrachten. Durch den internationalen Wettbewerb stellt der steigende Kosten- und Wettbewerbsdruck Chemieunter-

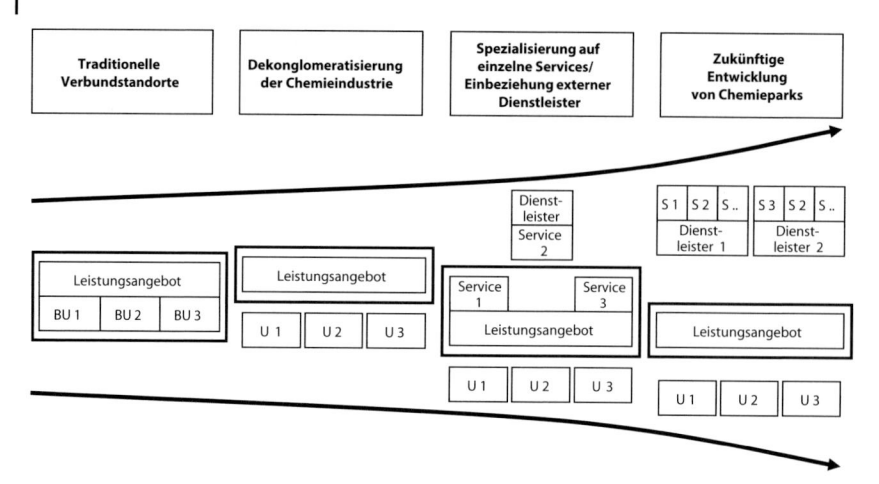

Abb. 2.15 Strukturwandel in der Chemieindustrie (vgl. Wildemann, 2013).

nehmen vor zunehmende Herausforderungen. Synergie- und Netzwerkeffekte in Chemieparks bieten ansässigen Unternehmen eine Möglichkeit, diese Effekte zu kompensieren. Durch ein Engagement in Chemieparks werden Chemieunternehmen bei der Konzentration auf das Kerngeschäft unterstützt.

Auch im europäischen Ausland sowie weltweit findet dieses Konzept immer mehr Verbreitung. Nach Deutschland entstanden Chemieparks auch in anderen europäischen Ländern sowie in Asien und Amerika. Der internationale Erfolg des Industrie- und Chemieparkkonzepts bestätigt die wachsende Bedeutung dieser Standortkonfiguration. Dabei entwickeln sich die Geschäftsmodelle der Parks seit ihrer Entstehung stetig weiter (vgl. Abb. 2.15).

Durch die unterschiedliche Entstehungshistorie der einzelnen Chemieparks sind die heutigen Chemieparkstrukturen durch ein hohes Maß an Heterogenität gekennzeichnet. Für Parkbetreiber und Chemieunternehmen ergeben sich daraus gleichermaßen vielfältige Chancen und Herausforderungen.

Es zeigt sich, dass das Chemieparkkonstrukt zu einem Erfolgsmodell für den Chemiestandort Deutschland geworden ist. Dennoch wird es auch zukünftig weiteres Optimierungspotenzial geben. Vor allem die Professionalisierung der Services, eine klare Abgrenzung des Kerngeschäfts sowie die strategische Ausrichtung der einzelnen Parks weisen teils noch erheblichen Optimierungsbedarf auf. Obwohl viele der großen Chemieparks bereits entscheidende Schritte in diese Richtung gegangen sind, haben sich viele der kleineren Chemiestandorte erst in den letzten Jahren externen Unternehmen und dem Wettbewerb geöffnet und die Entwicklung hin zu einem professionalisierten und wettbewerbsfähigen Standortbetrieb noch nicht ganzheitlich vollzogen.

Literatur

Bergmann, T. (2004) Site Management Excellence. Wie sich Standortbetreiber im zunehmenden Wettbewerb behaupten können, in *Industrieparks. Herausforderungen und Trends in der Chemie- und Pharmaindustrie*, (Hrsg. T. Bergmann, G. Festel und H.G. Hauthal), Festel Capital, Hünenberg, S. 117–132.

Bergmann, T., Festel, G., Hauthal, H.G. (Hrsg.) (2004) *Industrieparks. Herausforderungen und Trends in der Chemie- und Pharmaindustrie*, Festel Capital, Hünenberg.

Bode, M. und Schwerzmann, M. (2005) Outsourcing in der chemischen Industrie. Von Einzelleistungen zu Betreibermodellen, in *Praxishandbuch Outsourcing. Strategisches Potenzial, aktuelle Entwicklungen, effiziente Umsetzung*, (Hrsg. A. Wullenkord), Vahlen, München, S. 129–149.

Hauthal, H.G. (2004) Industrieparks in Deutschland, in *Industrieparks. Herausforderungen und Trends in der Chemie- und Pharmaindustrie*, (Hrsg. T. Bergmann, G. Festel und H.G. Hauthal), Festel Capital, Hünenberg, S. 12–22.

Höchst, T., Klingenberg, R., Grieger, F., Gersemann, M., Linden, B., von der Goll, W. (2010) Chemieparks und ihre Regionen. *Chemie Ingenieur Technik*, **82** (7), 973–979.

Hög, H.-U. und Juszak, K.-D. (2004) Organisation eines Industrieparks am Beispiel des Chemieparks Marl, in *Industrieparks. Herausforderungen und Trends in der Chemie- und Pharmaindustrie*, (Hrsg. T. Bergmann, G. Festel und H.G. Hauthal), Hünenberg: Festel Capital, S. 94–105.

InfraServ Hoechst (2012) Daten & Fakten. InfraServ Hoechst. Online verfügbar unter http://www.infraserv.com/index/unternehmen/datenfakten.htm, (zugegriffen 18.7.2012).

Müggenborg, H.-J. (2007) *Umweltrechtliche Anforderungen an Chemie- und Industrieparks*, Erich Schmidt Verlag, Berlin.

Müggenborg, H.-J. und Bruns, J. (2003) *Chemieparks. Wirtschaftliche und rechtliche Grundlagen*, Hüthig, Heidelberg.

Schwerzmann, M. (2004) Eigner- und Betreibermodelle von Industriestandorten, in *Industrieparks. Herausforderungen und Trends in der Chemie- und Pharmaindustrie*, (Hrsg. T. Bergmann, G. Festel und H.G. Hauthal), Festel Capital, Hünenberg, S. 81–93.

VCI (2009) Indikatoren der Chemieparks in Deutschland. Hrsg. VCI. Online verfügbar unter https://www.vci.de/Downloads/Media-Infografik/2009_05_12_Chart1_Chemieparks_dt.jpg (zugegriffen 18.7.2012).

VCI (2013) Chemiewirtschaft in Zahlen. Kennzahlen, Zeitreihen und Strukturdaten für Ihre Recherche. Hg. v. VCI. VCI; Statistisches Bundesamt. Online verfügbar unter https://www.vci.de/Die-Branche/WirtschaftMarktinformationen/Zahlen-und-Fakten/Seiten/Chemiewirtschaft-in-Zahlen-online.aspx# (zugegriffen 11.7.2013).

Wiesinger, G. (2010) *Prozessorientierte Konstruktionsmethode für Industrieparks in der Automobilindustrie*, Selbstverlag, Dortmund.

Wildemann, H. (2009) *Die Zukunft des Chemiestandorts Deutschland*, 1. Aufl., TCW-Verlag, München.

Wildemann, H. (2012) *Kernkompetenzen. Leitfaden zur Optimierung der Leistungstiefe in Entwicklung, Produktion und Logistik*, TCW-Verlag, München.

Wildemann, H. (2013) *Chemieparks – Organisationsstrukturen, Geschäftsmodelle und Erfolgsfaktoren*, 1. Aufl., TCW-Verlag, München.

Wilkens, A. (2004) Industriepark Walserode. Effizienzsteigerung durch Trennung der Funktionen, in *Industrieparks. Herausforderungen und Trends in der Chemie- und Pharmaindustrie*, (Hrsg. T. Bergmann, G. Festel und H.G. Hauthal), Festel Capital, Hünenberg, S. 183–189.

Wullenkord, A. (Hrsg.) (2005) *Praxishandbuch Outsourcing. Strategisches Potenzial, aktuelle Entwicklungen, effiziente Umsetzung*, Vahlen, München.

von Zedlitz, M. (2010) Chemieparks: Industrie-Landschaftspflege à la Germany. *Chemie Ingenieur Technik*, **82** (7), 980–983.

3
Chemiekomplexe in ihrer historischen Entwicklung und Trends in der Entwicklung von Chemiestandorten

Cord Matthies

3.1
Die Entwicklung der Chemischen Industrie im Kontext der industriellen Evolution

Zum besseren Verständnis für die heutige Situation von Chemieeinzelstandorten, Chemieparks, Clustern und Megaclustern schlagen wir einen historischen Abriss vor. Die Historie kann erklären warum sich in manchen Geografien offene Chemieparks gebildet haben, während in anderen Geografien andere Organisationsformen in der chemischen Industrie vorherrschen. Sie kann auch erklären, wie und warum sich hybride Organisationsformen chemischer Standorte und Cluster gebildet haben.

Wir möchten anhand der Historie auch den Brückenschlag versuchen, Wettbewerbsrelevante Formen der Clusterung darzulegen, die über die industrieinternen Belange der Chemieindustrie herausgehen.

Liest man heute im Vision-Statement von chemischen Unternehmen, dass sie die Megatrends bedienen möchten, um Veränderung in großem Rahmen mitzugestalten und dabei am Wachstum von Megatrends teilzuhaben, so ist weder diese Tatsache neu noch sind die Megatrends neu. Urbanisierung, Mobilität, Globalisierung, Ernährung, Gesundheit und Hygiene waren Ende des 19. Jahrhunderts ebenso Themen wie heute. Nur waren diese Themen damals in Europa und Nordamerika relevant und damit in einem anderen geografischen Rahmen.

Themen wie Substitutionswettbewerb mittels neuer Technologien waren ebenfalls bereits im 19. Jahrhundert von Belang, siehe der Aufschwung der kontinentaleuropäischen Farben- und Sodaindustrie, dieses wird im nächsten Abschnitt näher erläutert.

3.2
Chemische Industrie und Chemiestandorte in der Gründerzeit

DuPont ist das einzige bis heute bestehende große westliche Chemieunternehmen aus der frühen Hälfte des 19. Jahrhundert, gegründet als Pulvermühle für Explosivstoffe und Schwarzpulver.

Chemiestandorte, 1. Auflage. Herausgegeben von Carsten Suntrop.
© 2016 WILEY-VCH Verlag GmbH & Co. KGaA. Published 2016 by WILEY-VCH Verlag GmbH & Co. KGaA.

Die erste große Welle der Unternehmensgründungen heute noch bestehender chemischer Unternehmen fand während der industriellen Revolution auf dem europäischen Kontinent ab den 1860er-Jahren statt. Warum gerade zu dieser Zeit und in dieser örtlichen Konstellation liegt an bedeutenden Erfindungen, an geopolitischen Singularitäten und der Urbanisierung in den neuen industriellen Zentren des späten 19. Jahrhunderts in Europa und USA [1]. Chronologisch fand die britische industrielle Revolution allerdings eine Generation vor der deutschen statt.

Während der britischen industriellen Revolution in den 30er-Jahren des 19. Jahrhunderts fanden die ersten Gründungen chemischer Fabriken in der Region um Runcorn und Widnes statt. Diese Unternehmen existieren nicht mehr, allerdings existieren einige der damals wichtigsten Kunden wie Lever Brothers (heute Unilever) oder Pilkington noch heute.

Die britische Chemieindustrie am Mersey in Hafennähe von Liverpool produzierte große Mengen Soda nach dem Leblanc-Verfahren und machte damit glänzende Geschäfte in England, den Kolonien und den USA. Soda war für die schnell wachsende englische Industrie ein unerlässlicher Rohstoff und wurde für die industrielle Herstellung von Glas, Papier, Waschmitteln und Seifen, in der Textilindustrie als Bleichmittel von Baumwolle und Fixiermittel von Farben sowie zur Herstellung von Natronlauge benötigt. In riesigen Mengen wurde Soda auch von England in die USA exportiert, wo sie in den gleichen jungen Industrien entsprechend eingesetzt wurde [2].

Die britische Textilindustrie wiederum war zu ihrer Zeit einer der wichtigsten Industriezweige des Landes und bezog die meisten seiner Farbstoffe von der British East India Company, dem damals mächtigsten Wirtschaftsunternehmen mit einigen De-facto-Monopolen [2]. Farbstoffe kamen aus natürlicher kolonialer Produktion und bildeten einen Grundpfeiler der wirtschaftlichen Interessen der East India Company. Wurden Baumwolle und Wolle aus USA und den Kolonien nach England importiert, so wurden britische Tuche wiederum global exportiert.

Runcorn und Widnes existieren noch heute als Schwerpunkte der britischen Chemieindustrie, ein Technologiesprung eliminierte allerdings die wirtschaftliche Basis der britischen Sodachemie gegen Ende des 19. Jahrhunderts.

Die kontinentaleuropäische Chemische Industrie hatte ihre Initialzündung in den 1860er-Jahren mit zwei neuen Verfahren, zum einen mit der Farbensynthese im deutsch-schweizerischen Raum und zum zweiten mit dem Solvay-Verfahren zur Sodaherstellung. Es folgte die Chlorelektrolyse in den 1890er-Jahren als drittes wichtiges Verfahren.

Der erste synthetische Farbstoff war Mauvein und wurde in England erfunden [3]. Nur trafen synthetische Farben dort auf massiven Widerstand, da die Kolonialmächte ihre Farben aus traditioneller Herstellung aus den Kolonien bezogen und synthetische Farben die Monopole der großen kolonialen Trading Companies bedroht hätten z. B. der East India Company und Vereingde Oost-Indien Compagnie. Auch in den USA existierte für neue synthetische Farben kein Markt, da Verarbeitung von Baumwolle zu Tuch weitgehend in England stattfand und von dort fertig gefärbt in die USA exportiert wurde. Die neuen synthetischen Farbstoffe fielen also in England und USA nicht auf fruchtbaren Boden.

Eine für die chemische Industrie ebenso bahnbrechende Erfindung wie die synthetischen Farben war das Solvay-Verfahren zur Herstellung von Soda. Die junge Solvay hatte auf Basis ihres neuen Verfahrens innerhalb von drei Jahrzehnten aus Belgien heraus vom Ural in Russland bis Syracuse in den USA ein Netz von Sodafabriken und Partnerschaften in Sodafabriken aufgebaut und den wesentlich kostenintensiveren Leblanc-Prozess quasi komplett abgelöst [4]. Solvay hat auch einen Claim auf das Amalgam-Verfahren für die elektrolytische Herstellung von Chlor und Natronlauge. Auch dies ist ein bahnbrechendes Verfahren, was erlaubte, die Hygiene in den schnell wachsenden Städten grundlegend zu verbessern – mittels Wasserchlorierung und preiswerten Seifen auf Basis von Natronlauge.

Die große Zeit der deutsch-schweizerischen Chemieindustrie begann mit der Erfindung der Farbstoffsynthesen aus Steinkohleteer, einem Abfallstoff der Stahlindustrie.

Die Märkte Kontinentaleuropas mussten Farbstoffe und Soda zu hohen Preisen importieren. Eine Generation von Gründern wusste die Gelegenheit zu nutzen, und ließ sich in kürzester Zeit eine ganze Palette künstlich hergestellter Farben patentieren [4]. Die jungen Unternehmen entlang des Rheins konnten sich in ihren lokalen Märkten weitgehend ungehindert entwickeln.

Innerhalb kurzer Zeit wurden viele der noch heute bekannten chemischen Firmen gegründet, von denen viele noch heute ihre originalen Produktionsstandorte betreiben, dies sind u. a.:

- Ciba (heute BASF), gegründet in Basel;
- Bayer, gegründet 1863 in Wuppertal;
- Hoechst, gegründet 1863 in Hoechst;
- Kalle, gegründet 1863 in Wiesbaden (später zu Hoechst);
- Solvay, gegründet 1863 in Brüssel;
- BASF, gegründet 1865 in Ludwigshafen-Opapa;
- AGFA, gegründet 1867 in Rummelsburg/Berlin;
- Nobel Industries, gegründet 1870 in Stockholm (später zu AkzoNobel/Dynamit Nobel, Nobel Industries UK);
- Cassella Farbwerke, gegründet 1870 in Frankfurt;
- Brunner Mond, gegründet 1873 in Runcorn (später ICI, heute Tata);
- Geigy, gegründet 1886 in Basel (später Ciba);
- Sandoz, gegründet 1886 in Schweizerhalle (später Clariant);
- Hoffmann-LaRoche, gegründet 1896 in Basel;
- Rhone-Poulenc, gegründet 1895 in Lyon (später Rhodia, heute Solvay);
- United Alkali, gegründet 1890 in Runcorn (später ICI, heute Ineos);
- Dow Chemical, gegründet 1897 in Midland, MI;
- Vereinigte Glanzstoff, gegründet 1899 in Obernburg (später Enka/AkzoNobel).

Viele dieser Gründungen beruhen auf Erfindungen, teils für neue synthetische Produkte, teils als neue Synthesewege und Produktionsverfahren, teils aufgrund fehlender nationaler Anerkennung ausländischer Patente, die einfach kopiert wurden. Dadurch konnten synthetisch herstellbare Produkte kostengünstig in kommerziellen Mengen produziert werden. Die neuen Produkte und Technologien trafen den Bedarf einer rasch wachsenden Stadtbevölkerung, die ihre täglichen Bedürfnisse nicht mehr mithilfe klassischer Manufakturverfahren erfüllen konnte. Es ist anzunehmen dass die britische Industrie die disruptiven Gründungen auf dem europäischen Kontinent kaum wahrgenommen hat, da ihr Fokus und ihr Volumenmarkt in Übersee lagen.

Allen neuen Industriestandorten war gemein, dass sie die gleichzeitige Verfügbarkeit von Rohstoffen, Logistik, Energien und Personal benötigten. Sie wurden dementsprechend entweder nahe von Rohstoffen (z. B. Kohle, Salz, Steinkohleteer) oder in stadtnähe am Transportweg aufgebaut; idealerweise galten alle Ansiedlungskriterien gleichzeitig. Rhein und Elbe als Hauptadern waren prädestiniert für den Transport innerhalb Deutschlands wie auch für den Export nach Übersee.

Basel hatte außer des Rheins als Standortvorteil zu bieten, dass die Schweiz bis zum Ende des 19. Jahrhunderts keinen ausländischen Patentschutz anerkannte und Produkte, die anderenorts patentiert waren, „verbessert" werden konnten.

Die Aufnahmefähigkeit lokaler Märkte war wohl damals kein Kriterium für die industrielle Gründung, da Produktionskapazität und nicht Nachfrage ein limitierender Faktor war.

Neue Produkte und Verfahren sowie die Nutzung von Abfallströmen für Nebenprodukte begünstigten die Entwicklungen von Verbundwerken und Produktionsclustern, die meist heute noch bestehen. Oft haben sich die Stammwerke europäischer Chemiekonzerne zu solchen Clustern entwickelt.

Die vorherrschenden Standortmodelle dieser Zeit waren

a) Verbundstandorte, auf denen Kernprodukte, Coprodukte und Koppelprodukte gleichzeitig hergestellt und verkauft sowie Reststoffe möglichst im Stoffkreislauf verwertet wurden, d. h. ein bis heute in der Petrochemie vorherrschendes Standortmodell.

b) Einzelproduktstandorte nahe der Rohstoffquellen und nahe am Markt, d. h. ein in der Mineral- und anorganischen Chemie bis heute gängiges Standortmodell.

Standorte nach beiden Modellen wurden bis in die 20er-Jahre des 20. Jahrhundert erfolgreich aufgebaut und verbessert, und viele der Werke bestehen noch heute.

3.3
Standortmodelle der Zwischenkriegszeit bis in die 1960er-Jahre

Eine zweite große Entwicklungswelle der Chemieindustrie begann in den 20er-, 30er- und 40er-Jahren des 20. Jahrhunderts mit dem Aufkommen der Hochdruckchemie sowie der ersten Massenpolymere und Elastomere. Diese Entwicklung resultierte in einem neuen Organisationsmodell von Chemiestandorten. Der aus dem Gründungskern historisch gewachsene Standort wich dem auf dem Reißbrett geplanten neuen Standort.

Neue große Petro- oder Kohlechemiestandorte entstanden oft in nächster Nähe der Feedstock – und Primärenergiequellen. In Europa waren dies meist Kohleminen, wie z. B. in Marl, Leuna, Geleen-Sittard (Niederlande), Carling (Frankreich, nahe Saarbrücken), Katowice (Polen). Auch das Headquarter eines sehr großen US-basierten Chemiekonzerns in Midland, MI liegt in nächster Nähe von Kohleabbaugebieten. In den ölreichen Gegenden der USA, d. h. zuerst in Ohio und Pennsylvania, später in Louisiana und Texas, war oft lokales Öl der Ansiedlungsgrund für Chemiestandorte. Dort war Nafta aufgrund einer Konzentration von Raffinerien in großen Mengen lokal verfügbar. Aus dieser Zeit stammen die chemiestarken Gegenden z. B. um Akron, OH oder Baton Rouge, LA. Teesside, der große Verbundstandort der ICI, liegt in unmittelbarer Nähe von Kohleminen und bekam mit der Entdeckung von Nordseeöl einen weiteren Entwicklungsschub.

Viele der großen Werke der 30er- und 40-er Jahre sind von vornherein als Verbundwerke geplant worden, um eine maximale Ausnutzung der Ressourcen auf minimalem Raum zu gewährleisten. Hier gilt zu unterscheiden, ob solch ein neuer geplanter Standort als horizontaler Produktionsverbund geplant wurde, wie z. B. Leuna, oder ob zusätzlich ein vertikaler Verbund von der Produktforschung über Verfahrensentwicklung und Produktion bis zur Anwendungstechnik dazukommt. Dort wo der Verbundstandort die vertriebliche, technische und administrative Hauptverwaltung beherbergt, bekommt der Verbund eine dritte Dimension.

Viele der alten Kernstandorte führender Unternehmen aus der Gründerzeit haben sich an die neuen Realitäten angepasst und sich in den 1930er- und 1940er-Jahren zu hochkomplexen Verbundstandorten entwickelt, die neben dem Produktionsverbund auch Entwicklungs-, Administrations- und Vertriebsfunktionen hatten. Unter diesen finden sich beispielsweise Hoechst, Ludwigshafen, Leverkusen, Basel/Muttenz/Schweizerhalle, Lyon und Midland.

3.4
Standortmodelle der Nachkriegszeit bis in die 1980er-Jahre: Die Entwicklung von Chemie-Clustern

In den 1950er- und 1960er-Jahren kam in den großen Hafenbecken ein neues Modell für Chemiestandorte auf. Ölraffinerien wurden bevorzugt in Tiefwasserseehäfen errichtet. Somit war dort der inzwischen universelle Feedstock Nafta in großer Menge verfügbar und konnte mithilfe von Crackern lokal zu C2 (Ethylen), C3 (Propylen), C4 (Butadien) und C6 (Aromaten) verarbeitet werden. Es entwickelten sich die großen hafenbasierten petrochemischen Cluster wie z. B. in Houston, Lake Charles, Antwerpen, Rotterdam, LeHavre-Rouen, Porto Marghera, Kashima.

Neu an diesen Clustern war zum einen die Tatsache, dass es sich um reine Produktionsstandorte handelte, zum anderen, dass Verbunde nicht mehr unternehmensintern realisiert wurden, sondern unternehmensübergreifend entlang von Wertschöpfungsketten aufgebaut wurden. Ein individuelles Unternehmen konnte seinen eigenen Platz in der Wertschöpfungskette einnehmen und trotzdem die meisten Roh- und Einsatzmaterialien vor Ort verfügbar haben.

Dieses Modell wurde für alle großen nachfolgenden neu entstehenden petrochemischen Cluster verwendet, unabhängig, ob unter einem Betreiber, wie z. B. Mailiao in Taiwan oder Jamnagar in Indien, oder aber unter mehreren Betreibern, wie Jurong Island in Singapore, MapTaPhut in Thailand, Shanghai und Tianjin in China, Taipei, um nur einige zu nennen. Diese Cluster sind wiederum meist reine petrochemische Produktionscluster. Shanghai und Taipei sind scheinbare Ausnahmen, die auch Hauptverwaltungen beherbergen. Diese liegen allerdings im Stadtgebiet und nicht in den Industriegebieten weit draußen in den Vorstädten (Ningbo etc.).

Die um den Hauptsitz historisch gewachsenen oder im geplanten Verbund erstellten „alten" Chemiestandorte haben bis heute eine andere Struktur als die neueren Werke im Hafencluster. Das liegt zum einen daran, dass ein Verbund im Hafencluster üblicherweise seit Anfang seiner Existenz unternehmensübergreifend und rein produktionsorientiert war, zum anderen daran, dass die alten Chemiestandorte neben Produktionszentren auch Orte der Forschung für neue Produkte- und Produktionsverfahren waren, und dies bis heute noch sind.

Klassische „alte" Verbundstandorte mit der Historie eines monolithischen Konzerns haben sich heute meist zu Chemieparks weiterentwickelt, unternehmensübergreifende Verbünde sind meist zu Clustern geworden, die Übergänge zwischen Cluster und Chemiepark sind unscharf. Ein Cluster kann dabei durchaus aus einem oder auch mehreren individuellen Chemieparks bestehen oder eine Ansammlung einzelner Werke an einer Pipeline wie Perlen auf der Schnur.

Wir finden heute in Europa die folgenden nennenswert großen Chemie-Cluster:

- Benelux – vier Cluster an Rhein-Maas-Schelde:
    - (1) Rotterdam-Roosendaal, (2) Antwerpen inklusive Albertkanaal, (3) Vlissingen-Gent-Terneuzen, (4) Geleen-Sittard
- Deutschland – sieben Cluster:
    - am Rhein: (1) Ruhr, inklusive Chemsite Marl, (2) Köln, inklusive CHEMPARK, Knapsack und Wesseling/Troisdorf, (3) Ludwigshafen, (4) Hoechst-Wiesbaden
    - an der Elbe: (1) Chemieregion Mitteldeutschland, inklusive Leuna und Bitterfeld, (2) Region Hamburg-Stade
    - in Bayern: bayerisches Chemiedreieck mit Burghausen und Gendorf
- Schweiz – ein Cluster am Rhein:
    - Basel/Muttenz/Schweizerhalle, heute ein Pharma-Life-Science-Cluster
- Frankreich – drei Cluster an Seine und Rhone
    - an der Seine: Le Havre-Gravenchon-Rouen
    - an der Rhone: (1) Marseille, inklusive Berre-Lavera, (2) Lyon-Tavaux-Roussillon

- UK – drei Cluster
  - an der Nord-Ost-Küste: (1) Teesside, (2) Humberside-Hull
  - an der Westküste: Runcorn-Widnes-Merseyside-Liverpool
- Italien -zwei Cluster
  - im Norden: (1) Ferrara-PortoMarghera-Mantova, (2) Feinchemie-Cluster um Milano
- Spanien – zwei kleinere Cluster
  - an der Ostküste: (1) Tarragona, (2) Cartagena

Die Strukturen dieser Cluster kann man nicht als homogen ansehen, u. a. aus oben angeführten historischen Gründen. Ein klassischer Chemiepark mit Konzernhistorie hat eine völlig andere Struktur als ein aktiv gemanagtes Cluster, was wiederum eine andere Struktur hat als ein Cluster ohne zentrale Koordinierungsfunktion.

Zusammenfassend spricht man beim Verbund der Cluster von Rotterdam bis Ludwigshafen oder Basel auch vom Rhein-Maas-Schelde-Supercluster oder -Megacluster.

Auch in anderen Gegenden Europas haben sich Cluster gebildet, die an Größe und Relevanz nicht gleichwertig zu den genannten stehen. Oft sind diese von Unternehmen dominiert, die politisch motivierte nationale Champions sind oder es einmal waren, so z. B. in Ungarn, in Polen, in der Tschechischen Republik. Dem Autor sind in Europa noch mehr Cluster bekannt, die ebenfalls nicht die Relevanz der oben genannten haben.

Neben allen historisch konzerngebundenen Verbundwerken und Chemie-Clustern existiert natürlich noch eine sehr große Anzahl an Einzelstandorten, je nach Position in der Wertschöpfungskette meist außerhalb von Clustern. Ebenso ist die Chemieindustrie weiterhin sehr stark mittelständisch geprägt, und eine große Zahl mittelständischer Chemieunternehmen betreiben Einzelstandorte, die nicht in große physische Verbundstrukturen eingebunden sind.

Wir finden also entsprechend der Entwicklungsperiode des Standortes, der Größe seines Betreibers und seiner physischen Einbindung viele verschiedene Operationsmodelle. Alle historisch gewachsenen Strukturen existieren im Typus heute noch, sie haben weiterhin ihre Vor- und Nachteile sowie ihre Daseinsberechtigung.

3.5
Zusammenwachsen von Clustern zu Megaclustern

Es hat sich in der Folge als sinnvoll erwiesen, einzelne Chemie-Cluster untereinander logistisch zu vernetzen. Dies erlaubt eine weitere Spezialisierung zwischen Hafen- und Inlandsstandorten. Die logistische Vernetzung kann in mehreren verschiedenen Arten geschehen: per Pipeline, per Schiff, mit der Bahn, auf der Straße.

Der Bau von Feedstock-Pipelines zwischen den großen Cracker-Standorten und Großabnehmern hat einzelne Produktionsstandorte geografisch unabhängig vom Cluster gemacht. Solange ein Werk seinen Feedstock per Pipeline bekommt, ist es mehr oder weniger egal, ob es innerhalb der Ansammlung von Werken im Cluster liegt oder außerhalb. Pipeline-Netzwerke führten anfänglich Ethylen, später wurden parallel dazu Propylen-Pipelines verlegt. Die Pipeline-Netzwerke sind einer der logistischen Bausteine, um die petrochemischen Cluster zu Megaclustern zu verbinden, sozusagen ein Verbund aus Clusterstandorten. Parallel verlaufende leistungsfähige Wasserstraßen, Schienen und Autobahntrassen ergänzen die Pipelines. Ein Megacluster zeichnet sich dadurch aus, dass der Verbund unter Aspekten der Wertschöpfungskette und der Logistik so eng ist, dass es als eine industriell zusammenhängende Einheit angesehen werden kann.

Sechs Megacluster kann man als komplett etabliert ansehen:

- US Golf, d. h. der Korridor von Houston über Baytown, Pt.Arthur und Lake Charles bis Baton Rouge,
- Europa Rhein-Maas-Schelde, d. h. der Korridor von Rotterdam über Antwerpen, Geleen, Ruhrgebiet, Köln, Frankfurt bis Ludwigshafen und weiter bis Basel bzw. Burghausen,
- Japan Tokio Region, d. h. der Korridor von Tokio über Kawasaki und Chiba bis Kashima,
- China Shanghai-Ningbo Region,
- Mittlerer Osten, d. h. von Kuwait über Al Jubail, Dammam bis Abu Dhabi, weiteres im Bau,
- Südkorea, Region Seoul-Ulsan-Onsan.

Es ist kann nur eine Frage der Zeit sein, bis in Indien die Region West-Gujarat (Jamnagar) über Ost-Gujarat (Vadodara) bis zur Region Mumbai-Thane-Pune zu einem neuen Megacluster zusammenwachsen wird. Ebenso hat Tianjin in China und das thailändische Eastern Seaboard zwischen Map Ta Phut und Bangkok das Potenzial dazu.

Auch hier gilt dass die Megacluster voneinander verschiedene Strukturen und verschiedene Grade der Vernetzung in nachgeschaltete produzierende Industrien haben.

- US-Golf:
  - kosteneffiziente Produktion von Produkten in sehr hohen Tonnagen,
  - geografischer disconnect zu den Kundenindustrien, die traditionell eher zwischen New York und Illinois angesiedelt sind,
  - seit kurzem extrem kostengünstiger Zugang zu Feedstock: Schiefergas und Schieferöl.
- Rhein-Maas-Schelde:
  - innovative Fein- und Spezialitätenchemie und Polymere für lokale und globale Märkte
  - hoher Spezialisierungsgrad aufgrund hoher Kosten für Energie und Feedstock,
  - sehr enge Kollaboration mit innovativen Kundenindustrien,

- starker Fokus auf Maschinenbau, Automotive, Elektrotechnik und Luxusgüter,
- Tokio Region:
  - innovative Fein- und Spezialitätenchemie für lokale und globale Märkte,
  - hoher Spezialisierungsgrad aufgrund hoher Kosten für Energie und Feedstock,
  - sehr enge Kollaboration mit innovativen Kundenindustrien,
  - starker Fokus auf Consumer Electronics, Telekommunikation und IT, Automotive,
- Südkorea:
  - Vergleichbare Positioniereung wie Tokio Region
- Shanghai Region:
  - Zugang zu riesigem Konsumentenmarkt,
  - Materiallieferant für personalintensive Produktionsindustrien,
  - schnelle Veränderung in hochtechnologische Märkte.
- Mittlerer Osten
  - sehr kostengünstiger Zugang zu Feedstock bei hoher Kapitalverfügbarkeit,
  - sehr kosteneffektive Bulk-Chemikalien und Kunststoffe für Exportmärkte.

Als anschauliches Beispiel der logistischen Vernetzung sollen hier einmal die Verbindungen im Rhein-Maas-Schelde-Megacluster aufgezeigt werden. So läuft z. B. die ARA Ethylen-Pipeline von Rotterdam bis Ludwigshafen, mit Stichleitungen zu Einzelwerken in Benelux und in Deutschland. Neben den Pipelines für C2 und C3 wird natürlich der Rhein sehr intensiv genutzt für Bulk-Transporte auf Tankern und im Containerverkehr, ebenso die Schiene sowie die Straße für kleinere Flüssigmengen, Schüttgüter und Kunststoffe. Die Strecke von Antwerpen bis ins Ruhrgebiet bzw. die Region Köln ist per Same-Day-Lieferung in allen Transportmodi machbar, Ludwigshafen ist per Same-Day-Lieferung in einer Richtung per Straße erreichbar (siehe Abb. 3.1).

Eine Verlängerung der Pipeline von Ludwigshafen bis Burghausen in Bayern ist in Betrieb genommen. Aktuell wird wieder darüber nachgedacht, die Ethylen-Pipeline von Rotterdam bis nach Marseille zwischen Karlsruhe und Carling zu schließen.

3.6
Aufgabentrennung im Rhein-Maas-Schelde-Megacluster

Eine Aufgabentrennung zwischen den Seestandorten wie Antwerpen und den Inlandsstandorten liegt in der unterschiedlichen Spezialisierung begründet, Economies of Scale gegenüber Economies of Scope.

Über Antwerpen kommen riesige Mengen von Massenkunststoffen nach Europa, ebenso gehen viele in Europa hergestellte hoch spezialisierte Chemikalien via Antwerpen in den Weltmarkt. Antwerpen fungiert damit als der wichtigste Containerhafen im Rhein-Maas-Schelde-Cluster für Import und Export. Rotter-

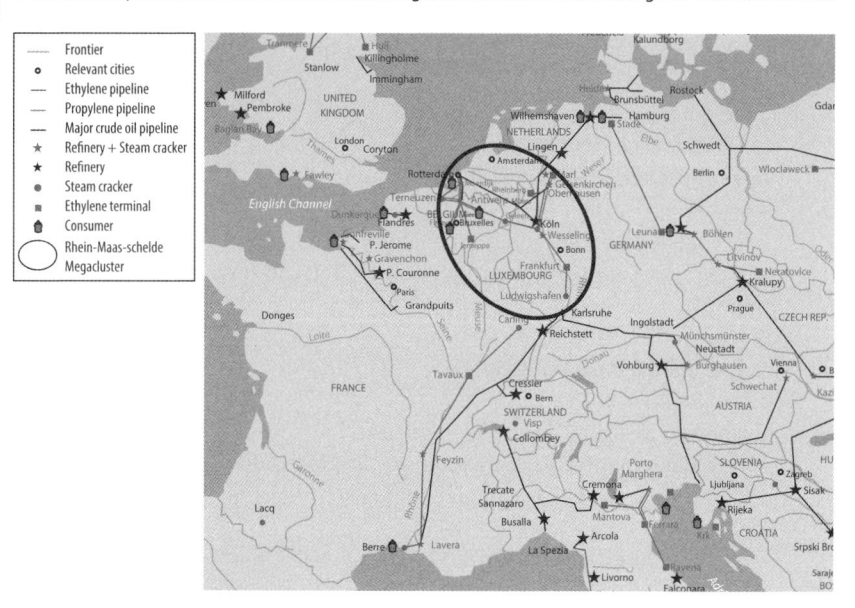

Abb. 3.1 Raffinerien, Ölleitungen und Cracker in Europa.

dam hat eine ähnliche Funktion, wobei der Fokus in Rotterdam eher auf flüssigen Gütern liegt.

Grob vereinfacht werden Feedstocks, Intermediates, Bulk-Produkte, Volumenkunststoffe in Antwerpen auf World-Scale-Anlagen hergestellt, um im CHEMPARK, in Ludwigshafen, in Marl oder durch Polymer-Compounder weiter veredelt zu werden. Ziel ist es, möglichst effizient und kostengünstig zu produzieren und die Lieferketten möglichst effizient und schnell aufzustellen.

Demgegenüber steht eine deutliche Spezialisierung in den Inlandsstandorten. Produktion und Logistik einer hohen Anzahl an Stock Keeping Units (SKU, bzw. Artikel) benötigt kleinere und flexible Anlagen, um differenzierte Produkte nach Kundenwunsch herzustellen. Effektivität als Name of the Game erfordert Flexibilität in Logistik, Produktion und Anwendungstechnik, um dem Kunden das Produkt bieten zu können, das er braucht. Effizienz im Hafen und Effektivität im Inland muss so verschaltet werden, dass der Kunde „sein" Produkt maximal effizient bekommt.

Die Kundenbindung für differenzierte Produkte findet dabei an der Schnittstelle zwischen den Entwicklungsabteilungen der Kunden und der Anwendungstechnik der Lieferanten statt. Dies geschieht, indem der Lieferant differenzierter Chemieprodukte und Polymere mittels seiner Produkteigenschaften einen Beitrag zur Wettbewerbsfähigkeit seines Kundenstammes leistet.

Chemieparks und Cluster müssen sich diesen Realitäten ebenso stellen wie die produzierenden Anlagenbetreiber im Chemiepark bzw. im Cluster. Sie müssen den lokalen Anlagenbetreibern eine ihrer Position in der Wertschöpfungskette entsprechende Servicepalette anbieten und aktiv ihr Portfolio managen.

3.7 Konzentration auf das Kerngeschäft: Chemiekonzerne reorganisieren sich vom standortorientierten Modell zum Business-Unit-Modell

Zu Anfang der 1990er-Jahre war das klassische Geschäftsmodell der Chemieindustrie in Europa und Japan noch der integrierte Konzern, dessen Produktportfolio von Basischemie über Feinchemie bis Pharma reichte und der dabei noch Aktivitäten in diskreter Fertigung hatte. Oft wurde dabei die ganze Wertschöpfungskette an einem Produktionsstandort realisiert.

Die Aufsplittung von ICI und Hoechst sowie der ostdeutschen Kombinate in den 1990er-Jahren leitete das Ende der konzerninternen Verbundstandorte in Europa ein. Diese Aufsplittung kann damit als Initialzündung für die Entwicklung von Chemieparks angesehen werden.

Viele altehrwürdige Chemie-Pharma-Konzerne Europas sind verschwunden oder haben sich gegenüber den 1990er-Jahren zur Unkenntnis verändert, ihre alten Standorte und die darauf ansässigen Produktionsbetriebe bestehen weiter in Form von Chemieparks.

Die Mantras der 1990er-Jahre waren und Shareholder Value und die Konzentration auf das profitable Kerngeschäft, d. h. die Produktion von Gütern in möglichst eng definierten Produktkategorien und die Trennung von allem, das nicht die geforderte Profitabilität bringt. Unternehmen reorganisierten sich nach globalen Division und Business Units, wo vorher regionale und Standortgesellschaften standen. Alte Unternehmen wie ICI, Hoechst und Sandoz teilten sich, um in den profitablen Divisionen zu wachsen: z. B. Pharma und Coatings. Weniger profitable Bereiche wurden verkauft, abgesplittert oder fusioniert. Dieser Trend ist ungebrochen und getrieben durch den Kapitalmarkt. Es kann als zweifelhaft angesehen werden, ob die Finanzplayer der 1990er-Jahre die synergistischen Strukturen gewachsener Verbünde vollständig verstanden haben, heute kann von diesem Verständnis ausgegangen werden.

Die Industrie hat reagiert, indem sie die Verbundstrukturen, die für die Chemieindustrie üblich und natürlich sind, aber in anderen Industrien so nicht gelten, öffentlich erklärt hat, z. B., dass (a) ein zusammenhängender Produktionsverbund mehr ist als die Summe seiner Einzelteile, (b) eine Koppelproduktion die Trennung in gute und weniger gute Produktlinien unmöglich macht, (c) sich je nach Wirtschaftslage durchaus die Profitabilität von *guten* und *weniger guten* Produkten wandeln kann und (d) es geschäftsrelevante Kompetenzen in den Cost Centers gibt, deren Abspaltung zu finanziellen oder strategischen Dyssynergien führen – u. a. Shared Services, wobei egal ist, ob diese konzernweit oder standortspezifisch organisiert sind.

Was geschehen kann, wenn Entscheidungen außerhalb der Verbundlogik getroffen werden, kann an einem Chemiestandort in Nordwesteuropa verdeutlicht werden: Durch Betriebsschließungen und Sourcing von Intermediates von außerhalb des Verbundes ist die Massebilanz am Standort soweit in Schieflage geraten, dass das Überleben des Gesamtstandortes infrage stand. Das Cluster konnte durch eine konzertierte Aktion zwischen einem (neuen) Standortbetreiber, einem

Ankerinvestor der Chemieindustrie als Betreiber des Crackers, lokalen Interessenverbänden und massivem Investment gerettet werden.

Da es nicht im direkten Interesse einzelner Produktionsbetriebe bzw. global agierender Business Units liegen kann, einen lokalen Standortverbund zu wahren, muss diese Aufgabe von anderer Seite wahrgenommen werden, vom Standortmanagement.

3.8
Standortbetrieb als Geschäftsmodell

In der Folge der Veränderungen der Chemiekonzerne haben sich auch ihre Produktionsstandorte neu organisieren müssen. Für viele der alten Chemiestandorte und auch für die standortspezifischen Dienstleistungen wurden und werden neue Geschäftsmodelle entwickelt.

Mehrere Geschäftsmodelle zum Standortbetrieb haben sich seit den 1990er-Jahren entwickelt und sind seitdem verfeinert und ausgereift worden. Im Großen und Ganzen können die meisten Modelle heute als operationell und funktionell ausgereift angesehen werden.

Alle Modelle aufzuzeigen, sprengt den Rahmen dieses Aufsatzes, da die Strategie der angesiedelten Konzerne und/oder Betriebe zu berücksichtigen ist. Die Übergänge und Varianten sind fließend in der Ausprägung. Anbei seien einige Modelle erwähnt:

- Unabhängiger Dritter als Kapitalfonds mit Infrastrukturfokus im Chemiepark, z. B. Bushy Park und Teesside:
  - Bereitstellung der (meisten) Utilities durch den Betreiber, weitgehende Gleichbehandlung im angebotenen Pricing über Verbrauch und Volumendiscounts,
  - Technikleistungen und Facility Management über externe Drittanbieter,
  - Wenig oder keine Shared Business Services oder On-Site-Logistik-Angebot.

- Unabhängiger Dritter als Infrastrukturfirma, z. B. Bitterfeld:
  - Bereitstellung der (meisten) Utilities durch den Betreiber, weitgehende Gleichbehandlung im angebotenen Pricing über Verbrauch und Volumendiscounts,
  - Technikleistungen und Facility Management über externe Drittanbieter,
  - kein starker Fokus auf Shared Business Services oder On-Site-Logistik.

- Unabhängiger Chemiepark in konsortialem Besitz, z. B. InfraServ, meist als GmbH gewinnorientiert geführt:
  - Bereitstellung der Utilities durch den Betreiber, weitgehende Gleichbehandlung im angebotenen Pricing über Verbrauch und Volumendiscounts,

- Klar ausgearbeitetes Paket aus Pflichtleistungen, Soll-Leistungen und Kann-Leistungen,
  - Technikleistungen und Facility Management über externe Drittanbieter,
  - On-Site-Logistik durch den Betreiber,
  - Aktives Ansiedlungsmanagement unter Einbeziehung der lokalen Verbünde,
  - Oft aktives Ansiedlungsmanagement von Start-up-Unternehmen.

- Unabhängiger Chemiepark in geschlossenem Besitz eines oder zweier Konzerne, z. B. CHEMPARK, Chemsite, Schweizerhalle, Chemelot, meist als GmbH gewinnorientiert geführt:
  - Bereitstellung der Utilities durch den Betreiber (oder vertraglich gebundenen Dritten), teilweise Unterschiede im Pricing zwischen Prinzipalen und Drittbetreibern,
  - klar ausgearbeitetes Paket aus Pflichtleistungen, Soll-Leistungen und Kann-Leistungen,
  - Technikleistungen, Engineering, z. T. auch IT-Leistungen und Contract R&D angeboten durch konzerneigene industrielle und Business-Services-Anbieter,
  - On-Site-Logistik meist durch den Betreiber,
  - aktives Ansiedlungsmanagement unter Einbeziehung der lokalen Verbünde,
  - aktives Ansiedlungsmanagement von Start-up–Unternehmen, die idealerweise später für den Prinzipal positiv sein können.

- Site Services als Multistandort-Profit-Center bzw. als eigene Business Unit im Konzern:
  - kann in allen o.g. Ausführungen existieren,
  - kann Synergien nutzen, im Allgemeinen in den Bereichen IT, Administration, Einkauf; Synergien sind relativ limitiert, da das Standortgeschäft weitgehend lokal ist und nur wenige Hebel für Skaleneffekte erlaubt.

Um den Standort zu entwickeln, muss der Standortbetreiber das Management seines lokalen Verbunds aktiv wahrnehmen und im Ansiedlung-Management berücksichtigen. Dies gilt zum einen für das Kerngeschäft des Standortbetreibers, d. h. Energie, Utilities und Infrastruktur, zum anderen muss der Chemiepark seinen lokalen Stoffverbund kennen, um Folgeeffekte auf Energie und Utilities durch Veränderungen im Stoffverbund proaktiv zu managen. Ein aktives Management schließt die Kernleistungen Energie- und Utilities-Wirtschaft mit ein, da einzelne Produktionsbetriebe über Koppelverbrauch von Wärmeenergie (Dampf, Heißwasser, Kühlung, Tiefkälte) und elektrischer Energie ebenso zusammenhängen wie über gemeinsam genutzte Wasserwirtschaft.

Der Verbundgedanke wird inzwischen sogar von Chemie-Clustern wahrgenommen, mehrere offene Cluster, wie z. B. die Antwerpen Port Authority, gehen ein aktiveres Management ihrer Netzwerke an.

3.9
Trends im Standortbetrieb von Chemieparks

Gibt es spezifische Trends zu Chemieparks, die von Trends innerhalb der globalen Chemischen Industrie abgekoppelt sind? Sicherlich ja. Sicherlich gibt es nicht viele, und es sind sicherlich keine fundamentalen Game Changer, außer natürlich den Ideen der Regierung und der EU zu EEG, zu energieintensiven Betrieben, zu CO_2-Gebühren sowie zu Netzentgelten für eigenproduzierte Elektrizität.

Der Betrieb von integrierten Multibetreiber-Chemieparks und -Chemiestandorten war vor ca. 20 Jahren neu, heute ist er Standard. Das in Deutschland und den Niederlanden entwickelte Modell findet unter vergleichbaren Umständen Nachahmung. Dies gilt sowohl für dedizierte Chemieparks als auch für die einzelnen Chemieparks, die innerhalb eines Chemie-Clusters operieren. Übergreifende Profit Centers bzw. Business Units für den Betrieb multipler Chemieparks sind noch deutlich jüngeren Datums. Auch hier gilt dass die Business Modelle in Westeuropa als relativ ausgereift gelten müssen. Wenn es schwierig ist multilokale, nationale oder globale Site Service Business Units oder Firmen einzurichten, dann klemmt es meist primär am Business Case sowie an der vielleicht daraus resultierenden Veränderungsbereitschaft einzelner lokaler Baronien.

Ein erwarteter Trend zur Konsolidierung von Standortbetreibern oder Standorten unter dem Management eines führenden Chemieparks hat bisher nicht stattgefunden. Gründe dafür gibt es mehrere. Einer der Hauptgründe liegt sicherlich in den schwer zu realisierenden Skaleneffekten und den daraus resultierenden schwer zu realisierenden Synergien. Ein weiterer liegt darin, dass Störfälle von Utilities die Nichtverfügbarkeit der Produktionsanlagen nach sich zieht, und den am Chemiepark beteiligten Anlagenbetreibern ist das Risiko einer durch Verlust der Utilities induzierten Force Majeure zu hoch. Es geht um Betriebssicherheit für die eigene Anlage und um Kontrolle über die Utilities die in die Wettbewerbsfähigkeit der eigenen Produkte einfließen. Ein dritter liegt im Altlastenrisiko.

Es ist ebenfalls darüber spekuliert worden, dass sehr langfristig orientierte Finanzinvestoren wie z. B. Infrastrukturfonds oder Sovereign Wealth Funds an Chemieparks interessiert sind. Immerhin gibt es einige Chemieparks im Besitz solcher Investoren. Auch passen oft die Kriterien der langfristig akzeptablen Renditen, die erwirtschaftet werden können. Dem stehen allerdings Risiken gegenüber, die für finanzielle Investoren wesentlich kritischer sind. Hier wären zum einen Altlastenrisiken zu nennen, die mit entsprechenden Garantien der ehemaligen Besitzer/Betreiber sicherlich gelöst werden können; ob die allerdings bereit sind, neuen Investoren zu Umweltrisiken einen weitgehenden Freifahrtschein zu geben, ist eine völlig andere Frage. Unklarheiten zwischen Brüssel und Berlin zur Energiegesetzgebung sind ein weiteres Risiko. Finanzinvestoren suchen bei ihren Investments nach einer Exit-Strategie, und dass bereits vor ihrem definitiven Einstieg. Ein nicht liquider Markt für Chemieparks als Exit-Risiko steht einem Investment von Finanzinvestoren wesentlich schwerer entgegen als alle anderen Unwägbarkeiten. Es scheint nicht so, dass es in den letzten Jahren an Gesprächen gemangelt hat hinsichtlich Übernahmen in Sachen Chemieparks, wie der Autor aus vertraulichen Quellen erfahren hat. Investitionen selber hat es nur sehr wenige gegeben, zu nennen sind hier der Einstieg von Sembcorp in Teesside [5], von Preiss-Daimler bzw. Gelsenwasser in Bitterfeld [6] und von Nuon in Düren [7]. Diese Situationen entsprechen kaum den gängigen Transaktionen, selbst von sehr langfristig orientierten Finanzinvestoren.

Aus energetischer Sicht bleibt natürlich die Thematik der Energieversorgung und der EEG-Gesetze relevant. Auch diese Thematik ist keine, die individuell für Chemieparks gilt, sondern sie ist relevant für alle energieintensiven Standorte jedweder Industrie. Die politischen Entscheidungen haben einen kritischen Einfluss auf die Energiekosten in Deutschland und damit auf die Wettbewerbsfähigkeit der chemischen Industrie in Deutschland. Mehr als ein amerikanisches Chemieunternehmen hat bereits angekündigt, sich schrittweise aus Deutschland zurückzuziehen, u. a. die Energiekosten zitierend – fairerweise sowohl den Elektrizitätspreis wie den Gaspreis zitierend als auch das Differenzial zu Feedstocks und Intermediates auf Basis von Shale Gas.

Andere Trends zum Management von Chemieparks sind kaum anders als diejenigen, die in Unternehmen aller Branchen inzwischen üblich sind: Excellence Programme, konsolidierter Einkauf, Abbau von administrativem Overhead, Aufsplittung in Einheiten mit eigenständiger Bilanz bzw. Gewinn- und Verlustrechnung aus fiskalen und Controlling-Gründen – Standardmaßnahmen zur Effizienzsteigerung, die für jeden Produzenten und jeden Dienstleister gelten.

3.10
Globale Trends der Chemieindustrie mit Auswirkung auf Chemieparks

Der wohl relevanteste zu nennende aktuelle Trend für die Chemieindustrie ist der Effekt von Schiefergas und Schieferöl (Shale Gas, Shale Oil) auf die Feedstock-Preise. Die Fracking Technologie hat in den USA (a) zu einem Verfall der Gaspreise geführt, (b) einen regelrechten Öl- und Gas-Boom ausgelöst, bei dem der Gasanteil (c) eine relativ hohe Selektivität an Äthan aufweist. Diese Entwicklung resultiert in einem gigantischen Bauboom für Chemiewerke, ca. USD 100 Milliarden USD bis 2018 [8]. Das bringt fundamentale Verschiebungen der chemischen Industrie mit sich. Die meisten europäischen Länder haben sich gegen das Fracking entschlossen, obwohl viele, nicht alle, der Einzeltechnologien die in ihrer Summe die Fracking-Technologie ausmachen auch bei uns seit vielen Jahren sicher angewendet und beherrscht werden.

Da die Fracking-Technologie derzeit nur in USA angewendet wird, gibt es auf absehbare Zeit keine alternativen Lieferanten für preiswertes Öl und Gas. Chemiekonzerne im Mittleren Osten sind ebenso alarmiert wie in Europa, da dadurch ihr bisheriger Wettbewerbsvorteil verschwindet. Die Zukunft wird zeigen, wie europäische Konzerne mit dieser neuen Situation umgehen. Als erste Reaktion haben mehrere Polyethylen-Hersteller Lieferverträge mit US-Unternehmen für flüssiges Äthan abgeschlossen.

Die Selektivität von Wet Shale Gas liegt hauptsächlich auf Äthan, mit nur geringen Fraktionen von Propan, Butan und Aromaten. Die Selektivität von Nafta, des in Europa üblichen Cracker-Feedstocks ist wesentlich balancierter. Werden nun in USA viele neue C2 (Ethylen)-Cracker gebaut und wesentlich teurer zu betreibende Nafta-Cracker dafür geschlossen, so wird C2 mittelfristig in eine Long-Supply-Situation kommen, und der Preis wird fallen. Ebenso werden die anderen Fraktionen Propan/Propylen (C3), Butan/Butadien (C4) und Hexan/Aromaten (C6) in eine Short-Supply-Situation kommen mit dementsprechend steigenden Preisen, wobei für C3 technische Alternativen existieren. Die besten Experten in der Industrie haben kaum eine Antwort, in welche neuen Gleichgewichte sich der Markt verschieben wird. Nur erwarten alle, dass der Markt sich verschiebt. Einer der Schlüssel kann darin liegen, die Cracker für multiple Feedstocks auszulegen. In der Tat scheint sich ein dahingehender Trend abzuzeichnen. Es kann als sicher angesehen werden, dass in Europa ansässige Polyolefin-Hersteller sich Strategien überlegen müssen, um zu überleben. Cracker aufgrund des C2-Differenzials zu USA zu schließen, ist keine langfristige Lösung, da dadurch die Verfügbarkeit von Propylen, Butadien und Aromaten auch in den USA sinkt, und die Preise steigen.

Dabei muss beachtet werden, dass die meisten höherwertigen Produktketten in der Petrochemie sowie hochwertige Kunststoffe auf Aromaten basieren. Da chemische Spezialitäten wie hochspezialisierte Kunststoffe die eigentliche Differenzierung speziell der in Deutschland und BeNeLux beheimateten Chemieindustrie ist, könnte eine massive Verschlechterung der Verfügbarkeit von Aromaten auf der Feedstock-Seite fatale Folgen haben für die deutsche Chemieindustrie. Da die Innovationskraft der Chemie in Deutschland, BeNe, Schweiz auch ihren Kundenindustrien eine Differenzierung im Markt ermöglicht, wäre der Effekt nicht nur für die Chemieindustrie kritisch – siehe Abb. 3.2.

Als ebenfalls relevant müssen die Aktivitäten Chinas gewertet werden, ihrerseits auf preiswerter lokaler Kohle eine Chemieindustrie im Inland aufzubauen [9]. Der Preisvorteil für Feedstocks gegenüber Europa kann, mit einigen Jahren Verzögerung zur Shale-Gas-Situation in den USA, einen ähnlichen Effekt auf die Chemieindustrie in Europa haben.

Die meisten europäischen Chemiekonzerne haben die Lage erkannt und gehen sie aktiv an. Eine der Antworten liegt in der Entwicklung alternativer Feedstocks. Alternative Feedstocks kann zum einen Verkohlung von Kunststoffschrott in Kombination mit Kohleverflüssigung heißen [10], zum anderen biobasierte Feedstocks der zweiten Generation. Zweite Generation heißt hier die Verwertung von Reststoffen der Pflanzen nach Verwertung der Cash Crops; z. B. Stroh, Maisstroh, Lignin, Bagasse (Zuckerrohrreste). Diese Reststoffe werden enzymatisch und bakteriell vergoren und danach raffiniert. DuPont und DSM sind in der Start-up-Phase von Zweite-Generation-Bioraffinerien in industriellem Maßstab [11; 12], BASF hat seine ersten kommerziellen Mengen Bio-Butandiol für Kunden produziert [13].

Eine andere seitens europäischer Chemiekonzerne angegangene Variante liegt in biobasierten Kunststoffen, die auf Basis von Biofeedstocks und neuen Synthesewegen zu petrochemisch weitgehend gleichwertigen Kunststoffen führt. Eine

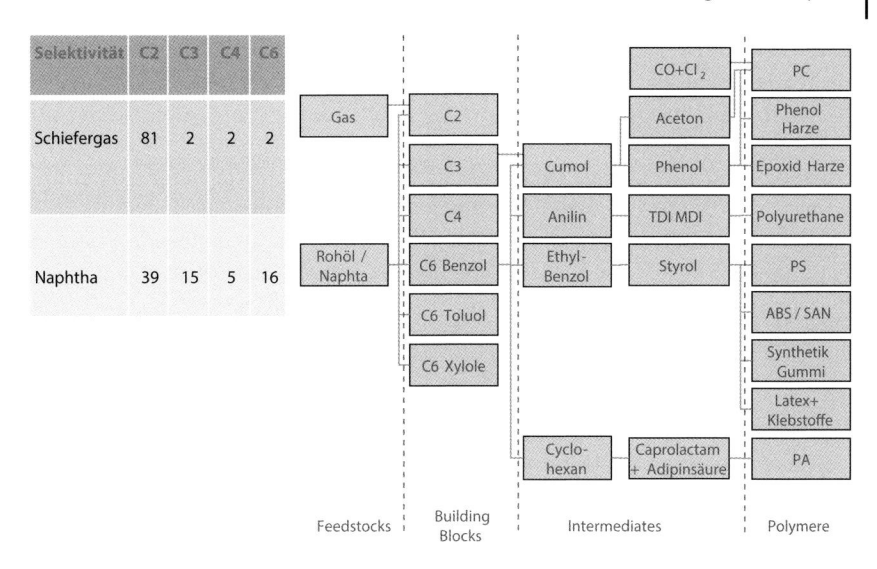

Selektivität	C2	C3	C4	C6
Schiefergas	81	2	2	2
Naphtha	39	15	5	16

Abb. 3.2 Selektivität von Shale Gas und Nafta und die davon abhängige Wertschöpfungskette, EY research, © EY, 2014.

dritte Variante ist die Entwicklung neuer Kunststoffe auf der Basis von Biofeedstocks. An allen Verfahren wird mit Hochdruck gearbeitet.

Dort wo die ganz großen der Konsumgüterbranche von ihren Lieferanten biobasierte Kunststoffe für ihr grünes Image einfordern, wird alles getan werden, um dem nachzukommen. Wo die erste Garde der Automobilindustrie ihr grünes Image mit biobasierten Kunststoffen bewirbt, werden sie sie bekommen.

Analog zur Energiewende wird inzwischen auch von der Chemiewende geredet. Die Industrie ist klar im Umbruch, sowohl was Shale Gas als auch was biobasierte Chemie betrifft.

Auf der anderen Seite scheint in China gerade ein massives Umdenken in Sachen Umweltschutz stattzufinden, was lokale Unternehmen dazu zwingt, ihre Produktionseinheiten mit Kläranlagen und Rauchgaswäsche zu versehen. Es scheint, dass viele chinesische Produzenten nicht ausreichend kapitalisiert sind für solche Investitionen, mit der Folge, dass einige Unternehmen aufgeben.

Ein weiterer, globaler Trend liegt in der Aktivität von Finanzinvestoren, die nicht strategischen Teile von Chemieunternehmen zu übernehmen, auf Vordermann zu trimmen und wieder zu verkaufen oder alternativ an die Börse bringen. Da das Geschäftsmodell von Finanzinvestoren auf Wertschöpfung getrimmt ist, müssen sich Chemieunternehmen dem stellen und ihre eigenen Geschäftsmodelle dem der Finanzinvestoren annähern oder anpassen. Das gilt sowohl für produzierende Einheiten, die dem Modell von Private Equity folgen wie auch für innovative, forschende und entwickelnde Einheiten, die dem Modell von Venture Capital folgen. Von allen Chemieparks wird erwartet, dass sie sich Effizienzvorgaben unterziehen oder sie selber entwickeln. Von Chemieparks, die auch starke Forschungsaktivitäten haben, wird erwartet, dass sie den innovativen Einheiten und Start-ups einen Campus bereitstellen und eine Innovationskultur aufbauen, die wiederum für die Prinzipale der Chemieparks als weiteres externes Standbein der Innovation nützlich ist.

Ein weiterer wichtiger Trend ist der hohe und zunehmend höhere Spezialisierungsgrad von chemischen Produkten aus Europa. Wie bereits oben angesprochen, ist Europa beim Feedstock massiv benachteiligt und muss sich spezialisieren. Bei austauschbaren Commodities zählen als treibende Faktoren hauptsächlich Feedstock-Kosten sowie Größe und Utilization Rate, d. h. Skalenfaktoren.

Demgegenüber zählt bei Spezialitäten hauptsächlich, eine differenzierende Wertkomponente in der Wahrnehmung des Kundenproduktes zu sein, ein durch den Kunden nicht austauschbarer Faktor der kundeneigenen Wertschöpfung. Der Endkunde entscheidet sich für eine bestimmte Wahrnehmung, die mit dem Vertrauen zu einer Marke verknüpft ist. Der Kauf eines deutschen Premiumautos gegenüber eines japanischen z. B. liegt stark am Look & Feel, das entscheidend durch chemische Luxusprodukte wie Perleffektlack, (Kunst-)Leder Armaturenbrett u. a. beeinflusst wird. Die Kaufentscheidung ist emotional. Der Markenhersteller weiß allerdings, dass es lange braucht, um neue spezialisierte Materialien so auszutauschen, dass eine konstante Qualität gewährleistet bleibt, daher sind ein bis drei Produkt-Lieferant-Kombinationen in die Qualitätskontrolle der Wertschöpfungskette einspezifiziert, sozusagen eine oligopolistische Wertschöpfungskette in auf ein Produkt limitiertem Maßstab.

Während bei Commodities der Produktionsverbund von sehr hoher Wichtigkeit ist, gilt bei Spezialitäten der Innovationsverbund. Economies of Scale stehen Economies of Scope gegenüber. Beides gleichzeitig zu realisieren entspricht der Quadratur des Kreises, siehe Abb. 3.3.

Die chemische Industrie hat für die globalen Megatrends viele innovative Beiträge zu bieten, die das Geschäft in den Spezialitäten stark treiben wird.

Ein Megatrend ist eine global alternde Bevölkerung. Diesen Trend sieht die Healthcare-Industrie als ihren absoluten Megatrend, für einige Segmente der chemischen Industrie gilt das ebenso, so z. B. im Bereich von 3-D-Druck oder Additive Manufacturing. Additives Tissue-Engineering, der 3-D-Druck von Prothesen sowie Active-Ingredient Slow-Release-Implantate im Körper sind sicherlich in den nächsten zehn Jahren Realität, zu denen die chemische Industrie sowohl die Material- als auch die Release-Technologie liefert. Weitere große Anwendungsfelder sind zielgerichtete Nahrungsmittelzusatzstoffe (Neutraceuticals) sowie Kosmetikzusatzstoffe.

Ein weiterer Megatrend liegt in der Ernährung einer wachsenden Bevölkerung, einer sich vermindernden Agrarfläche und in der Verschiebung der globalen Nahrungskette von pflanzenbasierten Nahrungsmitteln auf höheren Fleischkonsum. Gefragt ist nichts anderes als eine wesentlich höhere Ausbeute einer sich verringernden vorhandenen Agrarfläche. Allgemein spricht man von Grüner Biotechnologie, um dieses Problem anzugehen. Hier sind vor allem drei große Richtungen gefragt: (i) eine höhere Saatausbeute, d. h. Sicherstellung, dass alle Samen keimen wie auch eine Verschiebung des Verhältnisses der Nutzfrucht gegenüber der

Commodities – Produktionsverbund in offenen Märkten

- **Feedstock** – Verfügbarkeit billiger Rohmaterialien vor Ort
- **Scale/Grösse** – Betriebe in World-Scale für die kosteneffiziente Produktion global standardisierter Produkte
- **Einsatzmaximierung** – Effizienzgetriebene Umwandlung von Einsatzmaterialien und Energie in optimierter Kapazität
- **Logistik** – Hocheffiziente Logistiknetzwerke zu Lieferanten und Kunden
- **Nähe** – nahe den Raffinerien, in Hafennähe, mit Pipelineanschluss, „auf dem Bohrloch"

	Raffinerie	Basischemie Produkte Feedstocks	Commodity Intermediates/ Massenpolymere	Volumenprodukte Performance Polymere	Engineering Polymere, Semi-Spezialitäten	Spezialitäten	Feinchemie, Spezialchemie, Flavours & Fragrances
Wertdifferenzierung		Preisdifferenzierte Commodities		Produkt-Eigenschaften differenzierte Commodities	Spezifizierte Produkte in Grossserie	Spezifizierte Produkte in kleinserie	Kundenspezifische Produkte
Wettbewerbs-Arena		Global oder Regional Abhängig von den Logistikkosten		Regional B2B Chemie industrie	Global B2B von Chemie zu Kunden	Global / Regional zwischen Kunden (ex: BMW vs. Lexus)	
Regionale Vorteile		Wettbewerbsvorteile in Rohstoffreichen Gegenden (USA, Mittlerer Osten)		Wettbewerbsvorteile in Produktdifferenzierten Gegenden (EU, Japan, Korea)			

Spezialitäten – Entwicklungsverbund in geschützten Märkten

- **Innovation** – Entwicklung von zukünftigen Blockbuster Produkten und Produktionstechnologien (F&E&T)
- **Komplexität** – Beherrschen der Komplexität einer hohen Zahl kleinvolumiger Produkte, Applikationen, Kunden
- **Spezifikation** – Differenziert einspezifizierte Produkteigenschaften im OEM Produkt (auditierte Wertschöpfungskette)
- **Applikation** – Effektivitätsgetriebene Differenzierung des Kunden gegenüber seinen Wettbewerbern
- **Nähe** – nahe den Entwicklungszentren der Kunden mit möglichst guter Logistik zu den Commodities

Abb. 3.3 Geschäftstreiber von Spezialchemie gegenüber Commodities © EY, 2014.

Gesamtpflanze zugunsten der Nutzfrucht; (ii) spezialchemische Düngemittelformulierungen, die zu einer höheren Ernte führen; und (iii) speziell zugeschnittene Fungizide, Pestizide, Mikrobizide, um die Pflanze zu schützen. Für alle drei Themen ist eine hochkompetente und hochinnovative Spezialchemie gefragt, die Lösungen unter Wahrung und Schutz intellektuellen Eigentums entwickeln und produzieren kann.

Energiewirtschaft ist ein weiterer Megatrend zu der die chemische Industrie stark innovativ beitragen kann. Hier sind ebenfalls drei große Richtungen gefragt: (i) effektive Wärmeisolation von Gebäuden bei Neubauten – Null-Energie-Haus – sowie unter minimalem Materialeinsatz in der Nachrüstung von Altbauten; (ii) Elektromobilität mittels neuer elektrochemischer Speichertechniken – hier sind sowohl effizientere Batterien als auch Brennstoffzellen zu nennen; (iii) elektrochemische Energiegeneration und Energiespeicherung als Energiepuffer zur Nivellierung zwischen Angebot und Nachfrage von Elektrizität in der Energiewende – hier sind PTG (Power-to-Gas)-Technologien genannt, die mittels Elektrizität Wasserstoff elektrolytisch erzeugen, der dann im Gasnetzwerk unter das gespeicherte Erdgas gemischt wird [13]. Alternativ kann elektrolytisch erzeugter Wasserstoff mittels Brennstoffzellen zu Elektrizität transformiert werden [14]. Chemieparks sind als PTG-Standorte sicherlich geeignet, da sie das Gefahrguthandling und Management beherrschen.

Bereits oben unter Biofeedstocks wurde die Weiße Biotechnologie angesprochen. Biochemisches Engineering von Bakterien und Enzymen erlaubt gezielte Selektivität von Maische biologischer Reststoffe zu Energie und Feedstocks die mittels chemischer Trenn- und Synthesetechniken zu Feedstocks und Energie weiterverarbeitet werden.

Alle diese neuen Trends bieten enorme Chancen für die weitere Entwicklung von Chemieparks.

3.11
Chemieparks müssen sich diesen Trends stellen

Chemieparks können und sollten sich proaktiv als Partner und Treiber der neuen Entwicklungen positionieren. In den Fällen, wo am Chemiepark ein Forschungscampus existiert, müssen sie sogar eine aktiv formende Rolle im Sinne der Formung eines Innovationscampus einnehmen, um die Innovationsverbünde zu stärken, die für Industrie und Land unumgänglich sind.

Momentan ist nicht eindeutig klar, welcher Stelle im Power-to-Gas-Konzept die Verflüssigung von Gasen zur Speicherung stattfinden soll. Es ist sicherlich opportun für Chemieparks, vor allem in der Nähe großer Windparks, anzusprechen, ob auf dem Chemiepark eine Möglichkeit der Gasverflüssigung und/oder einer Vor-Ort-Zwischenspeicherung besteht. Eine weitere Überlegung kann sein, ob nicht der Chemiepark selbst seine Energiebedürfnisse aus derart hergestelltem synthetischen Methan oder Wasserstoff decken kann.

Eine zunehmende Spezialisierung der Produktion auf Inlandstandorten verlangt vom Chemiepark, ebenfalls auf diese Spezialisierung einzugehen. Das heißt, dass auch auf dem Chemiepark eine immer größere Menge Bestandskunden mit kleinteiligeren und auch verschiedenartigen Bedürfnissen vorhanden ist. Die Organisationsstruktur des Chemieparks wird auf diese Änderung der Bedürfnisse nicht nur eingehen müssen, sondern sie auch proaktiv unterstützen. Ebenso werden sich durch weiterhin stattfindende Käufe und Verkäufe von Unternehmen und Unternehmensteilen auch die Kundenstruktur im Chemiepark weiterhin verschieben und ändern.

Als wichtiger Punkt muss auch die Nachwuchsfrage angesprochen werden. Eine Karriere in der Chemie muss wieder attraktiv für junge Menschen sein, ob Facharbeiter, Meister, Ingenieur, technischem oder Businessmanagement, ob Mann oder Frau. Ebenso muss der Brain-Drain durch Frühverrentung angesprochen werden, der als ein Luxus für Unternehmen und für das Land angesehen werden kann. Diese Punkte müssen in der Politik und im Feld angegangen werden, sonst können wir die Boutique bald schließen. Eine Aufgabe liegt in der Ausbildung und Fachakademien sowie in der Entwicklung einer Marketinginitiative, um junge Leute anzuziehen und Wissensträger zu halten. Die Chemieparks sind die konstanten Vor-Ort-Einheiten der Industrie, diese Aufgabe fällt am ehesten ihnen zu. Dazu gehört auch eine Infrastruktur für Kinder, die es Müttern erlaubt, in ihren Job zurückzukehren.

3.12
Schlussworte

Die chemische Industrie durchläuft eine Phase starker Umbrüche. Zunehmende Spezialisierung, gestaffelte Lieferketten, Schieferöl/Schiefergas, Biofeedstocks und Biomaterialien, 3-D-Printing, die Energiewende im Angesicht fallender Energiepreise in USA, Wettbewerb der Regionen und ein sich verschärfender Kampf um kompetentes Personal sind nur einige Treiber fundamentaler Veränderungen.

In Deutschland und Europa können wir uns nur durch Spezialisierung auf technisch und qualitativ hochwertige Produkte differenzieren, ohne preiswerte Vor-Ort-Rohstoffe ist dies der einzig gangbare Weg, uns im Weltmarkt zu positionieren. Neben Europa sind nur die Ostasiatischen Länder in einer vergleichbaren Situation. Um eine solche Differenzierung zu erreichen, müssen wir Innovationsnetzwerke – übergreifend über mehrere Industrien – in der Wertschöpfungskette aktivieren. Die Chemieindustrie ist ein Innovationsmotor für alle Downstream-Industrien die chemische Produkte in ihrer Wertschöpfung benutzen, das sind de facto alle produzierenden Industrien. Innovative chemische Produkte und Verfahren können sich aber nur dann im Weltmarkt durchsetzen, wenn sie (a) kosteneffektiv sind und (b) ihre Kunden in ihren eigenen Märkten differenzieren. Eine leistungsfähige Infrastruktur von Chemieparks bietet hierzu eine gute Voraussetzung. Die Industrie muss aber auch die Veränderungen mitgestalten können, die demografisch und infrastrukturell gefordert sind, Chemieparks in vorderer Linie. Veränderungen müssen an der Basis angegangen werden, da die Politik mit der Energiewende verdeutlicht, dass eine Planungssicherheit für langfristig investierende Industrien nicht mehr gilt. In unserer Industrie müssen wir unsere Stärken erkennen und selbst danach handeln.

Literatur

1. Geo Epoche, Heft Indien, Woche 41, 2010.
2. Balint, A. (2012) *Clariant Clareant*, Campus, ISBN: 978-3-593-39374-2.
3. Solvay: http://150.solvay.com/en/chronicles/february-chronicle/.
4. www.humboldt.hu/HN30/HN30-32-40-Kurze_Geschichte_der_Schweizer_chemisch-pharmazeutischen_Industrie_und_der_Schweizer_Chemischen_Gesellschaft.pdf, Basel, 20.4.2012.
5. SembCorp acquires Enron's Teesside operations, www.theengineer.co.uk, 16.4.2003.
6. Gelsenwasser acquires Chemiepark Bitterfeld-Wolfen, www.chemietechnik.de, 2.1.2014.
7. Das erfolgreiche Betreiber-Modell von Nuon, www.chemietechnik.de, 9.12.2004.
8. US Chemical Investment Linked to Shale Gas Reaches $100 Billion, American Chemical Council, Washington, 20.2.2014.
9. Coal-to-Gas Projects Boom in China, Wall Street Journal, 31.12.2007.
10. www.dsm.com/corporate/media/informationcenter-news/2014/09/29-14-first-commercial-scale-cellulosic-ethanol-plant-in-the-united-states-open-for-business.html, 29.09.2014.
11. www.dupont.com/products-and-services/industrial-biotechnology/advanced-biofuels.html, 6.11.2015.

12 BASF produces first bio-BDO commercial volumes, Green Chemicals Blog, Doris de Guzman, 3.12.2013.
13 Odenthal, F. (2014) Vom Kunststoff zurück zum Öl. VDI-*Nachrichten*, 21.2.2014, Ausgabe 8.
14 www.eon.com/en/media/news/press-releases/2013/8/28/eon-inaugurates-power-to-gas-unit-in-falkenhagen-in-eastern-germany.html.
15 Solvay has successfully commissioned the largest PEM fuel cell in the world in SolVin's Antwerp plant, Solvay Press Release 2.6.2012.

4
Industriedienstleistungen im Umfeld der Chemie- und Industrieparks

Benjamin Fröhling und Marcus Schnell

4.1
Einleitung und Definitionen

Die Dienstleistungsbranche im Umfeld der Chemie- und Industrieparks ist ein Milliardenmarkt, der aufgrund seiner verhältnismäßig kurzen Geschichte noch stark in Bewegung ist. Das „optimale Geschäftsmodell" für Industriedienstleistung hat sich noch nicht herauskristallisiert, und so kämpfen Dienstleistungsanbieter mit unterschiedlichsten Geschäftsmodellen um die Verteilung der Marktanteile eines weiterhin wachsenden Marktes.

Im folgenden Kapitel geben wir Ihnen einen Überblick über den Markt für Industriedienstleistungen im Umfeld der Chemiestandorte. Wir beschreiben seine Entstehungsgeschichte und vergleichen die Unterschiede der heute existierenden Dienstleistungsmodelle vom breit aufgestellten Vollsortimenter bis zum hochspezialisierten Industriedienstleister. Unterschiedliche Geschäftsmodelle und deren Ausprägung stellen unterschiedliche Ausgangssituationen für aktuelle und (mögliche) zukünftige Entwicklungen, auf die wir am Ende des Kapitels einen Blick wagen möchten, dar.

Seit der Gründung der ersten reinen Chemieparkbetreibergesellschaften und mit Verstärkung der Auslagerung von produktionsnahen Dienstleistungen vor etwa 20 Jahren sind Industriedienstleistungen ein bedeutendes Thema in der Chemie. Spätestens mit der Zerschlagung der Hoechst AG und der Ausprägung der ersten Multi-User-Standorte Ende der 1990er-Jahre sind infrastruktur- und produktionsnahe Dienstleistungen in der Chemie- und Pharmaindustrie als externe Dienstleistungen etabliert.

Der Wirtschaftsverband für Industrieservice e.V. (WVIS) schätzt allein das Marktvolumen des extern vergebenen Industrieservices für die Prozess- und Fertigungsindustrie auf rund 20 Mrd. €[1] – etwa ein Drittel hiervon entfällt laut WVIS auf die Prozessindustrie. Der Trend zum Outsourcing sei weiterhin ungebrochen. Bereits 32 % des Gesamtvolumens würden von externen Dienstleistern

---

1) „Instandhaltung als Markt – von der technischen Dienstleistung zum Industrieservice", WVIS – Wirtschaftsverband für Industrieservice e.V., März 2010.

Chemiestandorte, 1. Auflage. Herausgegeben von Carsten Suntrop.
© 2016 WILEY-VCH Verlag GmbH & Co. KGaA. Published 2016 by WILEY-VCH Verlag GmbH & Co. KGaA.

erbracht. Ein ungebremster Trend zum Outsourcing und zur externen Vergabe versprächen hohe Wachstumsraten von 4 % pro Jahr – und tatsächlich lagen die Wachstumsraten der der Top 15 Industrieserviceunternehmen bei durchschnittliche 3,2 % (2012), 7,6 % (2011) und 5,6 % (2010)[2]. Im Industrieservice arbeiten derzeit im deutschsprachigen Europa ca. 200 000 Beschäftigte[1].

Als Industriedienstleistungen werden neben dem Industrieservice, welcher im Allgemeinen als meist technische Dienstleistung rund um eine Anlage oder den Produktionsprozess definiert wird, viele weitere Dienstleistungen verstanden. Diese sind im folgenden Kapitel näher beschrieben. Sie werden in den Chemie- und Industrieparks nicht nur von den bereits angesprochenen Betreibergesellschaften, sondern von unterschiedlichen Dienstleistungsorganisationen und Servicegesellschaften erbracht. Eine Differenzierung hierzu wird in Abschn. 4.3, Entstehung des Marktes für Industriedienstleistungen im Chemieparks, erläutert.

Im Gegensatz zur Warenproduktion, bei der Produkte in Form von materiellen Gütern erzeugt werden, spricht man bei den Dienstleistungen, auch Services genannt, von immateriellen Gütern. Ein typisches Merkmal von Dienstleistungen ist, dass Produktion und Verbrauch oft gleichzeitig anfallen. Daher kann eine Dienstleistung nicht auf Vorrat produziert werden, da sie nicht gelagert werden kann. Sie ist selten übertragbar (da immateriell), und sie benötigt einen externen Faktor, in der Regel den Kunden selbst bzw. eine Anlage oder Immobilie des Kunden, um erbracht werden zu können.

Der Einfachheit halber wird im Folgenden auch von Chemiepark als Oberbegriff für Chemie- und Industrieparks gesprochen.

4.2
Marktüberblick Industriedienstleister

Um einen Markt zu strukturieren ist es sinnvoll, die Marktteilnehmer in unterschiedliche Gruppen aufzuteilen. In Bezug auf die Chemie- und Industrieparkwelt, ist eine Möglichkeit der Unterteilung des Anbietermarktes der Standortbezug. Dies bedeutet im Wesentlichen, ob ein Dienstleister standortgeboren oder von außen hinzugekommen ist. Letztere Gruppe zeichnet sich in der Regel durch ein im Verhältnis spezialisiertes Leistungsportfolio sowie eine geografisch weite Zerstreuung aus. Auch der Anteil des Chemie- und Industrieparkumsatzes am Gesamtgeschäft kann im Verhältnis gering sein, dennoch nimmt das Raffinerie-/Chemie- und Petrochemie-Geschäft mit einem Umsatzanteil von knapp 35 %[2] das wichtigste Feld für diese Branche ein. Tabelle 4.1 zeigt bedeutende Unternehmen der Industriedienstleistungsbranche.

Alle hier aufgeführten Unternehmen sind im Laufe der Zeit in das Chemie- und Industriepark-Geschäft hineingewachsen. Dabei sind drei unterschiedliche Wachstumsstrategien zu beobachten:

---

2) Quelle: Presseinformation zur Lünendonk©-Liste 2013 „Führende Industrieservice-Unternehmen in Deutschland" vom 25.7.2013.

Tab. 4.1 Top-Industriedienstleister[a] ohne direkten Standortbezug.

Unternehmen	Umsatz in Deutschland [Mio. €][b]	Mitarbeiter in Deutschland[b]
Bilfinger Industrial[c]	815	6300
Remondis Maintenance & Services[d]	710	5400
WISAG Industrie Service	653	13 500
Voith Industrial Services	635	8000
DIW Instandhaltung[e]	550	14 000
Kaefer Isoliertechnik	285	3300
Weber Unternehmensgruppe	272	1900
Buchen UmweltService/Buchen Group	205	2100
Kiel Industrial Services	185	1600
Hertel Germany	121	1200
Ebert Hera	96	795
Lobbe Industrieservice	96	865
Infraserv Knapsack	95	700
Babcock Industry and Power	85[f]	670[f]
Harsco Infrastructure Industrial Services	53	120
Piepenbrock Service/Piepenbrock Instandhaltung	48	810
Gesellschaft für Montage und Regeltechnik	48	585
Stork Technical Services	44	480
Baumüller Reparaturwerk	40	300
S.I.S. Gruppe	35	2200
RIW Industrieservice/RIW Dienstleistungsgruppe	25	1300
InduSer Industrieservice	10	62

a) Technische Dienstleister.
b) Ungefährer/gerundeter Wert, Quelle: „Lünendonk-Liste 2015: Führende Industrieservice-Unternehmen in Deutschland" sowie eigene Recherche.
c) Vormals Bilfinger Berger Industrial Services AG (BIS).
d) Einschließlich XERVON, auch Standortbetreiber.
e) Tochtergesellschaft der Voith Industrial Services.
f) Gesamtumsatz/Gesamtmitarbeiterzahl.

- Wachstum durch Kauf anderer (Instandhaltungs-)Unternehmen,
- Wachstum durch Übernahme der Betriebsführung von Infrastrukturen und Standorten,
- Wachstum durch Ausweitung der Kundenbeziehung und Verdrängung.

Europas Marktführer, die Bilfinger Industrial (vormals Bilfinger Berger Industrial Services (BIS)), mit mehr als 3,7 Mrd. € Umsatz weltweit und 38 000 Mitarbeitern, ist mit mittlerweile rund 80 operativen Gesellschaften für Kunden der unterschiedlichsten Branchen in 33 Ländern tätig. Entstanden aus einer zwischenzeitlich als Tochter der Bayer AG firmierenden Rheinhold & Mahla GmbH, ist die

BIS durch Zukäufe von Instandhaltungsgesellschaften wie z. B. der HSG-Gruppe (1950 Mitarbeiter), der Babcock Borsig Service (2700 Mitarbeiter), der InfraServ Höchst Technik (710 Mitarbeiter) oder der MCE-Gruppe (6500 Mitarbeiter) zu dem geworden, was sie heute ist. Im Jahre 2013 wurde das Geschäftsfeld in Bilfinger Industrial umbenannt und durch die Aufteilung der Engineering- und Industrieservicetätigkeiten in jeweils eigene Teilkonzerne, die Bilfinger Industrial Technologies und die Bilfinger Industrial Services neu strukturiert.

Die WISAG, mit heute mehr als 70 Standorten in Deutschland, ist ebenfalls durch Zukäufe von Unternehmen wie die ThyssenKrupp HiServ, ABB Gebäudetechnik oder ThyssenKrupp Industrieservice (12 500 Mitarbeiter) gewachsen.

Auch die Voith Industrial Services, weltweit an fast 200 Standorten mit rund 20 000 Mitarbeitern vertreten, rund 1,1 Mrd. € Umsatz, ist durch Zukäufe wie z. B. die DIW Deutsche Industriewartung (5000 Mitarbeiter), Indumont, die imo Hüther-Gruppe, die Ermo-Gruppe (1500 Mitarbeiter), oder ThyssenKrupp Services (1000 Mitarbeiter) stark gewachsen.

Die XERVON GmbH zum Beispiel – heute Teil der Remondis Maintenance & Services – ist in der Vergangenheit soweit gegangen, durch die Übernahme von Betriebsführung der Infrastrukturanlagen und Standortdiensten, komplette Chemieparks zu akquirieren. Dabei gehen die Verantwortung von z. B. Energie- und Medienversorgung, biologischer Kläranlage und IT-Netzwerk sowie Standortdiensten wie z. B. Einkauf, Materialwirtschaft, Werkschutz und Kantine auf den Dienstleister über. Beispiele hierfür sind die Chemieparks Münchsmünster, von der Basell übernommen, und Köln-Merkenich (Wacker). XERVON, heute – ebenfalls wie die Buchen Group – ein Teil des Remondis-Konzerns, ist seinerzeit aus der Zusammenlegung der ThyssenKrupp-Töchter Peiniger-Rö-Ro und ThyssenKrupp Plant Services entstanden. 2013 arbeiten für XERVON weltweit rund 8500 Mitarbeiter. Allein in Deutschland ist das Unternehmen an mehr als 30 Standorten vertreten.

Auch kleinere Dienstleistungsunternehmen wie Hertel und Ebert Herta versuchen weiter, Marktanteile durch Zukäufe und Investitionen zu gewinnen.

Weber und die WWV Wärmeverwertung wachsen vorwiegend weiter aus erfolgreichen Kundenbeziehungen heraus.

Die standortgeborenen Dienstleistungsunternehmen hingegen agieren meist nur lokal. Sie sind Ableger der ansässigen Produktionsunternehmen und haben allein durch diese Tatsache häufig eine stabile Geschäftsbeziehung zu ihren Kunden. Wachstum, welches meist nur durch Neugeschäft außerhalb des eigenen Chemieparks möglich ist, steht nur bei wenigen dieser Unternehmen im Fokus. Nach dem Erlangen der Eigenständigkeit stand und steht für diese Servicegesellschaften zunächst ein Stabilisierungs- und Konsolidierungsprozess im Vordergrund. Tabelle 4.2 gibt einen Überblick über die Unternehmen und ihre Größe bezogen auf die Mitarbeiterzahl.

Bei den Standortbetreibern gibt es drei große Gesellschaften, die auch eine gewisse Vorreiterrolle in ihrem Segment einnehmen. Die Currenta, 2003 aus der Bayer AG als Bayer Industry Services entstanden, ist die größte Industrieparkge-

Tab. 4.2 Standortgeborene Industriedienstleister und Standort-/Betreibergesellschaften.

Unternehmen
größer 1000 Mitarbeiter
Currenta GmbH & Co. OHG
Infracor GmbH[a]
Infraserv GmbH & Co. Höchst KG
Tectrion GmbH[b]
501 bis 1000 Mitarbeiter
Industriepark Wolfgang GmbH
ALISECA GmbH[c]
InfraServ GmbH & Co. Gendorf KG
InfraServ GmbH & Co. Wiesbaden KG
InfraServ GmbH & Co. Knapsack KG
Freudenberg Service KG
InfraLeuna GmbH
MAINSITE GmbH + Co. KG
251 bis 500 Mitarbeiter
Pharmaserv GmbH & Co. KG
MVV Enamic IGS Gersthofen GmbH
101 bis 205 Mitarbeiter
Mainsite Technologies GmbH[d]
InfraServ Gendorf Technik GmbH[e]
10 bis 100 Mitarbeiter
SEB Service Einheit Bobingen GmbH (ehemals ABB Service GmbH Bobingen)
RÜTGERS InfraTec GmbH
P-D ChemiePark Bitterfeld Wolfen GmbH
Infrasite Griesheim GmbH[f]
Infra-Zeitz Servicegesellschaft mbH
Industriepark Nienburg GmbH
Industriepark Troisdorf GmbH
weniger 10 Mitarbeiter
TroPark GmbH
IWB Industriepark Werk Bobingen GmbH Co KG
InfraSchwedt Infrastruktur & Service GmbH
ohne Angabe
Heraeus Liegenschafts- und Facility Management GmbH & Co. KG
tarlog GmbH

a) Bis 2013 Tochtergesellschaft der Evonik Industries, 2013 in den Geschäftsbereich „Site Services" der Evonik integriert.
b) Tochtergesellschaft der Currenta.
c) Seit 2015 Teil der Group Function „Production, Technology, Safety & Environment" der LANXESS Deutschland GmbH.
d) Tochtergesellschaft der Mainsite GmbH.
e) Tochtergesellschaft der Infraserv Gendorf.
f) Tochtergesellschaft der Infraserv GmbH & Co. Höchst KG.

sellschaft. Sie betreibt mit ca. 3400 Mitarbeitern[3] die drei zum CHEMPARK gehörenden Standorte Leverkusen, Dormagen und Krefeld-Uerdingen und somit eine Gesamtfläche von über 1000 ha Chemiepark. Ihr geschäftlicher Fokus liegt klar auf den drei Standorten. Externes Geschäft wird nur zur Auslastung bestehender Kapazitäten (z. B. Sondermüllverbrennung) forciert. Die Infracor GmbH war bis 2013 mit 2700 Mitarbeitern die zweitgrößte Industrieparkgesellschaft. Aus den Dienstleistungsbereichen der Hüls AG entstanden, betreibt sie seit 1998 den Chemiepark Marl. Der Chemiepark Marl sowie die Betreibergesellschaft gehören heute zur Evonik Industries AG, die im Jahr 2013 die Infrastrukturdienstleistungen an ihren elf größten europäischen Standorten in einer neuen Geschäftseinheit Sites Services gebündelt hat, um die standortübergreifende Zusammenarbeit zu intensivieren. Hieraus ist ein Dienstleistungsbereich mit rund 7700 Mitarbeitern und somit einer der größten Anbieter für Industriedienstleistungen entstanden. Zwar ist durch die Bündelung der Aktivitäten in einer Geschäftseinheit auch ein Geschäftsausbau geplant, doch bleibt zu vermuten, dass dieser sich vorerst auf die eigenen Standorte bezieht. Als weitere große Industrieparkgesellschaft betreibt die InfraServ Höchst den gleichnamigen Industriepark Höchst, den ehemaligen Stammsitz der Hoechst AG, mit rund 1800 Mitarbeitern[3] und 460 ha Fläche. Die InfraServ Höchst verfolgt eine klare Wachstumsstrategie auch außerhalb der eigenen Industrieparkgrenzen. So wurden 2009 der Standortbetrieb im Industriepark Griesheim sowie 2012 Teile des Facility Managements am UCB-Standort in Monheim (ehemals Schwarz Pharma) übernommen.

Zu den beiden größten technischen Dienstleistern mit direktem Chemieparkbezug gehörten einst die Tectrion mit rund 1200 Beschäftigen sowie die Aliseca mit etwa 900 Beschäftigten. Hierbei handelt es sich um die technischen Dienste der Bayer AG (Tectrion) sowie der Lanxess AG (Aliseca), die zwar in eigenständige Tochtergesellschaften ausgegliedert, aber nicht an externe Dienstleistungsunternehmen verkauft wurden, wie es an anderen Standorten geschehen ist. Diese beiden Dienstleister konzentrieren sich vornehmlich auf ihr Stammgeschäft mit den an ihren Standorten im CHEMPARK ansässigen Unternehmen. Die Aliseca wurde zu Januar 2015 in den Bereich „Production, Technology, Safety & Environment" der LANXESS Deutschland GmbH eingegliedert und ist kein eigenständiger Dienstleister mehr.

Daneben gibt es weitere standortgeborene Dienstleistungsunternehmen, die in ihrer Größe und strategischen Ausrichtung variieren. Hierunter sind Unternehmen, die ambitionierte Wachstumsziele, insbesondere außerhalb der eigenen Chemieparkzäune, verfolgen, aber auch Standort- und Dienstleistungsgesellschaften, die durch Schrumpfung des Geschäfts bereits eine kritische Masse erreicht haben und kurz vor der Abwicklung stehen oder um ihr Überleben kämpfen müssen.

---

3) Ohne Tochtergesellschaften.

4.3
Entstehung des Marktes für Industriedienstleistungen in Chemieparks

Für die Entstehung der heute stark differenzierten und sehr heterogenen Industriedienstleistungslandschaft im Umfeld der Chemie- und Industrieparks sind zwei wesentliche Faktoren verantwortlich: die veränderte Bedeutung der Wertschöpfungskette, insbesondere aus Sicht der produzierenden Unternehmen, sowie die Ausprägung unterschiedlicher Rollen innerhalb des Chemieparkgefüges.

Die Veränderung und Ausprägung dieser Faktoren hat in den letzten Jahrzehnten zur Entwicklung unterschiedlicher Dienstleistungen, Dienstleistungsmodelle, -unternehmen und -branchen im Umfeld der Chemie- und Industrieparks geführt. Vormals integrierte Prozesse und Leistungen werden nicht mehr als wertschöpfende Kernkompetenz betrachtet, sondern an Dienstleister vergeben. Daneben hat die Umstrukturierung ehemaliger Single-User-Chemiewerke zu Multi-User-Chemie- und Industrieparks (Definition vgl. Abschn. 4.6) zu einer damit verbundenen Veränderung von Rollen, Stoffverbund und Verantwortlichkeiten im Chemiepark geführt. Dies hat für Industriedienstleistungen ein weiteres Feld eröffnet. Diese beiden Veränderungen haben von externen Unternehmen erbrachte Dienstleistungen in einem Chemiepark im heutigen Umfang überhaupt erst möglich gemacht. Darüber hinaus bietet die fachliche Vielfalt an möglichen Industriedienstleistungen den Dienstleistungsgesellschaften nahezu unzählige Varianten, ihre Dienstleistungsportfolios zu gestalten.

4.3.1
Dienstleistungen zur Unterstützung der Wertschöpfungskette

Zerlegt man die Tätigkeiten in einem Chemiepark entlang der Wertschöpfungskette eines Produktionsunternehmens, so ergeben sich jenseits flankierender Prozesse wie Management, Beschaffung etc. vier wesentliche Disziplinen (vgl. auch Abb. 4.1: Wertschöpfungskette Produktionsunternehmen):

1. Das Generieren von *Innovationen* und neuen Produkten (Forschung & Entwicklung),
2. der eigentliche *Herstellungsprozess* der Produkte (Produktion),
3. die Erzeugung von Bedarf und *Absatz* (Marketing & Vertrieb) sowie
4. die *Industriedienstleistungen* als Summe aller Dienstleistungen, die nicht im Rahmen der ersten Disziplinen enthalten sind.

Mit Industriedienstleistungen sind somit alle die Dienstleistungen gemeint, die die Wertschöpfungskette bei der Erstellung des eigentlichen Endproduktes oder der eigentlichen Endprodukte unterstützen. Eine Definition aus Sicht der Produktionsunternehmen und damit eine heute übliche Abgrenzung ist somit gegeben. Diese Industriedienstleistungen werden in unterschiedlichem Maße an externe Unternehmen vergeben, was wiederum zur Ausprägung unterschiedlicher Geschäftsmodelle bei den Dienstleistern führt. Hier spielen zum einen die fachliche Abgrenzung (vgl. Abschn. 4.4, Das Dienstleistungsportfolio als Differenzierungs-

```
┌─────────────────┐  ┌─────────────────┐  ┌─────────────────┐
│ 1. Forschung &  │  │  2. Produktion  │  │ 3. Marketing/   │
│   Entwicklung   │  │                 │  │    Vertrieb     │
└─────────────────┘  └─────────────────┘  └─────────────────┘
         Wertschöpfungskette Produktionsprozess
              4. Industriedienstleistungen
```

■ Produktionsprozess/Dienstleistungsempfänger/Kunde
▨ Dienstleistungserbringer/Dienstleister

Abb. 4.1 Wertschöpfungskette Produktionsunternehmen.

merkmal), also die Natur der Dienstleistung sowie die Wertschöpfungstiefe der Dienstleistungserbringung (vgl. Abschn. 4.9, Von Einzelgewerken zum Full Service) eine Rolle. Für die produzierenden Unternehmen bedeuten die nicht zum oben beschriebenen Wertschöpfungsprozess gehörenden Dienstleistungen auch einen erheblichen Kostenblock. So machen z. B. die Standortdienstleistungen bis zu 15 % der gesamten Kosten eines Chemieunternehmens[4] aus.

Gemäß dieser Abgrenzung kann man vereinfacht sagen, dass die komplette, heutige Wertschöpfungskette des produzierenden Unternehmens (die Disziplinen Forschung & Entwicklung, die Produktion sowie Marketing & Vertrieb) zu den Dienstleistungsempfängern gehört und demnach die Perspektive eines Kunden einnimmt. Alle Leistungen, die nicht direkt zu dieser Wertschöpfungskette gehören, können von internen oder externen Dienstleistern erbracht werden.

Eine Dienstleistungsbeziehung in einem Chemiepark besteht demnach zwischen der Wertschöpfungskette des Unternehmens (Schwerpunkt Produktion) und den die Wertschöpfungskette unterstützenden Services.

4.3.2
Dienstleistungsbeziehungen zwischen Rollen im Chemiepark

Neben der Ausprägung von Dienstleistungsbeziehungen entlang der Wertschöpfungskette hat die Entstehung und die Interpretation unterschiedlicher Rollen und der damit verbundenen Verantwortlichkeiten sowie Ziele und Interessen (vgl. Tab. 4.3) innerhalb eines Chemieparks das heute bestehende Dienstleistungsgeflecht bedeutend geformt. Die Ausprägung dieser Rollen hat zu neuen Dienstleistungsbeziehungen und somit zu neuen Dienstleistungsmodellen geführt. In einem Chemiepark (als Summe der vorhandenen Flächen und Infrastrukturen) gibt es im „Idealmodell" fünf voneinander getrennte Rollen, die auch in (Dienstleistungs)Beziehung zueinander stehen (vgl. Abb. 4.2):

- den Standorteigentümer,
- den (Standort)Verwalter,
- den Infrastruktur- und Flächenbetreiber,

---

[4] Quelle: „Chemiepark der Zukunft – In einer Studie entdeckt A.T. Kearney ein neues Selbstverständnis für Standortdienstleister", Sites & Services November 2012, GIT Verlag

Tab. 4.3 Ziele der Rollen und notwendige Voraussetzungen.

Rollen	Ziele/Interessen	Voraussetzungen
Standorteigentümer	Maximierung der Verzinsung des eingesetzten Kapitals	Auslastung des Standorts zu hohen Preisen bei geringen Kosten; Auslastung fixkostenintensiver Infrastruktur
Verwalter	Alle Flächen/Gebäude langfristig vermarkten; Interessen aller Nutzer und Rollen austarieren	Bedarfsgerechte, attraktive (Menge, Qualität, Preis) Infrastruktur-, Flächen- und Serviceangebote; Investitionen
Flächen- und Infrastrukturbetreiber	Infrastrukturen auslasten und Leerkosten möglichst vermeiden; Kostenoptimierung des Betriebs	Auslastung des Standortes; Standortnutzer mit hohem Infrastrukturnutzungsbedarf; preisgünstige Dienstleister
Industriedienstleister	Umsatz- und Ergebnismaximierung durch Verkauf vieler Dienstleistungen	Wettbewerbsfähigkeit; Standortnutzer mit hohem Dienstleistungsbedarf
Standortnutzer	Reibungsloses Produktionsumfeld; geringer Pflichtleistungsanteil; stabile Preise für Services; Synergieeffekte; Verbund; Mitspracherecht	Ausgewogenes Serviceangebot; Wettbewerb beim Angebot; stabile Strukturen; klare Regeln im Industriepark

- den Industriedienstleister,
- den Standortnutzer (Produzent).

Der Standorteigentümer

Gemäß dem „Idealmodell" mit seinen fünf Rollen ist der Standorteigentümer im Wesentlichen der Kapitalgeber für Infrastruktur und Flächen und für alle hiermit verbundenen Investitionen. Aus betriebswirtschaftlicher Sicht ist sein primäres Interesse die Maximierung des Return on Invest (ROI), also der Verzinsung des eingesetzten
Kapitals. Zur Maximierung des Returns müssen die Bewirtschaftungskosten gering gehalten werden und insbesondere die fixkostenintensiven Flächen und Infrastrukturen zu möglichst hohen Preisen maximal ausgelastet sein. Um dieses Ziel zu erreichen setzt der Eigentümer häufig einen Verwalter ein.

In der Praxis sind die Standorteigentümer allerdings selten Finanzinvestoren, die das o. g. Ziel konkret verfolgen. Meist befindet sich der Standort im Eigentum

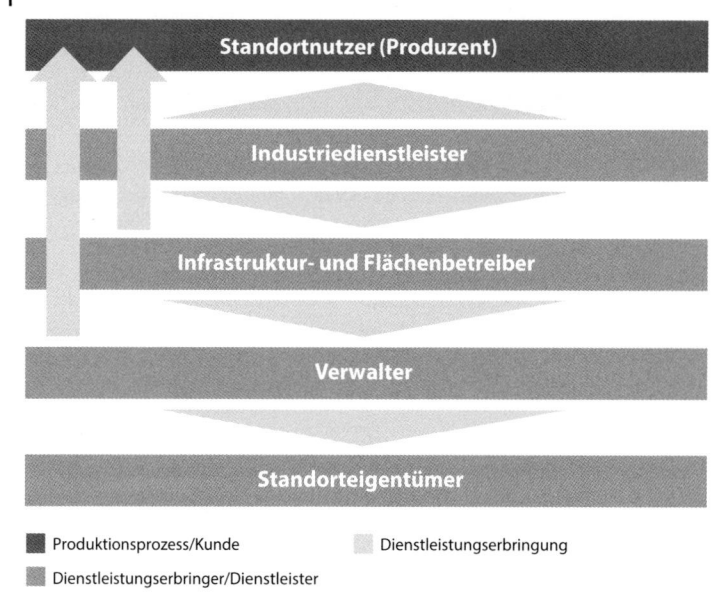

Abb. 4.2 Dienstleistungsbeziehungen in einem Chemiepark (vereinfacht).

eines oder mehrerer (bis zu allen) ansässiger Unternehmen oder der Kommune. Bei den letzten ist das o. g. Ziel unterschiedlich intensiv ausgeprägt.

Der Verwalter
Der Verwalter übernimmt für den Eigentümer die Vermarktung der Flächen mit dem Ziel der maximalen und langfristigen Auslastung. Gegenüber (potenziellen) Mietern bietet der Verwalter Flächen z. B. in Form von Büro-, Produktions-, Labor oder Lagerflächen an. Zugleich ist er dafür zuständig, die Interessen zwischen den verschiedenen Rollen im Chemiepark gerecht auszugleichen und somit für ein ausgewogenes Verhältnis der Zufriedenheit aller Rollen im Sinne einer langfristigen Partnerschaft zu sorgen. Der Verwalter kann die Flächen und Infrastrukturen nur maximal auslasten, wenn er diese bedarfsgerecht und aus Sicht der Kunden attraktiv (bezogen auf Menge, Qualität und Preis) anbieten kann. Um das Angebot also kundenorientiert zu gestalten, muss der Standorteigentümer ggf. in seine Flächen und Infrastrukturen investieren, was Kosten verursacht. Der Preis der Flächen wird zudem stark durch die Kosten, die beim Betrieb der Flächen- und Infrastrukturen (z. B. durch einen Betreiber) anfallen, beeinflusst.

Die Flächen- und Infrastrukturbetreiber
Die Flächen- und Infrastrukturbetreiber übernehmen für den Verwalter bzw. den Eigentümer den Betrieb und somit die Verantwortung für die (technische) Verfügbarkeit, die Sicherheit sowie eine definierte Qualität der von ihm betriebenen Flächen und Infrastrukturen. Betreiber gibt es für alle wesentlichen Assets wie Verkehrswege, Netze, Kraftwerk, Kläranlage usw. Oft übernehmen sie im diesem

Rahmen auch die Betreiberverantwortung im juristischen Sinne, was häufig auch mit einem Risiko verbunden ist. Zum Beispiel haftet unter Umständen der Betreiber der Kläranlage, wenn verbotene Substanzen ins öffentliche Netz gelangen, auch wenn dieser nicht der Verursacher ist.

Die im Rahmen des Betriebs entstehenden Kosten sind maßgeblich. Nicht selten bedient sich der Betreiber weiterer Dienstleister, um bestimmte Aufgaben kostengünstiger oder kompetenter zu erledigen.

Die Rolle des Verwalters, der sich im Idealmodell um die Auslastung der Chemieparkflächen kümmert, ist in der Praxis selten von der Rolle des Betreibers, der auch Dienstleistungen für die Nutzer erbringt, getrennt. Dies kann zu einem Interessenskonflikt führen, wenn das Interesse, Flächen zu vermieten, mit dem Interesse, dem Mieter (zusätzlich) möglichst viele Dienstleistungen zu verkaufen, kollidiert.

Der Industriedienstleister

Die reinen Dienstleister erbringen Dienstleistungen für die Nutzer der Flächen und Infrastrukturen, die produzierenden Unternehmen sowie für den oder die Flächen- und Infrastrukturbetreiber. Für den Dienstleister sind Umsatz und Ergebnis durch den Verkauf möglichst vieler Dienstleistungen erheblich. Voraussetzung dafür ist ein wettbewerbsfähiges Dienstleistungsportfolio, das sich z. B. im spezifischen Angebot, in der Qualität oder dem Preis von der Konkurrenz abhebt. Dienstleistungsgesellschaften und -modelle gibt es viele. Diese variieren u. a. durch die fachliche Abgrenzung (vgl. Abschn. 4.4, Das Dienstleistungsportfolio als Differenzierungsmerkmal) sowie die Wertschöpfungstiefe der Dienstleistungserbringung (vgl. Abschn. 4.9, Von Einzelgewerken zum Full Service).

Der Standortnutzer (Produzent)

Der Standortnutzer ist der unmittelbare oder mittelbare Empfänger aller Dienstleistungen im Chemiepark. Er muss und möchte sich auf die Tätigkeiten seiner Wertschöpfungskette (F&E – Produktion – Vermarktung, vgl. Abb. 4.1) konzentrieren. Dafür benötigt er diverse produktionsbegleitende (Industrie-)Dienstleistungen, die er entweder selbst erbringt oder durch externe Dienstleistungsunternehmen erbringen lässt. Um auf möglichst hochwertige und gleichzeitig kostengünstige Dienstleistungen auch auf dem externen Markt zugreifen zu können, muss ein ausgeglichenes Wettbewerbsgefüge unter den externen Dienstleistern vorhanden sein.

Unterschiedliche Dienstleistungsmodelle ergeben sich somit aus der Ausprägung der unterschiedlichen Rollen in einem Chemiepark. Dabei können verschiedene Rollen auch von ein und demselben Unternehmen besetzt sein. Man kann hier auch von einer bestimmten Fertigungstiefe sprechen. Der Eigentümer übernimmt die Verwaltung entweder selbst oder überträgt diese an einen Verwalter. Dieser wiederum setzt einen Betreiber ein, welcher Dienstleister zur Erledigung seiner Aufgaben beauftragt.

4.4
Das Dienstleistungsportfolio als Differenzierungsmerkmal

Die Ausprägung der industriellen Dienstleistung, die im Umfeld der Chemie- und Industrieparks erbracht werden kann, ist vielfältig. Alles, was nicht direkt zur Herstellung eines Zwischen- oder Endproduktes beiträgt, kann als (Industrie-)Dienstleistung angesehen werden. Um die breite Angebotspalette übersichtlich zu gestalten, wurden hier alle Dienstleistungen in neun Kategorien zusammengefasst (vgl. auch Abb. 4.3):

1. Vermietung und Verpachtung von Flächen und Infrastruktur,
2. Standort- und Facility Management,
3. Sicherheitsdienstleistungen & QHSE[5],
4. Informations- und Telekommunikationstechnologie (IT/TK),
5. Labordienstleistungen,
6. mitarbeiterbezogene Dienstleistungen,
7. Logistik,
8. Ver- und Entsorgung,
9. technische Dienstleistungen.

Lediglich das Vermietungs- und Verpachtungsgeschäft, die meisten Ver- und Entsorgungsleistungen sowie einige Sicherheitsdienstleistungen sind sog. standortgebundene Dienstleistungen. Da sie an Anlagegüter wie Flächen, Gebäude, Anlagen oder an einen bestimmte Infrastruktur gebunden sind, können sie nur am dafür vorgesehen Standort angeboten werden. Der Kunde muss an den Standort kommen, um die Leistungen in Anspruch nehmen zu können. Alle anderen Leistungen können grundsätzlich standortunabhängig angeboten werden.

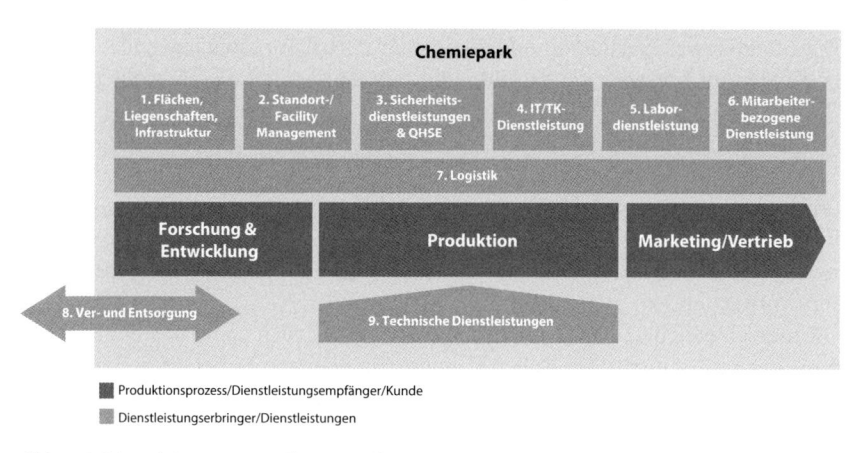

Abb. 4.3 Dienstleistungen im Chemiepark.

---

5) Quality, Health, Safety, Environment (Qualität, Gesundheit, Sicherheit und Umwelt), standortbezogen.

1. Vermietung und Verpachtung

Vermietung und Verpachtung beinhaltet vor allem das Bereitstellen von Flächen aller Art. Dies können Flächen innerhalb und außerhalb von Gebäuden sein, z. B. Produktions-, Labor-, Lager- und Büroflächen, Sozialräume, Werkstätten, Hallen oder Anlagen. Darüber hinaus betrifft die Vermietung und Verpachtung auch die Bereitstellung der für die Unternehmen notwendigen Infrastrukturen und Netze wie Verkehrswege, Parkplätze, Zäune, Tore, Schienen, Leitungen, Rohre, Kanäle usw.

2. Standort- und Facility Management

Standort- und Facility Management umfasst alle Dienstleistungen an den durch Vermietung und Verpachtung bereitgestellten Flächen, d. h. die drei klassischen Disziplinen des Facility Managements (FM) bezogen auf alle Flächen und Gebäude eines Chemie- und Industrieparks. Dies ist das kaufmännische FM wie Gebäude- und Flächenverwaltung und -vermarktung. Die Gewährleistung einer preisgünstigen Verfügbarkeit von Infrastruktur und (Gebäude-)Technik (technisches FM) sowie die infrastrukturelle Bewirtschaftung der Gebäude und Flächen mit Dienstleistungen wie Postdienst, Empfang, Gebäudereinigung, Umzüge usw. Darüber hinaus fallen unter das Standortmanagement auch Dienstleistungen, die den Chemiepark nach außen hin repräsentieren wie Öffentlichkeits- und Nachbarschaftsarbeit.

3. Sicherheitsdienstleistungen & QHSE

Standortbezogene Sicherheitsdienstleistungen in einem Chemiepark umfassen den präventiven und aktiven Brandschutz, meist in Form einer eigenen Werkfeuerwehr und die damit verbundenen Dienstleistungen (Feuerlöscherwerkstatt, Atemschutzwerkstatt o. ä.) sowie den Werkschutz (Einlasskontrollen, Prävention, Aufklärung usw.), den Rettungsdienst, QHSE- (Quality, Health, Safety, Environment, standortbezogen) und sonstige Umweltschutzfunktionen wie Radiometrie.

4. Informations- und Telekommunikationstechnologie

Der Bereich Informations- und Telekommunikationstechnologie beinhaltet sowohl die Bereitstellung der entsprechenden Tele- und Datenkommunikationsinfrastrukturen, der erforderlichen Hard- und Software als auch Beratungsleistungen, z. B. im SAP-Umfeld.

5. Labordienstleistungen

Typische Labordienstleistungen im Umfeld der Chemie- und Industrieparks sind die F&E-Analytik, die Rohstoffanalytik, Produktions- und Tankwagenanalytik oder Freigabeprüfungen aller Art sowie brandtechnologische Untersuchungen und Umweltanalytik. Die Analytikleistungen werden zum Teil über Zentrallabore und zum Teil über Kundenlabore, die sich in unmittelbarer Nähe zur Produktion bzw. zur Rohstoff- und Produktlogistik befinden, erbracht.

6. Mitarbeiterbezogene Dienstleistungen

Die Art der mitarbeiterbezogenen Dienstleistungen ist vielfältig, da hier der Leistungsempfänger, also der Mitarbeiter, und nicht eine fachliche Disziplin die Klammer bildet. Zu den mitarbeiterbezogenen Leistungen zählen Dienstleistungen wie (die Organisation der) Aus- und Weiterbildung, aber auch Dienstleistungen wie Arbeitsmedizin, Lohnabrechnung, Reisemanagement, Recruitment und vieles mehr.

7. Logistik

Bei der Logistik in einem Chemiepark geht es vornehmlich um den Transport, den Umschlag und die Lagerung von Waren. Dabei wird zwischen der inner- und der außerbetrieblichen Logistik unterschieden. Zudem entfallen Dienstleistungen wie die Kommissionierung und die Verpackung von Waren ebenfalls in den Bereich der Logistik.

Die Logistik ist eine sehr spezifische und umfangreiche Disziplin und wird in diesem Kapitel nicht weiter betrachtet.

8. Ver- und Entsorgung

Auch die Ver- und Entsorgung wird als Dienstleistung betrachtet, auch wenn bestimmte Medien und Stoffe einen gewissen materiellen Wert ähnlich einer Ware besitzen. Zur Versorgungsdienstleistung gehört die Bereitstellung von Energie und Medien z. B. in Form von Strom, Dampf, Druckluft, Kälte, Abwärme, Brauch-, Reinst- und Kühlwässer, Luft- und Brenngase oder Schwefelsäure. Die Entsorgung bezieht sich auf Abwässer und Abgase sowie Abfälle aus den Produktionsanlagen häufig in chemieparkeigenen Kläranlagen, Sonderabfall- und Klärschlammverbrennungsanlagen.

9. Technische Dienstleistungen

Eines der wesentlichsten Felder der nicht standortgebundenen Dienstleistungen sind die technischen Dienstleistungen. Es ist mitunter auch das weiteste. Zu unterscheiden wären hier auf der einen Seite Engineering-Dienstleistungen, klassische Routineinstandhaltungsdienstleistungen wie Wartung, Instandsetzung und Inspektion sowie stillstands- und umbaubezogene Dienstleistungen wie Montagen und Installationen. Dazu kommen übergreifende Tätigkeiten wie technische Reinigung, Isolierung, Oberflächentechnik/Korrosionsschutz oder Gerüstbau sowie Werkzeug-, Maschinen-, Rohrleitungs- und Apparatebau, Bauwerkserhaltung oder die Ersatzteilwarenwirtschaft.

4.5
Geschäftsmodelle der Industriedienstleistung

Noch vor 20 Jahren waren die meisten Chemie- und Pharmakonzerne wie die Hoechst AG oder die Bayer AG noch voll integrierte Unternehmen mit allen in Abschn. 4.3 beschriebenen Funktionen. Der überwiegende Teil der produktionsbegleitenden Aufgaben und Leistungen (heute Industriedienstleistungen, vgl. Abschn. 4.4, Das Dienstleistungsportfolio als Differenzierungsmerkmal) wurde von den eigenen Mitarbeitern erbracht. In den letzten zwei Jahrzehnten hat sich ein umfassender Wandel vollzogen, der bis heute anhält. Dazu zählt die Ausprägung von Chemie- und Industrieparks mit unterschiedlichsten Nutzern, Betreibergesellschaften und Dienstleistungsorganisationen, die z. B. im Kontext der Aufspaltung der Hoechst AG und der damit verbundenen Gründung der InfraServ-Gesellschaften entstanden sind. Heute existieren je nach Definition etwa 40–60 solcher Chemieparks. Die Fachvereinigung Chemieparks/Chemiestandorte im Verband der Chemischen Industrie e.V. (VCI) zählt aktuell 37 solcher Parks.

Die Nischen, die für externe und interne Dienstleister durch die sich verändernde Interpretation der Wertschöpfungskette und die Ausprägung von Rollen im Chemiepark entstanden sind, haben zu unterschiedlichsten Möglichkeiten der Erbringung von industriellen Dienstleistungen geführt. Darüber hinaus ist das von einem Dienstleister angebotene Leistungsportfolio ein entscheidendes Unterscheidungskriterium. Dabei können Dienstleistungsportfolio und Rolle im Chemiepark unter Umständen eng miteinander verzahnt sein und Restriktionen im Angebot oder ggf. Vorteile gegenüber dem Wettbewerb bedeuten. So kann z. B. für einen Dienstleister, der selbst einen eigenen Standort betreibt, die dadurch gegeben Kundennähe ein Wettbewerbsvorteil sein.

Viele der heutigen Dienstleistungsunternehmen in Chemie- und Industrieparks sind durch ihre Ausgliederung aus den produzierenden Bereichen entstanden und bestehen heute oft noch als Tochterunternehmen des oder der ansässigen Produktionsunternehmen. Die Öffnung der produzierenden Unternehmen für das Industriedienstleistungsgeschäft und das damit verbundene Outsourcing der Dienstleistungserbringung hat aber auch viele externe, oft spezialisierte Unternehmen angelockt, von denen sich einige bis heute zu namhaften Industriedienstleistern für die Chemie- und Pharmaindustrie entwickelt haben.

Bei der Betrachtung der unterschiedlichen Geschäftsmodelle werden demnach drei Dimensionen zur Unterscheidung herangezogen:

- Dienstleister mit und ohne eigenen Standort,
- der Ursprung des Unternehmens bzw. die heutige Eigentümerstruktur,
- die Ausprägung des Dienstleistungsportfolios.

4.6
Der eigene Chemiepark

Ein Unterscheidungskriterium für Industriedienstleister ist, ob der Dienstleister über einen eigenen Standort verfügt oder nicht. Industriedienstleister mit Standort, sog. Industriepark-, Infrastruktur- oder Standortgesellschaften, können neben den allgemeinen Industriedienstleistungen, die in der Regel technisch geprägt sind, auch Flächen zur Vermietung oder Verpachtung anbieten. Die Kombination aus beidem kann Vor- aber auch Nachteile mit sich bringen.

Bei den Chemieparks und Chemiestandorten unterscheidet man Single-User-Standorte, Major-User-Standorte sowie Multi-User-Standorte.

Single-User-Standorte
An Single-User-Standorten existieren keine Drittunternehmen, der gesamte Chemiestandort wird maßgeblich von nur einem produzierenden Unternehmen genutzt, welches auch den Standort betreibt. Es gibt somit keine weiteren Parteien, die auf ein Angebot von standortgebundenen oder standortungebundenen Dienstleistungen angewiesen sind. Alle benötigten Dienstleistungen können im eigenen Haus erbracht oder von externen Dienstleistern zugekauft werden. Oft decken die externen Dienstleister aber nur Spitzenlasten ab (z. B. in der Instandhaltung) oder erbringen Dienstleistungen, für die ein spezielles Know-how oder hohe Investitionen (z. B. Energieversorgung) vonnöten sind. An Single-User-Standorten gibt es demnach in den seltensten Fällen eigenständige Industrieparkgesellschaften, da diese auch nicht notwendig sind. Dies gilt für viele Standorte von BASF, Evonik, Boehringer-Ingelheim, Süd-Chemie, Solvay, die meisten Raffinerien, Merck usw. Ausnahmen stellen einige Solvay-Standorte dar, an denen es sog. Infrastrukturgesellschaften gibt. Diese treten aber in der Regel nach außen nicht in Erscheinung. Anders hingegen ist dies bei Heraeus. Hier kümmert sich die Heraeus Liegenschafts- und Facility Management Gesellschaft um die Belange des Standortes und bietet Standort- und Industriedienstleistungen für die Konzerngesellschaften an.

Major-User-Standorte
Major-User-Standorte verfügen zwar über eine heterogene Landschaft von ansässigen, produzierenden Unternehmen, werden aber von einem Hauptnutzer dominiert. Der Hauptnutzer ist in der Regel auch Eigentümer der Flächen und verkörpert gleichzeitig die Standortgesellschaft. Auch wenn das Feld der Leistungsabnehmer bereits diversifizierter ist und es mehrere Industriekunden gibt, liegen insbesondere die Standortdienstleistungen wie Sicherheit, Infrastruktur, Vermietung und Verpachtung in der Verantwortung des Standorteigentümers. Beispiele hierfür sind der Chemiepark Linz, Henkel in Holthausen, Bayer in Brunsbüttel, Wacker, Honeywell Seelze, BP Gelsenkirchen usw. Nur wenige Major-User-Standorte haben eigenständige Standortgesellschaften wie die Infracor in Marl (bis 2013) oder die IGS in Gersthofen. An Major-User-Standorten werden demnach mindestens die standortgebundenen Dienstleistungen vom Hauptnutzer des Standortes für alle anderen Nutzer mit erbracht. Dies birgt nicht selten Konfliktpotenzial und Unzufriedenheit sowohl aufseiten des Dienstleistungserbringers sowie aufseiten der Dienstleistungsempfänger. Die Erbringerseite, ein Produktionsunternehmen, muss Leistungen nach außen verkaufen, die weit entfernt von seinem eigentlichen Kerngeschäft sind. Verbunden mit dieser Leistungserbringung sind oft Investitionen in Infrastruktur oder das Vorhalten von Kapazitäten z. B. in der Instandhaltung nötig, die zunächst einmal zulasten des

Erbringers gehen und somit dessen Ergebnis unnötig belasten. Auf der anderen Seite ist das Kosten- und Preisgeflecht der Dienstleistungen für die anderen Standortnutzer oft nicht transparent und nachvollziehbar oder sie haben das Gefühl nur nachrangig bedient zu werden. Investitions- und Standortentscheidungen sind abhängig vom singulären Nutzen der Investition für den Major User.

Multi-User-Standorte
Multi-User-Standorte sind davon geprägt, dass viele unterschiedliche produzierende Unternehmen im Chemiepark ansässig sind. Es gibt keine absolute Dominanz mehr durch einen Einzelnen. Entscheidungen, die den Chemiepark betreffen, werden (im Idealfall) im Sinne des Allgemeininteresses getroffen. An den meisten Multi-User-Standorten gibt es eigenständige Standortgesellschaften, die für Betrieb und Instandhaltung der Flächen und Infrastruktur sowie unter Umständen auch für die Vermietung und Verpachtung der Flächen am Standort zuständig sind. Diese Dienstleister erbringen oft auch weitere Dienstleistungen für die am Standort ansässigen Produktionsunternehmen. Beispiele für Industrieparkgesellschaften sind z. B. die Currenta im CHEMPARK, die ABB in Bobingen (heute: SEB Service Einheit Bobingen GmbH), die InfraServ-Gesellschaften in Höchst, Gendorf, Wiesbaden, Knapsack, die InfraLeuna, die Xervon in Köln-Merkenich und Münchsmünster, die NUON im Industriepark Oberbruch, die Tro-Park im Industriepark Troisdorf oder die Mainsite Services im Industry Center Obernburg. Die Standorte der Bayer AG (Leverkusen, Dormagen, Krefeld) sowie der Hoechst AG (z. B. Höchst, Wiesbaden, Knapsack, Gendorf, Bobingen, Gersthofen) waren bis um die Jahrtausendwende auch Single-User-Standorte. Sie haben sich mittlerweile zu Multi-User-Standorten entwickelt.

Aus ihrer Historie heraus sind alle Chemieparks sog. Single-User-Standorte. Dies bedeutet, dass der Chemiepark fast ausschließlich von einem einzigen Produktionsunternehmen bzw. Konzern genutzt wird. Getrieben durch den Strukturwandel in der Chemieindustrie sowie durch die Spezialisierung vieler Chemiekonzerne auf bestimmte Fertigungsstufen oder Produkte und die damit verbundenen Zukäufe von Produktionsstätten in fremden Chemiewerken und Verkäufen von Produktionsstätten am eigenen Standort, haben sich die Chemiewerke zu Chemieparks mit mehreren Nutzern entwickelt. Hierbei wird der Major-User- und der Multi-User-Standort unterschieden. An einem Major-User-Standort findet man zwar mehrere Unternehmen vor, der Chemiepark selbst wird aber meist von einem Unternehmen, das z. B. die meisten Produktionsstätten vor Ort besitzt, dominiert. An Multi-User-Standorten ist dieses Verhältnis mehr oder weniger ausgeglichen, d. h., es gibt kein einzelnes Unternehmen, das durch seine Größe den Standort beherrschen kann. Der Übergang zwischen den Modellen ist manchmal fließend.

Unabhängig vom Standortmodell werden im Chemiepark die gleichen Industriedienstleistungen (vgl. Abschn. 4.3) benötigt. Abhängig vom Modell ist allerdings, wer diese Leistungen erbringt und welches Geschäftsmodell für die Dienstleistungsgesellschaft funktionieren kann. Am häufigsten kommen eigene Industrieparkgesellschaften an sog. Multi-User-Standorten vor. Das heißt, es gibt einen vor Ort ansässigen Dienstleister, der je nach Ausprägung seines Dienstleistungsportfolios bestimmte Felder bereits besetzt oder gerne besetzen möchte. Diese Standortgesellschaften sind in der Regel auch für die Vermietung und Verpachtung zuständig. Es handelt sich also um Industriedienstleister mit eigenem Standort. Beispiele hierfür sind die Currenta, die InfraServ-Gesellschaften in Höchst, Wiesbaden, Gendorf und Knapsack, die Infrasite Griesheim, die Infra-Zeitz Servicegesellschaft, die InfraSchwedt Infrastruktur & Service, die NUON Energie und Service, Pharmaserv, Xervon, InfraLeuna und viele mehr. Die meisten Industriedienstleister mit eigenem Standort bieten ihre Leistungen auch nur standortgebunden an.

Daneben gibt es zahlreiche, in Chemieparks etablierte Industriedienstleister, die keinen eigenen Chemiepark unterhalten und somit ihre Leistungen flächenungebunden anbieten. Hier zu nennen wären z. B. Bilfinger Industrial Services, WISAG Industrie Service, Voith Industrial Services, die Weber Unternehmensgruppe, Buchen, Hertel, Kiel Industrial Service, Lobbe, Ebert Herta, Stork Technical Services, Piepenbrock, S.I.S., Baumüller Reparaturwerk, RIW Dienstleistungsgruppe[6], aber auch Firmen wie Tectrion, Aliseca, Mainsite Technologies oder ABB Services.

4.7
Die Eigentümerstruktur prägt das Geschäftsmodell

Die in den Chemieparks aktiven Industriedienstleister lassen sich auch nach ihrer Herkunft und heutigen Eigentümerstruktur differenzieren. Die Entwicklung vom Single-User-Standort weg zum Multi-User-Standort und das oft damit verbundene Ausgliedern und Outsourcen der Dienstleistungen hat dafür gesorgt, dass es heute zwei wesentliche Gruppen gibt. Diejenigen Dienstleister, die sich noch mittelbar oder unmittelbar im Eigentum der am Standort produzierenden Unternehmen befinden sowie diejenigen Dienstleister, die keine direkte gesellschaftsrechtliche Verbindung (mehr) zu den ansässigen Produktionsfirmen haben.

Selbst bei den Industrieparkgesellschaften gibt es beide Ausprägungen. Aus der Historie heraus sind Dienstleistungsgesellschaften mit Standort oft die ehemaligen internen Standortdienste, die im Rahmen von Umstrukturierungen in eigenständige Gesellschaften zusammengeführt wurden. Die wohl bekanntesten Beispiele hierfür sind die CURRENTA, vormals Bayer Industry Services, als ehemalige Standortdienste der Bayer AG sowie die InfraServ Gesellschaften, die an vielen der ehemaligen Hoechst-Standorten wie Frankfurt-Höchst, Wiesbaden, Knapsack oder in Gendorf entstanden sind. Doch es gibt auch standortfremde Investoren, die ganze Standorte übernommen haben, um dort ihre Dienstleitungen anzubieten. Beispiele hierfür sind der Industriepark Köln-Merkenich, der von Xervon betrieben wird sowie Gersthofen und Oberbruch, die jeweils von

---

6) Vgl. auch: Lünendonk-Liste 2012: Führende Industrieservice-Unternehmen in Deutschland 2011.

einem Energiedienstleister übernommen wurden. Auch die Standortbetreibergesellschaften in den meisten Chemieparks in den neuen Bundesländern (z. B. Zeitz, Leuna, Bitterfeld-Wolfen) sind keine direkten Nachkommen der ansässigen Standortgesellschaften, wie es beispielsweise die InfraServ-Gesellschaften sind.

Darüber hinaus gibt es bei den Industriedienstleistern ohne eigenen Chemiepark beide Formen. Bei den Technikdienstleistern firmieren Unternehmen wie Tectrion, Aliseca, Mainsite Technologies, die InfraServ Wiesbaden Technik oder die InfraServ Gendorf Technik weiterhin als Töchter der Standortgesellschaften. Unternehmen wie Bilfinger Industrial Services, Xervon, Weber oder Kiel haben sich als Technikdienstleister durch Zukäufe oder Geschäftsausweitung „von außen" in den Chemieparks etabliert.

4.8 Spezialisierung und Diversifikation

Das wohl wesentlichste Kriterium für die Unterscheidung der Industriedienstleistergeschäftsmodelle ist die Unterscheidung nach der Ausprägung des Dienstleistungsportfolios. Gemäß der Ausprägung des Angebotsportfolios können sechs gängige Geschäftsmodelle im Umfeld der Chemie- und Industrieparks beobachtet werden (vgl. auch: Abb. 4.4: Gängige Geschäftsmodelle gemäß Ausprägung des Dienstleistungsportfolios):

1. Reine *Flächen- und Infrastrukturbetreiber* ohne umfassende technische Services,
2. *Standortvollsortimenter*, d. h. Flächen- und Infrastrukturbetreiber, die auch umfassende technische Dienstleistungen anbieten können,
3. *technische Dienstleister* (mit oder ohne Engineering),
4. *Logistikdienstleister*,
5. *sonstige Dienstleister* mit nur einzelnen oder wenigen unterschiedlichen Dienstleistungen (z. B. IT-Dienstleister) und Spezialisten sowie
6. (nach wie vor) voll integrierte *Produktionsunternehmen*.

Darüber hinaus sind immer wieder Mischformen zu beobachten.

1. Reine Flächen- und Infrastrukturbetreiber

Reine Standort- und Infrastrukturbetreiber bieten in der Regel standortgebundene Dienstleistungen und flächen- sowie infrastrukturbezogene Dienstleistungen an. Sie haben sich vom überwiegenden Teil ihrer technischen Dienstleistungen getrennt und hier keinen Fokus mehr. Sie stellen somit Flächen und Infrastruktur sowie wie die damit verbundenen Dienstleistungen wie Ver- und Entsorgungs- und Sicherheitsdienstleistungen zur Verfügung. Viele dieser Unternehmen haben in der Vergangenheit ihre technischen Dienste oft in eigene Tochterunternehmen ausgegliedert oder verkauft (CURRENTA[7], InfraServ Höchst).

---

7) Ohne Tochtergesellschaften wie TECTRION.

1. Reine Flächen- und Infrastrukturbetreiber

2. Standort-Vollsortimenter

3. Technische Dienstleister

4. Logistikdienstleister

5. sonstige Dienstleister

Vollintegriertes Produktionsunternehmen

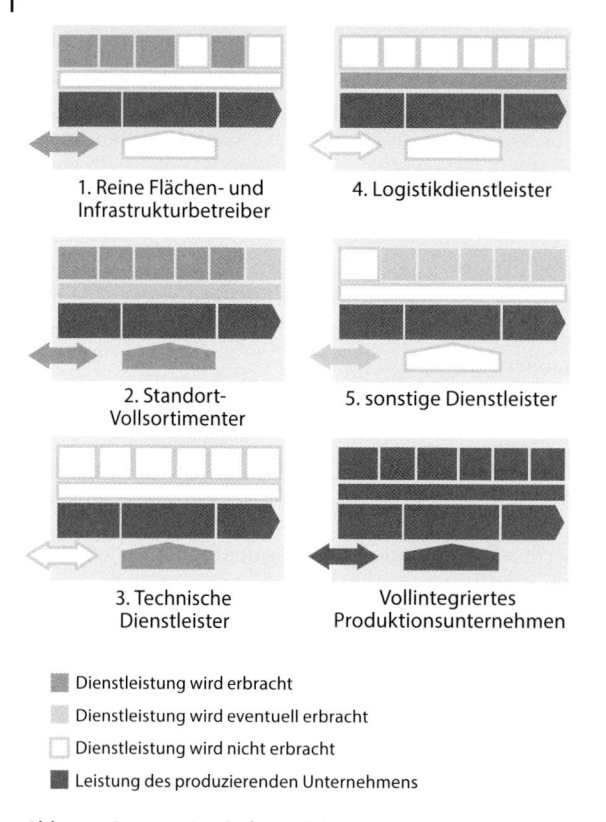

- Dienstleistung wird erbracht
- Dienstleistung wird eventuell erbracht
- Dienstleistung wird nicht erbracht
- Leistung des produzierenden Unternehmens

Abb. 4.4 Gängige Geschäftsmodelle gemäß Ausprägung des Dienstleistungsportfolios.

2. Standortvollsortimenter

Neben den reinen Standort- und Infrastrukturbetreibern gibt es ebenso Standortgesellschaften, die immer noch über einen Engineering- und/oder Instandhaltungsbereich verfügen und somit neben Flächen und Infrastruktur, den verbundenen Dienstleistungen wie Ver- und Entsorgungs- und Sicherheitsdienstleistungen auch technische Dienstleistungen anbieten können. Zu diesen sog. Standortvollsortimentern zählen u. a. Unternehmen wie Infracor (bis 2013), InfraServ Knapsack, Probis (bis 2012), Xervon und ABB Bobingen.

3. Technische Dienstleister

Das wohl breiteste Feld decken die reinen technischen Dienstleister ab. Aufgrund unterschiedlicher Kriterien hat sich dieses Feld bereits sehr weit für den externen Markt geöffnet. Das bedeutet weniger, dass ehemalige technische Bereiche der Chemieparks viele ihrer Leistungen nach außen verkaufen, sondern dass bereits viel des im Chemiepark vorhandenen Volumens von außen bedient wird. Dies ist u. a. dadurch begründet, dass z. B. bei Stillständen und Umbauten sehr viele oder spezielle Ressourcen benötigt werden, die im reinen Tagesgeschäft nicht vorgehalten werden können. Typische Anbieter von technischen Dienstleistungen in Chemieparks sind Baumüller, Bilfinger (BIS), XERVON, Voith, Buchen Group, DIW, Ebert, Hertel, InduSer, Kiel, Lobbe, Weber, WISAG, Storck, S.I.S., Piepenbrock oder auch Dienstleister mit hohen Standortbezug wie Mainsite Technologies, Tectrion, Aliseca oder Bayer Technology Services. Auch OEM-Service-Einheiten, d. h., Serviceorganisationen der Anlagenhersteller wie ABB, MTU oder Siemens können als technische Dienstleister betrachtet werden.

4. Logistikdienstleister

Die Logistik ist neben den technischen Dienstleistungen ebenfalls ein Dienstleistungsbereich, der zum einen bereits sehr stark in eigene Tochterunternehmen ausgelagert wurde (Chemion, InfraServ Logistics, TARLOG …) und in dem sich bereits starke externe Logistikpartner in den Chemieparks etabliert haben (Hoyer, Talke, Kube & Kubenz, Kruse, LEHNKERING u. a.). Dabei erbringen die Logistikdienstleister heute bereits weit mehr als den reinen Transport von Gütern. So übernehmen die Dienstleister von den produzierenden Unternehmen immer mehr Aufgaben wie das Ver- und Umpacken von Waren, die Organisation und Planung, die komplette Lagerwirtschaft oder Abfüllarbeiten.

5. Sonstige Dienstleister

Im Bereich „sonstige Dienstleister" lassen sich alle Dienstleistungsunternehmen zusammenfassen, die sich auf einzelnen Leistungsbereiche außerhalb von Technik und Logistik spezialisiert haben. Dazu zählen z. B. Aus- und Weiterbildung (Provadis, Rhein-Erft-Akademie) oder IT & Consulting (Bayer Business Services).

6. Vollintegrierte Produktionsunternehmen

Nach wie vor vollintegrierte Produktionsunternehmen erbringen neben F&E, der Produktion und der Vermarktung ihrer Produkte auch noch einen Großteil der notwendigen produktionsbegleitenden Dienstleistungen selbst (BASF, Dow, Allessa, Honeywell). Diese Unternehmen halten in der Regel keine Industriedienstleistungskapazitäten für Dritte vor, da dies nicht zu ihrem Kerngeschäft gehört. In einigen Fällen müssen vollintegrierte Produktionsunternehmen aber auch Dienstleistungen für Dritte erbringen. Zum Beispiel an Major-User-Standorten ohne Industrieparkgesellschaft, wenn Drittunternehmen angesiedelt sind. Hierbei handelt es sich nicht um Dienstleistungsgesellschaften, dieses Geschäftsmodell sei der Vollständigkeit halber aber hier erwähnt.

4.9
Von Einzelgewerken zum Full-Service-Anbieter

Ein wesentliches Unterscheidungsmerkmal von Geschäftsmodellen, insbesondere im Bereich der technischen Dienstleister, ist die Unterscheidung der Geschäftsmodelle in Bezug auf Full Service gegenüber der Erbringung von Einzelaufgaben

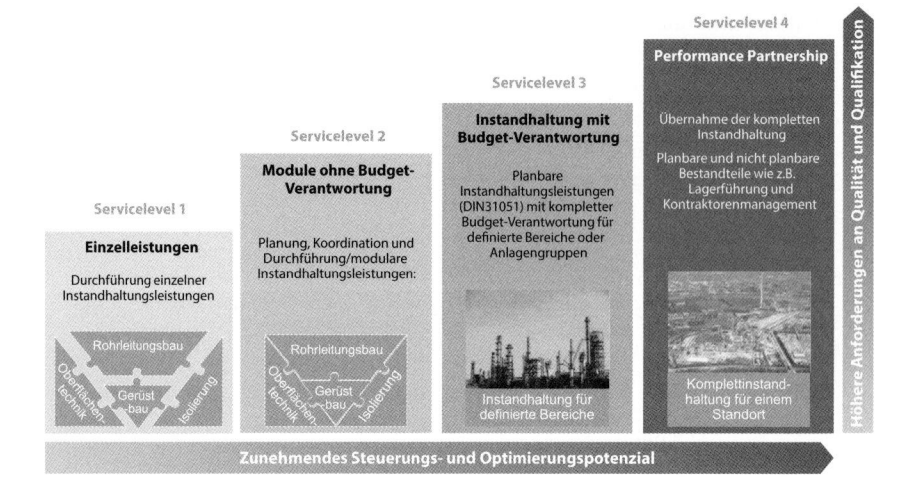

Abb. 4.5 Von Einzelgewerken zum Full-Service-Anbieter.

spezieller Gewerke. Dabei spielen zwei Dimensionen eine wesentliche Rolle, deren Ausprägung den Service Level bestimmen und an deren Ende das Full-Service-Angebot steht. Zum einen wird Full Service über den Grad der Abdeckung der angebotenen bzw. vom Kunden abgenommenen Dienstleistungen bestimmt. Zum anderen die „Servicetiefe", d. h. Übernahme von Gesamtverantwortung in Bezug auf technische und betriebliche Verfügbarkeit.

Je nach Kundenwunsch und eigenen Möglichkeiten des Industriedienstleisters ist die Ausprägung der Dienstleistung mehr oder weniger breit gefächert. Wesentliche Entscheidungskriterien zur Auswahl eines geeigneten Service Levels liegen in erster Linie an der generellen Unternehmensphilosophie des produzierenden Unternehmens oder Anlagenbetreibers und dessen organisatorischem Leistungsvermögen. Fühlt sich Unternehmen A in der Lage, Einzelgewerke selber zu koordinieren, favorisiert Unternehmen B eher das sog. RSP, das Rundum-sorglos-Paket. Einzelgewerke in der Prozessindustrie (vgl. auch Abschn. 4.4, Das Dienstleistungsportfolio als Differenzierungsmerkmal) werden in der Regel von den klassischen Rahmenvertragspartnern und Subkontraktoren bedient. Die Bündelung der Einzelgewerke in Mehrgewerkeaufträge stellt schon eine wesentliche Steigerung des Servicelevels dar, wie in der Abb. 4.5 deutlich gemacht wird.

Die Managementkompetenzen aufseiten des Industriedienstleisters wachsen von Service Level 1–4. Im Folgenden sind die wesentlichen Merkmale sowie Vor- und Nachteile der einzelnen Service Level kurz erläutert.

Service Level 1:
Angebot eines Gewerks bzw. einzelner Dienstleistungen, losgelöst von anderen Gewerken und Dienstleistungen. Reine Abwicklung der Aufgaben ohne um-

fangreichen Overhead. Beispiel aus Instandhaltungssicht – Instandsetzung einer Pumpe:

- Guter Überblick über die Einzelleistung auf Kundenseite,
- Koordinationsaufwand verbleibt beim (Anlagen-)Betreiber/produzierenden Unternehmen.

Service Level 2:
Zusammenschluss mehrerer Dienstleistungen bzw. Gewerke. Steuerung und Koordinationsaufgabe durch Mehrgewerkemanager. Für den Dienstleistungsempfänger: „One Face to the Customer"(ein Ansprechpartner), welcher verantwortlich für Qualität, Kosten und Leistung aller integrierten Gewerke ist. Beispiel aus Instandhaltungssicht – Austausch einer Rohrleitung inkl. Gerüststellung, Isolierarbeiten und Koordination der De- und Remontage der Elektrobegleitheizung:

- Möglichkeiten für Synergieeffekte auf Dienstleisterseite,
- eingeschränkte Mitbestimmungsmöglichkeiten des Kunden bei der Auswahl der Kontraktoren.

Service Level 3:
Abwicklung sämtlicher Leistungen im Rahmen eines Full-Service-Vertrages. Definition von Kriterien zur Leistungsbewertung und Incentivierung. Eigenoptimierung aufseiten des Dienstleisters rückt in den Vordergrund. Beispiele aus Instandhaltungssicht: Meldung eines Stillstandzeitraums mit den dazugehörigen Arbeiten; selbstständige Koordination und Abwicklung sämtlicher Arbeiten; Fertigmeldung nach erfolgter TÜV-Abnahme zur Wiederaufnahme des Betriebs; Incentivierung über „null Unfälle", Budgeteinhaltung und keinen Zeitverzug.

- Schaffung von Leistungsanreizen für effiziente Dienstleistungs-Abwicklung (Budget, Bonus/Malus) aufseiten des Industriedienstleisters,
- Verstärkte Abhängigkeiten des Kunden.

Service Level 4:
Beide Seiten haben existenzielles Interesse, dass die Zusammenarbeit gut funktioniert. Die Identifikation mit den Aufgaben ist hoch, die abgefragte Qualifikation ist Grundlage für die Leistungsfähigkeit des Gesamtsystems. Beispiel aus Instandhaltungssicht – Der Dienstleister führt in Eigenregie infrastrukturelle Aufgaben durch (z. B. Ver- und Entsorgungsleistungen, Logistik, Facility Management etc.); die Anlagenbetreiber konzentrieren sich „lediglich" auf das reine Produzieren, Rohstoff- und Fertigproduktlogistik (vgl. Abb. 4.1 Wertschöpfungskette Produktionsunternehmen):

- Symbiose zwischen Anlagenbetreiber und Dienstleister,
- viel Vertrauen notwendig, Schwierigkeiten bei Trennungsambitionen.

Wie oben erläutert, ist die grundsätzliche Aufstellung des (Anlagen-)Betreibers entscheidend für die Auswahl des passenden Servicegrads. Betreiber, die sich z. B. noch eine komplette Instandhaltungsorganisation vorhalten, wählen in der Regel den Service Level 1, max. 2 (z. B. im Rahmen von Stillständen) für Instandhaltungsleistungen. Unternehmen, deren Priorität auf der Entwicklung und Vertrieb von Produkten liegt und die eigentlich Produktion schon fast eine zu große Wertschöpfungstiefe darstellt, wählen tendenziell eher Modell 3 oder 4. Beeinflusst wird die Auswahl noch von Kriterien wie

- Unternehmenskennzahlen: Headcount, Umlaufbestände, Bilanz,
- Sicherheitsbewusstsein: Anforderungen an QHSE (Quality, Health, Safety, Environment),
- Locationcosts: Standortfaktoren, Energie, Infrastruktur.

Einen Blueprint bzw. ein Patentrezept, welches Modell für welche Gruppierung an Unternehmen geeignet ist, ist daher nur äußerst schwierig zu entwerfen. Letztlich handelt es sich immer um eine Einzelfallentscheidung, die sich entwickeln kann und mitunter über einen Zeitverlauf von einigen Jahren auch revidiert werden sollte. Für die Dienstleister bedeutet dies im Umkehrschluss, dass es durchaus von Vorteil ist, auf unterschiedliche Kundenanforderungen unterschiedlich reagieren und mit der Zeit wachsende Kundenbeziehungen entsprechend inhaltlich auskleiden zu können.

4.10
Bewertung der Geschäftsmodelle

Der Wettbewerb zwischen den unterschiedlichen in Abschn. 4.8 beschriebenen Geschäftsmodellen ist weiterhin groß. Es gibt zwar über das angebotene Dienstleistungsportfolio im Sinne der Spezialisierung oder Diversifikation, den eigenen Chemiepark, die Eigentümerstruktur und Herkunft oder die Leistungstiefe im Sinne des Full-Service-Ansatzes viele mögliche Differenzierungsmerkmale und Ausprägungen der Geschäftsmodelle. Dadurch haben sich bestimmte Nischen herausgebildet, die nur von wenigen Geschäftsmodellen besetzt werden können. Dennoch sind diese Nischen immer noch recht klein und die Grenzen oft fließend, sodass nach wie vor ein Konkurrenzverhältnis zwischen fast allen Geschäftsmodellen besteht. Auch hat sich bisher kein wirkliches Idealmodell herausgebildet, das den Markt nachhaltig dominiert. Jedes Modell bzw. jede Ausprägung hat Vor- und Nachteile gegenüber den anderen Modellen.

So stellt der Besitz und somit der Betrieb eines eigenen Standortes durch die dort ansässigen Unternehmen ein gewisses Grundpotenzial dar, das sich aus dem Betrieb der Infrastruktur und der Erbringung typischer standortgebundener Leistungen ergibt. Auch sind die automatisch gegebene Kundennähe und der damit verbundenen Kundenzugang in der Regel ein Wettbewerbsvorteil. Auf der anderen Seite sind mit dem Betrieb eines Standortes hohe Investitions- und Unterhaltskosten verbunden, die wenig flexibel sind und schnell zur Last werden können, wenn der Standort nicht ausreichend ausgelastet ist. Wachstum über diese Leistungen ist nahezu unmöglich. Viele Standortdienstleister haben sich von vielen ihrer sog. Wahlleistungen, also nicht standortgebundenen Dienstleistungen, wie technische Dienstleistungen, die auch einfach von externen Dienstleistern erbracht werden können, getrennt. Hierdurch fehlt den Unternehmen oft eine gewisse Flexibilität bezogen auf das Angebotsspektrum gegenüber ihrer Kunden und insbesondere auch die Möglichkeit, Geschäft außerhalb des eigenen Standortes und somit Zusatzeinnahmen zu generieren.

Die Standortvollsortimenter sehen ihre Besonderheit in ihrer breiten Aufstellung. Für Aufgaben eines Chemieunternehmens, die nicht innerhalb der eigenen Kernkompetenz liegen, also von der Logistik bis zur Entsorgung und von der Anlagenplanung bis zur Instandhaltung können sie Spezialisten beistellen. Auch gegenüber den spezialisierten oder den technischen Dienstleistern können sie diese Kompetenzen bei Bedarf zu umfassenden Lösungen vernetzen, anstatt isoliert an einzelne Aufgaben heranzugehen, wie dies die Spezialdienstleister tun. Dennoch kann eine Konzentration rein auf die standortgebundenen Services sinnvoll sein, wenn z. B. durch die Eigentümerstruktur gar keine Flexibilität möglich ist und/oder die Standortgröße und die damit verbundene Auslastung ausreichend groß und damit das Unternehmen langfristig wirtschaftlich geführt werden kann. Nichtsdestotrotz überwiegen die Möglichkeiten und somit Vorteile der Standortdienstleister, die sich für ein breiteres Portfolio als den reinen Standortbetrieb entschieden haben. Sie können ihre Kunden ganzheitlich bedienen, Umsatzschwankungen einzelner Bereiche abfangen und auch externe Märkte bedienen. Tatsächlich ist es so, dass 53,3 % der in der Lünendonk Studien 2010[8] analysierten Unternehmen ihr Leistungsspektrum erweitern wollen und dies einer der Toptrends unter den befragten Dienstleistern im Bereich Instandhaltung ist.

Einen ganz anderen Vorteil haben die Unternehmen, die sich auf bestimmte Disziplinen, wie z. B. technische Dienstleistungen, spezialisiert haben. Einmal im Markt und an mehreren Standorten etabliert, haben sie die Chance eine breite Kompetenzbasis bezogen auf ihre speziellen Disziplinen aufzubauen. Insbesondere, wenn sie es schaffen, das Know-how der einzelnen Standorte auch standortübergreifend zu nutzen. Zwar ist die Hürde zum Erstgeschäft gegenüber standortgeborenen Dienstleistungsunternehmen aufgrund des erforderlichen Investitionsbedarfes für die notwendigen Infrastrukturen sowie des oft nicht vorhandenen spezifischen Anlagenwissens größer. Aber insbesondere Spezialisten können, z. B. durch den Einsatz an mehreren Standorten, flexibler und damit auch wirtschaftlicher eingesetzt werden. Kompetenzen können in Zentralwerkstätten konzentriert werden, deren Auslastung durch Bewirtschaftung mehrerer Standorte optimiert werden kann. Die Möglichkeiten, in zentrale Einrichtungen und das Wachstum investieren zu können, müssen dafür gegeben sein. Diese ist oft eng mit der Eigentümerstruktur verzahnt. Je geringer der Bezug des Kapitalgebers zur chemischen Industrie selbst, desto höher ist die Wahrscheinlichkeit,

---

8) Lünendonk-Studie 2010, Führende Unternehmen für industrielle Instandhaltung in Deutschland

in die Expansion des Dienstleistungsgeschäfts investieren zu können. Sind die Eigentümer der Dienstleistungsgesellschaft hingegen Chemieunternehmen, in deren Wertschöpfungskette Industriedienstleistungen keine zentrale Rolle mehr spielen (vgl. Abschn. 4.3.1, Dienstleistungen zur Unterstützung der Wertschöpfungskette), ist die Bereitschaft, in diese Disziplin zu investieren oder gar ins unternehmerische Risiko zu gehen, in der Regel eher gering.

4.11
Perspektiven aus der Branche

Zur weiteren Verdeutlichung der Unterschiede zwischen einem Standortvollsortimenter und einem externen technischen Industriedienstleister wurden Interviews mit unterschiedlichen Unternehmen geführt. Die Gegenüberstellung der Antworten zweier Interviews veranschaulicht die unterschiedlichen Perspektiven. Wir danken an dieser Stelle den Interviewpartnern Dr. Bernhard Langhammer, Geschäftsleiter InfraServ GmbH & Co. Gendorf KG, und Dr. Joachim Loth, Geschäftsführer der Kiel Montagebau GmbH, für ihre Offenheit.

Frage: *Haben Industriedienstleister durch den Besitz eines Standortes (und somit Flächen- und Infrastrukturangebot) mehr Vorteile oder mehr Nachteile gegenüber „externen" Dienstleistern?*

Langhammer: Das bei uns vorhandene Anlagen-Know-how, das andere Dienstleister nicht haben, ist für uns – und damit auch für unsere Kunden – von großem Vorteil. Darüber hinaus können wir mit einer breiten Palette an Industriedienstleistungen unsere Kunden ganzheitlich bedienen und uns unterhalb der Business Units auch „die Bälle zuspielen". Auf der anderen Seite ist es auch für unsere Kunden sehr wichtig, möglichst nur eine Schnittstelle zu ihrem Dienstleister zu haben. Das können wir abbilden.

Loth: Klar haben diese Unternehmen einen Vorteil, da Sie oft gleichzeitig auch „Herr aller Reußen" sind und somit einen viel besseren Kundenzugang haben. Darüber hinaus muss ein Dienstleister, der von außen auf das Gelände kommt, zunächst einmal investieren, um seine Werkstätten und Einrichtungen, die er benötigt, einzurichten.

Sind Sie der Meinung, dass ein Standortdienstleister, der sich von seinen technischen Dienstleistungen (Engineering, Instandhaltung) trennt, für seinen Standort einen Nachteil erzeugt?

Langhammer: Ein Standortdienstleister, der seine technischen Dienstleistungen aus der Hand gibt, verzichtet zumindest auf einen Teil seiner Flexibilität, zumal er als Betreiber auch diese Leistungen benötigt. Unser Modell – wir bieten auch technische Dienstleistungen an – funktioniert für uns sehr gut, trotz des deutlich schärferen Wettbewerbsumfelds als bei Standortleistungen.

Loth: Für meine Infrastruktur kann ich Dienstleistungen auch von außen dazu kaufen, das ist kein Problem. Als Dienstleister selbst ist es natürlich von

Vorteil, auch der Betreiber zu sein, da ich dann viele Entscheidungen selbstständig treffen kann.

Ist es von Vorteil, „Eigentum" der am Standort ansässigen Unternehmen zu sein oder ist es vorteilhafter, einem privaten Investor zu unterstehen?

Langhammer: Unsere Eigentümer, die gleichzeitig unsere Kunden sind, haben ihre eigenständigen Einkaufsstrategien und -vorgaben, sodass wir im Rahmen der Beauftragung wie jeder andere Lieferant im Wettbewerb stehen und daraus keinen Vorteil ziehen können. Zugegeben sind in Fragen der strategischen Unternehmensentwicklung die Abstimmungsprozesse mit mehreren Eigentümern oft nicht einfach.

Loth: Nein, ich denke nicht. Die Freiheitsgrade sind insbesondere bei Investitionsentscheidungen größer, wenn ich als Dienstleister nicht von den Standortgesellschaften abhängig bin. Und dort, wo keine Investitionen getätigt werden, kann auch keine Entwicklung stattfinden.

Wieso gibt es insbesondere bei den technischen Dienstleistungen so viel vormals internes Geschäft, das heute von außen bedient wird?

Langhammer: Vielfältigen Wettbewerb finden wir insbesondere bei sog. Basisdienstleistungen, also Tätigkeiten, die wenig spezifisches Branchen- bzw. Chemie-Know-how benötigen und von außen meist günstiger angeboten werden, als wir sie mit unseren Kostenstrukturen anbieten können. Oft war eine noch unzureichend entwickelte Professionalisierung, dieser aus Konzernstrukturen hervorgegangen Bereiche der Grund für ihre geringe Wettbewerbsfähigkeit. Meiner Meinung nach haben die Industrieparkbetreiber hier aufgeholt und setzen ortsspezifische Kenntnisse mit Erfolg ein.

Loth: Die Unternehmen wollen Kosten sparen und sich auf ihr Kerngeschäft konzentrieren. Die Hinzunahme eines externen Dienstleisters funktioniert aber nur so lange man das Risiko auf beiden Seiten begrenzen kann. Die Übergabe von risikorelevanter Infrastruktur, wie z. B. einer Kläranlage, könnte für beide Seiten kritisch werden.

Beschreiben Sie das Ihrer Meinung nach idealtypische Geschäftsmodell für Industriedienstleistungen im Umfeld der Chemie- und Industrieparks …

… für maximale Wachstumsmöglichkeiten.

Langhammer: Als Standortbetreiber alle die Leistungen verlässlich anbieten und ausführen, die nicht zum Kerngeschäft der Produktionsunternehmen am Standort gehören. Das schafft den Produktionsunternehmen den nötigen Raum, um sich voll auf die Weiterentwicklung ihrer Produktionsverfahren und das damit verbundene Know-how zu konzentrieren. Standortbetreiber können dadurch z. B. in den Bereichen produktionsnahe Instandhaltung, der Materialversorgung, der Logistik, dem Engineering etc. maximal wachsen und gleichzeitig maßgeblich zum zukünftigen Erfolg der am Standort produzierenden Unternehmen beitragen.

Loth: Der Dienstleister sollte in der Lage sein, den größtmöglichen Service Level, d. h., das Engineering, die Arbeitsvorbereitung, die Meister und Handwerker sowie die Einkaufsstrategie anzubieten und zu erbringen. Darüber hinaus müssen Investitionsmittel für intelligente IT-Systeme wie das Condition Monitoring vorhanden sein.

... mit optimalem Know-how-Zugang.

Langhammer: Spezialisten des Standortbetreibers und des Produktionsunternehmens am Standort entwickeln gemeinsam eine Strategie, z. B. für eine zukunftsweisende Instandhaltung der Anlage. Der spezialisierte Bereich des Standortbetreibers speichert in einer Datenbank bzw. einem Planungssystem alle notwendigen Informationen zu einem technischen Platz oder einem Revisionspunkt. Dazu gehören auch die bekannten historischen Daten. Die Fortschreibung dieser Daten bilden zum einen die Basis eines KVP (Kontinuierlicher Verbesserungsprozess), zum anderen können Reparatur und Revisionsbudgets auf Kunden und Dienstleisterseite sicherer geplant werden.

Loth: Eine gut dokumentierte Equipment- und Reparaturhistorie in einem Instandhaltungsplanungssystem wie SAP-PM bietet einen optimalen Know-how-Zugang zur Anlage. Dabei sollte die Historie mindestens die letzten fünf Jahre abbilden. Aus der hinterlegten Equipment-Struktur sowie den Ausfallgründen und Reparaturprofilen kann man bereits so viel ableiten, um direkt erste Verbesserungen einleiten zu können.

... mit der höchsten Flexibilität, auf Marktgegebenheiten reagieren zu können.

Langhammer: Durch Partnerschaften und Netzwerke mit Unternehmen, die Industriedienstleistungen anbieten sowie durch ein professionelles Personalleasing (Erstellung von Anforderungsprofilen, Rahmenverträge mit Verleihfirmen, Zugriff auf bekannte Fachkräfte.) werden die durch den Standortdienstleister angeboten Leistungen und Kapazitäten erweitert. So kann, abhängig vom Projekt, im Werkvertrag oder durch Arbeitnehmerüberlassung mit höchster Flexibilität und Qualität auf die Marktgegebenheiten reagiert werden.

Loth: Eigene „AÜG-Unternehmen" (AÜG: Arbeitnehmerüberlassungsgesetz) und eine Rotation der Mitarbeiter zwischen verschiedenen Standorten geben bieten einen optimalen Ressourcen- und Know-how-Pool, um flexibel auf unterschiedlichste Situationen reagieren zu können.

... mit der besten Rendite.

Langhammer: Langlaufende Serviceverträge mit vereinbarten Abnahmemengen, Vorhalteverpflichtungen und Service Levels bilden eine Säule für eine auskömmliche Rendite. Projektaufträge in einem bewältigbaren Anteil, verbunden mit einem professionellen Claims Management, bilden eine weitere Säule. Durch Prozessverbesserungen im Servicegeschäft und Transparenz für den Auftraggeber lassen sich auskömmlichen Renditen erzielen. Kontinuität und Langfristigkeit der Kundenbeziehung sind uns wichtiger als die kurzfristige Optimierung der Rendite.

Loth: Full-Service-Verträge sind aufgrund ihrer langen Laufzeiten besonders interessant, obwohl ihre prozentuale Rendite nicht so hoch ist. Da sind die Margen des Infrastrukturbetriebs bereits um einiges höher. Die höchsten Margen haben projektbezogene Aufträge, allerdings ist hier die Planbarkeit für den Dienstleister oft schwierig.

… mit besten Marktzugang.

Langhammer: Der Standortbetreiber, der alle erforderlichen Industriedienstleistungen am Standort anbietet und über die dafür erforderliche Infrastruktur verfügt, hat eine wesentliche Voraussetzung auf seiner Seite. Werden diese Leistungen messbar mit größter Zuverlässigkeit, Qualität und mit der bestmöglichen Sicherheit für Mitarbeiter ausgeführt, hat man den besten Marktzugang.

Loth: Wer am Standort der Produktion ansässig ist, hat ganz klar den besten Zugang. Oft werden wir auch über Netzwerke wie den VCI, ChemCologne oder ChemSite angesprochen. Allerdings geht der Ansprache immer eine strategische Entscheidung des Unternehmens voraus, dann wird aktiv ein passender Dienstleister gesucht.

… mit den größten Zukunftschancen.

Langhammer: Eine partnerschaftliche, lösungsorientierte Zusammenarbeit mit den Standortkunden, abzielend darauf, fester, vertraglich fixierter Leistungsbestandteil in den Prozessen des Kunden zu sein, bietet die größten Zukunftschancen.

Loth: Wer mit seinen Kunden über Full-Service-Modelle partnerschaftlich verbunden ist, hat auch dann im Vergleich mit dem Wettbewerb eine gute Chance, wenn die Zeiten wirtschaftlich gesehen wieder etwas schlechter werden. Darüber hinaus sind Betreibermodelle gut, weil sie eine gewisse Grundlast erzeugen.

… das am wettbewerbsfähigen ist.

Langhammer: Am Standort vorhandene Werkstätten mit optimalem Materialfluss, eine auf den Kunden ausgerichtete Materialwirtschaft (Beschaffung, Lagerung und Bereitstellung von technischem Material), eine unter Berücksichtigung des demografischen Wandels gestaltete Personalentwicklung und Altersstruktur und die permanente Qualifizierung der Mitarbeiter sowie der Einsatz moderner elektronischer Hilfsmittel zur Organisationsunterstützung, garantieren die Wettbewerbsfähigkeit des Standortbetreibers.

Loth: Langfristig wettbewerbsfähig werden die Dienstleister sein, die sich in „Standortnetzwerken" organisieren. Das heißt nicht nur Know-how und Ressourcen zwischen den Standorten rotieren zu können, sondern spezialisierte, zentrale Werkstätten mit einer hohen Auslastung und optimierte, z. T. zentralisierte Läger.

… das am meisten kundenorientiert ist.

Langhammer: Die Standortdienstleister, denen der Kundennutzen am Herzen liegt, „sehen" ihre Kunden, versuchen sich in deren Lage zu versetzen, haben qualifizierte Mitarbeiter, die gemeinsam mit dem Kunden Lösungen erarbeiten und haben die Möglichkeiten, ihn bei der Umsetzung zu unterstützen.

Maßgebliches Ziel ist es, dem Kunden seine Wettbewerbsfähigkeit zu erhalten.

Loth: Für mich bedeutet Full Service = Kundennähe, da ich eine auf den Kunden abgestimmte Verfügbarkeit garantiere. Und das kann ein externer Dienstleister unter Umständen besser als ein interner Dienstleister oder Kollege. Auf der einen Seite sind für das externe Unternehmen die Konsequenzen höher, falls ich meine Ziele nicht erreiche. Auf der anderen Seite bringen externe Unternehmen eine höhere Dienstleistungsmentalität mit.

... das notwendig ist, um Unternehmen am Standort anzusiedeln.

Langhammer: Hier gibt es kein Patentrezept, da die Standortwahl eher von Rahmenbedingungen wie dem Zugang zu Vorprodukten, Vorteile eines Energie- und Stoffverbunds, Logistikvorteile oder einfach nur der Akzeptanz abhängt. Die Industriedienstleistungen sind hier eher zweitrangig bei der Entscheidungsfindung.

Loth: Der für mich optimale Industrieparkbetreiber braucht keine technischen Dienstleistungen anzubieten. Wichtiger als möglichst viele Dienstleistungen aus einer Hand anbieten zu können, sind Dienstleistungen wie Behördenmanagement und der Stoffverbund im Chemiepark selbst. Dass die produzierenden Unternehmen weitere Teile ihrer heutigen Wertschöpfungskette abgeben, sehe ich insbesondere im Commodity-Bereich noch lange nicht. In Bereichen, wo viel Know-how patentgeschützt ist, wie z. B. in der Pharmaindustrie oder in anderen chemieparknahen Industriezweigen, sind solche Entwicklungen durchaus möglich.

4.12
Zusammenfassung und Ausblick

Betrachtet man die Entwicklungen der Chemieindustrie der letzten 20 Jahre rückwirkend, so kann man feststellen, dass die meisten der produzierenden Unternehmen ihre produktionsbegleitenden und somit nicht direkt wertschöpfenden Dienstleistungen abgegrenzt und oft auch ausgegliedert haben. Die Fokussierung dieser Unternehmen liegt – die Wertschöpfungskette in einem Chemiepark vor Augen (vgl. Abb. 4.1: Wertschöpfungskette Produktionsunternehmen) – auf den für die Zwischen- und Endprodukte direkt relevanten Stufen: der Forschung und Entwicklung, also der Innovation von neuen Produkten, deren Herstellung sowie deren Vermarktung. So ist ein breiter Markt für Industriedienstleistungen entstanden.

Bis heute hat sich kein dominierendes Geschäftsmodell herauskristallisiert, das die anderen Modelle nach und nach verdrängen würde. Auch ist noch kein klarer Trend zu erkennen, nach dem sich ein bestimmtes Muster für die Verteilung des Dienstleistungsgeschäftes ergibt. Es existieren nach wie vor Vollsortimenter und Spezialisten, standortgebundene und vollkommen ungebundene Dienstleister sowie Dienstleister, die durch ihre Eigentümerstrukturen zumindest gesellschaftsrechtlich fest mit ihren Kunden verbunden sind. Aktuell ist ein gewisser Trend zur Rückintegration von Dienstleistungsgesellschaften in den größeren Unternehmen zu beobachten (z. B. DOW, Evonik, Lanxess). Legt man solche Beobachtungen und Annahmen zu Grunde, können mögliche Entwicklungen abgeleitet werden.

4.12.1
Veränderung der Wertschöpfungskette

Führt man die Entwicklung der Wertschöpfungskette der chemischen Industrie der vergangenen Jahre weiter und zieht Vergleiche aus anderen, bereits stärker industrialisierten Branchen wie die Konsumgüterindustrie mit wesentlich kürzeren Produkt- und Investitionszyklen heran, so ist zu beobachten, dass die Wertschöpfungskette sich weiter verändert. Es findet eine Fokussierung auf die kundenrelevanten Wertschöpfungsprozesse statt. Dies sind die Innovation (F&E) sowie die Vermarktung. Konsumgüterunternehmen wie Apple oder Nike haben sich bereits vollkommen in diese Richtung entwickelt. Der Schwerpunkt und das Knowhow – und somit deren Wertschöpfung – konzentrieren sich auf Innovation und in der Vermarktung ihrer Produkte. Der Produktionsprozess wird eine austauschbare Dienstleistung. In der chemischen Industrie – insbesondere bei aus dem Ausland gesteuerten Betrieben – ist der sog. „Headcount", der zum Betrieb der Anlage benötigt wird, eine beliebte Messgröße. Um diesen gering zu halten, werden möglichst viele Aufgaben an externe Dienstleister vergeben. Dies ist sicher auch für Teile der Produktionsprozesse, die nicht know-how-relevant sind, denkbar. Hieraus könnte sich ein neues Betätigungsfeld insbesondere für die Industriedienstleister ergeben, die sich bereits heute z. B. durch die technische Betreuung nah am Produktionsprozess ihrer Kunden befinden.

4.12.2
Globalisierung und Verlagerung der Produktion

Die zunehmende Globalisierung hat zur Folge, dass es zu einer der Verlagerung von Neuinvestitionen an Standorte außerhalb Europas kommt. Die meisten neugeschaffenen World-Scale-Anlagen werden nicht mehr in deutschen Chemie- und Industrieparks gebaut, sondern meist in unmittelbarer Nähe zu den Abnehmermärkten und/oder dort, wo Rohstoffe und Energie auch in Zukunft ausreichend und kostengünstig zu finden sind. Für die Industriedienstleister bürgt dies sowohl Chancen als auch Risiken. Die Chance besteht sicherlich darin, die Industrie bei ihrer kontinuierlichen Produktionsverlagerung in andere Länder zu begleiten, denn vor Ort wird die produzierende Industrie selten die Qualitätsstandards vorfinden, die sie aus deutschen Chemie- und Industrieparks gewohnt ist. Serviceunternehmen, die sich auch heute oft schon in unmittelbarer Nähe zu ihren Kunden ansiedeln, müssen ihren Kunden folgen, um so neue Märkte zu erschließen. Auf der anderen Seite birgt die Verlagerung bzw. die Erweiterung der Produktion im Ausland zwei Gefahren für das Dienstleistungsgeschäft. Zum einem resultiert aus einer Verlagerung des Geschäfts ins Ausland immer auch eine Verschiebung und somit lokale Reduzierung der Nachfrage nach Industriedienstleistungen vor Ort. Auf der anderen Seite bilden Niederlassungen und Betriebe, die von anderen Industriedienstleistern bedient werden, immer einen potenziellen Zugang auch zu anderen Betrieben des Unternehmens. So kann Wettbewerbern, die heute noch nicht auf dem deutschen oder europäischen Markt aktiv sind, eine Brücke gebaut werden, die es ermöglicht, ihr Geschäft auf relativ einfache Art und Weise auf andere Standorte auszuweiten.

4.12.3
Veränderung der chemischen Industrie

Die Chemie in Deutschland wird sich in den kommenden Jahrzehnten immer mehr spezialisieren und bzw. flexibilisieren müssen. Dies führt weg von großen Anlagen hin zu kleinen, flexiblen Anlagen. Darüber hinaus gibt es zwangsläufig einen langfristigen Trend zur „solar"-basierten Chemie. Das heißt, die Rohstoffe für Endprodukte der Chemie sind nicht mehr erdölbasiert, sondern sie werden aus nachwachsenden Rohstoffen gewonnen. Dies führt auch – analog zur Energieerzeugung – zu einer Dezentralisierung der Chemieproduktion. Um Transportkosten zu sparen, wird es statt nur ein oder zwei riesige Anlagen in einem Land, in denen ein bestimmter Kunststoff oder eine Alltagschemikalie produziert werden, mehrere kleine, lokale Produktionen, die sich in der Nähe der Grundstoffproduktion – also dort, wo die Pflanzen wachsen – befinden, geben. Die Dienstleister müssen ihre Geschäftsmodelle entsprechend anpassen. Hierbei sind sicherlich die Dienstleister im Vorteil, die flexibel reagieren können und die nicht an bestimmte Standorte gebunden sind.

4.12.4
Externe Vergabe

Das Dienstleistungsgeschäft in Deutschland entwickelt sich zurzeit weiter positiv. Einer Marktstudie[9] zufolge wächst das Marktvolumen für extern vergebene Leistungen im Bereich Industrieservice (hier: Instandhaltung, technische Reinigung, innerbetriebliche Logistik, Produktionsunterstützung und Industriemontagen) um durchschnittlich knapp 4 % pro Jahr auf über 11 Mrd. € in 2013. Begründet ist dies in erster Linie durch eine verstärkte externe Vergabe, weniger durch die Schaffung neuer Anlagen. Anderen Studien zufolge liegt das durchschnittliche Wachstum für den Instandhaltungsmarkt bei 7,5 % bis 2015 bzw. 9 % pro Jahr bis 2020[10]. Das Gesamtmarktvolumen allein für Instandhaltung in Deutschland wird auf über 80 Mrd. € geschätzt[10], was bedeutet, dass noch nicht einmal 15 % des gesamten Marktvolumens an externe Dienstleister vergeben sind.

---

9) Quelle: Industrieservices in Deutschland, Status Quo und zukünftige Entwicklung, Roland Berger Strategy Consultants, April 2010.
10) Quelle: Lünendonk-Studie 2010, Führende Unternehmen für industrielle Instandhaltung in Deutschland.

Die Wachstumspotenziale für die Dienstleistungsunternehmen sind langfristig betrachtet demnach enorm. Interessant in diesem Zusammenhang die Aussage der Unternehmen, die das Marktwachstum in Deutschland auf 7,5 % bzw. 9 % pro Jahr geschätzt haben. Das eigene Umsatzwachstum wird gleichzeitig nahezu doppelt so hoch eingeschätzt: bis 2015 soll der Umsatz im Inland um 14,7 %, bis 2020 sogar um 18,6 % pro Jahr steigen[10]. Es ist demnach ein ausgeprägter Konkurrenzkampf zwischen den einzelnen Industriedienstleistern und somit auch zwischen den unterschiedlichen Geschäftsmodellen und dementsprechend eine Neusortierung des Marktes zu erwarten.

Teil 3
Management von Chemiestandorten

5
InfraServ Knapsack – durch Wachstum und Wandel vom Standortbetreiber zum Industriedienstleister

Clemens Mittelviefhaus, Pierre Kramer und Daniel Marowski

5.1
Ausgangslage

5.1.1
Übersicht und Differenzierung/Ausrichtung der verschiedenen Betreiber

Chemieparks gehören heute in Deutschland zum Standard. Dabei hat sich das Konzept erst in den 1990er-Jahren durch den Strukturwandel in der Chemieindustrie entwickelt. Die Trennung von Chemieproduktion und Infrastrukturbetrieb, also das, was deutsche Chemieparks für Investoren heute so attraktiv macht, war jedoch gar nicht primäres Motiv der Entwicklung. Vielmehr verfolgten die Chemieunternehmen das Ziel, ihr Produktportfolio einfacher verändern zu können.

Durch die zunehmende Bedeutung der asiatischen Märkte mussten sich zahlreiche Chemieunternehmen neu ausrichten und verlagerten Produktionskapazitäten aus den etablierten Industrieländern nach China und Südostasien. Dieser sich verändernde Wettbewerb führte auch dazu, dass die großen Chemiekonglomerate in Europa und den USA Teile der Produktion aufgegeben haben und aus ihren Monostandorten einzelne Anlagen herauslösen und verkaufen wollten. So entstanden die neuen Betreiberstrukturen – das Chemieparkkonzept. Mit diesen neuen Strukturen vereinfachten sich Übernahmen und der Verkauf von Produktionsbereichen und dadurch die Bündelung von Kapazitäten. Das Modell der Chemieparks in Deutschland hat sich als Erfolgsfaktor der deutschen Chemieindustrie durchgesetzt. Nach Angaben des Verbandes der Chemischen Industrie produzieren heute mehr als 1000 Unternehmen unterschiedlicher Branchen mit über 250 000 Beschäftigten.

Innerhalb der gut 60 Chemieparks wurden deutlich mehr als 30 Mrd. € in den letzten zwölf Jahren investiert. Mit mehr als 80 % der Investitionen bilden Chemieproduktionen dabei immer noch die tragende Säule in den Chemieparks.

5.1.2
Veränderungen in der Chemieindustrie

Die Vorteile des Chemieparkkonzepts liegen auf der Hand – die Betreibergesellschaften versorgen die Standortproduzenten mit Energien und Medien und kümmern sich um die Entsorgung sowie die Abwasserbehandlung. Die Standortbetreiber sorgen außerdem für die Sicherheit am Standort durch Brand- und Werkschutz sowie die Verfahrens- und Anlagensicherheit.

Ein ganz wesentlicher Vorteil für Investoren liegt in der Planbarkeit der Genehmigungsverfahren und damit in kurzen Genehmigungszeiten. Denn Standortbetreiber verfügen über langjährige Erfahrung mit der Genehmigungsplanung von Prozessanlagen. Professionelles Genehmigungsmanagement auf der Basis persönlicher Kontakte zu Behörden und der Dialog mit der Nachbarschaft um die Chemieparks herum sorgen für ein industriefreundliches Umfeld. Das beschleunigt Genehmigungsverfahren und ermöglicht Investoren frühzeitig den Produktionsbeginn.

Unterschiedliche Standortkonzepte
Nach rund 15 Jahren Veränderungsprozess haben sich grob vier Standortkonzepte mit Betreiberfunktionen etabliert (siehe Abb. 5.1).

Major User ohne eigenständige Gesellschaftsform: Hier ist der Standortbetreiber Teil eines am Standort produzierenden Chemie- oder Pharmaunternehmens und keiner eigenständigen Gesellschaftsform zugeordnet. Leistungen werden daher nur im heimischen Chemiepark erbracht. Dieses Konzept verfolgt beispielsweise BASF.

Major User mit eigenständiger Gesellschaftsform: In dieser Lösung wurde der Standortbetreiber in eine eigenständige Gesellschaftsform ausgegliedert und ist Tochterunternehmen eines oder weniger am Standort produzierender Chemie- oder Pharmaunternehmen. Auch sie erbringen in der Regel nur Leistungen im eigenen Chemiepark. Hierzu gehören u. a. Currenta oder Evonik (heute: Evonik Technology & Infrastructure GmbH).

Multi User: Bei diesem Konzept wurden die Standortleistungen in eine eigenständige Gesellschaftsform überführt, die mehreren am Standort produzierender Chemie- oder Pharmaunternehmen gehört. Sie erbringen in der Regel Leistungen innerhalb und außerhalb des heimischen Chemieparks. Beispiel hierfür sind InfraServ Knapsack oder InfraLeuna.

Externer Betreiber: Hier besitzt der Standortbetreiber nicht nur eine eigenständige Gesellschaftsform, er ist zudem kein Tochterunternehmen eines oder mehrerer am Standort produzierendem Chemie- oder Pharmaunternehmen und bietet seine Leistungen daher frei am Markt an. Zu solchen externen Betreibern zählen Nuon BiZZPARK Oberbruch oder Infrasite Griesheim.

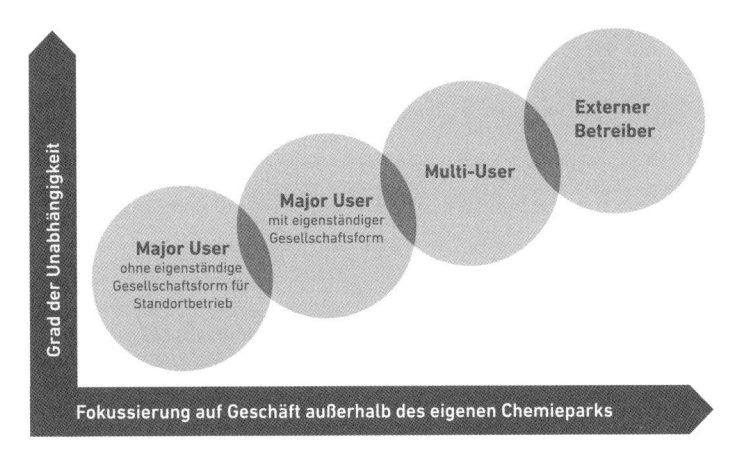

Abb. 5.1 Vier wesentliche Konzepte des Standortbetriebs.

Chemiepark Knapsack setzt auf Multi-User-Konzept

Im Chemiepark Knapsack setzte der damalige Besitzer, die Hoechst AG, ebenfalls auf eine Ausgliederung des Chemieparkbetriebs. Sie gründete 1989 aus Teilen des Unternehmens die InfraServ GmbH & Co. Knapsack KG. Aufgabe dieses neuen Unternehmens sollte es sein

- den Chemiepark Knapsack zu betreiben und zu entwickeln, einschließlich Standortmarketing, Bereitstellung der Infrastruktur, Versorgung des Standorts mit Energien, Roh-, Betriebs- und Hilfsstoffen,
- alle Dienstleistungen im Chemiepark Knapsack und im regionalen Umfeld zu wettbewerbsfähigen Konditionen anzubieten, die die Produktionsgesellschaften nicht selbst erbringen möchten,
- die Werte von InfraServ Knapsack einschließlich Grund- und Immobilienbesitz zu steigern sowie
- eine angemessene Rendite aus der Geschäftstätigkeit zu erzielen.

Das Unternehmen wurde rechtlich als GmbH & Co. KG mit der InfraServ Verwaltungs-GmbH als geschäftsführendem Komplementär sowie vier Anteilseignern als Kommanditisten aufgestellt. Diese Rolle übernehmen bis heute die vier größten produzierenden Gesellschaften am Standort, LyondellBasell, Clariant, Vinnolit und Celanese. Sie alle sind aus Betrieben der ehemaligen Hoechst AG hervorgegangen.

Der Standort Knapsack wandelte sich damit vom integrierten, abhängigen Werk eines Chemiekonzerns zu einem selbstständigen, offenen Chemiepark. Alle outgesourcten Dienstleistungen, die zur Chemieproduktion erforderlich sind, wurden bereits in dieser Zeit marktwirtschaftlich ausgerichtet. Heute erbringt InfraServ Knapsack Leistungen in Höhe von rund 180 Mio. € innerhalb und außerhalb des Chemiepark Knapsack.

Die Wahl der passenden Eigentümerstruktur ist für Chemiestandorte von hoher Bedeutung und dabei individuell verschieden. Grundsätzlich führt der Trend zur Konzentration auf das Kerngeschäft der Unternehmen sowie die damit verbundene Auslagerung anderer Geschäftsprozesse zu einer steigenden Anzahl von Schnittstellen. Für Standortbetreiber bedeutet dies, den optimalen Weg zwischen steigender Komplexität und attraktivem Dienstleistungsportfolio zu finden. Auch mehr als 20 Jahre nach Gründung der ersten eigentumsinhomogenen Chemieparks hat sich daher noch keine Betreiberstruktur gegenüber den anderen durchgesetzt.

5.1.3
Richtungsentscheidung – Wie und wo können Standortbetreiber wachsen?

Trotz der verschiedenartigen Modelle von Chemieparks in Deutschland ähneln sich die Betreibergesellschaften in ihren Entwicklungsphasen. Nach der Gründungsphase, der Ordnung der neu entstandenen Geschäftsfelder und der Konsolidierung des Geschäftsmodells stehen sie meist vor einer neuerlichen entscheidenden Weichenstellung für die Zukunft: Wie und wo kann ein Standortbetreiber gewinnbringend wachsen?

Chemieparkbetreibern stehen dazu nur zwei mögliche Wachstumswege offen:

1. Wachstum am eigenen Standort durch Mehrumsatz von Energien und Dienstleistungen aufgrund der Ansiedlung zusätzlicher Produktionsanlagen,
2. Wachstum außerhalb des eigenen Chemieparks durch Umsatz von Dienstleistungen bei Kunden außerhalb des eigenen Chemieparks.

Die Strategie eines Wachstums am eigenen Standort ist besonders für Unternehmen interessant, deren Chemieparks über große Freiflächen verfügen und deren vorhandene Struktur für die jeweiligen Investoren besondere Vorteile bietet. Eine solche Strategie verfolgen beispielsweise die Betreiber der CHEMPARKs nahe Köln.

Die Erfahrungen von InfraServ Knapsack wiesen in eine andere Richtung. Seit über zehn Jahren verzeichnet der Chemiepark Knapsack als Standort und die InfraServ GmbH & Co. Knapsack KG als Betreibergesellschaft dynamisches Wachstum. Die Betrachtung von Investitionen bestehender Standortfirmen offenbarte allerdings, dass neue Produktionen oder Erweiterungen häufig mit einem geringen Budget realisiert wurden oder bereits vorhandene Anlagen ersetzten. Dieser Umstand zeigt: Das Wachstum am Standort Knapsack ist begrenzt. Innerhalb des Chemieparks wurde der Fokus auf den Erhalt der vorhandenen Produktion und das Kompensieren wegfallender Sparten durch neue innovative Produktion gelegt. Signifikantes Wachstum kann InfraServ Knapsack dagegen nur außerhalb des heimischen Standortes generieren.

Diese Erkenntnis bedeutet jedoch nicht, die Bemühungen für neue Ansiedlungen oder Erweiterungsinvestitionen am Standort zu vernachlässigen – im Gegenteil. Denn wichtigste Stütze des wirtschaftlichen Erfolges für Betreiber sind und bleiben die bestehenden Standortunternehmen. Und ihre Ansprüche sind hoch. Produzenten an einem Chemiestandort erwarten von ihren Betrei-

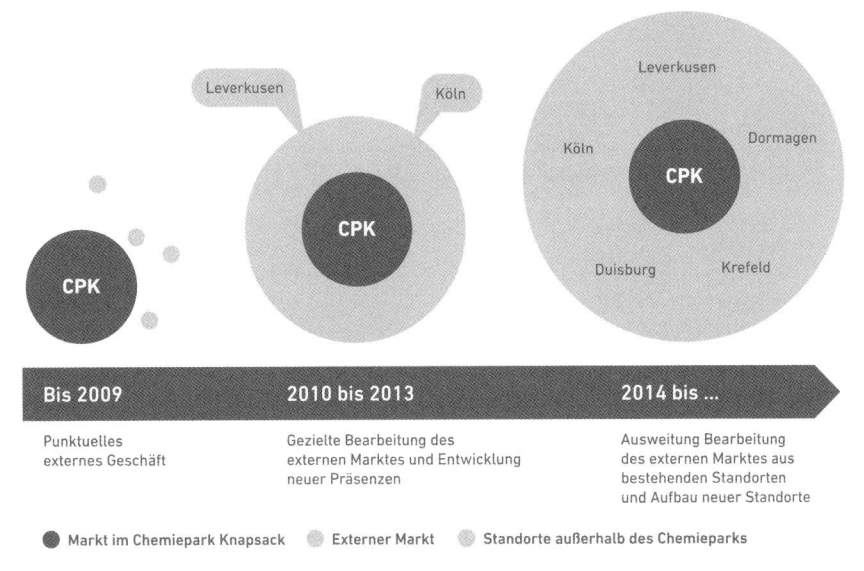

Abb. 5.2 Strategische Entscheidung zur Wachstumsstrategie der Infraserv Knapsack.

bern nicht nur die Bereitstellung bedarfsgerechter und effizienter Ressourcen, sondern auch die Sicherung und Weiterentwicklung der Infrastruktur sowie die Gestaltung der Rahmenbedingungen für eine günstige Energieversorgung. Hinzu kommen kundenorientierte und wettbewerbsfähige Standortdienstleistungen, beispielsweise aus Anlagenplanung, -bau oder Anlagenservice.

Mit Blick auf diese vielfältigen Anforderungen innerhalb der eigenen Chemieparkgrenzen entschied sich InfraServ Knapsack für ein organisches Wachstum auf dem externen Markt mit sukzessiver, regionaler Ausdehnung (siehe Abb. 5.2). Denn ein Festhalten am Status quo hätte auf Dauer eine sinkende Wettbewerbsfähigkeit und ein gleichzeitig steigendes Preisrisiko bedeutet.

Wachstumsstrategie muss die Interessen aller Stakeholder berücksichtigen
Um dieses Wachstum zu realisieren, entwickelte InfraServ Knapsack eine dezidierte Wachstumsstrategie. Dazu wurden frühzeitig die wesentlichen Zielsetzungen der Stakeholder analysiert und beschrieben. Denn nur wenn die Wachstumsstrategie sämtliche wesentlichen Stakeholder-Interessen berücksichtigt, ist eine solche Strategie Erfolg versprechend.

Bei InfraServ Knapsack verfolgen drei wichtige Stakeholder-Gruppen verschiedene Zielsetzungen: Kunden, Gesellschafter und Mitarbeiter (siehe Abb. 5.3).

Primäres Ziel der Kunden im Chemiepark ist ein hohes und möglichst weiter steigendes Leistungsvolumen, das durch Lernkurveneffekte und Kostenvorteile erreicht werden soll. Das bedeutet gleichzeitig, dass externes Wachstum die Chemieparkleistungen aus Sicht der Kunden in keiner Weise beeinträchtigen darf. Ist dies gewährleistet, sichert ein externes Wachstum durch eine breitere Kunden-

Kunden Chemiepark

- Senkung **Kosten** und Erhöhung Planbarkeit
- Hohe **Versorgungssicherheit** und **Qualität**

Wachstumsstrategie

Gesellschafter

- Steigerung **Unternehmenswert** bzw. Dividende
- **Minimierung** der **Risiken** im Geschäftsmodell
- Minimierung **Steuerungsaufwand**/Involvement

Mitarbeiter

- **Perspektiven** und **Entwicklungs**möglichkeiten
- Erhaltung **Arbeitsplatzsicherheit** und -attraktivität

Abb. 5.3 Erarbeitung der Wachstumsstrategie unter Berücksichtigung der wesentlichen Stakeholderinteressen.

basis das gesamte Dienstleistungsportfolio ab. Darüber hinaus kann eine stärkere Marktorientierung zu einer weiteren Steigerung der Qualität und Wettbewerbsfähigkeit der Leistungen sowie zu einer verstärkten Kundenorientierung beitragen.

Hauptziel der Gesellschafter für das externe Geschäft ist dagegen eine Erhöhung des Wertbeitrags. Daneben soll durch eine größere Produktvielfalt und eine Verbreiterung der Kundenbasis die Anfälligkeit des Unternehmens für Marktrisiken gesenkt werden.

Für die Stakeholder-Gruppe der Mitarbeiter bildet die Sicherung einer nachhaltigen Wettbewerbsfähigkeit und damit die Sicherung der Arbeitsplätze das vorrangige Ziel. Mitarbeiter erhoffen sich von einer erfolgreichen Wachstumsstrategie darüber hinaus erweiterte Betätigungsfelder und Karrieremöglichkeiten. Eine Wachstumsstrategie kann damit auch Leistungsträger nachhaltig an das Unternehmen binden (siehe Abb. 5.3).

Konsequenzen einer fehlenden Wachstumsstrategie

Jede Wachstumsstrategie wird im Spannungsfeld zwischen Kunden, Gesellschaftern und Mitarbeitern nicht alle Ziele in gleichem Umfang umsetzen können. Dies gilt auch für InfraServ Knapsack. Hätte sich der Betreiber jedoch auch in Zukunft auf seine gewohnten Leistungen und auf einen Aktionsradius innerhalb des heimischen Chemieparks beschränkt, ließen sich hingegen die wenigsten Zielsetzungen der Stakeholder dauerhaft umsetzen.

Denn durch die Konzentration auf den eigenen Chemiepark würde der Bedarf einer konsequenten Marktorientierung weitgehend fehlen. Preise, Produkte und Innovationen müssten sich nicht den Anforderungen einer breiten Kundenbasis stellen, was eine sinkende Wettbewerbsfähigkeit gegenüber externen Anbietern zur Folge hätte. Auf der anderen Seite müsste sich das Unternehmen aufgrund der begrenzten Kundenbasis einem geringeren Wachstumspotenzial bei gleichzeitig höherem Preisrisiko stellen. Zudem wäre es bei einem solchen Vorgehen schwieriger, sich als kompetenter und wettbewerbsfähiger Dienstleister gegenüber Kunden vor Ort, aber auch gegenüber externen Wettbewerbern zu positionieren, die ihre Chance im Chemiepark suchen. Durch das geringere Wachstumspotenzial verbunden mit dem Risiko wegbrechender Kunden bei Kostenremanenz könnten zudem die Interessen der Gesellschafter nicht ausreichend berücksichtigt werden. Hinzu käme die Gefahr des Verlustes von Spitzenkräften und Kompetenzträgern, wenn durch eine stagnierende oder sogar sinkende Geschäftsentwicklung die Attraktivität des Betreibers als Arbeitgeber sinken würde. Das Unternehmen bliebe in letzter Konsequenz eine ausgelagerte Kostenstelle der Gesellschafter. Diese Erkenntnis zeigt jedoch auch: Nur mit einem klaren Bekenntnis zu externen Kunden und Märkten lässt sich die geplante Strategie umsetzen und ein gesundes und profitables Unternehmen entwickeln.

5.2 Marktumfeld

5.2.1 Der Markt für Industrieservices

Der Markt für Industrieservices hat sich in den letzten Jahren kontinuierlich vergrößert. Nach Angaben des Wirtschaftsverbandes Industrieservice (WVIS) sowie dem Marktforschungsinstitut Lünendonk beträgt das Marktvolumen der extern vergebenen Industrieservices für die Prozess- und Fertigungsindustrie allein in Deutschland schätzungsweise 20 Mrd. € – und das obwohl das Gesamtmarktvolumen selbst von 2008 bis 2013 nach einer Studie von Roland Berger weitgehend konstant geblieben ist. Grund hierfür sind Outsourcing-Modelle, mit denen produzierende Unternehmen Vorteile beispielsweise in der Instandhaltung oder bei anderen Industrieservicebereichen realisieren. Dabei werden aus unternehmensintern erbrachten Leistungen extern am Markt vergebene Leistungen. So steigt das verfügbare Marktvolumen obwohl das Gesamtmarktvolumen stabil bleibt.

In Europa rechnet der Verband mit etwa 100 Mrd. €. Derzeit arbeiten im deutschsprachigen Europa rund 200 000 Beschäftigte in der Branche. Eine Studie des Marktforschungs- und Beratungsunternehmens Lünendonk zeigt ebenfalls das Potenzial der Branche.

Das Marktvolumen teilt sich auf eine breite Anzahl von Services auf, die über die reine Instandhaltung hinausgehen (siehe Abb. 5.4). Dabei zeigt der Branchenmonitor 2013 des WVIS, dass die Bedeutung des Industrieservices insbesondere in der Prozessindustrie immer mehr steigt. Allen voran steht die Chemieindustrie mit 33 %, gefolgt von Kraftwerken, Energie- und Umwelttechnik mit 27 % und der Petrochemie mit 23 % (siehe Abb. 5.5).

Ebenso wird gemäß der jährlichen Befragung des Marktforschungsinstituts Lünendonk für die Branche ein konstantes Marktwachstum des verfügbaren Volumens von ca. 4 % prognostiziert.

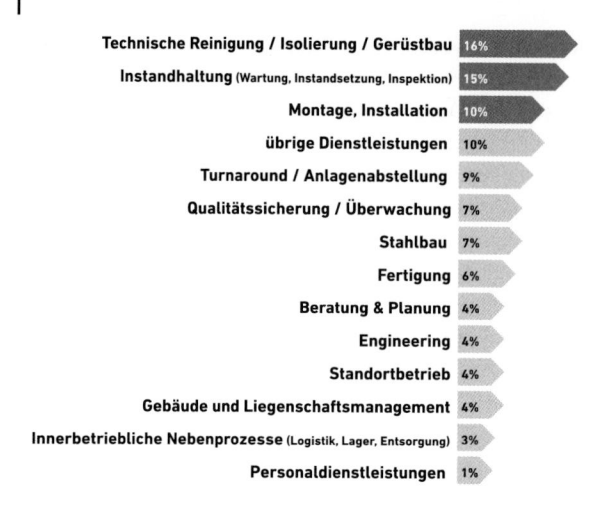

Technische Reinigung / Isolierung / Gerüstbau	16%
Instandhaltung (Wartung, Instandsetzung, Inspektion)	15%
Montage, Installation	10%
übrige Dienstleistungen	10%
Turnaround / Anlagenabstellung	9%
Qualitätssicherung / Überwachung	7%
Stahlbau	7%
Fertigung	6%
Beratung & Planung	4%
Engineering	4%
Standortbetrieb	4%
Gebäude und Liegenschaftsmanagement	4%
Innerbetriebliche Nebenprozesse (Logistik, Lager, Entsorgung)	3%
Personaldienstleistungen	1%

Abb. 5.4 Segmentierung des Marktes für Industrieservice nach Dienstleistung (Quelle: Wirtschaftsverband Industrieservices WVIS, Branchenmonitor 2013).

Kundenbranchen-Portfolio für befragte Unternehmen in 2012. Durchschnittlicher Anteil der Kundenbranche am Umsatz des Industrieserviceunternehmen.

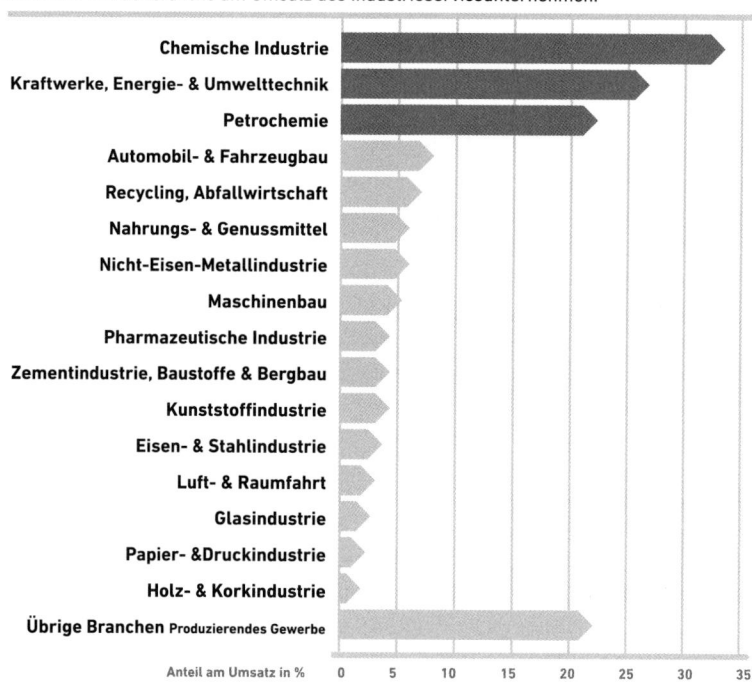

Kundenbranche	Anteil am Umsatz in %
Chemische Industrie	~32
Kraftwerke, Energie- & Umwelttechnik	~25
Petrochemie	~21
Automobil- & Fahrzeugbau	~5
Recycling, Abfallwirtschaft	~5
Nahrungs- & Genussmittel	~5
Nicht-Eisen-Metallindustrie	~4
Maschinenbau	~4
Pharmazeutische Industrie	~4
Zementindustrie, Baustoffe & Bergbau	~4
Kunststoffindustrie	~3
Eisen- & Stahlindustrie	~3
Luft- & Raumfahrt	~3
Glasindustrie	~2
Papier- & Druckindustrie	~2
Holz- & Korkindustrie	~2
Übrige Branchen Produzierendes Gewerbe	~18

Abb. 5.5 Anteil des Umsatzes nach Kundenbranchen der Industrieserviceunternehmen (Quelle: Wirtschaftsverband Industrieservices WVIS, Branchenmonitor 2013).

Bei steigenden Forderungen nach mehr Produktivität, Effizienz und Verfügbarkeit von Anlagen und Betrieben kommt dem Anlagenbetrieb sowie -optimierung wie auch der Instandhaltung eine besondere Bedeutung zu. Anlagenbetreiber suchen daher nach Dienstleistern, die den hohen Sicherheits- und Qualitätsansprüchen bei gleichzeitig überschaubaren Kosten gerecht werden und gleichzeitig das Potenzial haben, insbesondere zu Effizienzsteigerung und Optimierung der Produktionseinrichtungen beitragen zu können.

Für die Kunden bietet die Zusammenarbeit mit einem externen Dienstleister mehrere Vorteile. So müssen für die ausgelagerten Leistungen keine Kompetenzen und Kapazitäten vorgehalten werden. Die damit verbundene geringere Wertschöpfungstiefe im Unternehmen führt zu Effizienzsteigerungen. Viele Leistungen, beispielsweise in der Instandhaltung, werden darüber hinaus nur noch nach Aufwand bezahlt. Dadurch sinken die Fixkosten. Gleichzeitig profitiert das Unternehmen von der Spezialisierung seines Dienstleisters und damit von seiner Kompetenz und Innovationskraft. Dies führt auch zu einer Qualitätsverbesserung bei Produkten und Leistungen außerhalb der eigentlichen Kernkompetenz des Produzenten. Insgesamt ermöglicht die Auslagerung Anlagenbetreibern eine stärkere Fokussierung auf ihr Kerngeschäft.

Für Anbieter solcher Industrieservices stellen sich aufgrund der sich dynamisch verändernden Nachfrage vielfältige Herausforderungen. Denn mit dem Wandel verändern sich auch die Anforderungen an das Produktportfolio. Hinzu kommen ständig steigende Umwelt- und Sozialstandards. Nicht zuletzt müssen Dienstleister ihren Kunden einen konkreten Mehrwert bieten, um erfolgreich zu sein – sei es durch geringere Kosten, spezielle Qualifikationen, besondere Flexibilität oder verbesserte Verfügbarkeit der Kundenanlagen.

5.2.2
Spezifische Chancen für InfraServ Knapsack

Um die konkreten Möglichkeiten einer Wachstumsstrategie für InfraServ Knapsack zu analysieren und die dazugehörigen Märkte zu definieren, erarbeitete das Unternehmen eine detaillierte Wachstumsstrategie. Eine detaillierte Marktanalyse zeigte umfangreichen Chancen für den Industriedienstleister. Grundsätzlich verzeichnet der Markt für Industrieservices in der Prozessindustrie ein stabiles Wachstum, hauptsächliche getrieben durch den Trend zum Outsourcing. Zugleich bestehen zwischen den vorhandenen Teilmärkten Anlagenplanung und -bau, Anlagenservice und Standortbetrieb ein hohes Cross-Selling-Potenzial. Aus Vertriebssicht ist dies für InfraServ Knapsack mit seinem breiten Leistungsportfolio ein wesentlicher Vorteil (siehe Abb. 5.6).

InfraServ Knapsack kann mit seinen vorhandenen Leistungen grundsätzlich den kompletten Lebenszyklus einer prozesstechnischen Anlage begleiten. Bereits in der Planungsphase und dem Bau von Anlagen können die Ingenieure auf ein breit gefächertes Know-how im Unternehmen zurückgreifen, bis hin zur instandhaltungs- und betriebsoptimierten Planung.

Im Teilmarkt Anlagenservice ist in vielen Bereichen eine regionale Präsenz in der Region des Kunden notwendig, um eine effiziente Dienstleistungserstellung

Kunden in der Prozessindustrie **Industriedienstleister**

Kunden in der Prozessindustrie:

Wertschöpfende Kernprozesse
F+E / Marketing
Produktion

Standortbetrieb — (Teil-)Outsourcing, Flexible und effiziente Lösungen
Planung & Anlagenbau — Rahmenverträge & Projektvergaben, Flexible und effiziente Lösungen
Instandhaltung — (Teil-)Outsourcing, Flexible und effiziente Lösungen
Corporate Services

Industriedienstleister:

Standortbetrieb: Kunde I, Kunde II, Kunde III, Kunde IV
Anlagenplanung & Anlagenbau: Kunde I, Kunde II, Kunde III, Kunde IV
Anlagenservice: Kunde I, Kunde II, Kunde III, Kunde IV

Kernprozesse Industriedienstleister

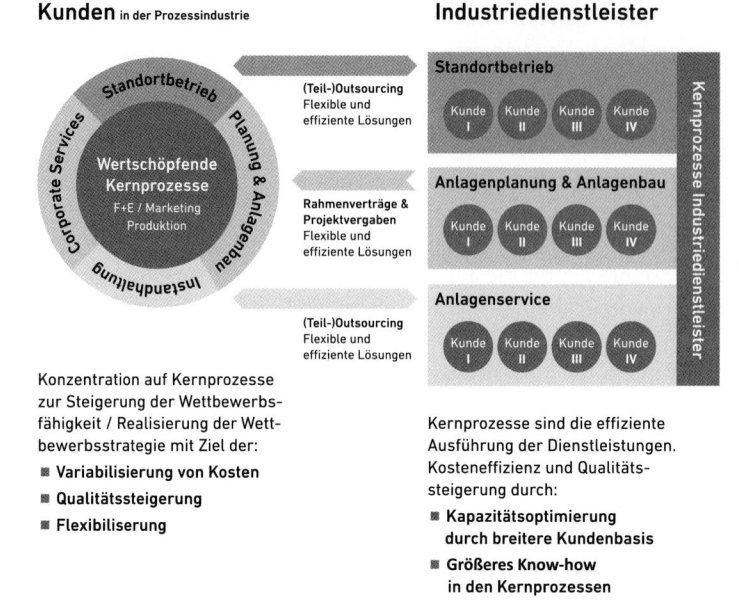

Konzentration auf Kernprozesse zur Steigerung der Wettbewerbsfähigkeit / Realisierung der Wettbewerbsstrategie mit Ziel der:
- Variabilisierung von Kosten
- Qualitätssteigerung
- Flexibilisierung

Kernprozesse sind die effiziente Ausführung der Dienstleistungen. Kosteneffizienz und Qualitätssteigerung durch:
- Kapazitätsoptimierung durch breitere Kundenbasis
- Größeres Know-how in den Kernprozessen

Abb. 5.6 Inanspruchnahme externer Dienstleistung und Outsourcing sind Teil der Wettbewerbsstrategie der Kunden.

zu gewährleisten. Neben dem Projektgeschäft, wie beispielsweise beim Management von Stillständen, haben sie sich häufig über lang laufende Serviceverträge an einen Anbieter gebunden. Auch in diesem Teilmarkt blickt InfraServ Knapsack mit den Leistungen der Instandhaltung und dem Stillstandsmanagement auf langjährige Erfahrung zurück. Hinzu kommt umfangreiches Prozess-Know-how aus dem heimischen Chemiepark. Um diesen Markt optimal bedienen zu können, muss das Unternehmen seine regionale Präsenz jedoch ausbauen.

Der dritte Teilmarkt mit Infrastrukturservices oder sogar dem Betrieb kompletter Standorte nimmt noch einmal eine Sonderstellung ein, denn die Entscheidung, solche Leistungen auszulagern, wiegt meist schwerer als in den anderen beiden Teilmärkten. Schließlich binden sich die Unternehmen meist über viele Jahre an einen Partner. Zudem sind Bereiche, wie Ver- und Entsorgung, nicht nur für einzelne Betriebe kritisch, sondern für den gesamten Standort. Als Betreiber eines Chemieparks hat InfraServ Knapsack über viele Jahre hinweg Kompetenzen und Erfahrungen aufgebaut, z. B. aus den Bereichen: Genehmigungsmanagement, Sicherheits- und Gesundheitsmanagement oder dem Betrieb der Ver- und Entsorgungsanlagen.

Aufgrund des umfassenden vorhandenen Leistungsspektrums bieten alle drei Teilmärkte vielfältige Chancen für ein Wachstum von InfraServ Knapsack. Das Unternehmen entschied sich, in allen Teilmärkten Wachstumsaktivitäten zu starten, dabei aber strategisch sich auf die Branchen mit den attraktivsten Wachstumschancen und dem besten strategischen Fit für die InfraServ Knapsack zu konzentrieren.

5.2.3
Positionierung von InfraServ Knapsack

Bei der Entwicklung einer erfolgreichen Wachstumsstrategie galt es neben der Wahl eines oder mehrerer Teilmärkte die Frage zu klären, welche Leistungsvielfalt den größten Erfolg verspricht. Am Markt sind Anbieter unterschiedlicher Größe aktiv. Zum einen große Konzerne, die ein breites Leistungsspektrum abdecken, zum anderen beschränken sich viele Dienstleister auf einen Teilmarkt oder sogar nur Teilbereiche eines Marktes als spezialisierter Anbieter. Dies können Konzernausgründungen oder Infrastrukturanbieter mit Instandhaltungskompetenz oder spezialisierte Unternehmen sein. Gerade in den Bereichen Anlagenplanung und -Bau sowie Anlagenservice finden sich neben einigen großen Marktteilnehmern auch eine Vielzahl von kleineren Unternehmen und Ingenieurbüros, die sich auf wenige Produkte oder Einzelleistungen konzentrieren. Die Wettbewerbslandschaft ist dementsprechend vielfältig. Bei den bereits erfolgreich am Markt agierenden Unternehmen sind zudem Internationalisierungs- und Konsolidierungstendenzen festzustellen. Darüber hinaus setzen viele größere Unternehmen auf ein Multiservice-Angebot.

Im direkten Marktumfeld von InfraServ Knapsack sind somit sowohl Spezialisten als auch Allrounder aktiv. Damit steht das Unternehmen gleichzeitig mit allen anderen Anbietern von Industrieservices im Wettbewerb, auch im heimischen Chemiepark.

Der WVIS stellt in seinem Branchenmonitor 2013 fest, dass Kunden neben effizienten und kostengünstigen Services auch die Flexibilität und Service aus einer Hand präferieren. Zugleich hätten solche Dienstleister Wettbewerbsvorteile, die neben umfassender Kompetenz auch Branchen-Know-how vorweisen können – zwei Anforderungen, denen InfraServ Knapsack voll gerecht wird.

Um das bereits vorhandene Leistungsspektrum optimal einsetzen und für seine Kunden vorteilhaft miteinander verknüpfen zu können, entschied sich InfraServ Knapsack für eine Positionierung als Komplettanbieter (siehe Abb. 5.7). Kunden sollen sich in allen Belangen des Industrieservice auf das Unternehmen verlassen können. Dabei fokussiert sich das Unternehmen primär auf die Prozessindustrie, speziell Chemie und Petrochemie. Um seinen Aktionsradius in angrenzende Regionen auszudehnen, nutzt das Unternehmen seine starke Basis am Industriestandort Knapsack. Darüber hinaus wurden gleichfalls an anderen ausgewählten Industriestandorten lokale Präsenzen aufgebaut werden, um dort gleichfalls ein breites Dienstleistungsportfolio zu erbringen.

5.2.4
Erfolgsfaktoren

Trotz des starken Wettbewerbs am Mark für Industrieservices verfügt InfraServ Knapsack über gute Chancen auf kontinuierliches Wachstum außerhalb des heimischen Chemieparks. Hierfür sprechen verschiedene Erfolgsfaktoren, die das Unternehmen bereits erfüllt. So ist nach einer Studie zu Industrieservices von Ro-

ANLAGENPLANUNG UND –BAU	STANDORTBETRIEB	ANLAGENSERVICE
Planen › Bauen ›	Betreiben ›	Instandhalten ›

▪ Anlagenplanung
▪ Anlagenbau
	▪ Infrastrukturservices
	▪ Genehmigungs-
	  management
	▪ Betrieb von Ver- und
	  Entsorgungsanlagen
		▪ Instandhaltung
		▪ Instandhaltungs-
		  partnerschaften
		▪ Stillstandsmanagement
		▪ Prozessanalysentechnik
		▪ Instandsetzung

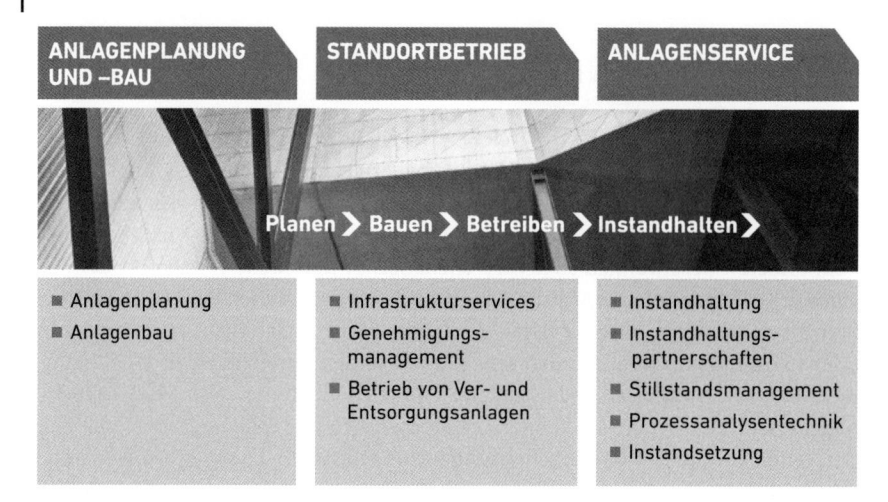

Abb. 5.7 Positionierung als Komplettanbieter mit breitem Portfolio für alle Phasen im Lebenszyklus.

land Berger u. a. Qualität ein wichtiges Kriterium für die Beibehaltung oder den Wechsel eines Anbieters. Durch die detaillierte Branchenkenntnis und den intensiven Kontakt zu den Chemieparkkunden sind die Qualitäts- und Sicherheitsstandards bei InfraServ Knapsack seit jeher hoch. Auch der große Anteil von eigenem Personal, beispielsweise bei der Planung und Durchführung von Instandhaltungsmaßnahmen, gewährleistet ein Höchstmaß an Kompetenz, Qualität, Termin- und Kostentreue. Hinzu kommen eigene Werkstatt- und Fertigungskapazitäten sowie die Entwicklung branchenspezifischer Anwendungen. Sie sorgen für zusätzliche Flexibilität – eine Forderung die ebenfalls viele Kunden an ihre Dienstleister stellen.

Die Studie zeigt jedoch auch, dass eingespielte Abläufe oder die Angst vor Know-how-Verlusten Unternehmen davon abhalten, ihren Anbieter zu wechseln. Dagegen steigt gleichzeitig die Wechseltendenz bei einem höheren Preisniveau deutlich, selbst wenn der Anbieter eine hohe Qualität, eingespielte Abläufe und eine hohe Flexibilität bieten kann. Um am Markt erfolgreich zu sein, muss InfraServ Knapsack daher attraktive Gesamtpakete schnüren oder – falls noch nicht vorhanden – neue Produkte entwickeln, die zum einen die Schnittstellen beim Kunden signifikant reduzieren und bei denen zum anderen die hohe Kompetenz des Dienstleisters gewünscht und gefordert ist. Als Anbieter mit hohem Qualifikations-, Qualitäts- und Sicherheitsanspruch und dem damit verbundenen Preisniveau spricht InfraServ Knapsack Kunden an, die diesen Anspruch an ihren Dienstleister stellen.

5.3
Umsetzung

5.3.1
Strukturierung des Leistungsangebots

Als Industriedienstleister und Standortbetreiber verfügt InfraServ Knapsack seit jeher bereits über ein umfangreiches Leistungsportfolio für Geschäftspartner im Chemiepark. Darunter befinden sich auch Leistungen, die für die Gemeinschaft erbracht werden und für die eine Kostenteilung erfolgt. Zu diesen Standortdienstleistungen zählen beispielsweise Werkschutz, Feuerwehr und Notfallmanagement. Daneben bietet das Unternehmen seinen Partnern weitere Dienstleistungen an, die sie individuell nutzen können. Dazu gehören insbesondere die Bereiche Anlagenplanung und -bau, Anlagenservice und Instandhaltung sowie die Energieversorgung. Mit diesen Leistungen steht InfraServ Knapsack daher nicht nur extern, sondern auch im heimischen Chemiepark in direktem Wettbewerb mit anderen Anbietern am Markt.

Die pure Existenz dieses Angebots gewährleistet daher noch nicht, dass es von den Geschäftspartnern auch angenommen wird. Um sie zu überzeugen, ist es nötig, die Leistungen klar zu beschreiben und die Vorteile über eine detaillierte Nutzenargumentation greifbar zu machen. Häufig werden darüber hinaus kundenindividuelle Lösungen gefordert, das Angebot muss modular aufgebaut sein. Konkurrenzfähige Preise sind unabdingbar, um im Wettbewerb zu bestehen.

Für den Erfolg eines solchen Produktportfolios ist es daher von besonderer Bedeutung, dass sich Kunden die Leistungen und die damit verbundenen Vorteile direkt erschließen. Das komplette Angebot benötigt deshalb zunächst eine klare Struktur. Hat die InfraServ Knapsack bislang ein breit gefächertes Portfolio beschrieben, adressiert sie nun drei Kompetenzbereiche:

- Anlagenplanung und -bau
- Anlagenservice
- Standortbetrieb.

Innerhalb dieser Kompetenzbereiche gliedert sich das Portfolio in Hauptprodukte (siehe Abb. 5.8).

Im Bereich Anlagenplanung und -bau finden sich Leistungen zur Planung, zum Bau aber auch zur Optimierung bestehender Anlagen. Dabei legt InfraServ Knapsack einen besonderen Schwerpunkt auf das Engineering von Individualanlagen von der Prozessentwicklung über Conceptual Design bis zu Basic Engineering und Detail Engineering. Wettbewerbsvorteile sind hier die große Bandbreite unterschiedlicher Ingenieursdisziplinen und eine vielseitige Auswahl von Methoden. Dies gilt auch für die Optimierung von Prozessparametern bei bestehenden Anlagen. Zusätzlich bietet das Unternehmen in diesem Segment Spezialleistungen wie ein technisches Energiemanagement oder die Vermittlung von qualifizierten Projektmitarbeitern auf Zeit.

ANLAGENPLANUNG UND –BAU

ANLAGENPLANUNG
- Prozessentwicklung
- Conceptual Design
- Basic Engineering
- Detail Engineering
- Technisches Energiemanagement
- Anlagenoptimierung

ANLAGENBAU
- Individualanlagenbau
- Automatisierungstechnik
- Bautechnik

ANLAGENSERVICE

INSTANDHALTUNG
- Wiederkehrende Prüfung
- Prüfmanagement
- Anlagendiagnostik
- Beauftragtenfunktion
- Bautechnische Gewerke
- Instandhaltungsnebengewerke

INSTANDHALTUNGSPARTNERSCHAFTEN
- Rahmenverträge
- Full-Service-Modelle
- Maincontracting-Modelle

STILLSTANDSMANAGEMENT
- Stillstandsplanung
- Stillstandsdurchführung

PROZESSANALYSENTECHNIK
- Projektierung
- Montage
- Instandhaltung

INSTANDSETZUNG
- Apparate und Behälter
- Armaturen und Ventile
- Maschinen und Motoren
- Pumpen
- Rohrleitungen
- Spezialmaschinen
- Schaltschränke

STANDORTBETRIEB

INFRASTRUKTURSERVICE
- Logistik
- Facility Management
- Standortsicherheit
- Informationstechnologie
- Abfallmanagement
- Gesundheitsmanagement

GENEHMIGUNGSMANAGEMENT
- Arbeits- und Anlagensicherheit
- Genehmigungen
- Luftreinhaltung / Lärmschutz

BETRIEB VER- UND ENTSORGUNGSANLAGEN
- Betrieb von Versorgungsanlagen
- Betrieb von Versorgungsnetzen
- Betrieb von Abwasseranlagen

Abb. 5.8 Wachtumsorientiertes Produktportfolio der Infraserv Knapsack.

Ebenfalls in diesen Kompetenzbereich integriert ist der Bau von Individualanlagen. Im Bereich der Fertigung von Anlagenkomponenten verfügt InfraServ Knapsack über eigene Kapazitäten – eine wichtige Voraussetzung für kurze Planungs- und Errichtungszeiträume.

Dem Bereich Anlagenservice sind sämtliche Leistungen der Instandhaltung, der Prozessanalysentechnik und des Stillstandsmanagements zugeordnet. Hier sind Leistungen gebündelt, die eine größtmögliche Verfügbarkeit der Anlagen sichern sollen. Dazu gehören u. a. die betriebsnahe Instandhaltung sowie die Übernahme von Instandhaltungsverantwortung bei Kunden im Rahmen von Partnerschaftsmodellen wie Rahmenverträge, Full Service oder Main Contracting.

Mit der Prozessanalysentechnik liefert InfraServ Knapsack zuverlässige Systeme für die kontinuierliche Messung und Erfassung von Stoffkonzentrationen in Anlagen. Eine wichtige Technologie zur Steuerung des Produktionsprozesses.

Der Bereich Stillstandsmanagement bündelt sämtliche Leistungen für individuelle Stillstandskonzepte einschließlich Planung-, Koordination und Durchführung. In diesem Kompetenzbereich kann InfraServ Knapsack durch eigene Werkstätten punkten. Für diese Aufgaben setzt das Unternehmen qualifizierte Mitarbeiter ein, die über multidisziplinäres Fachwissen in der Verfahrens-, Regelungs-, Steuerungs- und Elektrotechnik sowie Erfahrung in der operativen Ausführung verfügen. Hierbei zählt nicht allein Fachwissen, sondern Prozessverständnis für die Prozesse des Kunden.

Der Kompetenzbereich Standortbetrieb bündelt alle Leistungen, die nicht nur einzelne Produktionsbetriebe, sondern ganze Standorte betreffen. InfraServ Knapsack verfolgt hier einen ganzheitlichen Standortmanagementansatz, begleitet Genehmigungsverfahren und unterstützt die Einhaltung immissionsschutzrechtlicher Vorgaben sowie Richtlinien des Arbeitsschutzes und der Anlagensicherheit. Außerdem betreibt InfraServ Knapsack effizient Ver- und Entsorgungsanlagen, wie Strom, Dampf und Druckluft, aber auch Frisch- und Rückkühlwasser sowie Erdgas, Sauerstoff und Stickstoff. Als Standortbetreiber verfügt das Unternehmen darüber hinaus über langjährige Erfahrung in der Bereitstellung und Sicherung einer funktionierenden Infrastruktur. Daher wurden sämtliche Leistungen rund um Abfallmanagement, Logistik, Informationstechnologie, Facility Management, Standortsicherheit oder Gesundheitsmanagement ebenfalls in diesem Kompetenzbereich zusammengefasst.

Zuordnung der Hauptprodukte zu ihrer Bedeutung bei der Umsetzung der Wachstumsstrategie
Im internen Kontext ordnet die ISK den Hauptprodukten verschiedene Rollen Im Rahmen der Wachstumsstrategie zu:

- Wachstumsprodukte
- (Cross-Selling) Türöffner-Produkte
- Spezialprodukte.

Bei Wachstumsprodukten sieht das Unternehmen am Markt Chancen für ein hohes Wachstum. Hierzu gehören u. a. die Leistungen aus dem Kompetenzfeld Anlagenplanung und -bau sowie Teilbereiche des Bereichs Anlagenservice.

Türöffner-Produkte sind Produkte, für die ein hoher Bedarf am Markt besteht und die im Leistungsportfolio klar strukturiert sind. Als Resultat kann man diese Produkte relativ einfach bei Kunden platzieren und damit „einfach" die Türen öffnen. Zu solchen Produkten zählen u. a. das Genehmigungsmanagement oder Leistungen im Bereich des Gesundheitsmanagements. In Teilen zählen auch Werkstattleistungen insbesondere im Bereich der Instandsetzung von Komponenten dazu.

Spezialprodukte bilden im Gesamtportfolio des Unternehmens eine Nische. Obwohl sie nur zu einem geringen Teil zum Umsatzerfolg beitragen, ergänzen sie das Produktportfolio und runden es strategisch ab.

5.3.2
Konsequente Marktausrichtung des gesamten Unternehmens

Ein Unternehmen konsequent auf den eingeschlagenen Wachstumskurs auszurichten, zieht in der Regel vielfältige Veränderungen nach sich – und zwar nicht nur im Bereich Produkte, sondern in der gesamten Organisation. So auch bei InfraServ Knapsack. Denn nun müssen sich Mitarbeiter und Geschäftsführung nicht nur an der ordnungsgemäßen Erbringung ihrer Leistungen messen lassen, sondern auch an der Wettbewerbsfähigkeit des gesamten Angebots. Dabei entscheiden neben Qualität und Betriebskenntnis auch Preis und Effizienz in der Abwicklung. Für das Unternehmen ergaben sich dadurch drei wesentliche Themenfelder.

So müssen bei einer marktgerichteten Organisation sämtliche Prozesse auf die Bedürfnisse des externen Marktes abgestimmt werden. Während bei einem relativ überschaubaren Kundenkreis mit bekannten Ansprechpartnern Schwächen im Prozess durch persönliche Kontakte kompensiert werden können, spielen effiziente Prozesse im Auftragswesen, im Vertrieb, bei der Erbringung der Leistungen und bei ihrer Steuerung bei einem großen und heterogenen Kundenkreis eine deutlich wichtigere Rolle.

Eine besondere Bedeutung für die Eroberung neuer Märkte kommt dem Vertrieb zu. Für InfraServ Knapsack galt es daher, eine neue Struktur und Strategie zu entwickeln, wie gezielt neue Kunden gewonnen und bestehende entwickelt werden können. Wichtig war es, hierbei den hohen Stellenwert von Vertrieb im Unternehmen frisch zu verankern.

Ein drittes Themenfeld, dem sich InfraServ Knapsack stellen musste, betraf seine Aktionsgrenzen. Aufgrund des limitierten Marktes im eigenen Chemiepark muss eine Expansion außerhalb des derzeitigen Standorts erfolgen. Dabei ist jedoch zu beachten, dass die geografische Dimension je nach Angebot unterschiedlich ist. Denn während sich Leistungen aus dem Kompetenzfeld Anlagenplanung auch bei großen Entfernungen zum Kunden gut realisieren lassen, stellt der Bereich Instandhaltung deutlich andere Anforderungen. So bietet sich beispielsweise ein Vor-Ort-Reparaturservice nur in einem geografischen Rahmen an, der vom eigenen Standort relativ schnell zu erreichen ist.

5.4
Marktgerichtete Organisation und Prozesse

Zentraler Vertrieb
Bei der Umsetzung der Wachstumsstrategie nimmt ein zentraler Vertrieb eine besonders wichtige Position ein. Denn er muss zum einen die gezielte Akquise neuer Kunden sicherstellen. Zum anderen gilt es, bestehende Kunden systematisch zu entwickeln. Bis zur Umsetzung der Wachstumsstrategie war der Vertrieb von InfraServ Knapsack dezentral organisiert, die Vertriebsmitarbeiter den jeweiligen Fachbereichen zugeordnet.

Durch die Nähe zu ihren Kollegen aus Instandhaltung, Engineering und Co. verfügten die Mitarbeiter über eine hohe Fachkompetenz bei nur geringem Abstimmungsbedarf. Zudem konnten sie auf Kundenanfragen schnell reagieren. Allerdings waren alle Vertriebsstrategien nur auf das jeweilige Geschäftsfeld bezogen. Dies machte es schwierig, gegenüber den Kunden eine gesamtheitliche Systemkompetenz zu vermitteln und das Wissen über die Bedürfnisse der Kunden strukturiert mit anderen Geschäftsfeldern zu teilen.

Auch Cross-Selling – Platzieren von mehreren Produkten bei einem Kunden – ließ sich so wenig realisieren.

Eine neue Vertriebsstruktur sollte daher nicht nur steigende Umsätze generieren, sondern auch effiziente Prozesse gewährleisten, die Durchdringung des Marktes über eine wirksame Kundenakquise ermöglichen und dabei gleichzeitig Cross-Selling-Potenziale erkennen und umsetzen. Um die Organisation effektiv steuern zu können, waren zudem neben einer klaren Definition von Verantwortlichkeiten eine hohe Transparenz sowohl bei den Geschäftsabläufen als auch bei den Ergebnissen nötig. Weiterhin musste ein effizienter Vertriebsprozess installiert werden, der die Unternehmensstrategie entsprechend umsetzt und für Plan- und Messbarkeit sorgt.

InfraServ Knapsack entschied sich deshalb zur Einführung einer zentralen Vertriebsorganisation. Dadurch erhöht sich zwar der Abstimmungsbedarf mit den verschiedenen Geschäftsfeldern, was zu längeren Reaktionszeiten bei Kundenanfragen führen könnte, gleichzeitig lassen sich Kunden jedoch über Geschäftsfeldgrenzen hinweg einheitlich und ganzheitlich betreuen. Dies ermöglicht die bessere Nutzung von Cross-Selling-Potenzialen und eröffnet zusätzliche Vertriebschancen.

Durch die Entkopplung der kaufmännischen Tätigkeit von der operativen Leistungserbringung lassen sich auch mögliche Leistungs- oder Qualitätsprobleme einfacher identifizieren und neutraler analysieren. Darüber hinaus ergeben sich vielfältige unternehmensstrategische Vorteile. So kann die Vertriebsstrategie in einer zentralen Organisation einheitlich und schneller umgesetzt werden. Dies gilt auch für die Steuerung, das Reporting sowie die genutzten IT-Tools.

Die Umstellung von der über Jahre gewachsenen, dezentralen auf eine zentrale Vertriebsorganisation bedeutete für viele Mitarbeiter eine große Umstellung.

Ohne diese Organisationsmaßnahme wäre eine Umsetzung der Wachstumsziele jedoch ungleich schwerer geworden.

Erhöhung der Bekanntheit am Markt
Ein grundlegendes Problem vieler Chemieparkbetreiber ist die Wahrnehmung als vollwertiger Industriedienstleister außerhalb des eigenen Standortes. Aufgrund ihrer Betreiberposition werden sie nicht als regional oder national agierender Anbieter oder auch Wettbewerber wahrgenommen. Um Kunden eine Vorstellung vom Anspruch und seinem Leistungsspektrum zu geben, kommt dem Markenauftritt und damit dem Marketing eine wichtige Rolle zu.

InfraServ Knapsack startete daher 2011 einen umfangreichen Markenrelaunch. Dabei wurde die Corporate Identity – das gesamte Erscheinungsbild der InfraServ Knapsack – komplett überarbeitet und für die neuen Herausforderungen im externen Markt optimiert. Als Grundlage wurde eine neue Positionierung entwickelt. Die neue Positionierung mit den erarbeiteten Marketingargumenten auf Corporate Ebene wurde im Zusammenhang mit einer neuen Tonalität im gesamten Kommunikationsauftritt der InfraServ umgesetzt. Im Rahmen des Corporate Designs wurde eine neue Bildsprache entwickelt, neue Designelemente und neue Farben eingeführt. Die Umsetzung erfolgte, nach einer längeren Vorbereitungszeit, zu einem fixen Zeitpunkt, an dem das gesamte Erscheinungsbild umgestellt wurde. Der Launch des neuen Auftritts fand dabei auf einer der größten Industriemessen Deutschlands statt.

Der neue Auftritt wurde für eine neue Website, neue Druckschriften, neue Give-aways, Beschilderung, Geschäftsausstattung, Visitenkarten Fahrzeugbeschriftungen etc. umgesetzt.

5.5
Geografische Expansion

Bei der Ausdehnung der Aktivitäten über den heimischen Chemiepark hinaus galt es zwei verschiedene Gesichtspunkte zu berücksichtigen. So kann eine geografische Expansion zum einen auf Basis des Portfolios und der Vertriebstätigkeit erfolgen. In anderen Fällen ist es sinnvoller, sich dabei an der Leistungserbringung zu orientieren. InfraServ Knapsack untersuchte daher seine gesamten Produkte auf die benötigte Nähe zum Standort. Für Produkte, die, wie Engineering-Leistungen, unabhängig vom Standort erbracht werden können, wurde ein deutschlandweiter Vertrieb angestrebt. Dabei startete das Unternehmen mit Regionen, in denen die Zielbranchen besonders stark vertreten sind.

Für geografisch stärker an den Standort gebundene Produkte, wie beispielsweise Instandhaltungsleistungen, sollte der Aktionsradius behutsam erweitert werden. InfraServ Knapsack entschied sich dabei, zunächst von innen heraus zu wachsen und sich zur Generierung des Wachstums nicht bei anderen Marktteilnehmern einzukaufen. Um geografisch zu expandieren und gleichzeitig örtlich nah am Kunden sein zu können, installierte InfraServ Knapsack verschiedene Brückenköpfe, lokale Präsenzen – in Regionen, die bisher aufgrund fehlender eigener Kapazitäten vor Ort nicht adäquat bearbeitet werden konnten. Diese Brückenköpfe stellen beispielsweise Werkstattkapazitäten bereit.

Beispiele für lokale Präsenzen
Obwohl der CHEMPARK mit seinen Standorten in Leverkusen, Dormagen und Krefeld-Uerdingen nur zwischen 30 und 50 km vom Chemiepark Knapsack entfernt liegt, erwarten die meisten der dort ansässigen Unternehmen von ihren Dienstleistern auch direkte örtliche Präsenz. Um diesen Anforderungen gerecht zu werden und dort neue Kunden zu gewinnen, übernahm InfraServ Knapsack seit 2012 frei werdende Werkstattkapazitäten an den Standorten Leverkusen und Dormagen. Hier setzt der Bereich Instandhaltung u. a. Hebezeuge, Pumpen, Ventile und Maschinen instand, die in kürzester Zeit wieder verfügbar sein müssen. Zudem unterstützt das Unternehmen Kunden im Rohrleitungsbau sowie in der Anlagenplanung. Dabei zeigt die ausgesprochen positive Geschäftsentwicklung bereits im ersten Jahr, dass hier deutliche Wachstumschancen bestehen. Aufgrund der guten Erfahrungen sollen daher in einem nächsten Schritt die Leistungen des Kompetenzbereichs Anlagenplanung und -bau an den Standorten verstärkt platziert werden. Bei einer Befragung innerhalb des neu gewonnen Kundenkreises gaben die Teilnehmer an, sie schätzen insbesondere Kommunikation, Arbeitsweise und räumliche Nähe der Mitarbeiter. Auch die Möglichkeit, bei Bedarf auf Kapazitäten in Knapsack zurückgreifen zu können, wurde positiv bewertet.

Ein weiteres Beispiel für das regionale Wachstum von InfraServ Knapsack ist das im Jahr 2013 eröffnete Vertriebsbüro des Unternehmens in Duisburg. Da im Ruhrgebiet viele Betriebe der Prozessindustrie ansässig sind, bestehen auch hier sehr gute Wachstumsmöglichkeiten bei lokaler Präsenz. Dies zeigte sich bereits im ersten Halbjahr durch verschiedene neu gewonnene Kunden aus der Region. In 2016 wird InfraServ Knapsack mit operativen Kapazitäten im Bereich Engineering und Handwerkern vor Ort sein. Gleichzeitig verstärkt diese Präsenz die Wahrnehmung als industrieller Dienstleister nicht nur an den Standorten selbst, sondern auch auf dem gesamten externen Markt.

5.6
„Neue" Produkte als Erfolgsfaktoren

Auf dem umkämpften Markt der Industriedienstleistungen stehen insbesondere Standardleistungen in starker Konkurrenz. Dadurch tritt die Qualität einer Leistung gegenüber dem Preis häufig in den Hintergrund. Wer sich von einem primär preisgetriebenen Wettbewerb abheben möchte, muss daher Produkte entwickeln oder neu bündeln, die sich vom Standard abheben und den konkreten Bedarf der Kunden treffen. Dabei kann es sinnvoll sein, Nischen zu besetzen oder auch stark individualisierte Leistungen anzubieten. Im Folgenden sind einige Beispiele dargestellt, die den Weg von InfraServ Knapsack verdeutlichen.

5.6.1
**Individualisierung statt vorgefertigter Lösungen –
Beispiel: strategische Instandhaltungskonzepte**

Seitdem viele Unternehmen ihre Instandhaltungsbudgets senken mussten, rücken strategische Instandhaltungskonzepte weiter in den Vordergrund. Denn einerseits sollen die knappen Budgets sinnvoll verteilt werden, andererseits fehlt im Tagesgeschäft meist Zeit und Raum für systematische Optimierungsansätze. Bereits seit einigen Jahren bieten deshalb hauptsächlich Consulting-Unternehmen eine Beratung bei strategischen Instandhaltungskonzepten an. Die Akzeptanz gerade bei kleineren oder spezialisierten Betrieben ist jedoch begrenzt, da diese Konzepte häufig nicht ausreichend die konkreten praktischen Anforderungen in den Unternehmen berücksichtigen. InfraServ Knapsack entwickelte daher ein Optimierungskonzept mit hoher Individualität und Praxisorientierung mit dem Ziel, Betrieben die Möglichkeit zu geben, sich in kleinen Schritten an konkreten, messbaren Stellen zu verbessern. Der Dienstleister und Standortbetreiber hat mit seinen über 300 eigenen Instandhaltern seit Jahren vielfältige Optimierungsprojekte zum Erfolg geführt.

Zu den Leistungen im Rahmen des Konzepts gehört beispielsweise nicht nur die Analyse der Betriebszahlen, sondern eine genaue Besichtigung der Anlagen und Werkstätten vor Ort, intensive Gespräche mit allen Beteiligten, Selbsteinschätzungen sowie Stärken- und Schwächenprofile. Aus diesen Informationen formen die Berater ein Bewertungsbild, das nicht nur Kritikpunkte, sondern auch Best-Practice-Beispiele zeigt, sowie einen konkreten Aktionsplan.

5.6.2
**Effizienzsteigerung im Planungsprozess – Beispiel: Entwicklung und Einsatz
von mathematischen Optimierern in der Anlagenplanung**

Diese Lösung trägt den Anforderungen vieler Betreiber nach effizienter Prozessoptimierung Rechnung. Bei der Planung von Anlagen werden Produktionsmengen und Qualitätsanforderungen in den meisten Fällen auf Basis der gegebenen Marktlage ausgelegt. Steigt im Laufe des Anlagenbetriebs die Nachfrage, stehen Betreiber vor der Frage, ob und in welchem Umfang sich eine Kapazitätserweiterung der bestehenden Anlage lohnt. Die häufig bei Ingenieurdienstleistern genutzte heuristische Herangehensweise liefert jedoch meist nur näherungsweise Zahlen. Denn in den meisten Anlagen bieten sich bei der Kapazitätserweiterung vielfältige Optimierungsoptionen. InfraServ Knapsack hat sich daher intensiv mit der modellgestützten Prozessoptimierung mithilfe leistungsfähiger Simulationstools beschäftigt. Damit kann das Engineering seinen Kunden heute bereits in der Konzeptionsphase fundierte Informationen liefern, die ihnen die Entscheidung für oder gegen die verschiedenen Erweiterungsmaßnahmen erleichtern.

Im Rahmen der Optimierung identifiziert InfraServ Knapsack u. a. kritische Anlagenteile und liefert Alternativen, wie diese Engpässe umgangen werden können. Hinzu kommen detaillierte modellgestützte Berechnungen, wie sich der Prozess unter den neuen Randbedingungen verbessern lässt. Dabei orientieren sich die Modelle an reellen Daten. Die modellgestützte Prozessoptimierung zeigt außerdem, welche der Prozessrestriktionen auftreten und wie sie das wirtschaftliche Optimum beeinflussen. Durch die Methodik können die Engineering-Spezialisten von InfraServ Knapsack fundierte Daten für einen geeigneten Kompromiss finden, der einerseits das Optimierungspotenzial im Prozess weitestgehend ausnutzt und andererseits die Investitionskosten möglichst gering hält. Das Unternehmen gehört zu den wenigen Dienstleistern am Markt, die Prozessoptimierungen mit dieser Methodik anbieten können.

5.6.3
Konsequente Umsetzung von Kundenbedürfnissen – Beispiel: Prüfmanagement

Das Produkt Prüfmanagement wurde von InfraServ Knapsack entwickelt, um Unternehmen dabei zu unterstützen, ihre Anlagen zu betreiben. Denn produzierende Unternehmen sind verpflichtet, Anlagenteile, Maschinen und Arbeitsmittel in bestimmten Zeiträumen zu prüfen und rechtssicher diese Prüfungen zu dokumentieren. Zu den gesetzlichen Pflichten als Betreiber und Arbeitgeber kommen häufig weitere Anforderungen der Sachversicherer und Auditoren. Für Unternehmen wird es daher im Tagesgeschäft immer schwieriger, so zu prüfen und zu dokumentieren, dass sie im Schadensfall ihre Sorgfaltspflichten ausreichend nachweisen können. InfraServ Knapsack hat daher ein Leistungspaket geschnürt, das Unternehmen ermöglicht, den technischen Teil ihrer Anlagen rechtssicher und nachvollziehbar zu betreiben. Dazu bietet der Dienstleister ein umfassendes Prüfmanagement an, dessen Spektrum von der ersten Bedarfsanalyse über die Pflichtendelegation und die Organisation von Prüfungen bis hin zu den Prüfungen selbst reicht. Die verschiedenen Einzelleistungen zum Prüfmanagement gehören bereits seit einigen Jahren zum Produktprogramm des Unternehmens, neu war die Zusammenführung in einem einheitlichen und umfassenden Leistungspaket. Dabei bestimmt die konkrete Situation beim Kunden den Maßnahmenkatalog. Wichtiges Element des Produkt-Bundles ist eine eigens entwickelte Datenbanklösung, die Betreiber bei der Planung, Durchführung und Dokumentation von Explosionsschutzprüfungen gemäß Betriebssicherheitsverordnung unterstützt.

Auch dieses Produkt wurde vom Markt gut angenommen. Als entscheidend werten die Kunden hier den hohen Praxisbezug des gesamten Produktes inklusive einer Datenbanklösung.

5.7
Fazit

Wie gut sich Industriedienstleister im Markt positionieren können und für die Zukunft rüsten, wird in erheblichem Maße davon abhängen, wie erfolgreich der Industriedienstleister seinen Kunden aus der Prozessindustrie bei der Anpassung an sich ändernde Rahmenbedingungen unterstützen kann.

Es gibt in Deutschland einen attraktiven Markt für Industrieservices und als Chemieparkbetreiber hat man die technische Kompetenz, um diesen Markt erfolgreich zu bedienen. Chemieparkbetreiber bringen die grundlegenden Fähigkeiten für einen erfolgreichen Dienstleister mit – Erfahrung und Kompetenz in der Branche, sowie einen Qualitäts- und Sicherheitsanspruch aus der Chemieindustrie.

Der Trend, Industriedienstleistungen vor allem von externen Serviceanbietern erbringen zu lassen, wird stetig steigen.

Um in diesem Markt erfolgreich aufzutreten, muss die Organisation auf die Anforderungen des Industrieservice-Marktes ausgerichtet werden. Zentraler Punkt ist die Professionalisierung der marktgerichteten Tätigkeiten und Prozesse wie Marketing und Vertrieb. Eine Zentralisierung dieser Funktionen und Prozesse ermöglicht dabei Synergieeffekte und eine höhere Geschwindigkeit für den Wandel.

Um an diesem Wachstum teilhaben zu können müssen Industriedienstleister die Qualität ihrer Leistung kontinuierlich erhöhen und sich immer wieder aufs Neue beweisen. Es kommt darauf an den Mehrwert für den Kunden zu erhöhen und kundenorientiert zu handeln.

Für Infraserv Knapsack ging es bei der Entwicklung einer Wachstumsstrategie genau darum – ein Selbstverständnis zu entwickeln, Kunden in der Prozessindustrie optimal zu unterstützen und dabei nicht nur Umsetzer zu sein, sondern auch als Impulsgeber aufzutreten.

Um am Puls der Zeit zu bleiben ist ein aktives Portfoliomanagement gefragt. Chemieparkleistungen und „externe" Leistungen müssen stetig am Markt gemessen werden um wettbewerbsfähige Leistungen zu identifizieren.

Ein weiterer entscheidender Erfolgsfaktor ist es, die eigene Organisation auf eine externe Kundenorientierung umzustellen. Die Ablauf- und Aufbauorganisation muss mit einer marktgerichteten Unternehmenskultur verzahnt werden. Solche Veränderungsprozesse in Unternehmen sind meist komplexer als im Vorhinein angenommen. Führungskräfte und Mitarbeiter durchlaufen diese Veränderungsprozesse zeitversetzt. In der Führungsebene will man den Transformationsprozess schnell abschließen und sich danach wieder auf die Weiterentwicklung des Geschäfts konzentrieren. Auf operativer Ebene beeinflussen potenzielle Bedenken gegenüber Wandel und die gefühlte Sicherheit des eigenen Arbeitsplatzes die Veränderungsbereitschaft und die Akzeptanz der neuen Kultur. Ein Prozess emotionaler Veränderung wird angestoßen. Missverständnisse treten auf und die steigende Angst vor dem Verlust von Altem und Bekanntem muss überwunden werden. Veränderungen sind kritische, aber notwendige Vorhaben, die Zeit brauchen – und Infraserv Knapsack hat diesen Prozess erfolgreich vorangetrieben und wird sich auch in der Zukunft immer wieder neuen Veränderungsprozessen stellen.

6
Erhöhung der Attraktivität eines Chemiestandortverbundes am Beispiel von CHEMPARK – Verbundstrukturen von Chemiestandorten – Bedeutung und Entwicklungsperspektiven

Ernst Grigat

6.1
Einleitung

Dass man gemeinsam mehr erreichen kann als allein, ist eigentlich eine Binsenweisheit. Sie gilt im alltäglichen Leben, im Sport, in der Politik, aber auch in der Wirtschaft und speziell in der industriellen Produktion. So ist es nicht verwunderlich, dass die Idee eines Verbunds auch in der produzierenden Industrie bereits eine lange Geschichte hat.

Aufgrund einer intensiven Verzahnung von Material-, Energie- und Informationsströmen bieten sich in der Prozessindustrie besonders attraktive Perspektiven für die Umsetzung solcher Strukturen. Die chemische Industrie in Europa mit einem Umsatzvolumen (ohne pharmazeutische Industrie) von rund 540 Mrd. € und rund 1,2 Mio. Mitarbeitern im Jahre 2011 ist dafür ein eindrucksvolles Beispiel. Mehr als ein Viertel dieses Umsatzes (144,4 Mrd. €) entfiel dabei auf deutsche Unternehmen. Schon heute befinden sich die zahlreiche Produktionsstätten dieses Industriesektors in Chemieparks. Allein in Deutschland waren im Jahre 2009 rund 240 000 Mitarbeiter bei den 920 Unternehmen in insgesamt 60 Chemieparks beschäftigt. Das ist mehr als die Hälfte aller Beschäftigten in der chemischen Industrie. Hinzu kommen noch rund 100 000 Mitarbeiter der Betreiberunternehmen und von Chemieparkunternehmen aus anderen Branchen.

Die historisch gewachsenen Großunternehmen der Branche haben die Vorteile solch eines integrierten Vorgehens für sich schon lange erkannt und genutzt. Auch unternehmens- und standortübergreifend gibt es frühe Beispiele für solche Verbundstrukturen.

Verbundstandorte mit integriertem Materialfluss und integrierten Wertschöpfungsketten erlangten in den 1990er-Jahren erneut besondere Bedeutung. Seitdem durchliefen zahlreiche Großunternehmen im Chemiesektor weitreichende Umstrukturierungsprozesse (Abb. 6.1), definierten ihre Kerngeschäftsaktivitäten neu und vielfach auch enger als zuvor. Dabei verschwanden etablierte, traditions-

Chemiestandorte, 1. Auflage. Herausgegeben von Carsten Suntrop.
© 2016 WILEY-VCH Verlag GmbH & Co. KGaA. Published 2016 by WILEY-VCH Verlag GmbH & Co. KGaA.

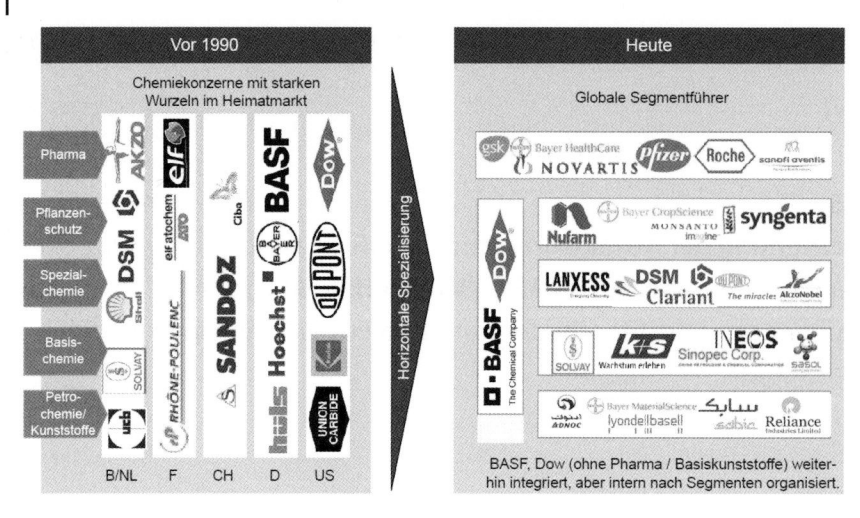

Abb. 6.1 Veränderungen in der chemischen Industrie (Quelle: AlixPartners 2010).

reiche Namen und neue Unternehmen entstanden, wobei die Assets an den etablierten Standorten zumindest zunächst einmal erhalten blieben.

Zwangsläufig entstanden so mehr oder weniger gut vernetzte Konglomerate von ansonsten selbstständig und unabhängig agierenden Unternehmen, bei denen u. a. der Produktverbund aufgeteilt worden war. An erfolgreich gemanagten Standorten funktioniert dieser Produktverbund dennoch weiter, nur über mehrere Firmen hinweg. Was zunächst nicht selten als unliebsamer Sachzwang und als Notlösung gesehen wurde, entwickelte sich in der Folgezeit an solchen Standorten zu einer nachhaltigen Erfolgsgeschichte: Chemieparks im heutigen Sinne waren entstanden.

Wo dieses Miteinander nach der Aufspaltung nicht mehr funktionierte, musste die Verbundidee neu „gefunden" und verankert werden. Grundsätzlich ist es eine Kernaufgabe eines jeden Chemieparkmanagements, speziell den Produktverbund am Standort möglichst effizient aufrecht zu erhalten und ihn weiterzuentwickeln. Wenn der Standortbetreiber als zentraler Serviceanbieter und Informationsdrehscheibe außerdem dazu beiträgt, dass die Anzahl der Schnittstellen für die Standortpartner überschaubar bleibt, dann sind damit bereits wesentliche Erfolgsfaktoren für den Standort gegeben.

Die Aufspaltung von etablierten Konzernstrukturen bietet den Chemieparkpartnern außerdem die Chance zur intensiven Diversifizierung, in deren Verlauf neue Kerngeschäfte entstehen können. Was früher einmal Rand- oder Nischengeschäft gewesen sein mag, erhält dann die volle Aufmerksamkeit des Managements und wird mit neuer Dynamik entwickelt. Daraus resultieren zuvor ungeahnte Optimierungspotenziale, manchmal sogar völlig neue Geschäftsoptionen.

Der grundsätzliche Unterschied zwischen klassischen Gewerbe- oder Industrieparks und Chemieparks ist der Verbund auf allen Ebenen, wie er in diesem Beitrag noch ausführlicher geschildert wird. Während die Firmen in einem Gewerbepark und auch in vielen „heterogen" zusammengesetzten Industrieparks nur wenige Berührungspunkte haben, arbeiten die Firmen eines Chemieparks typischerweise so zusammen, dass der Standort eine funktionale und logistische Einheit bildet.

Existierende und genutzte Synergien zwischen den Unternehmen sowie Netzwerkeffekte sind somit zentrale Kennzeichen und ein Alleinstellungsmerkmal von Chemieparks. Sie tragen entscheidend dazu bei, den Geschäftserfolg der beteiligten Unternehmen angesichts eines international steigenden Kosten- und Wettbewerbsdrucks nachhaltig zu sichern. Im Umkehrschluss bedeutet dies: Werden solche Synergien nicht umfassend genutzt, ergibt sich kein Wettbewerbsvorteil gegenüber der Einzelansiedlung eines Unternehmens.

6.2
Verbund – Definition und Detaillierung

Die grundsätzliche Idee des Verbundes, also ein Zusammenwirken mit dem Ziel der Integration von Güter- und Informationsströmen, ist so alt wie die industrielle Chemie selbst. Wurde ein Rohstoff benötigt, den man selbst herstellen konnte und wollte, so baute man den betreffenden Zulieferbetrieb möglichst in die Nähe des abnehmenden Betriebes, um Transportprozesse zu vereinfachen und Liefersicherheit zu gewährleisten. Ein Beispiel ist die Herstellung von Grundchemikalien wie Schwefelsäure in unmittelbarer räumlicher Nähe der Farbenproduktion im Tal der Wupper im ausgehenden 19. Jahrhundert. Die heutige Situation unterscheidet sich von dieser Art des Verbunds im Wesentlichen insofern, dass ein Verbund am Standort über Firmengrenzen hinweg genauso gut funktionieren soll wie in der Gründerzeit in der Hand einer einzigen Firma. Dieses „Denken in Wertschöpfungsketten" ist umso wichtiger, weil rund 80 % aller von der chemischen Industrie erzeugten Produkte weiter verarbeitet werden, also nicht direkt zum Konsumenten gelangen.

Ein erfolgreicher Weg zu diesem Miteinander erfordert den „Blick über den eigenen Tellerrand" ebenso wie die unvoreingenommene Bewertung verschiedener Optionen der Reorganisation von Geschäftsprozessen. Dazu gehören etwa „Make or Buy" Entscheidungen nicht nur für unmittelbar produktionsflankierende Services wie Werkschutz, Feuerwehr, ärztlicher Dienst, Werkskantine oder IT- und Telekommunikationsleistungen, sondern auch z. B. für Disposition, Instandhaltung oder Logistik. Abbildung 6.2 zeigt ein typisches Portfolio solcher Dienstleistungen, wie es von Standortbetreibern angeboten wird. Grundsätzlich gilt es, die Gratwanderung zwischen offenem Dialog als Vorbedingung einer konstruktiven Aufgabenteilung mit der gleichzeitigen Wahrung der jeweiligen Eigeninteressen auszubalancieren.

Dienstleistungen im Überblick	
Umweltschutz (Entsorgung)	Analytik
Energieversorgung	Standortmanagement
Sicherheit	Aus- und Fortbildung
Infrastruktur	Kommunikation
Güter- und Datenlogistik	Genehmigungsmanagement
Wartung und Instandhaltung	Standortentwicklung

Abb. 6.2 Typisches Dienstleistungsspektrum eines Chemieparkbetreibers am Beispiel der CURRENTA GmbH & Co. OHG im CHEMPARK.

6.3
Stofflicher und energetischer Verbund

Rohstoffe und – in steigendem Maße – Energie machen einen wesentlichen Teil der Produktionskosten in der chemischen Industrie aus. Daher liegen in diesem Bereich auch die größten Einsparpotenziale. Grundsätzlich bringt es Vorteile, Rohstoffe gemeinsam in einem Firmenverbund zu beschaffen (Abb. 6.3), Energie gemeinsam einzukaufen oder sogar gemeinsam zu erzeugen, Abfälle in chemieparkeigenen Anlagen aufzubereiten oder zu entsorgen. Noch attraktiver ist der Aufbau von Wertschöpfungsketten, bei denen das Produkt eines Unternehmens zum Rohstoff eines anderen wird oder sogar Abfall wieder zu Rohstoff werden kann. Wenn dann noch die räumliche Nähe der Unternehmen bzw. chemietypische, zuverlässige und preiswerte Transportarten – etwa Pipelines auf Rohrbrücken – dazu beitragen, dass die Logistikkosten niedrig bleiben, erschließt das weitere (Kosten-)Vorteile.

Ein Beispiel eines Verbunds über mehrere Standorte hinweg gibt die „Chemieregion Rheinland", die sich im Verein ChemCologne e.V. organisiert hat. Diese ist wiederum eingebunden in ein noch größeres Netzwerk. Zwischen Antwerpen, Rotterdam, Marl und Ludwigshafen sowie Pipeline-Anbindung nach Wilhelmshaven befindet sich das größte Chemierevier Europas, vermutlich sogar der Welt. Mitten darin ist der CHEMPARK mit seinen drei Standorten Leverkusen, Krefeld-Uerdingen und Dormagen beheimatet (Abb. 6.4).

Der energetische Verbund schließt im Idealfall wärmeabgebende (exotherme) und wärmeverbrauchende (endotherme) Betriebe so zusammen, dass sämtliche freiwerdende Energie im Rahmen ihres Wirkungsgrades auch im Standort genutzt wird. Ein Kraftwerk übernimmt im günstigsten Fall die wichtige Aufgabe einer ausgleichenden Komponente, um bei Lastschwankungen der Betriebe stets die Versorgung sicherzustellen.

Um solche Potenziale heben zu können, ist es entscheidend, Informationen über den Rohstoff- und Energiebedarf der Standortpartner, über Ihre Prozesse und Produkte zu haben, zu analysieren und in geeigneter Weise zu kommunizieren. Nur dann können diese Informationen den Anstoß für neue Projekte bzw. Ge-

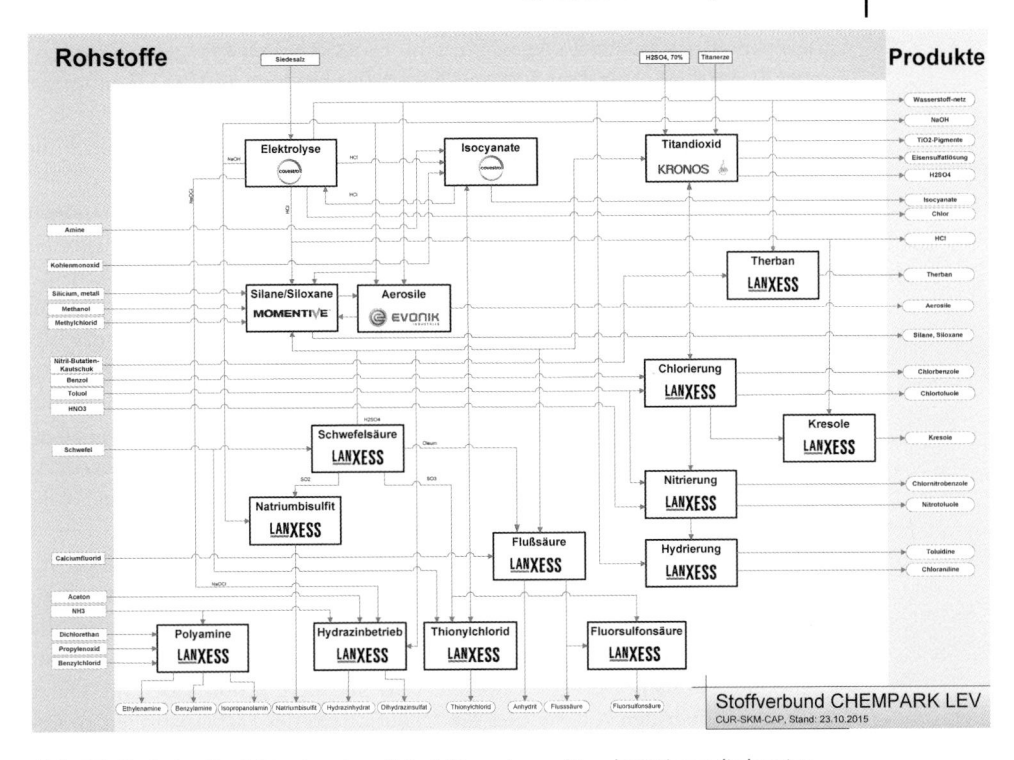

Abb. 6.3 Typischer Produktverbund am Beispiel Leverkusen (Stand 2013), nur die kontinuierlichen Betriebe gerechnet. Aus dem CHEMPARK Leverkusen werden etwa 5000 Produkte verkauft.

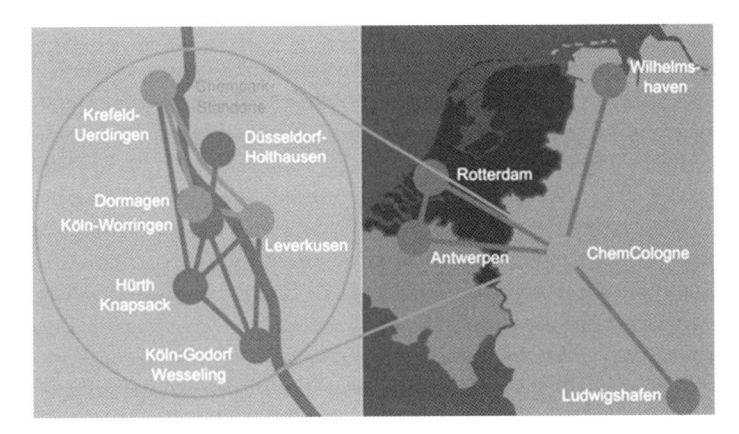

Abb. 6.4 Chemierevier Europa.

schäftsaktivitäten geben. All diese Tätigkeiten sind typischerweise Kernaufgaben eines Chemieparkbetreibers, wenn er zur Weiterentwicklung des Standorts aktiv beitragen will. Dazu muss er allerdings frühzeitig in die strategische Planung aller

Unternehmen am Standort eingeweiht sein – wiederum eine Frage von Vertrauen und Kompetenz. Nur dann kann er diese Informationen und die Erkenntnisse daraus in einer Standortleitplanung zusammenfassen.

Aus dieser kontinuierlich fortzuschreibenden Leitplanung als Grundlage für die weitere Standortentwicklung ergeben sich dann nicht nur neue und innovative Ansatzpunkte für eine intensivere Zusammenarbeit der Partner am Standort, sondern auch Anforderungen an den Standortbetreiber. Dazu gehört als grundlegende Aufgabe das Flächenmanagement, aber auch die bedarfsgerechte Konzeption und Errichtung der notwendigen Verkehrsinfrastruktur, die Bereitstellung von Ver- und Entsorgungs-Assets sowie die Energieversorgung. Ein ganzheitliches Prozessverständnis ist Voraussetzung, damit der Betreiber diese Aufgaben umfassend erfüllen kann. Gerade bei der Entsorgung von Sonderabfällen ist eine noch weitergehende Spezialisierung einzelner Standorte absehbar, die eine übergreifende Zusammenarbeit verschiedener Chemieparks erfordert. Eine bedarfsgerechte Entwicklung solcher gut ausgelasteten und daher hoch effizienten Strukturen erfordert eine abgestimmte Planung.

Ganz ähnliche Planungs- und Entwicklungsprozesse wurden bereits über viele Jahrzehnte hinweg erfolgreich in der chemischen Großindustrie eingesetzt, etwa in Frankfurt-Höchst, Ludwigshafen oder Leverkusen. Allerdings lag die Verantwortung und Entscheidungshoheit seinerzeit – anders als heute – bei nur einem Unternehmen. So legte etwa Dr. Carl Duisberg schon 1895 mit seiner „Denkschrift über den Aufbau und die Organisation der Farbenfabriken zu Leverkusen" einen detaillierten Plan für das neue Werk der Farbenfabriken vorm. Friedr. Bayer & Co. am Rhein vor. In diesem Prototyp einer Werkleitplanung bedachte er auch bereits die zukünftige Entwicklung mit einem Zeithorizont von 50 Jahren. Tatsächlich sind die Grundzüge seiner Planung auch heute, fast 120 Jahre später, noch aktuell.

In einem Chemiepark müssen auch die Dienstleistungsangebote des Betreibers kontinuierlich und flexibel den Bedürfnissen der Standortpartner und der Standortentwicklung angepasst werden. Gerade Nachbarschaftsarbeit und Bürgerdialog im Rahmen der Außenkommunikation tragen beispielsweise entscheidend dazu bei, Vorbehalte in der Bevölkerung abzubauen und breite Akzeptanz für bestehende Produktionen und neue Projekte zu schaffen – ein wichtiger Beitrag zur Sicherung der Investitionen der Chemieparkpartner in einer Zeit, in der Einzelinteresse von „Wutbürgern" oft mehr Aufmerksamkeit bekommt als die wirtschaftliche Grundlage unseres Gemeinwesens.

6.4 Wissensverbund

Ein häufig unterschätzter Aspekt der unternehmensübergreifenden Zusammenarbeit in einem Chemiepark ist der Wissensverbund. Ziel ist es, geeignete Partner innerhalb des Chemieparks – und auch darüber hinaus – zu verknüpfen und so eine Zusammenarbeit anzubahnen. Dabei sind verschiedene Arten der Zusammenarbeit denkbar, von der Forschungs- und Entwicklungs- über die Produktions- bis hin zur Vermarktungskooperation. In allen diesen Fällen spielt der Wissenstransfer eine wichtige Rolle: Im Falle der Auftragsforschung und -entwicklung ist er der unmittelbare Zweck der Zusammenarbeit. In der Produktion – von der Lohnfertigung bis hin zur Exklusivsynthese – ist er eine wichtige Voraussetzung für die erfolgreiche Zusammenarbeit, z. B. in Form eines „Technical Package". Im Marketing schließlich erlaubt er eine exakte strategische Abstimmung zwischen den Partnern, kartellrechtliche Unbedenklichkeit vorausgesetzt. Ob diese Aktivitäten bilateral von den Partnern ausgehen oder ob es eines Vermittlers bedarf, wird sich in der Regel erst im Einzelfall entscheiden lassen. Diese Moderatorenrolle könnte dann wiederum der Chemieparkbetreiber ausfüllen.

Eine klassische Funktion dieses Betreibers bei der Wissensvermittlung liegt außerdem im Bereich der Aus- und Fortbildung von Mitarbeitern, die er für die Standortpartner übernimmt. Um diesen Anforderungen gerecht werden zu können, benötigt der Betreiber wiederum Detailkenntnisse der Personal- und Qualifikationsbedarfe der einzelnen Standortpartner. Er kann dann zielgerichtet Dialogplattformen einrichten, in denen geeignete Partner sich kennenlernen und finden können, kann Fachkräfte gezielt ansprechen und in Schulen und Universitäten um Nachwuchs werben.

Parallel dazu muss auch in den Firmen selbst eine entsprechende Management- und Unternehmenskultur etabliert werden bzw. schon vorhanden sein, die mit einem solchen Verbund im Einklang steht. Dialogbereitschaft, gegenseitiges Verständnis und eine kulturelle Offenheit sind wichtige Erfolgsvoraussetzungen für jeden Wissensverbund. Sind sie erfüllt, bieten Chemieparks den Partnerunternehmen einen wettbewerbsrelevanten Kompetenzgewinn als Resultat des Wissensverbunds, ganz im Sinne eines „voneinander und miteinander Lernens".

Dabei endet der Wissensverbund allerdings keineswegs an den Grenzen des Chemieparks. Der Chemiepark ist ein interessanter Anziehungspunkt für Unternehmen der umgebenden Region. Ein aktiver Chemieparkmanager wird Foren und Netzwerke schaffen, um den systematischen Austausch zwischen Unternehmen „drinnen" und „draußen" zu fördern. Darüber hinaus werden sowohl die Chemieparkunternehmen als auch der Betreiber ihre Netzwerke zu Universitäten und außeruniversitären Forschungsstätten in der näheren und weiteren Umgebung pflegen, Kooperationen eingehen und Projektarbeit betreiben. Solche Foren und Netzwerke entsprechen einer innovationsfördernden Umgebung im Sinne moderner Innovationsforschung („Where Good Ideas Come From: The Natural History of Innovation", Steven Johnson, 2010).

6.5
Interessenverbund

Dass eine Bündelung der Einkaufsmacht Vorteile bei der Beschaffung bietet, ist eine weitere Option von Industrieparks und von Chemieparks im Besonderen, wenn es z. B. um Energieträger oder Basisrohstoffe geht. In diesem Zusammenhang sind speziell die Vorteile einer Energieerzeugung in Eigenregie oder durch einen Standortpartner direkt im Chemiepark hervorzuheben. Hohe Effizienz und Rentabilität aufgrund von Skaleneffekten, und außerdem umweltfreundlicher und somit klimaschonender Betrieb aufgrund von Kraft-Wärme-Kopplung sind nur einige der Vorteile. Gerade bei der Energieversorgung spielt die Einwirkung des Gesetzgebers über Anreiz- und Subventionssysteme eine große Rolle. Um das Feld gut bearbeiten zu können, bedarf es Spezialisten, die alle Details beherrschen und die Energieversorgung des Standortes zu einem Multiparameteroptimum steuern können. In diesem Kapitel wird nicht weiter darauf eingegangen, da die Regularien einem steten Wandel unterliegen.

Auch eine gebündelte Vergabe von Aufträgen etwa in den Bereichen Wartung, Instandhaltung – beispielsweise ein firmenübergreifender Pumpenpool – und Logistik können Kosteneinsparpotenziale bei den Chemieparkpartnern erschließen.

Darüber hinaus existieren eine ganze Reihe weiterer Bereiche, in denen ein Interessenverbund mehr bewegen kann als ein einzelnes Unternehmen. Die Aufgabe des Chemieparkmanagers ist, die abgestimmten Interessen der Chemieparkpartner zum Wohle des Standortes nach außen zu vertreten. Das gilt z. B. im – ggf. auch kontroversen – Dialog mit Behörden, mit politischen Vertretern der Kommunen und der Region, aber auch mit anderen Interessenverbänden, den Medien, mit den Nachbarn am Standort und der breiten Öffentlichkeit. Das Spektrum der möglichen Aktivitäten reicht hier von einer proaktiven Kommunikation von Ereignissen und strategischen Entscheidungen über die kontinuierliche Bürger- und Nachbarschaftsarbeit bis hin zum Behördendialog und zum Krisenmanagement.

Das Engagement der Chemieparkpartner und des Betreibers als Interessengruppe beschränkt sich nicht auf Fragen, die unmittelbar den Betrieb des Standorts und die dortige Produktion betreffen. Ebenso bedeutend sind z. B. die sozialen Rahmenbedingungen am Standort, etwa die Versorgung mit kommunalen und regionalen Dienstleistungen (Schulen, Kindergärten, Krippenplätze, Wohnungsmarkt und Einkaufsmöglichkeiten, Kultur-, Sport- und Freizeitangebot, regionale Verkehrsanbindung, öffentlicher Nahverkehr etc.). Inwieweit sich die Chemieparkpartner aktiv an der Veränderung solcher Rahmenbedingungen beteiligen, etwa durch die Errichtung von Werkskindergärten, Vereins-, Sport- und Kultursponsoring, ist stark von der Situation am jeweiligen Standort abhängig.

Wesentliche Ziele eines Interessenverbunds an einem Chemieparkstandort können sein:

- Kostenoptimierung (Fixkostenverdünnung) durch gemeinsame Nutzung von Assets (Straßen, Häfen, Kraftwerke, Entsorgungseinrichtungen etc., aber auch Werkschutz, werksärztlicher Dienst, Feuerwehr, Catering, analytische Einrichtungen),
- unternehmerische Selbstbeschränkung auf Kernaktivitäten („Economy of Focus"), z. B. durch Einsetzen eines Manager- und Betreiberunternehmens mit Kernkompetenz für industrielle Dienstleistungen,
- Planungs- und Rechtssicherheit (Dialog mit Behörden, Kommunen, NGOs etc.),

- gesellschaftlicher Konsens – Akzeptanz und Sympathie für industrielle Tätigkeit allgemein, speziell für die Chemieproduktion und die am Standort ansässigen Unternehmen (Mitarbeiter-, Nachbarschafts- und Politikdialog, Lobbyarbeit),
- Attraktivitätssteigerung des Standorts für talentierten, motivierten Nachwuchs und hoch qualifizierte Fachkräfte,
- Kräfte bündeln mit anderen Interessengemeinschaften, wie beispielsweise IHKs, Verbänden, Großstandorten der Region etc.

Vielleicht trivial mutet in diesem Zusammenhang der folgende Gedanke an: Gemeinsame Interessen zu vertreten setzt voraus, dass solche Interessen überhaupt in nennenswertem Umfang existieren. Diese Vorbedingung ist bei Chemieparks bzw. den dort ansässigen Unternehmen in der Regel durch den Verbund in stärkerem Maße erfüllt als in heterogen zusammengesetzten Industrie- und Gewerbeparks. Dennoch können die Interessen der einzelnen Firmen im Einzelfall voneinander abweichen oder sogar gegeneinander laufen. Dann kommt wieder dem Manager die Aufgabe zu, den richtigen Weg für den Standort zu finden und abzustimmen.

6.6 Rollenmodelle des Standortbetreibers

Je nach dem Rollenverständnis und der strategischen Ausrichtung des Betreibers bzw. der Rollenerwartung der Standortpartner gibt es verschiedene Modelle für den Standortbetrieb:

- Der Betreiber erbringt Basisdienstleistungen am Standort, wichtige Standortentscheidungen machen die großen Firmen unter sich oder jeweils für sich aus.
- Der Betreiber übt einen „katalytischen" Einfluss auf standortrelevante Entscheidungen als Vermittler (Mediator) oder Berater aus.
- Der Betreiber betreibt die Standortentwicklung als Kernaufgabe zu seinen Dienstleistungen.
- Der Betreiber handelt als Akteur und Treiber der Standortentwicklung, ggf. auch mit eigener Produktionsverantwortung für zentrale Betriebe des Standortes (z. B. Tankfarm, Chlorfabrik, …).

Auch hinsichtlich der Eigentümerstruktur eines Betreiberunternehmens hat sich ein breites Spektrum von Alternativen im Markt etabliert, vom eigenständigen Serviceanbieter mit Standortdienstleistung als Kerngeschäft bis zum Tochterunternehmen eines oder mehrerer Major User am Standort, das die Aufgaben der früheren, internen Werksdienste weiterführt. Es gibt Dienstleister, die aus anderen Branchen kommen (z. B. Entsorgung oder Instandhaltung) und Standortmanagement als neuen Geschäftszweig entwickeln. Die Zeit wird zeigen, ob der Weg von außen ins Standortmanagement der Chemieparks erfolgreich ist.

So unterschiedlich wie die Standortbetreiber können die Geschäftsmodelle sein. Man kann einen Strandortbetrieb in einer Art Kommunalmodell aufsetzen, bei dem alle notwendigen Leistungen (z. B. Infrastruktur, Sicherheit, Basisver- und -entsorgung, …) vertraglich geteilt werden. In der Regel wird jedoch ein stärker wettbewerbsorientiertes Modell bevorzugt, bei dem der Betreiber seine Leistungen bepreist und die Auslastung des Standortes als Chance und Risiko für das eigene Geschäft betrachtet. In dem Fall kommt einem Standortbetreiber eine Doppelrolle zu, weil er einerseits für das Standortmanagement verantwortlich ist, andererseits aber ein am Standort ansässiges Unternehmen ist, das vom Vertrieb seiner Dienstleistung lebt. Dadurch sollte er das Standortmanagement so effizient gestalten, dass sein Standort am attraktivsten für Investitionen ist, mit denen er dann sein Geschäft machen kann.

Für den Standortbetreiber selbst gibt es die weitere Entwicklungsoption, Dienstleistungen auch außerhalb der eigenen Standorte zu erbringen und somit die eigenen Standorte als Basis für ein Wachstumsgeschäft zu nutzen. Die Begleitung bereits bekannter und geschätzter Kunden an deren anderen Standorten ist eine Möglichkeit, nicht komplett ins Unbekannte expandieren zu müssen. Viele Kunden schätzen auch standortübergreifende Dienstleistungsangebote von Dienstleistern, mit denen sie zufrieden sind. Das ist jedoch ein weites Feld, auf das hier nicht tiefer eingegangen wird.

6.7
Entwicklungsperspektiven der Standorte

Entwicklungsstrategien für den Standort hängen von den oben genannten Modellen ab:

1. Veränderungen des Status quo, wenn überhaupt, gehen ausschließlich von den Standortpartnern aus, der Betreiber ist nicht vorhanden oder passiv.
2. Standortpartner treiben mit eigener Geschäftsentwicklung die Standortentwicklung (organisches Wachstum).
3. Aggressive Neuansiedlungspolitik erfolgt unter der Regie des Standortbetreibers in Abstimmung mit den Partnern (aktive Expansion).
4. Bildung von Multi-Site-Organisationen, ggf. durch Zusammenschluss mehrerer kleinerer Einheiten (Kooperation/Merger/Akquisitionen).
5. Thematische Ausweitung des Chemieparks auf andere Branchen bis hin zur völligen Umwidmung vom Chemiepark zum Gewerbegebiet oder sogar Wohngebiet.

Die Bewertung der einzelnen strategischen Ansätze hängt stark von den spezifischen Gegebenheiten am Standort ab. Dennoch sind einige allgemeine Aussagen angebracht. So wird das unter Punkt 1 beschriebene Vorgehen, wenn überhaupt, nur von einem oder wenigen Standortpartnern getrieben, was den anderen Partnern und den Gesamterfordernissen des Standorts evtl. nur unzureichend gerecht wird. Ein ganzheitliches Standortmanagement fehlt.

Auch die Strategie des organischen Wachstums setzt vorrangig auf die Initiative einzelner Unternehmen am Standort, wobei grundsätzlich aber ein nachhaltiges Bemühen um Wachstum und Entwicklung vorausgesetzt wird. Nur frühzeitige und intensive Kommunikation mit dem Standortbetreiber kann sicherstellen, dass die Dienstleistungen vor Ort angemessen parallel weiterentwickelt werden.

Die Neuansiedlungsstrategie (Punkt 3) setzt einerseits eine zentrale Anlaufstelle, in der Regel den Standortbetreiber, voraus, um z. B. ein koordiniertes Flächenmanagement zu gewährleisten. Eine erfolgreiche Umsetzung ist nur zu erwarten, wenn eine ausreichende Zahl von Interessenten gefunden wird, die das bestehende Unternehmensportfolio am Standort sinnvoll ergänzen können. Zudem sind attraktive Flächen in ausreichendem Umfang und Wachstumsreserven bei den Standortdiensten erforderlich. Zumindest der Flächenbedarf sollte dabei in den meisten Fällen kein Hindernis sein: Allein in den derzeit existierenden ca. 60 deutschen Chemieparks waren im Jahre 2009 insgesamt rund 2000 ha freie Ansiedlungsfläche ausgewiesen.

Die Zusammenführung mehrerer kleinerer Einheiten zu einem koordiniert agierenden Netzwerk (Punkt 4) erscheint zunächst attraktiv, insbesondere zum Erreichen einer „kritischen Masse", die zusätzliche Synergiepotenziale erschließen sollte. Allerdings muss man die zusätzliche Komplexität abwägen gegen die erwarteten Synergiepotenziale. Wenn die Standorte in ihrer Eigentümerstruktur erhalten bleiben, fallen die Synergiepotenziale schnell der zusätzlichen Komplexität zum Opfer. In der Regel muss man alle Standorte weiterbetreiben. Es gibt nur wenige Beispiele für Konsolidierung von Standorten durch komplette Verlagerung. In jedem dieser Fälle gab es einen gewichtigen Grund für die Investition.

Langfristig gesehen sind dennoch weitere Standortkonsolidierungen zu erwarten. Die Verdrängung der klassischen Industrie aus den Zentren der Ballungsgebiete macht auch vor Chemieparks nicht halt. Daher dürfte es eine „kritische Mindestgröße" geben, die einen Weiterbetrieb in zentraler Lage erlaubt. Standorte unterhalb dieser Größe werden nach und nach verschwinden. Wie groß diese Größe sein muss, ist schwer in Zahlen zu fassen – der Standort muss eine „signifikante wirtschaftliche Größe für die Umgebung" sein.

Eine thematische Erweiterung eines Chemieparks um „chemieferne" Unternehmen (Punkt 5) erscheint dann sinnvoll, wenn der Standort nicht mehr hinreichend attraktiv für die chemische Produktion ist, sehr wohl aber ein geeigneter Industrie- bzw. Gewerbestandort ist. Auch die vollständige Transformation zu einem offenen Gewerbepark ist bereits erfolgreich durchgeführt worden.

6.8
Ein Blick nach draußen

Das Konzept der Chemieparks ist durch den Umbruch in der deutschen Chemieindustrie seit 1995 entstanden, um den jeweiligen Verbund am Standort über die Portfoliomaßnahmen der Konzerne hinaus in einer neuen Eigentümerstruktur zu erhalten. Es gibt auch Beispiele für erfolgreiche Standorte nach ähnlichem

Muster in Europa – beispielsweise Wilton Site in Teesside in England – allerdings selten so konsequent umgesetzt wie in den großen deutschen Chemieparks. Große europäische Chemiestandorte wie Antwerpen oder Rotterdam sind eher ein großes Industriegebiet mit eingelagerten Chemiefirmen, in dem jede Firma ihren jeweiligen Standort selber bewirtschaftet und nach Bedarf im Hafen verfügbare Dienstleister nutzt.

In den USA gibt es ebenfalls Chemieparks, die aus der Portfolioveränderung der großen Firmen stammen. Ein Ausbau fand im letzten Jahrzehnt jedoch kaum statt, und spezielle Betreibergesellschaften sind kaum bekannt – üblich ist die Standortleitung durch die Firma, die den Standort ursprünglich gründete. Ausnahmen sind Standorte wie Bushy Park, SC, den die gründende Firma vollständig verlassen hat. Aufgrund der intensiven Investitionen, die seit der Verfügbarkeit von billigem Shale Gas in den USA getätigt werden, dürften sich dort allerdings die Standorte ebenfalls mehr zu Chemieparks entwickeln.

In Asien, insbesondere in China, ist das Chemieparkprinzip fest etabliert. Chemiebetriebe werden in China praktisch nur noch in Chemieparks zugelassen, bis hin zur Anordnung, dass ältere Firmen in die Parks umziehen müssen oder geschlossen werden wie in der Provinz Jiangsu. Die Betreibergesellschaften sind in China in der Regel staatlich, sodass sie einen Teil der Behördenfunktionen abdecken. Die Parks sind nach modernen Planungen errichtet, mit guter infrastruktureller Anbindung, integrierter Ver- und Entsorgung, manchmal großen „Greenfield Areas" zur Auflockerung, und bei manchen Parks auch neugebauten Wohngebieten in kurzer Entfernung für die Versorgung mit Arbeitskräften. Üblicherweise haben die Firmen in den Parks eigene Areale mit recht hoher Selbständigkeit einschließlich eigener Security.

6.9
Zusammenfassung und Ausblick

Chemieparks sind durch die Aufspaltungen und Portfoliomaßnahmen der großen Chemiekonzerne entstanden, um den Verbund in neuer Eigentümerstruktur zu erhalten. Der Verbund (gemeint ist der Produktverbund) ist daher der Kern eines Chemieparks. Ebenso wird der Verbund der Standorte in einer Chemieregion erhalten. Das ist gut an den zahlreichen Chemieparks rund um Köln, der deutschen „Chemie-Hauptstadt", zu sehen.

Typisch für erfolgreiche Chemieparks ist das Management und der Betrieb durch eine spezialisierte Betreiberfirma, die Standortmanagement als Kernkompetenz entwickelt haben. Der Erhalt und Ausbau des Verbunds ist das Kernanliegen des Standortmanagements. Die charakteristischen Aufgaben eines Standortmanagements – wie Sicherheit (Safety, Security, Krisenmanagement), Infrastruktur, Standortgenehmigungsfragen, Standortkommunikation, Standortleitplanung, Vermarktung des Standortes etc. – nimmt die Betreibergesellschaft wahr. Die Interessen der Gesamtheit der Firmen am Standort wird nach außen ebenfalls durch das Standortmanagement vertreten.

Optional bieten die Standortmanager/-betreiber zusätzlich eine Reihe von Dienstleistungen an, deren Portfolio unterschiedlich ausgeprägt ist. Unterschiedliche Betreibermodelle vom eher passiven Infrastrukturbetrieb bis zum aktiven Standortmanager und -entwickler werden diskutiert.

Ein Beispiel für aktive Standortentwicklung ist die aktive Pflege des „Wissensverbundes" zwischen den Chemieparkfirmen untereinander sowie mit Firmen der Umgebung, um Innovationen in den Parks zu „katalysieren" und damit die Attraktivität zu erhöhen.

Ein Ausblick ist immer mit Vermutungen verbunden.

Eine Vermutung ist, dass die strukturellen Veränderungen, die die Firmenlandschaft in den letzten beiden Jahrzehnten umgekrempelt haben, nicht aufhören. Daher steht zu erwarten, dass auch die verbliebenen großen Ein-Firmen-Standorte in Europa zu Chemieparks werden – in welcher Ausprägung auch immer.

Eine weitere Vermutung ist, dass kleinere Chemiestandorte immer mehr unter (nachbarschaftlichen) Druck geraten und früher oder später aufgegeben werden. Eine Konsolidierung der Standorte auf große Chemieparks findet zwar langsam statt, aber unaufhaltsam – vor allem in Ballungsgebieten. Eine gegensätzliche Entwicklung gibt es absehbar nicht.

Seit Jahren wird in der Branche eine Konsolidierung der Standortbetreibergesellschaften erwartet. Die passiert aber nicht. Sieht man sich die Eigentümerstrukturen an, wird es vermutlich auch in absehbarer Zeit nicht passieren.

Zum Abschluss bleibt, dass man nicht versuchen soll, die Zukunft vorauszusehen, sondern möglich zu machen.

Teil 4
Betrieb von Chemiestandorten

7
Integration von Investoren in das Standortkonzept am Beispiel ValuePark®

Klaus-Dieter Heinze

7.1
Einleitung

Industrie- und Chemieparks prägen heute das Bild der deutschen Chemieindustrie. Sie sind das Ergebnis der Neuorganisation von gewachsenen, traditionellen Großbetrieben, die sich teilweise über einen Zeitraum von mehr als 100 Jahren entwickelt haben. Änderungen von Unternehmensstrukturen, Stilllegungen und Neustrukturierungen von Anlagen, Neuinvestitionen und die Konzentration auf Kerngeschäfte haben sie entstehen lassen.

Entstehungsgeschichte und Hintergründe bei der Herausbildung dieser neuen Form von Chemiestandorten unterscheiden sich deutlich für ost- und westdeutschen Standorte.

Am Beispiel des ValuePark Schkopau werden hier die Hintergründe und Vorzüge eines ostdeutschen Chemieparks an einem traditionellen Chemiestandort aufgezeigt, der entlang der Wertschöpfungskette chemischer Produktion erfolgreich organisiert wurde.

7.1.1
Überblick zur Geschichte des Chemiestandortes Schkopau

Seit mehr als 75 Jahren werden am Chemiestandort Schkopau Synthesekautschuk, Kunststoffe und Basischemikalien produziert. Dennoch reichen die Ursprünge der heutigen mitteldeutschen chemischen Industrie weit zurück bis in die Mitte des 19. Jahrhunderts.

Mit der Industrialisierung verbunden war die stürmische Entwicklung verschiedener Industriezweige, die einen wachsenden Bedarf an chemischen Grundstoffen für die Textilindustrie, den Maschinenbau, die Autoindustrie u. a. nach sich zogen.

Während sich die erste Entwicklungsphase der deutschen Großchemie vorwiegend im Rhein-Main-Gebiet vollzog, wurden schon um die Jahrhundertwende in diesem Gebiet große Industrieflächen und Arbeitskräfte rar. Die Ansiedlung

Chemiestandorte, 1. Auflage. Herausgegeben von Carsten Suntrop.
© 2016 WILEY-VCH Verlag GmbH & Co. KGaA. Published 2016 by WILEY-VCH Verlag GmbH & Co. KGaA.

Abb. 7.1 Eintracht von Wohnen und Produzieren.

chemischer Fabriken im mitteldeutschen Raum wurde auch dadurch begünstigt, dass reichhaltige Vorkommen an Braunkohle und Kali- und Steinsalzen billig erschließbar waren. Neu entwickelte Technologien und Herstellungsverfahren ermöglichten zudem einen kostengünstigen Einsatz dieser Rohstoffe. Beispiele für erste Firmengründungen sind die Deutsche Celluloid Fabrik in Eilenburg (1887), die Solvay Werke in Bernburg (1880), die Chemische Fabrik Griesheim Elektron in Bitterfeld (1893), die Aktiengesellschaft für Anilinfabrikation (Agfa) in Wolfen (1895), die Agfa-Filmfabrik in Wolfen (1909), die Stickstoffwerke in Piesteritz (1915) und schließlich das Ammoniakwerk Merseburg, eine Tochterunternehmen der BASF (Leuna, 1916).

Insbesondere der Erste Weltkrieg verdeutlichte bereits die Schlüsselrolle der chemischen Industrie und Technik für die Rüstungswirtschaft und die nationale Wirtschaftspolitik. Eine Wiederholung zeichnete sich aber bereits nach Überwindung der Weltwirtschaftskrise mit dem Wiedererstarken der Deutschen Industrie ab.

Im Jahr 1925 wurde die Interessengemeinschaft (i.G.) Farbenindustrie AG gebildet. Dies war der Abschluss eines über zwei Jahrzehnte laufenden Konzentrationsprozesses in der deutschen Chemie. Entstanden war der zweitgrößte Konzern in Deutschland und eines der größten Chemieunternehmen der Welt.

Der mitteldeutsche Raum war in den Jahren zwischen Weltwirtschaftskrise und dem Ende des Zweiten Weltkrieges einer der größten Investitionsschwerpunkte der deutschen Chemie. Dies führte u. a. zu einem enormen Ausbau der Benzinproduktion der IG Farben in Leuna; aber auch die Hydrierwerke in Böhlen, Magdeburg und Zeitz sind zu erwähnen.

Neben der Treibstoffproduktion war aber auch die Herstellung von synthetischem Kautschuk aus einheimischen Rohstoffen ein wesentlicher Eckpfeiler für die „Import-Ablösung" und die damit einhergehende Herstellung der Autarkie der deutschen Wirtschaft. So wurde das 1929 von dem deutschen Chemiker Walter Bock entwickelte Verfahren zur industriellen Produktion von Styrol-Butadien-Kautschuk mit der Entscheidung zum Bau einer Großversuchsanlage 1935

Abb. 7.2 Historischer Haupteingang Buna-Werke.

in Schkopau gekrönt und innerhalb eines Jahres mit der Produktion des ersten Synthesekautschuks Anfang 1937 abgeschlossen. Damit war der Grundstein für das größte BUNA1-Werk Deutschlands[1] gelegt. Weitere Buna-Anlagen entstanden an den IG Farben-Standorten in Leverkusen, Ludwigshafen und Marl.

Allein das Werk Schkopau produzierte bis zum Ende des Zweiten Weltkrieges annähernd eine halbe Mio. Tonnen Kautschuk. Darüber hinaus wurden bis 1941 u. a. weitere Produktionskapazitäten für Chlor- und PVC, Lösungsmittel und Glykole sowie Kapazitäten zur Energieerzeugung auf der Basis von Braunkohle geschaffen.

Ausgangsprodukt für diesen Chemiestandort war Karbid, hergestellt aus Kohle und Kalk. Letzteres war bis zu Beginn 1990 der Rohstoff für 80 % aller am Standort hergestellten Produkte.

Nach dem Zweiten Weltkrieg war das Werk bis 1954 als sowjetische Aktiengesellschaft im Eigentum der sowjetischen Besatzungsmacht und diente nicht unwesentlich zur Erfüllung der Reparationsansprüche. Die Überführung der BUNA Werke in das Volkseigentum der DDR erfolgte im Jahr 1954. Der wachsende volkswirtschaftliche Bedarf an chemischen Grundstoffen für die Industrie und zur Befriedigung der Bedürfnisse der Bevölkerung führte zum Ausbau der vorhandenen Karbid-Acetylen Rohstoffbasis, der Produktionskapazitäten für Synthesekautschuk, PVC, Chlor und zur Einführung neuer Kunststoffprodukte wie u. a. Polystyrol. In dieser Zeit wurde auch „Plaste und Elaste aus Schkopau" zum bis heute noch bekannten Marketinginstrument. Mit der Zentralisierung von wichtigen Industriezweigen der DDR zu großen wirtschaftlichen Einheiten erfolgte Anfang 1970 die Bildung des Kombinats VEB Chemische Werke Buna. Mit der Angliederung von Unternehmen der „plaste"verarbeitenden Industrie entlang der Wertschöpfungskette war Buna zum größten Kunststoffproduzenten in

---

1) Buna ist das Warenzeichen für Butadien-Styrol-Copolymer, auch als synthetischer Kautschuk bezeichnet. Der Name setzt sich zusammen aus BU für das Monomer Butadien und NA für das als Katalysator verwendete Natrium.

der DDR erwachsen. Erste petrochemische Produktionsanlagen zur Herstellung von Polyethylen und die Versorgung der Kautschukproduktion mit auf petrochemischer Basis erzeugtem Butadien und Styrol sollten den Ausstieg aus der Karbid-Acetylen-Rohstoffbasis einläuten. Bestrebungen die Rohstoffbasis der Buna-Werke Schkopau grundsätzlich auf petrochemische Grundstoffe umzustellen, scheiterten letztlich an nicht verfügbaren Technologien und Anlagen sowie der fehlenden Bereitstellung von Investitionsmitteln und wurden letztlich durch die Erdölkrise zu Beginn der 1970er-Jahre endgültig aufgegeben.

Steigende Anforderungen an immer größere Produktionsmengen, jährlich geringer werdende Mittel für den Umweltschutz und eine dramatische Verschlechterung des Instandhaltungszustandes der Chemieanlagen führten in den 1980er-Jahren zu einer extrem ansteigenden Umweltbelastung und zu Produktionsbedingungen, die im Volksmund mit „… Ruinen schaffen ohne Waffen …" charakterisiert wurden.

Trotz vorhandener gesetzlicher Grenzwerte führte das Prinzip „Produktion um jeden Preis" dazu, dass die Belange des Schutzes der natürlichen Ressourcen dem Primat der Produktionsmenge unterlagen. Das Sortiment des Unternehmens bestand bis 1990 aus synthetischem Kautschuk, einer Vielzahl von Kunststoffprodukten und Chemikalien, wie PVC, Polyethylen, Polystyrol, Polyacryl, Lösungsmitteln, Textilhilfsmitteln, Detergenzien, Demulgatoren und anderen Produkten.

7.1.2
Wendezeiten 1990–1995: Stilllegung oder Privatisierung?

Der Zeitraum 1990 bis 1995 war für die Buna-Werke im Wesentlichen durch Stilllegung und Abriss veralteter Produktionsanlagen, der Erkundung von Altlasten sowie der Erarbeitung und Umsetzung von Sanierungskonzepten belasteter Flächen und Anlagenteile, geprägt.

Rechtlich firmierte Buna zu dieser Zeit als Aktiengesellschaft, befand sich jedoch als ein Unternehmen der Treuhandanstalt zu 100 % im Besitz des deutschen Staates.

Für den Erhalt der Kernbereiche und die zukunftsfähige Gestaltung eines der wichtigsten Wirtschaftsbereiche und Arbeitgeber in Mitteldeutschland, der Chemieindustrie, gab es nur eine Möglichkeit: Privatisierung. Diese gestaltete sich für die einzelnen Chemiestandorte unterschiedlich schnell und mit verschiedenen Konzepten. Weniger unterschiedlich war die eigentliche Situation an den Standorten Anfang der 90er-Jahre. Mit der Einführung der Wirtschafts- und Sozialunion im Juli 1990 erfolgte der Zusammenbruch der Märkte im osteuropäischen Raum; Kunden im Binnenmarkt wurden von neuen Eigentümern übernommen und bekamen somit auch neue Lieferanten, die vorhandenen Produkte waren auf den sich neu eröffnenden Märkten nicht wettbewerbsfähig, ein hoher Personalstand, veraltete Produktionstechnologien und hohe Umweltverschmutzungen bewirkten ein Übriges. Nicht zuletzt erschwerten auch teilweise vergleichbare Produktionskapazitäten in den früheren „Schwesterwerken" Ludwigshafen, Leverkusen und Marl sowie ein zu dieser Zeit gesättigter Markt den Neuanfang.

Abb. 7.3 Buna-Schkopau zur Wende.

Durch die Entflechtung der großen Chemiekombinate in Bitterfeld und Leuna waren schnell Investoren für die verschiedensten Geschäftsbereiche gefunden, und es wurden erste Versuche zur Gründung von Chemieparks unternommen.

7.1.3
Ökologische Altlasten – Hemmschwelle für Investoren

Bei den Vorbereitungen zur Privatisierung des Standortes Schkopau sowie zur Ansiedlung von Unternehmen ließ sich feststellen, dass der ökologische Zustand der Flächen ein wesentliches Kriterium für die Investitionsentscheidung deutscher und noch mehr für die – ausländischen – Unternehmen ist. Bei der Vielzahl verfügbarer Flächen waren potenzielle Investoren nicht bereit, Flächen- und Standortsanierungen vollständig zu finanzieren. Es konkurrierten deshalb neu erschlossene Industrieflächen, die vorher industriell nicht genutzt wurden und damit in der Regel frei von Boden-, Luft- und Grundwasserkontaminationen sind mit Ansiedlungsmöglichkeiten an infrastrukturell erschlossenen Chemiestandorten.

Schon Anfang der 1990er-Jahre wurden die enormen Kontaminationen des Bodens und des Grundwassers auf den ehemaligen Industriestandorten der DDR als Gefahr und Bremse für Neuaufbau und für die Entwicklung wettbewerbsfähiger Wirtschaftsstrukturen in den neuen Bundesländern erkannt.

Mit dem Umweltrahmengesetz und dem Verwaltungsabkommen zwischen Bund und den Ländern aus dem Jahr 1992 wurde die Voraussetzung zur Bildung ökologischer Großprojekte und zur finanziellen Freistellung der Unternehmen von den Kosten der Altlastensanierung geschaffen. Die Altlastenfreistellung für Investoren in den neuen Bundesländern ist deshalb auch im Kontext der deutschen Wiedervereinigung zu sehen, sie stellte eine wesentliche Unterstützung für die Reindustrialisierung dar.

Die umfangreichen, sehr kostenaufwendigen Maßnahmen haben dazu geführt, dass auf einem langjährig industriell genutzten Chemiegelände Flächen für Neuansiedlungen bereitgestellt werden konnten, die ökologisch unbedenklich und qualitativ vergleichbar mit neu erschlossenen Gewerbeflächen sind, jedoch den Vorteil der Einbindung in bereits vorhandene Infrastrukturen bieten.

Der Vorteil infrastruktureller Integration an Altstandorten besteht darin, dass der Umfang der Investitionen zum Betreiben einer neuen Produktionsanlage deutlich geringer gehalten werden kann, da auf eine normalerweise gut organisierte Infrastruktur am Standort mit dem Vorhandensein typischer Ver- und Entsorgungsleistungen zurückgegriffen werden kann.

7.1.4
Privatisierung

Erste Privatisierungsversuche des nach der politischen Wende in Buna AG umbenannten Chemiestandortes begannen bereits 1990, zeitnah zur Gründung der Treuhandanstalt und mit der Erarbeitung des Treuhandgesetzes. Schnell wurde jedoch deutlich, dass sich deutsche Großunternehmen zwar für einzelne Teilstücke des Gesamtverbundes interessierten, es jedoch keinerlei Interesse an dem insgesamt maroden und wirtschaftlich nicht wettbewerbsfähigem Gesamtkomplex gab.

Zu diesem Zeitpunkt waren weder Wege und Regularien einer möglichen Privatisierung klar, noch war der interne Prozess der politischen Umgestaltung der betrieblichen Leitungen abgeschlossen. Zudem existierte in dieser Zeit noch eine maßlose Überschätzung des Wertes, der Sanierungsmöglichkeiten und der Zukunftsaussichten der ostdeutschen Unternehmen. Der Wert des zu privatisierenden „Volksvermögens" wurde jedoch in Ost und West gleichermaßen überschätzt.

7.2
Investor in Sicht: Bildung des mitteldeutschen Olefinverbundes

Ende 1994 zeichnete sich auch für die Buna-Werke eine Privatisierungslösung ab: Mit der Bildung des mitteldeutschen Olefinverbundes wurden die Buna-Werke, die Sächsischen Olefinwerke Böhlen und die Leuna Polyolefine GmbH, ein Teil des Gesamtstandortes Leuna, zu einer wirtschaftlichen Einheit zusammengeführt. Der technologische Verbund zum Werk in Böhlen sicherte die petrochemische Rohstoffbasis und war der Ausgangspunkt für den endgültigen Ausstieg aus der energieintensiven und umweltschädigenden Karbid-Acetylen-Chemie in Schkopau. Im gleichen Jahr bekundete der amerikanische Chemiekonzern The Dow Chemical Company (Dow) sein Interesse an den mitteldeutschen Standorten, und es begannen die notwendigen Verhandlungen zur Privatisierung mit der Treuhandanstalt, später Bundesanstalt für vereinigungsbedingtes Sondervermögen.

Im Juni 1995 übernahm Dow die wirtschaftliche Verantwortung für den mitteldeutschen Olefinverbund, später Buna Sow Leuna Olefinverbund GmbH. Es begann eines der größten Restrukturierungsprojekte in der Geschichte der che-

Abb. 7.4 Abriss und Neubau parallel.

mischen Industrie Deutschlands, dass im Jahr 2000 auf der Grundlage des Privatisierungsvertrages erfolgreich zum Abschluss gebracht wurde.

Ab 1995 bestimmten nicht mehr nur Abrissbagger und Sanierungsarbeiten gleichzeitig das Geschehen am Standort Schkopau. Es entstanden auch zahlreiche neue Produktionsanlagen auf der Grundlage führender Technologien. Zukunftsfähige und in die Strategie des neuen Eigentümers passende vorhandene Geschäftsfelder, wie die Kautschuk-, die Chlor-, PVC- und Polyethylen-Produktion, und die gesamte Infrastruktur des über 600 ha großen Geländes wurden modernisiert und dem künftigen Bedarf angepasst.

Die wirtschaftliche Herausforderung, derartige Produktionsbetriebe zu wettbewerbsfähigen Einheiten mit marktfähigen Produkten zu entwickeln, erforderte neben bedeutenden Finanzinvestitionen und Know-how vor allem eine deutliche Reduzierung der Belegschaft.

Die Herausforderung bestand darin, das hochqualifizierte Personal für die wirtschaftliche Entwicklung in der Region zu erhalten und der ausscheidenden Belegschaft eine Aussicht auf neue zukünftige Arbeit in der Region einzuräumen, was angesichts der politischen Versprechen von „blühenden Landschaften" ein äußerst schwieriges Unterfangen für den neuen Eigentümer war. Durch den Abbruch von Altanlagen und Gebäuden waren Freiflächen entstanden, die, für eine mögliche wirtschaftliche Nutzung, saniert wurden.

Zum gleichen Zeitpunkt wurde basierend auf den Forderungen von Arbeitnehmervertretungen nach Schaffung zusätzlicher Arbeitsplätze ein Geschäftsmodell konzipiert, das potenziellen, strategischen Investoren in unmittelbarer Nähe zu den Produktionsanlagen von Dow wirtschaftliche Entwicklungsmöglichkeiten bieten sollte. Schnell wurde daraus ein Modell eines Chemieparks nach dem Haupt-Nutzer-Prinzip[2], dass die Ansiedlung von juristisch selbstständigen Firmen auf dem im Dow-Eigentum verbleibenden Gelände ermöglichte.

---

2) auch „Major-User-Modell"

7.3
Der ValuePark

7.3.1
ValuePark – Ein themenorientiertes Ansiedlungskonzept

Der ValuePark als erfolgreiches Konzept der Dow Olefinverbund GmbH für einen Chemie- und Industriepark entstand im Rahmen der Privatisierung und Umstrukturierung der mitteldeutschen Olefinchemie.

Er entwickelte sich schnell zu einem Konzept der gegenseitig vorteilhaften Zusammenarbeit zwischen dem Standorteigentümer Dow und seinen bevorzugten strategischen Partnern.

Als strategische Partner werden hier sowohl Kunden, die standorteigene Produkte übernehmen und verarbeiten, als auch Zulieferer von Roh- und Hilfsstoffen für die Dow-Anlagen betrachtet, sofern eine langfristige Zusammenarbeit vorgesehen war bzw. beidseitig gewünscht und vereinbart wurde. Zu dieser Gruppe zählen aber auch Dienstleister, besonders im Bereich Logistik und Verpackung.

Eine Ansiedlung zielt primär auf die Nutzung existierender bzw. die Schaffung neuer Synergien, was sich besonders in der Einbindung von Investoren in die unternehmensinterne Produkt- und Leistungslieferkette ausdrückt. Hier liegt auch die Besonderheit des ValueParks als thematisch ausgerichteter Investitionsstandort im Vergleich zu anderen Chemieparks, die ursprünglich primär auf eine Vermarktung vorhandener freier Flächen und ausreichend verfügbarer Infrastruktur ausgerichtet waren.

Beim ValuePark-Konzept wurde dem Investor neben einer gesicherten Versorgung mit Infrastruktur und Serviceleistungen der Zugriff auf eine Vielzahl von Dow-Erzeugnissen als Grundlage für seine eigene Produktion ermöglicht. Diese

Abb. 7.5 Ein leuchtender Chemiestandort.

mittel- bis langfristig vereinbarte Produktbereitstellung stellt damit eine sichere Investitionsgrundlage dar, sodass sich der Investor auf seine Kernkompetenz konzentrieren konnte – die Produktion und Vermarktung seiner Erzeugnisse.

7.3.2
Das Grundkonzept ValuePark

Der ValuePark ist ein weitgehend unter den spezifischen Bedingungen der Privatisierung der ehemaligen Buna-Werke Schkopau entstandenes Konzept eines Chemie- und Industrieparks. Dieser Standort unterscheidet sich deshalb auch in seinem Aufbau, der Organisationsstruktur und in den Prinzipien der Ansiedlung von anderen deutschen und europäischen Chemieparks, weil hier die standortrelevanten Fragen und die unmittelbaren Probleme der Übernahme der BSL Olefinverbund GmbH durch die Dow Chemical Company widergespiegelt werden.

Strukturell vom Standorteigentümer, der Dow Olefinverbund GmbH, betrieben und geleitet, werden Ansiedlungen seit Beginn seiner Existenz streng daran gemessen, ob sie in die Wertschöpfungskette des Standortes und damit auch in die des Standorteigners einzuordnen sind.

Dieses Prinzip der Auswahl potenzieller Ansiedlungen von Unternehmen nur bei Existenz klarer Synergien mit dem Standort wurde bereits bei der Konzipierung des Standortes als entscheidendes Auswahlkriterium festgelegt und gilt auch heute noch als primäre Ansiedlungsvoraussetzung.

Grundlage der Erarbeitung des Entwicklungskonzeptes war die Frage, auf welche Gruppe von Investoren sich langfristig das Hauptinteresse richten sollte, um ein wirksames System zur gegenseitig vorteilhaften Zusammenarbeit aufzustellen.

Durch das Investitionskonzept der Dow zur Entwicklung eines modernen Standortes in Mitteldeutschland zur Produktion von Kunststoffen und Synthesekautschuk war die Antwort allerdings bereits vorgegeben: Die Orientierung auf großtonnagige Kunststoffproduktionsanlagen am Standort Schkopau bedingte eine bevorzugte Festlegung auf Investoren aus der Branche der Kunststoffverarbeitung und -modifizierung.

Im Rahmen der abzusehenden Arbeitsteilung und Spezialisierung im Lager-, Verpackungs- und Versandbereich wurden spezialisierte Logistikunternehmen als Zielgruppe identifiziert. Des Weiteren wurden Unternehmen der Branche „Spezialserviceunternehmen" wie Spezialapparatebauer für die chemische Industrie, Hersteller von Sonderausrüstungen und wichtige Leistungserbringer des Bereiches Fertigung/Instandhaltung für Großabstellungen als Zielgruppe identifiziert.

- Objekt der Ansiedlung sollten juristisch eigenständige Unternehmen sein, an denen der Grundstückseigentümer nicht beteiligt ist.
- Auf der Basis von Flächenermittlungen für „Standard"kunststoffverarbeitungsanlagen wurde ein Grundstücksgrößenkonzept fixiert, das Normalflächen in

Abb. 7.6 Logistische Dienstleistungen – ein wichtiger Service.

den Größen von 1–1,5 ha ausweist, und damit dem Werksstandardraster entsprach.
Dabei wurde aber immer auch die Möglichkeit der Zusammenlegung und Teilung von Grundstücken vorgesehen.
- Für spezielle Ansiedlungen wurden besondere Flächengrößen und Zuschnitte konzipiert.
- Ver- und Entsorgungsinfrastruktur wurde an mindestens zwei Grenzflächen des Grundstücks vorgesehen.
- Einzelne Grundstücke wurden mit Bahnanschlüssen versehen.
- Die Vergabe der Ansiedlungsflächen sollte über Erbbaurechtsverträge erfolgen.
- Das Chemieparkkonzept, das ja durch den hohen konzipierten Anteil von Kunststoffverarbeitung keinen „reinen Chemiepark", sondern einen Industrie- und Chemiepark beschreibt, sollte als geschlossenes Territorium ausgeführt werden, das Standorteigentümer und Investoren durch einen gemeinsamen Werkszaun nach außen abgrenzt, womit symbolisch auch das Prinzip gemeinsamer bzw. abgestimmter Konzepte ausgedrückt wurde.
- Nicht Bestandteil des Ansiedlungskonzeptes waren temporär vertraglich an den Standort gebundene Firmen für Service- und Instandhaltungsleistungen, deren Aufgaben nach einer entsprechenden Laufzeit neu ausgeschrieben werden können. Diese als Kontraktoren definierten Dienstleistungsunternehmen werden auch durch das Ansiedlungsmanagement betreut und können sich zeitlich befristet auf einem bestimmten Territorium des Werksgeländes niederlassen. Sie müssen jedoch damit rechnen, bei Nichtverlängerung ihrer Verträge das Grundstück räumen zu müssen.
- Die erforderlichen Leistungen des Standorteigentümers für Investoren sollten zu Marktpreisen angeboten werden. Für Standorteigentümer und Ansiedler wurde ein gemeinsames Standortzugangskontrollsystem vorgesehen.

Die Anzahl der verpflichtenden Serviceleistungen wurde auf zwei begrenzt (Feuerwehr, Werkschutz), um auch regionalen Unternehmen eine Möglichkeit zur Erbringung von Dienstleistungen zu geben. Diese stehen dann unter Umständen im Wettbewerb mit Leistungen des Standorteigentümers. Dieses potenzielle Konkurrenzverhältnis wurde bewusst vorgesehen.

7.4
Umwelt- und sicherheitsrelevante Ansiedlungsbedingungen

Ziel der Ansiedelungsregeln für Investoren war und ist es, eine weitgehende Gleichstellung der Interessen und Anforderungen von Dow mit denen der Ansiedler am Standort hinsichtlich der Forderungen zur Anlagensicherheit, dem Umweltschutz und dem Arbeits- und Brandschutz auf dem Gesamtterritorium zu erreichen.

Die Einhaltung bzw. die Zielstellung zur Erreichung des hohen Niveaus der Arbeitsschutz- und Sicherheitsstandards von Dow am Standort sollte andererseits aber auch ein abgestimmtes, einheitliches Sicherheitsmanagement aller Firmen und Beschäftigten im Gesamtterritorium ermöglichen.

Darauf orientierende Grundforderungen sind z. B.:

- die Akzeptanz der Werksfeuerwehr als verbindlichen Vertragspartner für alle brandschutztechnischen Belange,
- die vertragliche Bindung des für den Gesamtstandort zuständigen und vertraglich gebundenen Sicherheitsunternehmens,
- Verpflichtung zur Einhaltung des Bebauungsplanes mit allen relevanten Nebenbestimmungen,
- Verpflichtung zur Einhaltung der mit dem Standorteigentümer abgestimmten und behördlich genehmigten Lärmkontingente,
- Einhaltung der wasserrechtlichen Regelungen des Standorts,
- Akzeptanz der Werksstraßenverkehrsregelungen,
- Anerkennung der für den Standort gültigen Sicherheits-, Arbeits- und Brandschutzregeln,
- Akzeptanz der festgelegten Sanktionen bei Verstößen gegen Regeln von Ordnung, Sicherheit und Gefahrenvermeidung auf dem Gelände des Chemiestandortes, wenn diese vom Grundstückseigentümer ausgesprochen werden.

7.5
Die Auswahl potenzieller Investoren

In Deutschland sind zu Beginn der 1990er-Jahre unzählige, mit öffentlichen Mitteln finanzierte Gewerbeparks entstanden. Noch heute findet man allerorts von geraden Betonstraßen durchzogene und oft auch noch beleuchtete Flächen, die sich die Natur gerade wieder einverleibt, da es hierfür keinen wirtschaftlichen Bedarf gibt. Diese planlose Bauwut, die nebenbei viele Gemeinden fast in den Ruin getrieben hat, ist ein Beispiel dafür, wie Industrieansiedlungen kontraproduktiv geplant werden können.

Um in Großunternehmen vorhandene Freiflächen, die langfristig nicht für den eigenen Bedarf vorgesehen sind, wirtschaftlich sinnvoll zu nutzen, eigene Kosten damit zu reduzieren und regionale Investitionsmöglichkeiten ohne zusätzlichen Flächenverbrauch zu schaffen, sollte zunächst ein eindeutiger und mit allen Partnern abgestimmter Entwicklungsplan erarbeitet werden.

Dabei sollte nicht der Vorsatz im Vordergrund stehen, vorhandene Flächen schnellstmöglich an den Erstbesten zu verkaufen oder zu vermieten, um diesem dann im Überschuss vorhandene Produktionskapazitäten für Versorgungs- und Infrastrukturleistungen anzubieten zu können.

Dieses anfängliche Herangehen weniger Standorte der 1990er-Jahre, das im Nachhinein nur schwer korrigierbar ist, prägt heute noch die Entwicklung einiger Chemiestandorte.

Die im ValuePark praktizierte Entwicklung, wonach basierend auf der Grundidee zur Verlängerung von Wertschöpfungsketten Ansiedlungen gezielt gesucht und vertraglich fixiert werden, erforderte eine geplante Vorbereitung und das Zusammenspiel verschiedener Unternehmensbereiche.

In einer Zeit begrenzten Wirtschaftswachstums und nicht ausgelasteter Produktionskapazitäten war es wichtig, dem potenziellen Investor einen Wettbewerbsvorteil bei der Wahl eines neuen Standortes zu bieten.

Derartige Wettbewerbsvorteile waren und sind:

- ein interessanter regionaler Markt,
- vorteilhafte Ansiedlungsvoraussetzungen am Standort durch ein idealtypisch gedachtes „Plug and Play", d. h. durch unkomplizierte Einbindung in ein vorhandenes Netz von Services, Infrastruktur, speziellen Standortdienstleistungen, die das Investitionsvolumen am Investitionsort gegenüber vergleichbaren Aktivitäten „auf der grünen Wiese" beträchtlich reduzieren und die Zeit bis zum Markteintritt verkürzen,
- die Einbindung von Kunden in das lokale Logistiknetz,
- ein breites Angebot von verfügbaren Dienstleistungen am Standort, verbunden mit der Möglichkeit, diese Leistungen vom Standortbetreiber oder einem Partner eigener Wahl beziehen zu können,
- vorteilhafte, auf Marktvergleichen basierende und transparente Preise,
- ein Mitspracherecht des Investors bei der Standortentwicklung,
- gemeinsames Auftreten des Standortes gegenüber Politik, Kommunen, Wirtschaftsvereinigungen usw.,
- aktive Netzwerksarbeit intern und extern.

Bei der Wahl der Ansiedler wurde vor allem darauf geachtet, dass ein vertretbares Verhältnis zwischen verarbeitendem Gewerbe und Dienstleistungssektor entsteht, um die am Standort anstehenden Aufgaben, sowohl für den Standorteigentümer als auch für den Investor, optimal zu organisieren. Es wurde bewusst darauf Wert gelegt, dass keinerlei Ansiedlungen von direkt im Wettbewerb stehenden Unternehmen im ValuePark erfolgten. Interessierte Unternehmen, die nicht den

Synergieanforderungen des Standortes entsprachen, wurden auf regional benachbarte Standorte orientiert, und es wurde ihnen angeboten, bestimmte Services über den Standort bei Bedarf nutzen zu können.

Unternehmensgründungen und aus Hochschul- und Universitätsabsolventen bestehende Start-up-Unternehmen waren keine direkten Zielgruppen für den ValuePark.

Für sie ist ganz speziell die im Chemiepark errichtete Filiale des „Merseburger Innovations- und Technologiezentrums"(mitz) als Ansiedlungsort definiert. Das mitz, dessen Hauptsitz sich auf dem Campus der Fachhochschule Merseburg befindet, verfügt auch auf dem Territorium des Chemieparks über eine Vielzahl von Laboratorien, Technika und Büroräumen und steht mit einem großen Angebot von gezielten Fördermöglichkeiten Firmengründern offen. Firmen, die in ihrer Entwicklung aus dem Rahmen dieses Technologiezentrums herauswachsen, werden als potenzielle Ansiedler des ValuePark betrachtet.

7.6
Der Investor als Kunde und König

Leider ist es in Deutschland nicht einfach, Orte zu finden, an denen der normale Kunde wie ein König behandelt wird. Dieser Zustand betrifft sowohl den Produkt- als auch den Dienstleistungsmarkt.

Die Schaffung einer Situation, in der schon im frühen Anfangsstadium bei Ansiedlungsgesprächen nach gegenseitig vorteilhaften Lösungen gesucht wird, bei der auch der potenzielle Ansiedler einen klar ermittelbaren und berechenbaren Nutzen aus seiner Standortentscheidung zieht, sollte heute eine Grundvoraussetzung für einen Marktauftritt als Investitionsstandort sein.

Basierend auf der getroffenen Orientierung auf potenzielle Kundengruppen wurden innerhalb des Unternehmens Dow folgende arbeitsteilige Vorstellungen erarbeitet:

1. Der Bereich Marketing/Verkauf wählt potenzielle Unternehmenskunden aus, die in die Kategorie der bevorzugten Ansiedler einzuordnen sind und bereitet nach Abstimmung mit dem ValuePark-Management erste Kontakte vor.
2. Nach erfolgter Vorabinformation des Kunden und dessen Interessensbekundung zu einem neuen Standort wird ein konkretes Treffen am Ansiedlungsstandort mit umfassender Information und Vorstellung vorhandener Möglichkeiten vereinbart.
3. Bei positiver Kundenentscheidung werden Ansiedlungsgespräche zur Vorbereitung aller relevanten Verträge begonnen. Dabei werden Standortfragen parallel zu Produktversorgungsverträgen abgehandelt. Dem potenziellen Ansiedler wird ein „Service aus einer Hand" für alle mit der Investitionsvorbereitung, der Anlagenkonzipierung und -errichtung und dem späteren Betrieb seiner Produktionsstätte am Standort zusammenhängenden Problemen zugesichert.

4. Zusätzlich zur Akquisition von aktiven Unternehmenskunden wurde vom Dow-Management des Standortes anhand von Marktkenntnissen und -informationen nach weiteren potenziellen Interessenten branchenspezifisch gesucht.
5. Messen, fachspezifische Tagungen und Kongresse sowie branchentypische Veranstaltungen werden hierbei besonders beobachtet.
6. Durch aktive Zusammenarbeit mit anderen Chemiestandorten auf lokaler und nationaler Ebene wurde versucht, vorhandene Grundsatzprobleme gemeinsam zu klären und eine Kooperation unter dem Gesichtspunkt gemeinsamer Interessen an wirtschaftlichen und politischen Entwicklungsbedingungen der Standorte unter Zurückstellung von Wettbewerbsaspekten zu erreichen.
7. Bei der Zusammenarbeit in nationalen und internationalen Interessensgemeinschaften wurde besonders Wert auf die Anpassung von national ungleichen und unterschiedlich ausgelegten Regelungen in Fragen der Investitionsförderung gelegt.
8. Auf das extensive Erarbeiten und Verteilen von Hochglanzbroschüren und Werbematerial sowie das Veröffentlichen von Pressemitteilungen und Werbeannoncen wurde weitgehend zugunsten einer aussagekräftigen Homepage des Standortes verzichtet, um ein vertretbares Kosten-Nutzen-Verhältnis zu sichern.
9. Investoren, unabhängig von der Größe, Bedeutung und Herkunft ihrer Firmen, wurden einheitliche und gleiche Ansiedlungsbedingungen und vertragliche Vereinbarungen angeboten.
10. Am Standort angesiedelten Investoren wurde ein Vorschlagsrecht für potenzielle Neuinvestitionen ihrer Kunden eingeräumt.

7.7
Regionale Vernetzung

Während in anderen Chemieparks eine große Anzahl von Firmen durch Ausgliederungen und Neuorganisation der Struktur entstanden ist und die Unternehmen dadurch bereits mit den lokalen Verhältnissen vertraut waren und sind, baute sich der ValuePark überwiegend aus neu angesiedelten Unternehmen auf, von denen viele ihren Sitz im Ausland oder in anderen Regionen Deutschlands hatten.

Diese Firmen zählen überwiegend zu den wohl etablierten und führenden mittelständischen Unternehmen ihrer jeweiligen Branche. Sie verfügten zwar über eine ausgezeichnete Integration in ihrer bisherigen Produktionsumgebung, jedoch nur über wenige Kontakte im neuen Ansiedlungsumfeld. Dadurch ergab sich die Notwendigkeit, die Investoren bei der Einbindung in die regionale Wirtschaft und die existierenden Netzwerke aus Wissenschaft, Politik und Verbänden zu unterstützen. Diese Integrationshilfe wurde vom Standortmanagement unter dem Gesichtspunkt der Stärkung der regionalen Verflechtungen geleistet und allseitig sehr zustimmend aufgenommen.

Abb. 7.7 Der Standort ist ausbaufähig …

Neu entstandene Beziehungen zu Universitäten und Fachhochschulen, zu Forschungsinstituten, zu regionalen Unternehmens- und Unternehmerverbänden sowie zu den Anliegergemeinden, dem Landkreis und zur Landesregierung bewirkten eine reibungslose Integration angesiedelter Unternehmen ins Umfeld und ermöglichten die schnelle Wahrnehmung aller vorhandenen Entwicklungsmöglichkeiten.

7.7.1
Forschung und Entwicklung

Die im ValuePark vertretenen Investoren stellen im Wesentlichen stabile mittelständische Unternehmen bzw. Niederlassungen größerer europäischer Firmen dar, die größen- und strukturbedingt lokal über keinen eigenen Forschungs- und Entwicklungsbereich verfügten.

Dennoch gelten auch für sie die Anforderungen, wonach eine erfolgreiche längerfristige Marktpräsenz nur mithilfe von ständiger Pflege und Weiterentwicklung von Produktsortiment, Technologien und kundenorientierten Individuallösungen gesichert werden kann.

Während konzernzugehörige Unternehmen auf zentralisierte Forschungseinrichtungen zugreifen können, die anstehende Aufgaben erfüllen, ist das Vorhalten eigener Forschungs- und Entwicklungsbereiche für kleine und mittelständische Unternehmen nur bedingt möglich.

Um diesen Unternehmen aber dennoch den Zugang zu derartigen Leistungen zu ermöglichen und damit auch einen Beitrag zu ihrem potenziellen Wachstum zu leisten, wurde bereits bei der Konzipierung des ValueParks über die Ansiedlung von Auftragsforschung nachgedacht. Das Vorhandensein von Forschungs- und Entwicklungspotenzial sollte einerseits einen Wettbewerbsvorteil für vorhandene Ansiedler und bei der Suche nach neuen Investoren darstellen, sich aber auch positiv auf die Entwicklung des Chemiestandortes und der Region insgesamt auswirken.

Zielrichtung waren dabei sowohl Leistungen für eigene Unternehmensbereiche als auch zeitlich begrenzt buchbare Aufträge für spezielle Entwicklungsanforderungen von mittelständischen Unternehmen. Aus dem Kunden-Zielspektrum ließ sich ableiten, dass hierfür Entwicklungen von Polymeren und Technologien zur Polymersynthese sowie Methoden der Kunststoffverarbeitung benötigt wurden. Als Partner bot sich hierbei primär die Fraunhofer-Gesellschaft an, die über führende Forschungseinrichtungen auf diesen Gebieten verfügte und die andererseits Interesse an industrienahen Partnerschaftsbeziehungen hatte.

So wurde mit Unterstützung von Land, Bund und Europäischer Union das in seiner Art und Komplexität einmalige Forschungszentrum „Fraunhofer Pilotanlagenzentrum für Polymersynthese und Polymerverarbeitung" im ValuePark errichtet, das die gesamte Breite des in der Kunststoffherstellung und -verarbeitung benötigten Forschungsspektrums abdecken kann.

Beginnend bei der Entwicklung neuer Polymersysteme, der Überführung von Laborergebnissen in den Pilotanlagenbereich mit der Möglichkeit zur Herstellung von Produktmengen, die bei ersten Verarbeitungsversuchen der Industrie benötigt werden, bis hin zu Verfahrensoptimierungen reicht das Spektrum der Leistungen des fachlich vom Fraunhofer-Institut für Angewandte Polymerforschung (IAP) koordinierten Bereiches. Der Leiter des PAZ ist gleichzeitig Lehrstuhlinhaber für Polymerisationstechnik an der Martin-Luther-Universität Halle, sodass man auch mit dieser bedeutenden Ausbildungsstätte vernetzt ist.

Die sich räumlich direkt an den Syntheseteil anschließende Polymerverarbeitung beschäftigt sich primär mit der Entwicklung anwendungsspezifischer Thermoplast-Compounds und der prototypischen Bauteileentwicklung. Es wird fachlich vom Fraunhofer-Institut für Werkstoffmechanik, Institutsteil Halle (IWMH) koordiniert. Damit ist also die Basis für Lösungen zur Optimierung der Prozesskette vom Syntheserohstoff bis zum „Bauteil nach Maß" geschaffen.

7.7.2
Wissens- und Technologietransfer

Basierend auf dem Fraunhofer-Pilotanlagenzentrum und in Zusammenarbeit mit drei weiteren lokalen Partnern, wie z. B. dem Kunststoffzentrum Leipzig, wurde zur Unterstützung kleiner und mittlerer Unternehmen der regionalen Kunststoffverarbeitung ein europaweit wahrnehmbares Kooperationsnetzwerk zum Wissens- und Technologietransfer geschaffen (PAZ trans). Neben dem eigentlichen Management des Wissenstransfers werden hier Leistungen zur Aus- und Weiterbildung, zu spezifischen verarbeitungstechnischen Problemen, zu gesamtbetriebswirtschaftliche Analysen bis hin zur Organisation von Demonstrationsvorhaben angeboten. Zielstellung ist die Erhöhung der Wettbewerbsfähigkeit von kleinen und mittelständischen regionalen Unternehmen der Kunststoffherstellung und -verarbeitung.

7.7.3
Ausbildung und Qualifikation

Bereits während der Existenz des Kombinates VEB Chemische Werke Buna existierte am Standort Schkopau ein Berufsausbildungssystem auf hohem Niveau. Die Entscheidung von Dow, auf die berufliche Erstausbildung weiterhin aktiv zu setzen und diese langfristig orientiert sowohl auf die Bedürfnisse des Eigenbedarfs für den Standort und gleichzeitig für regionale Partnerunternehmen auszurichten, war das Halten der Balance zwischen eigenem wirtschaftlichem Erfolg und der Wahrnehmung von Interessen der Region.

Der Ausbildungsverbund Olefinpartner hat sich in den Jahren seiner Existenz bei Nutzung des Trainingszentrums von Dow zu einem gefragten und geachteten Ausbildungsort für den chemischen und technischen Facharbeiternachwuchs entwickelt und wurde im Rahmen der IHK nahezu kontinuierlich als „beste Ausbildungsstätte" ausgezeichnet.

Hier beziehen natürlich auch ein Großteil der Unternehmen des Standortes und darüber hinaus mehr als 40 Unternehmen der Region, wissenschaftliche Einrichtungen, Institute und Behörden ihren fachlichen Nachwuchs.

Neben der Berufsausbildung steht natürlich das Trainingszentrum auch für zusätzliche umfangreiche Qualifizierungsprogramme, für Programme zum Arbeits-, Gesundheits- und Umweltschutz, für die Aktualisierung des Wissens ausgewählter Bereiche der Informationstechnologie und für firmenspezifische Weiterbildungen zur Verfügung.

Durch eine enge Zusammenarbeit mit Hochschulen und Universitäten der Region, wie z. B. der Fachhochschule Merseburg und der Martin-Luther-Universität Halle-Wittenberg können auch im Rahmen von Praktika und Abschlussarbeiten verschiedenste betriebliche Aufgabenstellungen gelöst werden.

7.8
Ergebnisse

Seit der Grundsteinlegung 1998 ist die Entwicklung des ValueParks durch kontinuierliches qualitatives und quantitatives Wachstum gekennzeichnet.

Die Dow Olefinverbund GmbH als Grundstückseigentümer und Hauptnutzer des Standorts stellte durch ihre Infrastrukturversorgung und das gezielte Dienstleistungsangebot eine kontinuierliche Entwicklung aller angesiedelten Firmen sicher und schuf durch die erfolgreiche Kooperation mit den Standortnutzern des Industrieterritoriums die Voraussetzung für ein beträchtliches Wachstum der Ansiedler hinsichtlich Kapazität, Fläche, Markt und Beschäftigung.

Der Standort als Ganzes entwickelte sich über 15 Jahre zu einem bedeutenden regionalen Entwicklungszentrum. Die angepeilten Beschäftigungszahlen von „3000+" wurden erreicht und deutlich überschritten (siehe auch Abb. 7.8).

Über ein Viertel der Erzeugnisse des Standorteigentümers werden in den Anlagen der Investoren weiter veredelt. Die Investoren haben inzwischen ihre ur-

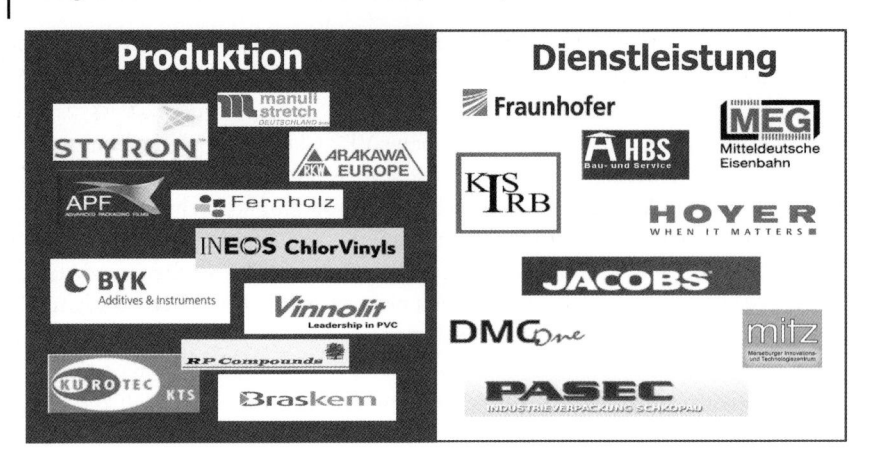

Abb. 7.8 ValuePark-Investoren.

sprünglich geplante Anlagengröße auf ein Vielfaches erweitert. In der Region sind die angesiedelten Firmen als stabile Steuerzahler und Arbeitgeber geschätzt. Auch in den letzten Jahren neu entwickelte Industriekomplexe im Umkreis von etwa 100 km profitieren beträchtlich von der Existenz und den Erzeugnissen der Unternehmen am Chemiestandort Schkopau.

Der ValuePark umfasst inzwischen nicht nur am Standort neu errichtete Firmen, sondern bedingt durch Portfolioänderungen der letzten Jahre auch Ausgliederungen von Firmen, die bisher Teil des Dow-Verbundes waren. Damit hat sich die Zahl der Firmen am Standort weiter erhöht. Unverändert blieb dagegen das Prinzip der Standortsynergien. Besonders in den ersten zehn Jahren des Bestehens des Chemieparks, unterstützt natürlich auch durch ein positives Wirtschaftswachstum, ist eine durchweg positive Bewertung des hier praktizierten „Major-User-Modells" für das Betreiben des Chemieparks zu beobachten.

Die dann folgende weltweite Rezession, einhergehend mit einer wirtschaftlichen Neuausrichtung von Geschäftsfeldern des Standortbetreibers, der Wechsel der Unternehmensphilosophie des Major User weg vom Massenrohstoffproduzenten und hin zum Hersteller von Spezialchemikalien, brachte für den mitteldeutschen Chemiestandort und besonders auch für die Standortansiedler etwas veränderte Bedingungen.

Die Ausgliederung und der Verkauf von Kunststoffproduktionsanlagen, die vorher das Synergiebild im Chemiepark mit bestimmten, beeinträchtigen heute das Verbundgefüge am Standort. Der neue Eigentümer dieser Anlagen befindet sich jetzt ebenso in der Rolle eines Ansiedlers am Standort, der für bezogene Infrastrukturleistungen Marktpreise zahlt.

Er hat damit nicht mehr die Vorteile des Standorteigentümers als Produzent von Erzeugnissen, die bis zum Beginn der Standortwertschöpfungskette rückwärts integriert sind. Damit kann verständlicherweise ein nicht mehr existierender Vorteil auch nicht an Investoren weitergegeben werden.

Jahr	Anzahl der Firmen	Beschäftigte	Investment-summe [Mio €]	Dow-Produkte [MT/a]
1998	0	0	0	0
1999	4	200	102	70 000
2002	9	450	220	425 000
2004	12	650	310	500 000
2009	17	> 850	475	600 000
2012	21	> 1500	> 700	750 000

Abb. 7.9 Entwicklung des ValuePark.

Doch weit mehr als die unternehmensinternen Entwicklungen machen sich negative Einflüsse einer verfehlte Energiepolitik seitens des Bundes und der Europäischen Union auf die Entwicklung des Standortes bemerkbar, wie z. B. ständig steigende Energiepreise und anwachsende EEG-Umlagen. Beeinflusst wird dies durch den hohen Anteil an Braunkohlestrom und die höheren Raten an erneuerbaren Energien im Osten Deutschlands.

Unisono erklären die Standortinvestoren, dass sich die ursprünglich beim Start des ValuePark-Konzeptes vorhandenen Wettbewerbsvorteile dieses Standortes gegenüber anderen deutschen Chemieparks und gegenüber europäischen Chemiestandorten deutlich verringert haben und nur noch dank der Serviceorientierung im ValuePark vorhanden sind (Abb. 7.9).

7.9
Ausblick

Der sich fortsetzende Strukturwandel der chemischen Industrie und die Veränderungen im Unternehmen Dow Chemical könnten in absehbarer Zeit dazu führen, dass der bisherige Standorteigentümer und Hauptnutzer seine Stellung als Major User verliert.

Von einem weiteren internen Wachstum der am Standort befindlichen und inzwischen im Markt wohl etablierten Unternehmen ist allerdings sehr wahrscheinlich auszugehen. Ein Standortwachstum durch Neuansiedlungen von Investoren ist momentan durch eine erfolgte Reduzierung der Ressourcen für Akquisitionen nicht absehbar. Da keine oder nur unbedeutende Neuansiedlungen erfolgen werden, wird es zur Erhöhung der Zahl von Standortinvestoren dadurch kommen, dass Ausgliederungen und Firmenverkäufe von bisherigen Unternehmensteilen des Standorteigentümers vorgenommen werden. Es ist bereits in absehbarer Zeit damit zu rechnen, dass die am Standort Schkopau vom bisherigen Major User in Anspruch genommenen Kapazitäten die 50 %-Marke deutlich unterschreiten werden.

Als Resultat könnte die Position der Gruppe der größeren Unternehmen im ValuePark und deren Einfluss auf die Ausrichtung der Standortentwicklung weiter gestärkt werden. Damit würde dann auch der Druck auf den heute von Dow betriebene Bereich „Infrastrukturleistungen" als Ver- und Entsorgungseinheit des Standortes seitens der an Einfluss gewinnenden Infrastrukturabnehmer zunehmen. Durch die Reduzierung der benötigten eigenen Kapazitäten für den Betrieb und die optimale Versorgung des Standortes könnten dringend notwendige Neu- und Erweiterungsinvestitionen für Infrastrukturobjekte voraussichtlich schwieriger zu realisieren sein.

Die Konsequenz wäre entweder der Rückzug vom Anbieten bestimmter Versorgungseinzelleistungen und damit das Entstehen einer Wettbewerbsposition durch einen oder mehrere Bedarfsträger, die solche Leistungen dann selbst produzieren müssen oder aber die Vergabe derartiger Versorgungsaufgaben an spezialisierte Dritte.

Eine derartige Entwicklung könnte dann langfristig zum Verlust der Wettbewerbsfähigkeit des durch relativ hohe Umlagekosten belasteten Standortversorgers führen und in Konsequenz zu einer Ausgliederung des Versorgungsbereiches als selbstständige Einheit beitragen. Eine weitere Möglichkeit wäre die Übernahme der Standortversorgung durch eine bereits am Markt tätige Infrastrukturgesellschaft. Interessenten für diese Transaktion gäbe es bereits heute.

Eine derartige Entwicklung könnte sich bereits in einem Zeitraum der nächsten fünf bis zehn Jahre abzeichnen. Es deutet sich also auch hier der von den Protagonisten des Chemieparkentwicklung als „gesetzmäßig" vorhergesagte Übergang bei der Entwicklung des Betreibermodells vom Major User zur Infrastrukturgesellschaft an, die dann einen Teil der größeren Unternehmen am Standort als Mitgesellschafter beteiligen könnte. Der Standort als solcher dürfte bei einem derartigen Übergang allerdings keinerlei Gefährdung unterliegen.

Literatur

1. Gummi Rost AG (2005) Geschichte des Kautschuk.
2. Karlsch, R. und Stokes, R. (Hrsg.) (2000) *Die Chemie muss stimmen*, Dow Olefinverbund GmbH.
3. Arbeitgeberverband Nordostchemie e.V. und Verband der Chemischen Industrie e.V., Landesverband Nordost (Hrsg.) (2006) *Chemiker von A–Z*, 2. Aufl., Königsdruck, Berlin.
4. Dow Olefinverbund GmbH (Hrsg.) (2005) *10 Jahre Dow in Mitteldeutschland*, Gehrig Verlagsgesellschaft mbH, Merseburg.
5. Leuna Werke GmbH (Hrsg.) (2000) *Leuna Metamorphosen eines Chemiewerkes*, 2. Aufl., Verlag Janos Stekovics.
6. Heinze, K.-D. verschiedene Vorträge auf Euroforum-Jahrestagungen Chemie- und Industrieparks.

Bildnachweis:
Dow Olefinverbund GmbH
Für die Bereitstellung des Bildmaterials und die Diskussion zum Inhalt wird dem Bereich Öffentlichkeitsarbeit der Dow Olefinverbund GmbH und speziell deren Leiterin, Frau Astrid Molder recht herzlich gedankt.

8
Standortdienstleistungen in der chemischen Industrie als Wettbewerbsfaktor

Christian Hofmann und Christoph Michel

8.1
Standortdienstleistungen – ein breites Spektrum

In der chemischen Industrie kommt den Standortdienstleistungen aus betriebswirtschaftlicher Sicht eine große Bedeutung zu: Zum einen stellen sie mit bis zu 15 % der am Standort anfallenden Kosten (ohne Rohstoffe) einen erheblichen Kostenblock dar. Zum anderen tragen sie wesentlich zur Qualität bei und sichern eine reibungslose Produktion. Dabei ist der Begriff der „Standortdienstleistung" keineswegs einheitlich definiert. Das Portfolio der für die chemische Industrie verfügbaren Standortdienstleistungen ist äußerst heterogen und spiegelt die Reorganisations- und Restrukturierungsprozesse der vergangenen zwei Jahrzehnte wider. Viele Chemieunternehmen haben in diesem Zeitraum ihre wesentlichen Standortservices entweder gebündelt und gestrafft und sich anschließend dem Wettbewerb mit externen Anbietern gestellt oder diese Dienstleistungen ganz ausgegliedert.

In den großen Chemieparks übernimmt häufig ein Standortmanager wesentliche Standortservices, die entweder im Sinne eines internen Shared-Services-Centers agieren oder als externe Partner. Ziel ist eine kontinuierliche Kostenreduktion, die vor dem Hintergrund steigender Energiekosten in Europa eine wesentliche Voraussetzung für die Wettbewerbsfähigkeit darstellt. Hinzu kommt das Streben nach einer möglichst weitreichenden Flexibilisierung der Kostenstrukturen, um auf Nachfrageschwankungen und Volatilitäten an den Märkten angemessen reagieren zu können.

Grundsätzlich lässt sich die Vielfalt der Standortdienstleistungen in der chemischen Industrie in fünf inhaltlich voneinander abgrenzbare Kategorien gliedern:

1. Ver- und Entsorgung: die Bereitstellung der für die Chemieproduktion notwendigen Rohstoffe samt der dafür notwendigen Infrastruktur sowie die Entsorgung dieser Rohstoffe, die Logistik vor Ort, die Lagerung von Produkten und Waren;

2. technische Servicebereiche: die Instandhaltung und Qualitätskontrolle der technischen Anlagen am Standort, einschließlich des Betriebs von Werkstätten, Laboren etc.;
3. Sicherheit und Umwelt;
4. technische Dienstleistungen: die Unterstützung bei der Planung neuer Produktionsanlagen, Energieberatung, Prozessentwicklung oder spezialisierte IT-Dienstleistungen;
5. unterstützende Dienstleistungen: Dienstleistungen, die gar nicht spezifisch für die Chemiebranche sind. Dazu zählen etwa der Werksschutz, die Kantine, die IT oder auch die PR-Abteilung des Unternehmens.

In großen Chemieparks ist das Leistungsportfolio des Standortmanagers zumeist auf die spezifischen Bedürfnisse des angesiedelten Unternehmens abgestimmt und häufig historisch gewachsen. Im jeweiligen Leistungsspektrum spiegeln sich also die vergangenen Ein- und Ausgliederungen von Unternehmensbereichen oder die Portfolioveränderungen des Unternehmens in den letzten Jahren wider.

Dennoch zeigen sich nach Analysen der Boston Consulting Group hinsichtlich der Erbringung bestimmter Dienstleistungen durch die Standortmanager gewisse allgemeine unternehmensübergreifende Tendenzen: Während etwa die meisten Dienstleistungen im Bereich der Ver- und Entsorgung von 60–100 % der Standortmanager abgedeckt werden, finden sich die meisten Technologiedienstleistungen nur bei weniger als einem Drittel der untersuchten Standortmanager im Portfolio (vgl. Abb. 8.1).

Um die Standortdienstleistungen zu optimieren, sind grundsätzlich drei Hebel denkbar: (I) Neubestimmung des Verhältnisses von Outsourcing und In-house-Maßnahmen, (II) aktive Nachfragesteuerung, etwa durch Entwicklung einer eigenen Asset-Strategie zur Reduzierung des Instandhaltungsbedarfs, und

Abdeckung durch Standortmanager (in % der untersuchten Standortmanager)	Überwiegend (100–60 %)		Teilweise (60–30 %)	In Ausnahmen (30–0 %)
Ver- und Entsorgung	• Energie/Dampf • Demineralisiertes Wasser • Kühlung/Druckluft • Technische Gase • Standortlogistik	• Bereitstellung von Infrastruktur • Abwasseraufbereitung • Abfallsammlung • Abfallentsorgung • Lagerwirtschaft	• Infrastrukturplanung	• Supply chemischer Rohstoffe
Technische Servicebereiche	• Werkstätten • Anlagenwartung u. -instandhaltung • Qualitätssicherung • Analytik		• Technisches Facility-Management	
Sicherheit und Umwelt	• Lokaler medizinischer Dienst		• Sicherheit/Umweltschutz • Arbeitssicherheit • Techn. Anlagensicherheit	
Unterstützende Dienstleistungen	• Standortmanagement/-entwicklung • Anlagensicherheit • Vertragslogistikleistungen		• Basis-Facility-Management • Telco/Basis-IT • Genehmigungen/Behörden • Catering	• Aus-/Weiterbildung • HR-Services • PR/Kommunikation • Unterstützung Geschäftsentwicklung
Technologiedienstleistungen			• Anlagenbauplanung	• Energieberatung • Engineering • Prozessentwicklung • Spezialisierte IT-Services

Abb. 8.1 Standortdienstleistungen in der chemischen Industrie.

(III) eine optimierte Gesamtprozesssteuerung und Entwicklung der Dienstleister. Diese drei Hebel werden im Folgenden vorgestellt und auf ihre Erfolgsfaktoren hin befragt.

8.2 Die Potenziale von Outsourcing bei der Optimierung von Standortdienstleistungen in der chemischen Industrie

Outsourcing verfolgt grundsätzlich vier Ziele

Bevor die Frage, in welchen Bereichen sich Outsourcing anbietet und in welchen nicht, sinnvoll entschieden werden kann, ist es zunächst notwendig, sich noch einmal die vier grundsätzlichen Ziele jeder Outsourcing-Maßnahme vor Augen zu halten.

Aus der Sicht der Chemieunternehmen können nämlich neben Kostenreduktion, Wertsteigerung und Prozessverbesserungen auch strategische Entscheidungen wie die Reduktion auf das Kerngeschäft oder die Optimierung von Finanzkennzahlen prinzipiell für ein Outsourcing sprechen.

1. Der Ansatz, Outsourcing zur Reduktion der Servicekosten zu nutzen, basiert auf der Annahme, dass der Outsourcing-Partner durch Skalenvorteile eine bessere Kostenposition besitzt, die dann an das Chemieunternehmen weitergegeben wird. Der Skalenvorteil des Servicedienstleisters kann in der besseren Auslastung eines Assets, wie z. B. einer Müllverbrennungsanlage, bestehen oder sich auch durch reine Einkaufsvorteile ergeben. Die Tendenz zum Outsourcing als einem wesentlichen Mittel zur Kostenreduktion wird insbesondere durch ein schwieriges konjunkturelles Umfeld beschleunigt.
2. Outsourcing kann auch zu einer Verbesserung von Prozessen beitragen. Insbesondere in Bereichen, die einer rasanten technologischen Entwicklung unterworfen sind, kann durch Outsourcing bestimmter Services ein Zugang zu „Best in Class"-Kompetenzen, eine Anwendung der neuesten Technologien oder ein Best-Practice-Sharing erreicht werden. Zudem kann durch dieses Sharing von Best Practices, also die Nutzung einer besonderen Expertise des Dienstleisters, die kostenintensive Vorhaltung und Weiterentwicklung eines speziellen Know-hows abseits der Kernbereiche des Unternehmens entfallen. Beispielsweise kann das Know-how, welches zur Behandlung möglicher Altlasten an einem Chemiestandort nötig ist, von einem spezialisierten Dienstleister bezogen werden.
3. Im Falle eines hohen Wachstums im Kerngeschäft bietet es sich an, sich durch Outsourcing auf das Kerngeschäft zu konzentrieren. Die positiven Folgen hiervon sind die Reduzierung des administrativen Aufwands für Aktivitäten jenseits des wachstumsgenerierenden Kerngeschäfts. So gelingt es, dass insbesondere Führungskräfte nicht mehr einen Teil ihres Zeitbudgets mit Steuerungs- und Koordinierungsaufgaben verbringen, die in der Peripherie der Wertschöpfungskette liegen.

4. Bei angespannter Liquidität und/oder hohen Kapitalkosten ermöglicht Outsourcing eine Verbesserung der Kapitalrendite: Durch Reduzierung der Asset-Basis lässt sich der Return on Assets (RoA) steigern. Die knappen finanziellen Mittel lassen sich für das Kerngeschäft einsetzen.

Für spezifische Servicesegmente kann darüber hinaus auch die mögliche Erhöhung der Transparenz ein Argument für Outsourcing sein. Die klare Abgrenzung von internen Strukturen bzw. der Einbau eines kombinierten Vier-Augen-Prinzips, d. h. die Kombination von Eigenverantwortung und Fremdbeteiligung, kann zur Verringerung von Compliance-Risiken führen. So kann es bei Dienstleistungen, bei denen durch ein geringes Volumen oder eine hohe Spezialisierung ein rein internes Vier-Augen-Prinzip nicht oder kaum möglich ist, sinnvoll sein, eine externe Ausführung der Dienstleistung mit interner Kontrolle zu kombinieren.

Outsourcing oder Insourcing?
Am Beginn jeder Optimierung von Kosten und Leistungen der einzelnen Standortservices stellt sich die Frage, welche Leistungen intern und welche von externen Partnern ausgeführt werden sollen. Anhand welcher Kriterien kann diese Frage entschieden werden?

Für einige Standortdienstleistungen, vor allem in den unterstützenden Funktionen wie Kantine oder Sicherheitsdienst, gilt die Entscheidung inzwischen als selbstverständlich. Bei anderen Dienstleistungen hingegen lohnt sich ein genauerer Blick auf diejenigen Kriterien, mit deren Hilfe sich die beste Lösung finden lässt.

Die wichtigste Frage jeder kritischen Prüfung hinsichtlich der Entscheidung zu Outsourcing oder Insourcing lautet: Wie strategisch relevant und differenzierend im Wettbewerb ist ein bestimmter Standortservice? Auch wenn bei bestimmten Leistungen, etwa im Ingenieursbereich für proprietäre Prozesse, die Empirie eine eindeutige Antwort zugunsten der eigenen Ausführung gibt, sollte diese Leitfrage in regelmäßigen Abständen neu gestellt werden. So hat sich beispielsweise gezeigt, dass große Chemieunternehmen in den vergangenen Jahren ihre eigenen Ingenieurskapazitäten gestrafft haben, um sich stärker auf die Steuerung von Projekten zu konzentrieren, während externe Anbieter, die selbst einem hohen Kostendruck ausgesetzt sind, ihre entsprechenden Kompetenzen und Kapazitäten erweitert, Spezialfähigkeiten ausgebildet und so ihre Wettbewerbsfähigkeit erhöht haben.

Neben der Frage der strategischen Bedeutung einer Dienstleistung, deren Beantwortung entweder für Insourcing oder für Outsourcing-Lösungen spricht, gibt es noch eine Reihe weiterer Kriterien, die zur Entscheidung dieser Frage berücksichtigt werden sollten (vgl. Abb. 8.2).

So sind Kosteneinsparungen über Skalenvorteile, die ein Dienstleister durch Nachfragebündelung mehrerer Chemiekunden erschließen kann, ein wichtiges Argument für die Fremdvergabe. Auch wird für viele Chemieunternehmen die Flexibilisierung der eigenen Kostenstruktur über kurz, mittel- und längerfristige Nachfragezyklen hinweg immer wichtiger. Insbesondere in anlagenintensiven

8.3 Aktive Steuerung der Nachfrage als weiterer Optimierungshebel für Standortdienstleistungen ...   183

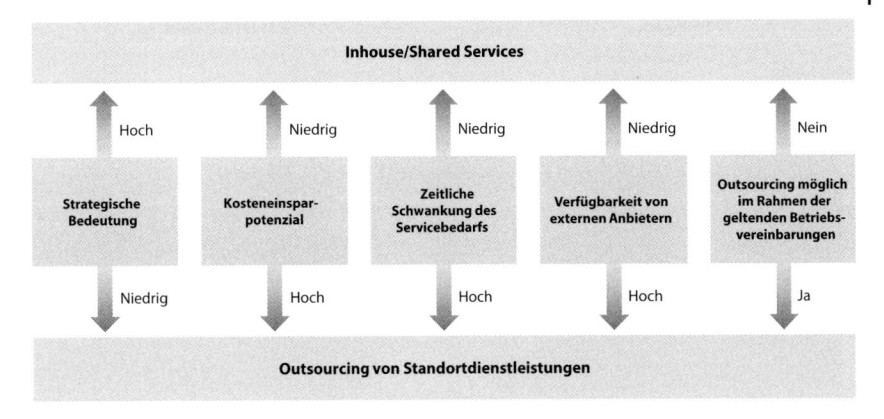

Abb. 8.2 Kriterien für die Fremdvergabe von Standortdienstleistungen.

Segmenten, wie beispielsweise in der Basischemie oder bei Polymeren, ist es wichtig, auch in nachfrageschwachen Phasen die Kostenstruktur flexibel gestalten zu können und auf diese Weise auch in schwächeren Zeiten eine entsprechende Kapitalrendite zu erzielen.

Daneben geht es bei der Beantwortung der Frage, ob eine weitergehende Vergabe von Standortservices sinnvoll ist, auch um die Verfügbarkeit wettbewerbsfähiger Anbieter. Dabei richtet sich der Blick zunehmend nicht nur auf die Anbieter „vor der eigenen Haustür", sondern auch auf das Angebot von Dienstleistern mit unterschiedlich breiten oder spezialisierten Geschäftsmodellen.

Schließlich sind auch die geltenden Betriebsvereinbarungen dahingehend zu prüfen, ob sie das Outsourcing verschiedener Dienstleistungen überhaupt ermöglichen.

8.3 Aktive Steuerung der Nachfrage als weiterer Optimierungshebel für Standortdienstleistungen in der chemischen Industrie – Beispiel: Asset- und Instandhaltungsstrategie

Im Zusammenspiel zwischen Chemieunternehmen und den Anbietern von Standortdienstleistungen bietet sich neben dem Outsourcing von Dienstleistungen auch die Optimierung im eigenen Haus an. So können Chemieunternehmen insbesondere durch die aktive Steuerung der eigenen Nachfrage nach Standortdienstleistungen ihre Profitabilität weiter erhöhen.

Dies gilt vor allem bei komplexeren technischen Dienstleistungen, wie sich am Beispiel der Serviceleistung „Instandhaltung" aufzeigen lässt. Ausgangspunkt einer Optimierung bildet hier die konsequente Anwendung einer eigenen Asset-Strategie: Chemische Produktionsanlagen werden in ihre einzelnen Elemente zerlegt. Jedem „Asset" wird dann eine Instandhaltungsstrategie zugeordnet. Die Segmentierung erfolgt anhand der Ausfallrisiken und der Fehlerhäufigkeit, mit

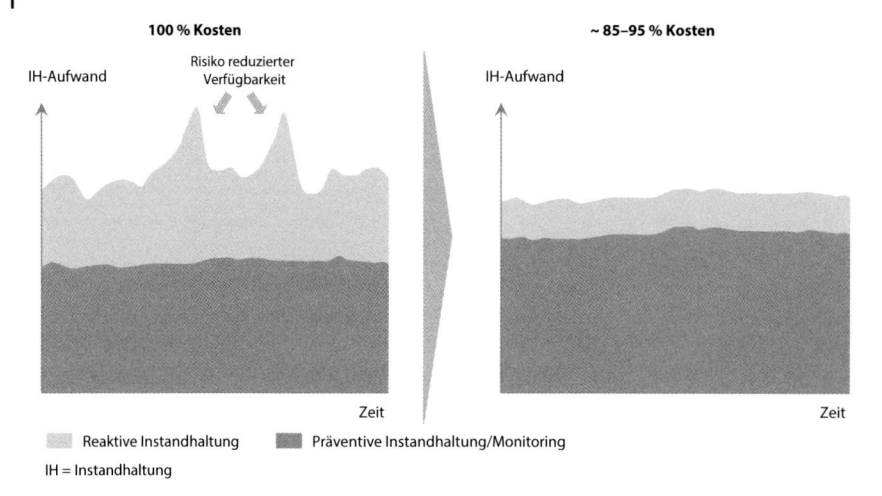

Abb. 8.3 Sinkende Instandhaltungskosten durch Asset-Strategie.

dem Ziel, reaktive Wartungsarbeiten zu reduzieren und die Anlagenverfügbarkeiten systematisch zu erhöhen (vgl. Abb. 8.3).

Das Grundkonzept, Instandhaltungskosten durch eine eigene Asset-Strategie zu senken, ist natürlich längst bekannt und wird von vielen Unternehmen angewandt. In der Praxis hapert es jedoch häufig an der Umsetzung. Beispiele dafür sind etwa eine unvollständige Erfassung der Anlagenteile oder ein erhöhter Umfang ungeplanter Arbeiten im Tagesgeschäft. So zeigen die einzelnen Parameter für die Qualität der Instandhaltung bei den von The Boston Consulting Group analysierten Kundenunternehmen teilweise große Unterschiede im Vergleich zu den Best Practices innerhalb der Branche. Die Abweichungen dieser Unternehmen zu den besten Wettbewerbern liegen beispielsweise bei der Termineinhaltung bei bis zu 40 % oder bei den Abarbeitungszeiten bei vier bis acht Wochen (vgl. Abb. 8.4).

Um derartige Abstände zu den Best-Practice-Unternehmen zu vermeiden, sollte man sich zunächst noch einmal grundsätzlich die drei Phasen jeder Asset-Strategie verdeutlichen:

Asset-Strategie verläuft idealerweise in drei Phasen

1. Im ersten Schritt erfolgt eine Segmentierung der Anlagenteile auf der Basis einer Analyse der Konsequenzen ihres möglichen Ausfalls.
2. Im zweiten Schritt werden Art und Häufigkeiten des Ausfalls von Anlagen sowie deren Gründe ermittelt.
3. Im dritten Schritt schließlich beginnt die eigentliche Optimierung. Aus den Ergebnissen der ersten beiden Schritte wird eine Instandhaltungsstrategie formuliert und umgesetzt, welche reaktive und präventive Instandhaltung kombiniert und ein Monitoringsystem umfasst.

8.3 Aktive Steuerung der Nachfrage als weiterer Optimierungshebel für Standortdienstleistungen ...

Vergleichskriterium	Bester Wettbewerber	Kundenunternehmen
Arbeitsinhalte gemäß IH-Planung	100 %	60 %
Abweichungen von Zeitplan	15 %	30 %
Rückstau der Aufträge	3–4 Wochen	8 Wochen
Einhaltung der PM-Intervalle	100 %	60 %
Anteil geplanter Arbeiten vs. verfügbarer Arbeitsstunden (in Prozent)	90 %	52 %

PM = präventive Instandhaltung/Monitoring; IH = Instandhaltung

Abb. 8.4 Optimierungspotenzial in der Instandhaltung.

Um die drei grundlegenden Phasen einer Asset-Strategie auch erfolgreich umzusetzen, hat sich in der Praxis das Verfahren bewährt, die konkreten Ziele und Vorgaben der Asset-Strategie mithilfe eines Entscheidungsbaums zu ermitteln. Die erste Frage bei einem solchen Entscheidungsbaum lautet: Würde ein Ausfall der Anlage einen größeren Produktionsausfall verursachen? Wenn ja, dann folgt die Frage, ob für diese Anlage Reserven zur Verfügung stehen. Ist dies nicht der Fall, dann ist diese Anlage oder dieser Bereich entsprechend hoch zu priorisieren. Als Maintenance-Strategien empfehlen sich eine Überwachung des Anlagenzustands sowie nichtinvasive Testverfahren und bei entsprechenden Ergebnissen oder Signalen eine hohe Priorität für die Instandsetzung.

Falls hingegen für die Anlage Reservekapazitäten zur Verfügung stehen, stellt sich weiterhin die Frage nach der voraussichtlichen Laufzeit und entsprechend präventiven Instandhaltungsmaßnahmen. Wenn sich keine Laufzeit angeben lässt, müssen die Kosten für den Ausfall berücksichtigt werden. Sind diese Kosten niedrig, wären reaktive Reparaturen und Routinekontrollen die angemessene Lösung. Entstünden hohe Kosten, wären ein Condition-Monitoring sowie Reparaturen aufgrund regelmäßiger Routinechecks die richtige Strategie (vgl. Abb. 8.5).

Obwohl solche Entscheidungsmodelle keineswegs neu sind, belegen unsere Erfahrungen in der Praxis, dass viele Unternehmen der chemischen bzw. petrochemischen Industrie wie auch in der Raffinerieindustrie in der Umsetzung hinter ihren Möglichkeiten zurückbleiben und damit die Chancen, ihren Bedarf an Instandhaltungsmaßnahmen zu reduzieren, noch zu wenig nutzen. Dies lässt sich selbst in Fällen beobachten, in denen Unternehmen eine Anlagensegmentierung durchgeführt und Asset-spezifische Instandhaltungsstrategien formuliert haben. Denn aufgrund der rapiden Fortentwicklung im Bereich von neuen Technologien, Software und Analysekapazitäten lassen sich auch die Asset-Strategie konsequent weiterentwickeln und der Bedarf an Reparatur- und Instandhaltungsmaßnahmen immer genauer prognostizieren. Mit diesen Verfahren lässt sich beispielsweise die Frage beantworten, wann ein Anlagenteil voraussichtlich einen kritischen Zu-

Entscheidungsfrage	Einstufung	IH-Strategie
Gibt es Ersatz/Redundanz? — Nein → Kritisch		Zustandsüberwachung; Zustandsprognose; Nichtinvasive Tests; Reparaturen abhängig von Zustand des Anlagenteils in Echtzeit
Ja ↓		
Verursacht der Ausfall eines Anlagenteils einen größeren Produktionsrückgang, Qualitätseinbußen oder ein Sicherheits- und Umweltrisiko? — Ja → Hat das Anlagenteil eine vorhersehbare Lebensdauer? — Ja → Nicht kritisch		Vorbeugende IH (zeitabhängig); (Kostengünstige) Zustandsüberwachung; Reparatur, wenn laut zeitabhängigem Check erforderlich
Nein ↓ Sind die Ausfallkosten hoch? — Ja ↑		
Nein → Nicht kritisch, Betrieb bis Ausfall		Korrigierende Reparatur; Routinemäßige, aber seltene Inspektion, um Zustand zu prüfen

IH = Instandhaltung

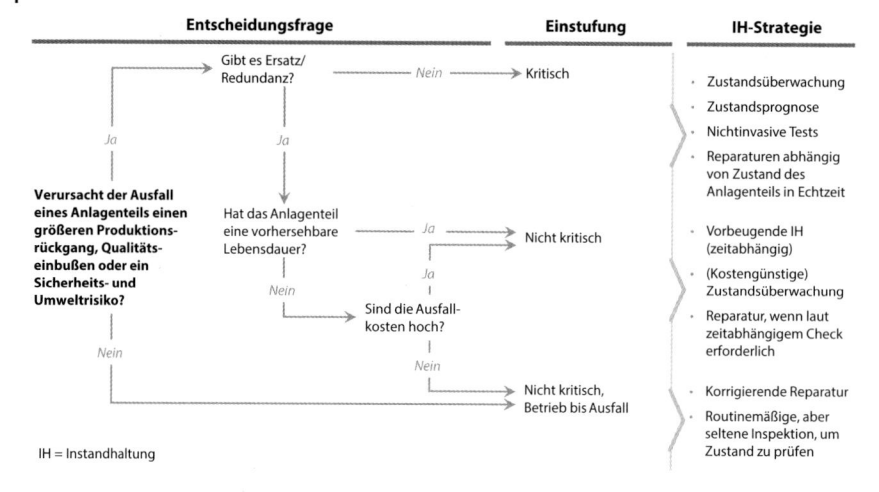

Abb. 8.5 Anlagensegmentierung mithilfe eines Entscheidungsbaums.

stand erreicht und wann der beste Zeitpunkt ist, eine Instandhaltung durchzuführen. So können immer exaktere Risikoprofile erstellt werden.

Mit einer konsequenten Weiterentwicklung der Asset-Strategie lassen sich nicht nur die Kosten der präventiven Instandhaltung senken, Ausfallzeiten minimieren oder Instandhaltungsarbeiten in (kosten)günstigere Zeitfenster verlagern, sondern auch redundante Anlagenelemente identifizieren.

8.4
Optimierte Gesamtprozesssteuerung

Jenseits der beiden bislang erörterten Optimierungshebel – Outsourcing und aktive Nachfragesteuerung – lassen sich auch in der Zusammenarbeit zwischen externen Dienstleistungsanbietern und Auftraggebern beachtliche Potenziale für Kostensenkungen identifizieren. Dabei geht es im Grunde um eine gänzlich veränderte Perspektive auf die Standortdienstleistungen: Anstatt bestimmte Dienstleistungen als isolierte „Gewerke" zu betrachten und isoliert zu optimieren, steht nun die Optimierung des übergreifenden Gesamtprozesses im Mittelpunkt.

An einem konkreten Beispiel lässt sich das gut illustrieren: Vergibt ein Unternehmen die Reparatur von Pumpen an einen externen Dienstleister, werden Einkaufsverhandlungen geführt mit dem Ziel, die Leistungen, die in einem Leistungsverzeichnis definiert sind, zu geringeren Kosten zu beziehen bzw. basierend auf vorhandenen Leistungskennziffern (KPIs) Kostenreduktionen mit dem externen Serviceanbieter zu vereinbaren. Im Vergleich dazu gestaltet sich eine Optimierung des Gesamtprozesses, in dem die Dienstleistung erbracht wird, deutlich anspruchsvoller: Betrachtet werden dabei die Gesamtkosten, die durch Reparaturen oder Instandhaltung der Pumpen anfallen. Dazu zählt die Erfassung des Reparaturbedarfs, die Verarbeitung und Weitergabe der entsprechenden Informationen und ihre Priorisierung, die Übergabe an den externen Dienstleister, die Kontrolle im Hinblick auf Qualität und andere Faktoren, die Informationsverarbeitung bis zum Wiedereinbau und der Inbetriebnahme sowie das weitere (Bad-Actor-)Monitoring. Aus einer solchen Betrachtung des Gesamtprozesses ergibt sich eine Vielzahl von möglichen Hebeln für eine Optimierung. Denkbar ist beispielsweise ein früheres Eingreifen und eine verbesserte Steuerung des Bedarfs mithilfe von Schulungen zum An- und Abfahren, um Pumpenschäden z. B. im Kontext von Großstillständen zu minimieren.

Dabei steht nicht nur derjenige in der Pflicht, der die Dienstleistung nachfragt, sondern auch der externe Anbieter. In der Praxis zeigt sich häufig die Schwierigkeit, den externen Dienstleister in solche bedarfssenkende Initiativen und Maßnahmen aktiv einzubinden, da er ja im Regelfall von einer hohen Nachfrage nach seinen Leistungen profitiert. Die im Rahmen einer solchen Prozessoptimierung erzielbare Kenngröße kann man – analog zu Total Cost of Ownership (TCO) – als Total Cost of Service (TCS) bezeichnen.

Um eine Optimierung von Standortservices mithilfe einer verbesserten Prozesssteuerung – jenseits von Outsourcing und aktiver Steuerung der Nachfrage – zu erreichen, sind jedoch aufseiten der Auftraggeber wie der Dienstleister zunächst eine Fülle von logistischen und organisatorischen Voraussetzungen zu schaffen und das Leistungsspektrum der Dienstleister zu erweitern.

Aufseiten der Dienstleister liegt das Hauptaugenmerk bislang noch häufig auf eng umrissenen Services. Die Differenzierung eines Dienstleisters vom Wettbewerber ergibt sich dabei in der Regel durch besondere qualitative Kompetenz oder Preisführerschaft. Dienstleister wählen bisher nur selten den Weg, ihre Kompetenz im Hinblick auf eine übergreifende Perspektive, die den Kontext der Dienstleistung einbezieht, zu betonen und auf den Mehrwert zu verweisen, den eine optimale Integration einzelner Leistungen sowie ein dadurch möglicher Know-how-Transfer bietet.

Aus diesem Grund ist es hilfreich, wenn sich Dienstleister die Frage stellen, mit welchen Problemen der Auftraggeber tatsächlich konfrontiert ist und welche übergeordneten Bedürfnisse erkennbar sind, selbst wenn der Kunde aktuell nur einen bestimmten, eng umrissenen Service nachfragt. Durch ein aktives Anbieten weiter reichender Lösungen können Dienstleister den entsprechenden Bedarf wecken oder Alleinstellungsmerkmale entwickeln, selbst wenn der Kern ihres Angebots eine Standarddienstleistung ist. Neben der Möglichkeit, sich dadurch im Wettbewerb zu differenzieren, erlaubt der Mehrwert einer prozessorientierten Lösung im Vergleich zum isolierten Serviceangebot dem Dienstleister auch, eine höhere Marge zu erzielen.

Der Auftraggeber wiederum hat folgende Möglichkeiten, um einen geeigneten Rahmen für die Optimierung der Gesamtprozesssteuerung zu schaffen:

1. einen angepassten Ausschreibungs- und Einkaufsprozess, um den richtigen Partner zu finden und richtig zu incentivieren;
2. ein starkes Kontraktorenmanagement, um das Potenzial des Dienstleistungspartners auszuschöpfen;

3. optimierte Schnittstellen, die es dem Dienstleister erlauben, so effizient wie möglich vorzugehen; und
4. die Schaffung einer sehr guten Datenbasis sowie von Transparenz hinsichtlich der internen Kosten, um den Optimierungserfolg messen zu können.

(1)
In der Praxis muss bereits bei der Ausschreibung klar definiert werden, dass der Dienstleister sich nicht mit dem reinen „Abarbeiten" des „Gewerks" begnügen kann, sondern den Gesamtprozess und den Kontext seiner Dienstleistung im Blick haben muss. Von den Einkaufsabteilungen des Auftraggebers wird daher eine Abweichung von dem bisher üblichen Vorgehen bei der Vertragsgestaltung gefordert sein, da in der scheinbar möglichst unspezifischen Beschreibung der zu erbringenden Leistung Vorteile liegen. Dabei sollten die Leistungskennziffern für die Optimierung der TCS nicht zu stark fragmentiert werden. Würde man dem Dienstleister zu viele zu optimierende KPIs vorschreiben, müsste sich dieser zwangsläufig vorrangig auf deren Optimierung anstatt auf eine Optimierung des Gesamtprozesses konzentrieren. Damit würde sich der Schwerpunkt seiner Tätigkeit entsprechend vom eigentlichen Hauptinteresse des Auftraggebers möglichst niedrigen Gesamtkosten entfernen.

(2)
Dieser anfängliche Verzicht auf detaillierte KPIs verlangt jedoch ein aufmerksames Kontraktorenmanagement aufseiten des Auftraggebers. Die verantwortlichen Mitarbeiter müssen nicht nur über entsprechende Fachkompetenz verfügen, um Leistungen der Partner effektiv kontrollieren zu können und im Tagesgeschäft als kompetente Ansprechpartner zu dienen. Vor allem sollten sie in der Lage sein, strategische Aufgaben zu übernehmen, um den Dienstleister nachhaltig im eigenen Sinne entwickeln zu können.

Ein erfolgreiches Beispiel dafür, wie sich Dienstleistungspartner von reinen Dienstleistern zu umfassenden Lösungsanbietern entwickeln können, ist die Entwicklung von Shared-Services-Centers. The Boston Consulting Group hat in den vergangenen Jahren eine Vielzahl von Shared-Services-Projekten bei Unternehmen begleitet. Als Best Practice hat sich dabei ein dreistufiger Prozess etabliert.

> **Dreistufiger Prozess als Best Practice bei der Entwicklung von Shared-Services-Centers**
>
> Auf der ersten Stufe werden „interne Zulieferer" mit klarem Auftrag geschaffen. Der Schwerpunkt liegt auf Effizienz und Kostensenkung durch die Bündelung und Standardisierung von Leistungen. Auf dieser Stufe erbringen Shared Services für das Unternehmen klar definierte Leistungen zu geringeren Kosten. Erst wenn diese Anforderungen erfüllt sind, verlagern sich die Schwerpunkte, um die nächste Stufe der Entwicklung zu erreichen. In einem zweiten Schritt entwickeln Shared Services eigene Geschäftsmodelle, definieren Leis-

tungs- und Sourcing-Umfänge und betreiben ein eigenständiges Leistungs- und Nachfragemanagement mit verursachungsgerechter Preisverrechnung, Kunden- sowie Key-Account-Management. Erst wenn der „Reifegrad" der beiden ersten Stufen erreicht ist, führt der dritte Entwicklungsschritt zum „Full-Service-Provider". Auf dieser Entwicklungsstufe werden Shared Services zu einem strategischen Partner und Berater des Unternehmens, der Lösungen anbietet, Marktchancen erkennt und diese für das Unternehmen nutzt.

(3)
Eine weitere organisatorische Voraussetzung aufseiten des Auftraggebers für die erfolgreiche Optimierung des Gesamtprozesses besteht darin, alle Schnittstellen optimal auf die Arbeitsabläufe des Dienstleisters auszulegen. Hierbei kann eine sog. „Tool-Time"-Studie helfen, um zu erkennen, wo für den Dienstleister vom Auftraggeber verursachte Effizienzeinbußen entstehen. Beispiele dafür sind etwa suboptimale Prozesse bei technischen Gewerken, etwa in den Bereichen Sicherheitsunterweisung, Bereitstellung von Arbeitsschutzmaterial, Ausstellung von Freigabescheinen sowie Materialausgabe, die zu beträchtlichen Wartezeiten aufseiten des Dienstleisters führen können. Selbst wenn diese (je nach Vertragsgestaltung) dem Auftraggeber nicht direkt in Rechnung gestellt werden, müssen derartige vom Auftraggeber verursachte Effizienzeinbußen in den Faktorkosten des Dienstleisters berücksichtigt werden.

(4)
Die Herstellung von Transparenz über sämtliche Kosten eines Prozesses ist ebenfalls eine notwendige Voraussetzung, um das Konzept der TCS praktisch anwenden zu können. Viele Unternehmen müssen die Transparenz bezüglich aller bei einem Prozess anfallenden internen Kosten erhöhen. In der Praxis zeigt sich, dass allein schon eine umfassende Analyse der bestehenden Kostenstrukturen zur Erhöhung der Transparenz vielfältige, bislang schlichtweg übersehene Optimierungspotenziale aufzudecken vermag.

8.5
Total-Waste-Management als Beispiel einer Optimierung der Gesamtprozesssteuerung in der chemischen Industrie

Für die chemische Industrie lässt sich eine optimierte Gesamtprozesssteuerung und optimales Schnittstellenmanagement zwischen Auftraggeber und Dienstleister am Beispiel von Total-Waste-Management illustrieren: Während eine Fokussierung auf das einzelne „Gewerk" der Abfallentsorgung den Blick allein auf die Senkung von Entsorgungskosten einzelner Abfallströme richtet, verfolgt eine gesamthafte Prozessoptimierung die Minimierung der Gesamtkosten, einschließlich einer Steigerung der Wertstofferlöse. Damit dies gelingt, müssen Dienstleister und Auftraggeber bestimmte Aufgaben erfüllen: Total-Waste-Management umfasst über die Entsorgung der Abfälle hinaus die gesamte Wertschöpfungskette von Sammlung, Lagerung, Sortierung und Entsorgung bis hin zur Zuständigkeit für das Handling der Werkstoffe und zum Management der internen und externen Schnittstellen.

Bei einem solchen gesamthaften Verständnis von Total-Waste-Management grenzt sich das Kontraktorenmanagement deutlich von einer reinen Einkaufsaktivität ab und geht über die Verwaltung von Serviceverträgen und die Kontrolle der erbrachten Dienstleistungen weit hinaus. Es umfasst insbesondere die Weiterentwicklung des Dienstleisters, beispielsweise mithilfe von Kennzahlen, die Qualität und Leistungsfähigkeit erfassen. Aus diesen Daten können Schwerpunkte der weiteren Entwicklung abgeleitet werden, die sich im Laufe der Zeit ändern: Während zu Beginn der Partnerschaft die Optimierung von Schnittstellen, das Identifizieren kostengünstiger Entsorgungspartner oder intelligente Logistiklösungen den Schwerpunkt bilden, kann der Partner später angeleitet werden, sich aktiv an der Reduzierung der Abfallmengen zu beteiligen. Ähnlich dem Auftrag eines EPCM-Partners (Engineering, Procurement and Construction Management) bei der Abwicklung von Großprojekten, verschiebt sich auch beim Total-Waste-Management der Aufgabenbereich des Einkaufs von der Bestellung einzelner Dienstleistungen sukzessive hin zur Wahrnehmung umfassender Serviceangebote externer Dienstleister.

Dieser Ansatz beinhaltet natürlich nicht nur Chancen, sondern ist auch mit Risiken verbunden, die eine Kontrolle durch den Auftraggeber erfordern. Das Ziel besteht stets darin, sicherzustellen, dass die erweiterten Befugnisse des Dienstleisters nicht zulasten des Auftraggebers missbraucht werden können. So sollte eine Open-Book-Policy sicherstellen, dass die Einhaltung der Vereinbarungen jederzeit überprüfbar ist. Zudem können sich die Auftraggeber Audit-Rechte zusichern lassen, im Verdachtsfall auch durch externe Wirtschaftsprüfer.

8.6
Fazit

The Boston Consulting Group hat in den vergangenen Jahren viele Unternehmen der chemischen Industrie bei der Optimierung von Standortdienstleistungen begleitet. Die Erfahrungen zeigen dabei, dass im Gesamtspektrum der Standortdienstleistungen unterschiedliche Hebel eingesetzt werden können, um Leistungsverbesserungen und Kostensenkungen zu erreichen. Dazu zählen sowohl strategische Überlegungen, welche Leistungen intern, welche von externen Anbietern bezogen werden sollten; eine aktive Steuerung der Nachfrage, z. B. durch Anwendung einer eigenen Asset-Strategie zur Reduzierung von Instandhaltungskosten sowie eine optimierte Gesamtprozesssteuerung, die von einer isolierten zu einer übergreifenden Perspektive fortschreitet und externe Partner von reinen Auftragnehmern hin zu umfassenden Lösungsanbietern weiterentwickelt.

Für jeden dieser drei Optimierungshebel lassen sich Leitlinien entwickeln, die als Grundlage einer Optimierungsstrategie dienen können.

Ein Vergleich zwischen Unternehmen mit einer strategisch entwickelten Optimierung von Standortservices und jenen Unternehmen, die ihr Serviceportfolio noch in traditioneller Weise aufrechterhalten, zeigt, welche großen Potenziale hier vielfach ungenutzt bleiben. In einem verschärften Wettbewerb um Kosten und Qualität kann eine Optimierung von Standortdienstleistungen wesentlich dazu beitragen, die Leistungsfähigkeit der chemischen Industrie zu steigern. Unternehmen, die ihre Standortdienstleistungen sowie die dafür zugrunde liegenden Annahmen und Strukturen regelmäßig einer Prüfung unterziehen, sichern sich einen entscheidenden Vorsprung im globalen Wettbewerb.

9
Energiemanagement und Versorgung von Chemieparks – Ein Ansatz zur wertschöpfungsgetriebenen Risikosteuerung

Jörg Borchert und Sebastian Rothe

9.1
Einleitung

Mit der Energiewende sind fundamentale Veränderungen des Energiemarktsystems durch den Übergang von einer zentralen zu einer dezentralen Energieversorgung verbunden. Der Anteil regenerativer Erzeugungskapazität an der Gesamterzeugungskapazität ist in den vergangen Jahren auf mehr als 25 % angestiegen. Für konventionelle Kraftwerke ist die Konsequenz, dass die Wirtschaftlichkeit durch den sinkenden Clean-Dark-Spread[1] nicht mehr gegeben ist. Gleichzeitig haben sich die regulatorischen Rahmenbedingungen durch die Ausgestaltung der Anreizregulierung von der Bundesnetzagentur für Strom- und Gasnetzbetreiber zur Verbesserung der Kosteneffizienz weiter verschärft. Somit stehen nicht nur die traditionellen Energieversorgungsunternehmen, sondern auch das Energieversorgungsmanagement von Chemieparkbetreibern vor großen Herausforderungen. Vor diesem Hintergrund zeigt der folgende Artikel einen Ansatz einer wertschöpfungsgetriebenen Risikosteuerung für Chemieparkbetreiber auf, um frühzeitig der zunehmenden Komplexität und Risiken aus dem Energiemanagement in der Unternehmenssteuerung zu erfassen. Unter Risikosteuerung bzw. Risikosteuerungskonzept wird im Folgenden ein Ansatz der Unternehmenssteuerung verstanden mit besonderer Ausrichtung auf das Management von internen und externen Risiken.

Im zweiten Teil werden zunächst die Anforderungen an eine energiewirtschaftliche Unternehmenssteuerung vorgestellt. Dabei werden neben einem kurzen Überblick der energiewirtschaftlichen Rahmenbedingungen und Wirkungszusammenhänge auch das Zusammenspiel von Strategie, Controlling und Risikomanagement erläutert. Der dritte Teil stellt dezidiert ein allgemein gültiges Risikomanagement- und Steuerungssystem vor, das die Grundlage für den Ansatz einer wertschöpfungsgetriebenen Risikosteuerung bildet. Schließlich werden zwei

---

1) Differenz aus Strom-, Brennstoff- und CO_2-Preis.

Fallbeispiele vorgestellt: ein praktischer Ansatz der Implementierung eines strategischen Risikomanagementsystems für einen Chemieparkbetreiber mit eigenen Energieversorgungsanlagen sowie eine beispielhafte Darstellung einer Marktrisikosteuerung von Erzeugungsportfolios von Energieversorgungsunternehmen. Abschließend werden die wesentlichen Erkenntnisse und Handlungsempfehlungen für die Praxis zusammengefasst.

9.2
Energiewirtschaftliche Unternehmenssteuerung

In liberalisierten Energiemärkten stehen Marktteilnehmer im Wettbewerb untereinander, sodass ein kontinuierliches Controlling der Geschäftsfeldziele und die Profitabilität der eigenen Produktauswahl unerlässlich sind. Dies gilt insbesondere für die marktgetriebenen Geschäftsfelder der energiewirtschaftlichen Wertschöpfungskette: Erzeugung, Vermarktung, Handel und Beschaffung sowie Vertrieb. Das regulierte Netzgeschäft unterliegt aufgrund der Anreizregulierung einem Kostendruck, da die Effizienz eines Netzbetreibers die Höhe der Netzentgelte und damit zukünftigen Netzerlöse determiniert.

Für die Steuerung der Energieversorgungsanlagen eines Chemieparkbetreibers sind jedoch Besonderheiten im Vergleich zu einem klassischen Energieversorgungsunternehmen zu beachten. Die günstige Versorgung mit Energie ist im Produktionsprozess eines Chemieunternehmens für dessen Wettbewerbsfähigkeit essenziell und in der Regel eine wichtige strategische Vorgabe der Anteilseigner. Jedoch beobachtet man in der Praxis, dass die Energieversorgungsanlagen als eigenständiges Profit Center mit direkter Ergebnisverantwortung geführt werden. Somit steht das Profit-Center-Energieversorgung vor dem Trade-off zwischen der günstigen Energiebereitstellung und der Gewinnerzielung.

Zusammenhang von Strategie, Controlling und Risikomanagement

Die Unternehmenssteuerung soll als Instrument dazu beitragen, die definierten strategischen Unternehmensziele zu erreichen. Wie diese erreicht werden, muss in der Unternehmensstrategie festgelegt werden. Dabei ist die Überprüfung des Erfolgs immer relativ zu den gesetzten Zielen zu verstehen, um den betriebswirtschaftlichen Erfolg nicht nur des Unternehmens, sondern auch von Geschäftsbereichen oder Produkten quantifizieren zu können.

Eine Vielzahl von Einflussfaktoren, wie z. B. die Liberalisierung der Märkte, die Energiewende, regulatorische Anforderungen sowie Ergebniserwartungen der Gesellschafter und Kunden erschwert aktuell die Generierung stabiler Ergebnisbeiträge in der Energiewirtschaft. Die Chemieindustrie ist im Vergleich zur Energiewirtschaft aufgrund der Kundenstruktur mit der Zulieferung von Produkten für andere Industrieprozesse (z. B. Automobilindustrie) stärker von der Konjunktur abhängig. Somit unterliegt eine Profit-Center-Energieversorgung eines Chemieparkbetreibers dem Geschäftsverlauf der im Chemiepark angesiedelten Unternehmen und Anteilseigner.

Aus diesem Grund kommt dem übergeordneten Risikomanagement eine besondere Rolle zu: Es muss Risiken frühzeitig identifizieren. Dies gilt insbesondere für die Risiken, die auf die Wirtschaftlichkeit von Produkten oder Geschäftseinheiten wirken und somit signifikant das Geschäftsergebnis beeinflussen. Dabei sind sowohl die internen als auch die externen Unternehmensrisiken zu berücksichtigen. Letztere werden klassischerweise von den Marktrisiken, d. h. Strom-, Brennstoff- und CO_2-Preisrisiken bestimmt. Somit kann der Aufbau und die Nutzung eines Unternehmenssteuerungskonzeptes nicht isoliert erfolgen, sondern sollte stattdessen im Zusammenspiel mit der Unternehmensstrategie und dem Risikomanagement geschehen.

Energiewirtschaftliche Rahmenbedingungen
Die energiewirtschaftlichen Rahmenbedingungen determinieren die externen Risiken aus der Perspektive des Energiemanagements und der Versorgung von Chemieparks. Dabei sind die Einflussfaktoren über die gesamte energiewirtschaftliche Wertschöpfungskette – von der Erzeugung, über die Verteilung, den Handel und der Beschaffung bis hin zum Vertrieb – zu analysieren.

Die Energieerzeugung und deren Wirtschaftlichkeit hängen im Wesentlichen von der zukünftigen Ausgestaltung des Energiesystems ab. Derzeit werden von der Politik verschiedene Ansätze diskutiert, um die Versorgungssicherheit nachhaltig zu gewährleisten. Da konventionelle Kraftwerke durch die erhöhte Einspeisung der erneuerbaren Energien derzeit kaum profitabel betrieben werden können, wird über eine Anpassung des Energy-only-Marktes und der Einführung einer strategischen Reserve diskutiert. Ein verändertes Marktdesign hat jedoch einen Einfluss auf die Strompreisentwicklung und damit auf das Risiko des Energiemanagements eines Chemieparkbetreibers. Ferner spiegeln aus Perspektive eines Chemieparkbetreibers das Eigenerzeugungsprivileg und – im Falle eines Wegfalls dieses Privilegs – die Weiterverrechenbarkeit der Kosten an Kunden sowie die EEG-Umlage Risikofaktoren wider. Sofern eigene Strom- und Gasnetze betrieben werden, unterliegen diese im Hinblick auf die Höhe der Netzentgelte der Regulierung. Die Anreizregulierung soll zu einer Kosteneffizienz von Netzbetreibern führen. Diese setzt den Rahmen für zukünftige Netzentgelte und damit der Erlöse für die Netzbetreiber. Diese Kosten sind in den Produktpreisen, wie z. B. für Druckluft, Kälte und Dampf eines Chemieparkbetreibers, enthalten. Um die Wettbewerbsfähigkeit der Anteilseigner aus der Chemie- und Pharmaindustrie zu gewährleisten, ist die Kosteneffizienz des Netzbetriebs Grundvoraussetzung.

Die steigende Wettbewerbsintensität im Energieendkundengeschäft kann durch die Neuansiedlung von Kraftwerksbetreibern das etablierte Geschäft der Energieversorgung des Chemieparkbetreibers gegenüber den Anteilseignern und Kunden bedrohen.

Somit setzt ein wertschöpfungsgetriebenes Steuerungssystem für einen Chemieparkbetreiber eine umfassende Analyse der energiewirtschaftlichen Rahmenbedingungen und deren Einflussfaktoren voraus. Diese Faktoren sind in einem wertschöpfungsgetriebenen Steuerungssystem zu berücksichtigen.

Werttreiber und Wirkungszusammenhänge

Die aus den energiewirtschaftlichen Rahmenbedingungen resultierenden Einflussfaktoren lassen sich in der Praxis sehr gut über Werttreibermodelle entlang der energiewirtschaftlichen Wertschöpfungskette quantifizieren. Abbildung 9.1 zeigt exemplarisch das Zusammenspiel der für die Herstellung der Endprodukte (Strom, Gas, Dampf, Wärme, Kälte etc.) eines Chemieparkbetreibers notwendigen Inputfaktoren.

Dabei wird die Profitabilität der jeweiligen Produktgruppe (hier: Strom, Gas, Wasser, Dienstleistungen und Wärme) durch die Kostenstruktur der Inputfaktoren wie Rohstoffe, Material, Personal, Fremdleistungen und Dienstleistungen und der Unternehmensorganisation bestimmt. Letztere zeigt hier eine Orientierung anhand der energiewirtschaftlichen Wertschöpfungskette. Um jedoch die Profitabilität einer Produktgruppe in einem Steuerungssystem unter Risikogesichtspunkten analysieren zu können, sind die komplexen Interdependenzen zwischen den Produkten in der Werttreiberanalyse zu berücksichtigen. Einzelne Produkte, wie z. B. Dampf und Strom, sind Inputfaktoren von Produkten wie Kälte und Druckluft. Diese Beziehungen sind durch die Weiterverrechnung von bezogenen Leistungen aus dem Controlling-System in einem Werttreibermodell zu hinterlegen, um eine Transparenz hinsichtlich der Profitabilität, Kostenstrukturen und Risiken unter Steuerungsgesichtspunkten erzielen zu können. Nur so kann letztendlich das im Sinne der energiewirtschaftlichen Unternehmenssteuerung notwendige Zusammenspiel von Strategie, Controlling und Risikomanagement ermöglicht werden. In der Fallstudie im Kapitel 4 wird dieses Zusammenspiel am Beispiel der Konzeption eines strategischen Risikomanagementsystems für das Energiemanagement und die Energieversorgung eines Chemieparkbetreibers aufgezeigt.

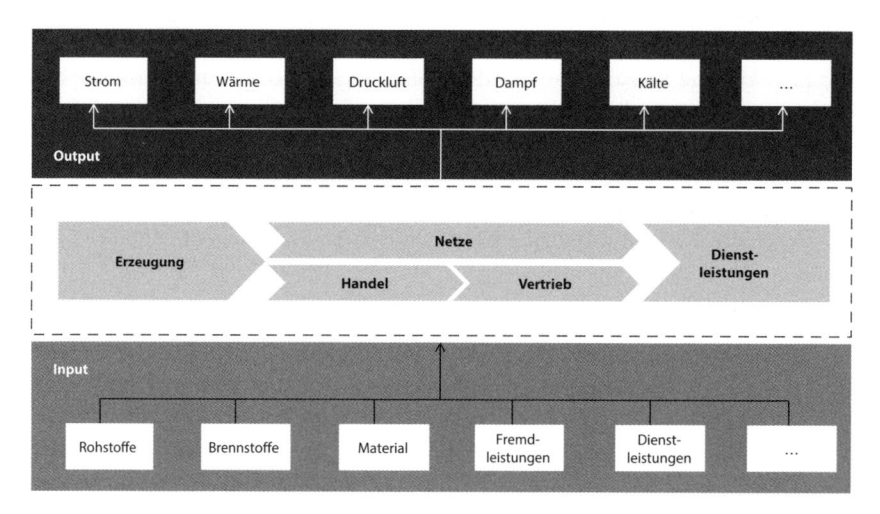

Abb. 9.1 Energiegeschäft am Beispiel eines Chemieparkbetreibers.

9.3 Risikomanagementsysteme

Grundlagen

Ein funktionierendes Controlling und Risikomanagement dienen dem Unternehmen, einen nachhaltigen Erfolg zu generieren. Hierbei unterstützen beide Funktionen das Erreichen der angestrebten Ertragsziele, ohne bestandsgefährdende Risiken aufzubauen. Controlling wie Risikomanagement gestalten in ihren Möglichkeiten das Geschäft unter diesen Prämissen und stellen geeignete Führungs- und Steuerungsinformationen zur Verfügung. Neben diesen reinen betriebswirtschaftlichen Notwendigkeiten existieren verschiedene regulatorische Vorgaben vor allem für das Einrichten eines Risikomanagements.

Die allgemeinen gesetzlichen Anforderungen an das Risikomanagementsystem lassen sich aus dem Gesetz zur Kontrolle und Transparenz im Unternehmensbereich (KonTra-Gesetz)[2] – speziell dem §91 II AktG – herleiten. Danach hat der Vorstand die Pflicht, für ein angemessenes Risikomanagement und eine angemessene Revision zu sorgen. Je nach Größe und Komplexität der Unternehmensstruktur gilt dieses auch für Geschäftsführer von Gesellschaften anderer Rechtsformen, wie z. B. der GmbH.

Für die Unternehmen, die auf Kapitalmärkten aktiv sind, stellen die MaRisk – die Mindestanforderungen an das Risikomanagement – eine konkrete Referenz für den Aufbau eines Risikomanagements dar. Alle Energieunternehmen – vor allem Versorgungsunternehmen, Industrieunternehmen, Dienstleistungsunternehmen im Energiemarkt mit signifikantem Bezug zum Energieeinkauf – sind mittel- oder unmittelbar am Großhandelsmarkt für Energie engagiert. Dieser Großhandelsmarkt funktioniert prinzipiell analog zu allen anderen Kapitalmarktsegmenten. Insofern haben sich die meisten Energieunternehmen verpflichtet, ein Risikomanagement im Sinne der MaRisk zu erfüllen.

Die MaRisk umfassen diverse Vorgaben zur Ausgestaltung von Risikomanagementsystemen und vor allem auch Regelungen zur Aufbau- und Ablauforganisation.[3]

Strukturen des Steuerungssystems

Bevor ein Risikomanagementsystem aufgebaut werden kann, muss Klarheit herrschen über das, was als Risiko aufgefasst werden soll. Folgende sehr allgemeine Auffassungen von Risiko werden häufig unterschieden:

- die Gefahr des Misslingens einer Leistung,
- die Gefahr einer Fehlentscheidung,
- die Gefahr einer Zielabweichung.

---

2) Gesetz zur Kontrolle und Transparenz im Unternehmensbereich (KonTraG) v. 27.4.1998, BGBl. I S.24.
3) Rundschreiben 5/2007 (BA) – Mindestanforderungen an das Risikomanagement – MaRisk, AT 1.

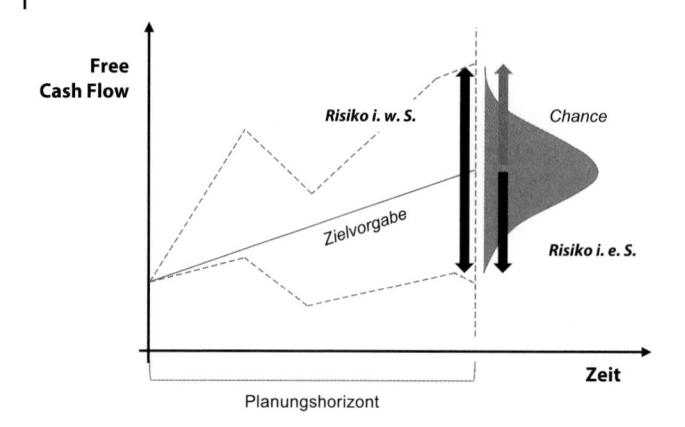

Abb. 9.2 Abgrenzung von Chancen und Risiken.

Wir folgen häufig der letzten Definition. Risiko ist hier im weiteren Sinne die *Gefahr von* möglichen *Zielabweichungen*. Dabei bezieht sich die weit gefasste Definition sowohl auf positive wie auch auf negative Abweichungen. Das Risiko im engeren Sinne umfasst lediglich die negative Zielverfehlung. Positive Abweichungen werden als Chance bezeichnet (Abb. 9.2).

Um ein Risiko zu quantifizieren, wird es hinsichtlich seiner Dimensionen beschrieben, wobei die negative Zielabweichung als Schaden oder Verlustgefahr bezeichnet werden kann. Die Dimensionen des Risikos sind:

- Schadenshöhe,
- Eintrittswahrscheinlichkeit des Schadens,
- Zeitpunkt des Schadenseintritts.

Eine integrierte Betrachtung aller Dimensionen des Risikos ist notwendig, da nur die Kombination aus negativer Wirkung (Schaden) und aktueller Bedrohung (naher Zeitpunkt, Eintrittswahrscheinlichkeit > 0) ein Eingreifen erfordert.

In der unternehmerischen Praxis treten eine Vielzahl von Risiken auf. Diese werden häufig wie folgt unterschieden:

- anhand der Unternehmenssystemgrenze in unternehmensinterne (endogene) und unternehmensexterne (exogene) Risiken,
- anhand der Unternehmensaktivitäten in leistungswirtschaftliche und finanzwirtschaftliche Risiken,
- anhand der Unternehmensebene und der Reichweite von Entscheidungen in strategische und operative Risiken,
- anhand der möglichen Absicherung in reine und spekulative Risiken.

Neben den oben genannten Kategorien für Risiko kann ein eher operationaler Ansatz darin bestehen, die Risiken nach den Geschäftsbereichen zu ordnen. In der Folge des Artikels werden wir Risikokategorisierungen anhand von Fallbeispielen vornehmen.

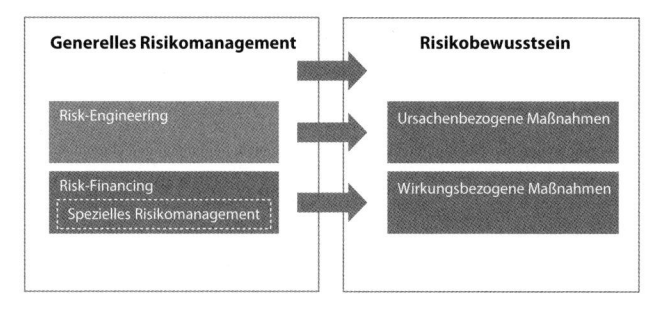

Abb. 9.3 Dimensionen eines generellen Risikomanagements.

Aufgabenbereiche des Risikomanagements

Ziel des *generellen Risikomanagements* ist der Schutz bzw. die Bewältigung von Risiken, die einen bedeutenden Einfluss auf die wirtschaftliche Lage des Unternehmens haben. Das Risikomanagement muss daher gewährleisten, dass bestehende und potenzielle Risiken kontrollierbar und kalkulierbar sind, und zudem die gewünschte Balance von Risiko und Rendite im Unternehmen umgesetzt wird.

Die Ausweitung des Risikomanagements zu einer letztendlich risikobewussten Unternehmensführung spiegelt sich begrifflich im Terminus „generelles Risikomanagement" wider (Abb. 9.3).

Das Vermindern oder Vermeiden von Risiken durch technische oder organisatorische Maßnahmen wird als *Risk-Engineering* bezeichnet. Ansatzpunkt der Maßnahmen sind die Ursachen bzw. Eintrittswahrscheinlichkeiten der Risiken. Das Transferieren im Sinne von traditionellen Versicherungslösungen (spezielles Risikomanagement) sowie das Selbsttragen, evtl. unter Ausnutzung alternativer Risikofinanzierungsinstrumente, werden unter dem Begriff *Risk-Financing* zusammengefasst. Die Maßnahmen des Risk-Financing konzentrieren sich auf eine Begrenzung der Schadenshöhe und sind damit wirkungsbezogen. Das Risikobewusstsein soll die rechtzeitige Einleitung der ursachen- und wirkungsbezogenen Maßnahmen gewährleisten.

Des Weiteren im engeren und weiteren Sinne gesprochen (Abb. 9.4).

Für eine Einschätzung des Erfolgs von Risikomanagementmaßnahmen muss zunächst das Risiko gemessen werden. Die Quantifizierung des Risikos kann anhand der Verteilung prognostizierter Unternehmensergebnisse erfolgen. Zur Ergebnismessung eignen sich absolute Größen, wie der Gewinn bzw. der Nettofinanzmittelfluss (Cash Flow), oder relative Größen, wie die Rentabilität des

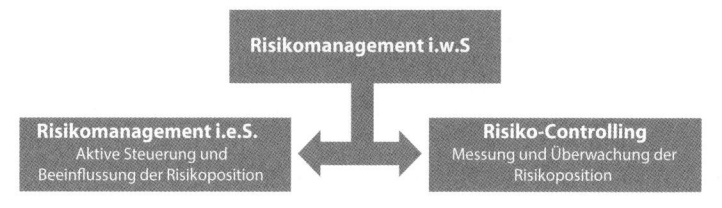

Abb. 9.4 Risikomanagement und Risiko-Controlling.

Vermögens bzw. des Kapitals. Die Höhe der Schwankungen um den Mittelwert der Messgröße (Volatilität) kennzeichnet das Ausmaß unternehmerischen Risikos. Die gezielte Reduktion der Volatilität ist ein Anzeichen für erfolgreiches Risikomanagement. Die Unternehmensleitung trägt die Verantwortung für den Bestand und die erfolgreiche Weiterführung des Unternehmens. Um dieses unternehmerische Oberziel zu realisieren, fordert der Gesetzgeber die Einführung eines Risikomanagementsystems.

Grundlage für die operative Durchführung des Risikomanagements ist die Risikopolitik. Anhand der Vorgaben der Unternehmensleitung wird eine Analyse der Risikosituation durchgeführt. Die gemessene Risikoposition wird durch die Risikosteuerung an die strategischen Vorgaben angepasst. Die vom Unternehmen getragenen Risiken werden überwacht und einem Soll-Ist-Vergleich unterzogen. Die Elemente des Risikomanagements werden in den folgenden Abschnitten kurz erläutert.

Risikopolitik
Die Risikopolitik ist integraler Bestandteil der Unternehmensstrategie und befasst sich explizit mit den unternehmerischen Risiken und Chancen. Innerhalb der Risikopolitik wird festgelegt, welche Risiken eingegangen werden sollen und welchen Umfang diese Risiken annehmen dürfen. Die Unternehmensleitung hat die Aufgabe, für alle Risikobereiche strategische Vorgaben für die Handhabung der Risiken zu entwickeln. Hierbei ist es wichtig, für jedes Geschäft angemessene Zielvorgaben für das Verhältnis Rendite und Risiko zu geben.

In der Abb. 9.5 sind drei verschiedene Geschäftsmodelle dargestellt. Es ist erkennbar, dass erwartete Rendite (Punkte) und das korrespondierende Risiko (z. B. gemessen anhand der Standardabweichung der Wahrscheinlichkeitsverteilung der Rendite oder auch der Wahrscheinlichkeit, dass ein bestandsgefährdendes Risiko eintritt) des Geschäftes in einem positiven Verhältnis zueinander stehen. Es ist sehr wichtig, dass durch die Unternehmensleitung explizit diese beiden Grenzgrößen für jedes Geschäft vorgegeben werden. Dieses gilt für Geschäftsfelder sowie auch analog für einzelne Aktivitäten (z. B. Investitionen oder auch Steuerung des operativen Geschäftes). Damit das Risiko nicht bestandsgefährdende Ausmaße annimmt, wird durch die Geschäftsleitung anhand der Risikopolitik eine Verlustobergrenze definiert. Mit der Höhe der Verlustobergrenze bringt die Geschäftsleitung ihre Risikoneigung (Risk Appetite) zum Ausdruck. Sie sollte sich an der Eigenkapitalausstattung, der Ertragsstärke, zukünftiger Markteinschätzung und unternehmensspezifischer Risikoausrichtung orientieren. Die *Verlustobergrenze* kann zukunftsorientiert als maximal zulässiges Verlustpotenzial oder vergangenheitsorientiert als Maximum realisierter Verluste betrachtet werden.

Risikoidentifizierung und -analyse
Um zu wissen, welche Risiken und in welchem Ausmaß diese Risiken ein Unternehmen bedrohen, wird eine Risikoanalyse durchgeführt. Die priorisierten Risi-

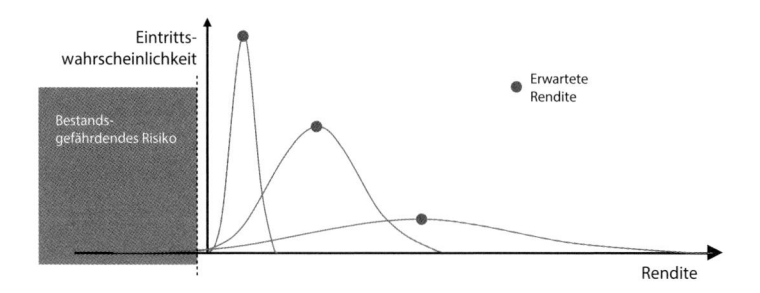

Abb. 9.5 Geschäftsmodelle unter Rendite und Risiko.

ken werden innerhalb der Risikomessung quantifiziert. Ziel der Risikoidentifizierung ist es, die wesentlichen Risiken[4] je Risikobereich zu erheben, ihre Ursachen und Wirkungen zu beschreiben und einer Priorisierung zu unterziehen. Für die Identifizierung der Risiken stehen praktisch alle bekannten Analyseinstrumente und Informationsquellen des strategischen Controllings zur Verfügung.

Die sich ständig ändernde Unternehmenssituation erfordert eine kontinuierliche Analyse des Unternehmens und seines Umfelds. Für eine bessere systematische Erfassung der Risiken kann die Abgrenzung verschiedener Risikobereiche vorgenommen werden. Die Ergebnisse der Informationsauswertung werden in einem Risikokatalog zusammengestellt (Risk Map).

Um die für den Unternehmensbestand bedrohlichen Risiken aus den identifizierten zu isolieren, werden die Risiken bewertet. Es entsteht Handlungsbedarf, wenn ein Risiko hinsichtlich seines Erwartungswertes einen für das Unternehmen kritischen Wert überschreitet. Der Erwartungswert ergibt sich aus dem Produkt von Eintrittswahrscheinlichkeit und Schadenshöhe. Da für viele Risiken nur auf ungenügende Informationen zurückgegriffen werden kann, erfolgt die erste Bewertung z. B. anhand qualitativer Aussagen. Zur Verdeutlichung können die Risiken in ein Risikoprofil übertragen werden (Abb. 9.6).

Die Zusammenführung der Einzelrisiken für die Bewertung der Gesamtrisikolage eines Unternehmens wirft Probleme auf. Aufgrund von Risikoabhängigkeiten kommt es innerhalb eines Risikoportfolios zum Ausgleich bzw. zur Verstärkung von Risiken. Bei der anschließenden Risikomessung müssen solche Effekte berücksichtigt werden.

Risikomessung
Nach der Identifizierung der Risiken erfolgt deren Quantifizierung. Wie risikobehaftet eine eingegangene Position ist, folgt aus der Intensität ihrer Wertschwankungen. Eine statistische Kennzahl für die Schwankungsintensität ist z. B. die Varianz. Sie gibt die Streuung der Beobachtungsgröße um ihren arithmetischen Mittelwert an. In der finanz- und energiewirtschaftlichen Praxis werden für gut quantifizierbare Risiken auch häufig sog. Downside-Maße wie der Value oder

---

[4] Risiken mit einem signifikanten Einfluss auf die Vermögens-, Finanz- und Ertragslage des Unternehmens.

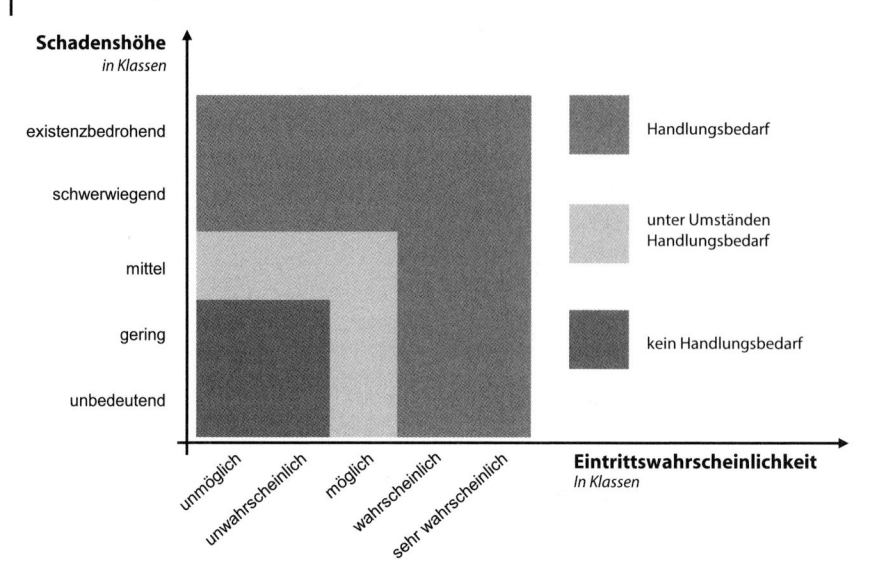

Abb. 9.6 Schadenshöhe und Eintrittswahrscheinlichkeit.

Profit at Risk verwendet. Diese Ansätze inkludieren Diversifikationen zwischen einzelnen Geschäften durch ausdrückliche Berücksichtigung von Korrelationseffekten zwischen einzelnen Geschäften. Bei qualitativ eingeschätzten Risiken werden in praxi sehr einfache Verteilungsannahmen getroffen (z. B. ein Risiko ist dreiecksverteilt, d. h., es werden erwartete, schlechtestmögliche bzw. beste Werte abgeschätzt, oder auch nur bernoulliverteilt). Alle Annahmen und Ansätze zur Risikomessung sind in regelmäßigen Abständen sehr kritisch zu hinterfragen.

Risikosteuerung

Im Zuge der Risikosteuerung wird das risikopolitische Instrumentarium eingesetzt, um ein ausgewogenes Verhältnis zwischen Ertrag und Risiko herzustellen. Das risikopolitische Spektrum der Steuerungsansätze umfasst:

- die Verringerung der möglichen Verlusthöhe bzw. der Verlustwahrscheinlichkeit von Risiken,
- den Risikoausgleich durch Kombination mehrerer, nicht vollständig positiv korrelierter Risiken (Diversifikation),
- die Risikofinanzierung durch vorsorgliche Bildung von Reserven oder Rücklagen, die zum Ausgleich eintretender Verluste eingesetzt werden können und
- die Übertragung oder Überwälzung von Schadensgefahren oder Verlustpotenzialen auf Dritte, z. B. durch Versicherungen oder Hedging.

Risikoüberwachung

Ziel der Risikoüberwachung ist die aktuelle Kenntnis der Risikoposition des Unternehmens im Verhältnis zu den risikopolitischen Vorgaben. Innerhalb der Er-

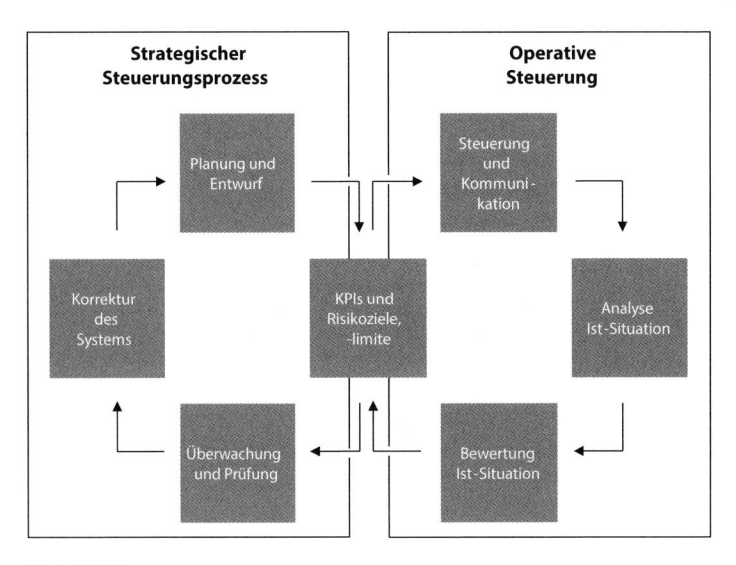

Abb. 9.7 Steuerungsprozess.

folgsüberwachung wird geprüft, ob die aus der Risikopolitik hervorgegangene Verlustobergrenze durch die Maßnahmen der Risikosteuerung eingehalten wurde. In kapitalmarktgetriebenen Geschäften werden mindestens handelstäglich die offenen Positionen aus Grund- und Sicherungsgeschäften zu einer Gesamtrisikoposition zusammengefasst. Mithilfe der Methoden der Risikomessung werden mögliche negative Marktentwicklungen vorweggenommen, um die Verlustpotenziale der Risikoposition aufzeigen zu können. In allen anderen Geschäften erfolgt die Messung in deutlich geringerer Frequenz (z. B. monatlich oder auch nur quartalsweise). Die Ergebnisse dieses Soll-Ist-Vergleichs werden im Risikobericht dokumentiert und der Geschäftsleitung vorgelegt.

Abbildung 9.7 fasst den gesamten Prozess noch einmal zusammen.

Links ist der strategische Kreislauf beschrieben. Dieser Kreislauf beschreibt das Zustandekommen und das regelmäßige kritische Hinterfragen des bestehenden Steuerungssystems. Rechts ist der operative Kreislauf mit den oben im Text beschriebenen Aspekten dargestellt.

Zusammenspiel von Risikomanagement- und Controlling-Systemen
Wie an den einführenden Beschreibungen des Zusammenhangs aus Strategie, Controlling und Risikomanagement sowie in Abb. 9.7 bereits deutlich geworden ist, sind das Risikomanagement und das Controlling zwei eng zusammenhängende Funktionen. Die funktionale Nähe fasst Abb. 9.8 zusammen.

Im Rahmen der Strategie werden die zukünftigen Geschäftsfelder und deren Geschäftsmodelle definiert. Hiermit korrespondieren unmittelbar auch die Risikopolitik und damit das maximal durch das jeweilige Geschäftsfeld vertretbare maximale Verlustpotenzial, wie oben ausgeführt. Das Geschäftsmodell spiegelt sich dann in der strategischen Planung bezüglich der erwarteten Erträge (Rendi-

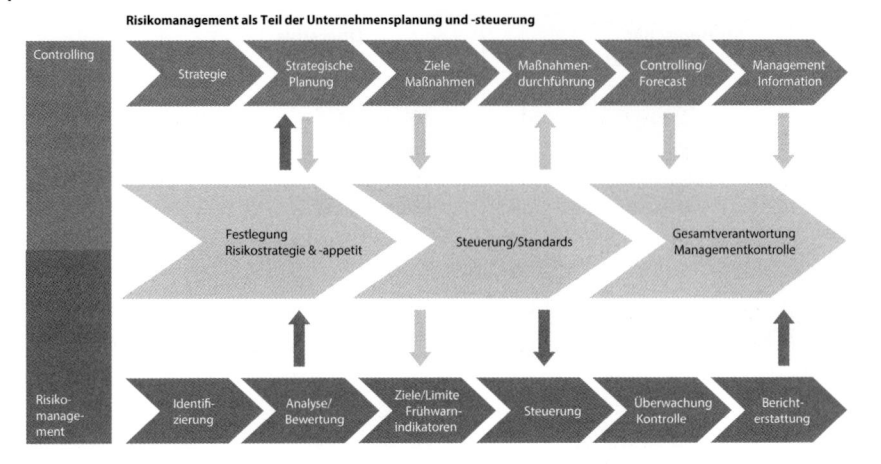

Abb. 9.8 Zusammenspiel von Risikomanagement- und Controlling-Systemen.

te) wider sowie im Risikomanagement bezüglich des maximalen Verlustpotenzials als Risikolimits. Rendite und Risiko werden hiermit simultan geplant. Das Geschäft wird anhand ex ante definierter Maßnahmen gesteuert. Diese Maßnahmen beziehen sich gleichermaßen auf das Erreichen der Geschäftsziele sowie auf das Einhalten der Verlustobergrenzen. Die Zielvorgaben zum Erreichen der geplanten Rendite sind damit das führende Ziel, die Maßnahmen zur Risikosteuerung garantieren als Restriktion das Einhalten der Verlustobergrenze. In regelmäßigen Abständen – im energiewirtschaftlichen Geschäft beispielsweise routinemäßig monatlich, im operativen Energiehandel auch handelstäglich – erfolgt ein systematischer Vergleich zwischen Sollvorgaben und Istdaten. Im Rahmen dieses Vergleichs wird geprüft, ob Renditeziele erreicht werden können und ob Risikolimits bzw. -ziele verletzt sind. Da das Management Geschäftsverantwortung an Mitarbeiter delegiert, aber die Gesamtverantwortung für das Geschäft trägt, wird u. a. über die beiden Zielgrößen Rendite und Risiko sowie deren Treiber regelmäßig berichtet. Bei drohenden Zielverletzungen kann damit das Management eingreifen.

9.4
Fallstudien

In diesem Abschnitt werden zwei Konzepte eines Risikosteuerungskonzeptes vorgestellt, eines aus der Perspektive eines Chemieparkbetreibers mit eigenen Energieversorgungsanlagen und eines für ein klassisches Energieversorgungsunternehmen. Ausgangspunkt für die Konzeption eines Steuerungskonzepts ist das Verständnis der unternehmensindividuellen Ziele und der Ausgangssituation, die im Folgenden beschrieben werden.

Ziele und Ausgangssituation

Ein Chemieparkbetreiber, der über eigene Energieversorgungsanlagen verfügt, steht in der Regel vor dem Trade-off zwischen dem Angebot günstiger Energie für die Anteilseigner und die Erzielung von Gewinnen. Deshalb muss die Preis- und Produktstrategie differenzieren zwischen den Ansprüchen der Anteilseigner und den Marktkunden, d. h. sonstige im Chemiepark ansässige Kunden.

Ein Erfolgsfaktor für die Anteilseigner aus der Chemieindustrie sind wettbewerbsfähige Energiebezugskosten. Im Umkehrschluss bedeutet dies für den Chemieparkbetreiber, in dem Steuerungskonzept insbesondere Kostentransparenz für die einzelnen energiewirtschaftlichen Produktgruppen zu schaffen. Typischerweise geht das Angebot energiewirtschaftlicher Produkte eines Chemieparkbetreibers über das Angebot eines Energieversorgungsunternehmens hinaus. Somit gehören neben Strom, Erdgas und Wasser auch Produktgruppen wie Dampf und Kälte zum Produktportfolio. Ferner bestehen zwischen den Produktgruppen Interdependenzen, die in dem Steuerungsprozess unbedingt zu berücksichtigen sind. So benötigen beispielsweise die konventionellen Kraftwerke für ihren Betrieb kontinuierlich Kühlwasser. Gleichzeitig besteht für die Herstellung des Kühlwassers Bedarf an Energie.

Da die Energieverorgungsanlagen in einem Chemiepark in der Regel als Profit Center geführt wird, besteht neben der Versorgungsaufgabe mit günstiger Energie das Bestreben, Überschüsse und Margen zu generieren. Aus der Festlegung des Geschäftsmodells folgt die Lösung des beschriebenen Trade-offs.

9.5 Konzeption eines strategischen Risikomanagementsystems für Energiemanagement und -versorgungsanlagen eines Chemieparkbetreibers

Für die Konzeption eines strategischen Risikomanagementsystems sind zunächst die Anforderungen und Leistungsfähigkeit gemeinsam mit dem Management festzulegen. In dem konkreten Fall war es die Aufgabe, vorausschauend im Hinblick auf die zunehmende Komplexität das vorhandene Steuerungssystem weiterzuentwickeln, das den einfachen Blick auf die Risiken sowie die Erfolgsgrößen ermöglicht. Dabei bestand die besondere Herausforderung darin, die Wirkungszusammenhänge zwischen den Produktgruppen zu berücksichtigen und damit die Transparenz für die Geschäftsleitung weiter zu erhöhen.

Unerlässlich ist hierzu das Verständnis des Geschäftsmodells. Dafür wurden in einem ersten Analyseschritt strukturierte Interviews mit den jeweiligen Führungskräften geführt, um die das Geschäftsmodell als solches zu verstehen und darüber hinaus interne und externe Risikofaktoren zu identifizieren. In den Gesprächen standen dabei u. a. folgende Fragen im Vordergrund:

- Welche Produktanteile/Leistungen werden je Segment erstellt und welcher Input wird benötigt?

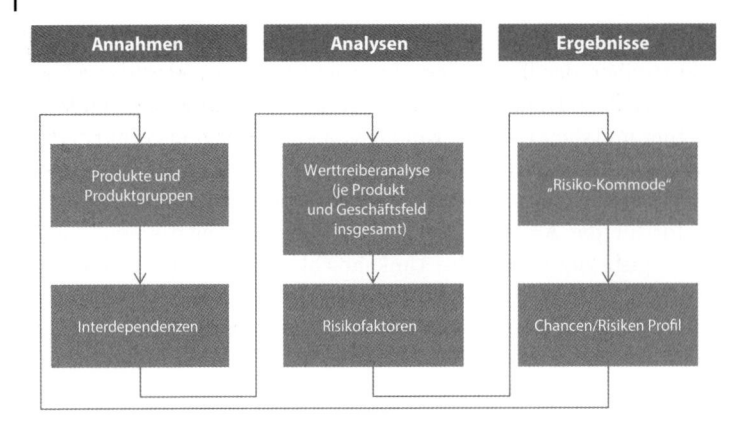

Abb. 9.9 Konzept strategisches Risikomanagementsystem. Quelle: BET.

- Handelt es sich um Leistungen innerhalb der Wertschöpfung oder unterstützende Leistungen?
- Wie sehen die Leistungsbeziehungen zwischen den Produktgruppen aus?
- Nach welchem Prinzip werden Leistungen verrechnet?
- Welche Steuerungsmöglichkeiten ergeben sich je Produktgruppe?
- Welchen Beitrag am Gesamterfolg haben die einzelnen Produktgruppen?

Ein wesentliches Zwischenfazit war das Verständnis der Wirkungszusammenhänge, um die Ergebniseffekte aus der Risikosteuerung in ihrer Größe quantifizieren zu können.

Die Interdependenzen wurden in dem Risikosteuerungsmodell entsprechend hinterlegt und dienten der Verknüpfung der bestehenden Leistungsbeziehungen zwischen den Produktgruppen. Für jede einzelne Produktgruppe wurde in Zusammenarbeit mit dem Controlling und den Führungskräften eine Werttreiberanalyse durchgeführt, die in eine erweiterte Gewinn- und Verlustrechnung in dem Risikosteuerungsmodell überführt wurde.

Abbildung 9.9 zeigt exemplarisch die Modellskizze des strategischen Risikomanagementsystems.

In dem Modellteil „Annahmen" werden für die einzelnen Produkte die Erfolgsrechnungen des letzten abgeschlossenen Geschäftsjahres hinterlegt mit dem entsprechenden Preis- und Mengengerüst. Dies sichert die Voraussetzung der Modellflexibilität. Ferner wird damit keine statische Momentaufnahme der Risiken, sondern vielmehr ein dynamisches Risikomanagementkonzept geschaffen.

Durch die Simulation einzelner ausgewählter interner und externer Risiken wird die mögliche Ergebniswirkung nicht nur für die einzelnen Produktgruppen, sondern auch für das Geschäftsfeld insgesamt abgebildet. Integraler Bestandteil sind dabei die Werttreiberanalysen, die als erweiterte Gewinn- und Verlustrechnung in dem Risikosteuerungsmodell mit ihren Eingangs- und Ausgangsgrößen für die einzelnen Produktgruppen hinterlegt und mithilfe der identifizierten Interdependenzen verzahnt worden sind.

Die Ergebnisse des Modells werden in einer „Risikokommode" zusammengefasst, sodass Aussagen und Entscheidungsunterstützung für das Management nicht nur für einzelne Produkte, sondern für das die Energieversorgungsanlagen insgesamt getroffen werden können. Diese Ergebnisse werden dabei gespiegelt an den aktuellen Zahlen aus dem Controlling. Mit der Hinterlegung von Maßnahmen und Verantwortlichkeiten schließt der Risikosteuerungsprozess.

9.6 Konzeption einer Marktrisikosteuerung von Erzeugungsportfolios von Energieversorgungsunternehmen

Energieunternehmen wie auch Chemieparkbetreiber sind verschiedenen Risiken ausgesetzt. Ein wesentliches Risiko ist das Energiemarktpreisrisiko. Da Energie in Form von Spot- und Termingeschäften am Großhandelsmarkt fortlaufend gehandelt wird, steht mit den Großhandelspreisen eine transparente Benchmark für mögliche Energiebeschaffungskosten (Beschaffungsseite) bzw. Vermarktungserlöse (Kraftwerksseite) zur Verfügung. Bei Energieversorgungsunternehmen hat sich mit der Entwicklung der Großhandelsmärkte etabliert, die Wertschöpfungsstufen Erzeugung/Produktion, Energiehandel/Portfoliomanagement und Energievertrieb differenziert zu betrachten. Wenn also für den Energievertrieb, d. h. für alle Kunden des Energieunternehmens, Energie beschafft werden muss, erfolgt die direkte Orientierung an den Großhandelsmärkten. Dieses gilt für die Bepreisung gegenüber den Endkunden, der Bewertung der Beschaffungskosten sowie dem optimalen Timing für die Beschaffung. Umgekehrt, wenn das Kraftwerk seinen Strom vermarkten will, macht es das über den Energiehandel unabhängig von dem Beschaffungsbedarf des Vertriebs. Der Energiehandel übernimmt hiermit verschiedene Rollen innerhalb der Organisation:

1. Er verbindet die technischen Assets mit dem Großhandelsmarkt und steuert wert- und risikoorientiert die Assets an allen Marktstufen.
2. Er verbindet den Endkundenbedarf mit dem Großhandel und steuert das Endkundenportfolio wert- und risikoorientiert. Hierbei stellt er diverse vertriebliche Unterstützungsfunktionen wie Pricing, Prognosen, Energiedatenmanagement, Produkte usw. zur Verfügung.

Aufgrund dieser Drehscheibenfunktion aller energiewirtschaftlichen Positionen betreibt der Energiehandel das operative Risikomanagement bezüglich der Großhandelsmarktrisiken.

Das Erzeugungsportfolio wird seitens des Energiehandels in zwei Zeitbereichen gesteuert. Der erste Zeitbereich umfasst das Erzeugungsportfolio bzw. die Portfolioentwicklung direkt. Aufgrund von Marktopportunitäten bzw. auch eigenen strategischen Zielen und Präferenzen werden in hoher Frequenz Projekte untersucht und ggfs. mit anderen Marktpartnern entwickelt. Im Rahmen dieser strategischen Portfoliosteuerung, bei der die Renditemöglichkeiten mit den Risiken sowie auch den strategischen Präferenzen abgeglichen werden, erfolgen üblicherweise auch Desinvestitionen. Im Rahmen dieser strategischen Portfoliosteuerung ist es besonders wichtig, immer die eigentlich intendierte Rendite-Risikostruktur im Auge zu behalten (vgl. oben die Ausführungen zur Risikopolitik). In praxi beobachtet man regelmäßig, dass gerade bei der strategischen Portfoliosteuerung risikopolitische Leitlinien verletzt werden.

Für die strategische Portfolioentwicklung sind neben den jeweils aktuellen Marktbewertungen von Projekten auch Überlegungen zur Altersstruktur des individuellen und Gesamtmarkt bezogenen Kraftwerksparks und des damit verbundenen Ersatzinvestitionsbedarfs. Sofern das Energieversorgungsunternehmen über keine eigenen physischen Kraftwerkskapazitäten verfügt, sind bestehende Strombezugsverträge über Beteiligungen an Kraftwerksscheiben kontinuierlich am Markt zu spiegeln und zu bewerten. So unterstützt das strategische Risikomanagement z. B. bei der Frage, inwieweit bestehende Strombezugsverträge verlängert werden sollten.

Das bestehende Erzeugungsportfolio ist an allen Marktstufen zu bewirtschaften durch den Energiehandel. Hierzu werden Vermarktungsstrategien – abhängig von der Flexibilität der jeweiligen Anlagen, den Marktgegebenheiten, den technisch-vertraglichen und ggfs. wärmewirtschaftlichen Restriktionen, der individuellen Rendite-Risikoneigung – formuliert und freigegeben. Der Strategieimpuls kommt häufig aus dem Energiehandel, wird in aller Regel dann mit dem Risikomanagement zusammen konkretisiert und einem eingerichteten Risikogremium vorgestellt. Dieses gibt dann die Strategie frei, die dann wiederum vom Energiehandel fachlich und organisatorisch umgesetzt wird. Grundsätzlich werden Kraftwerke, Speicher und Verträge tranchiert vermarktet. Die Strategien unterscheiden sich dann im Wesentlichen darin, über welchen Zeitraum welche Marktstufen bedient werden. Ein weiteres ganz wesentliches Kriterium bei der Strategie ist, wie das jeweilige Asset (Kraftwerk, Portfolio, Speicher, Vertrag) betrachtet wird. Traditionell werden derartige Assets gegenüber erwarteten Preisen disponiert und entsprechend vermarktet. Hierbei wird der sogenannte innere Wert des Assets zu verschiedenen Tranchenzeitpunkten ermittelt und gehandelt. Im Energiemarkt hat sich mittlerweile bei größeren Marktteilnehmern etabliert, flexible Assets als Optionen aufzufassen und entsprechend zu bewerten. Hiermit wird neben dem inneren Wert auch der sogenannte Zeit- bzw. Flexibilitätswert identifiziert und handelbar gemacht. Es existieren verschiedene dynamische Handelsstrategien, die es ermöglichen diesen Optionswert – als Summe aus innerem Wert und Zeitwert – systematisch zu sichern. Für eine entsprechende Marktrisikosteuerung ist neben der Strategie ein Bündel an fachlichen, organisatorischen und systemtechnischen Fragen zu klären.

Die Marktrisikosteuerung ist unter dem zeitlichen Aspekt (kurz-, mittel- und langfristig) zu konzipieren und mit dem Unternehmenscontrolling zu verzahnen. In der Praxis zeigt sich oft bei Energieversorgungsunternehmen, dass das Risikomanagement und die Wirtschaftsplanung oft nebeneinander anstatt aufeinander aufbauend in der Unternehmenssteuerung gelebt werden. Hier zeigen die Praxisprojekte Verbesserungspotenziale, die insbesondere die mittel- bis langfristige strategische Ausrichtung betreffen, sofern die Erkenntnisse aus der Risikosteuerung im Planungsprozess berücksichtigt werden.

9.7 Handlungsempfehlungen und Ausblick

Liberalisierte Energiemärkte kennzeichnen nicht nur eine hohe Wettbewerbsintensität zwischen den Marktteilnehmern. Vielmehr sind die Marktteilnehmer mit einer steigenden Komplexität der Anforderungen an das Energiemanagement aus einer Veränderung des Energiemarktdesigns in der Erzeugung und damit der Beschaffung sowie den Regulierungsvorschriften für Energienetze konfrontiert. Dies gilt nicht nur für klassische Energieversorgungsunternehmen, sondern auch für das Energiemanagement und die Versorgung von Chemieparkbetreibern. Chemieparkbetreiber stehen vor dem Trade-off zwischen der Bereitstellung günstiger Energie und Produkte für ihre Anteilseigner und der Profitabilität der eigenen Energieversorgungsanlagen. In Abhängigkeit der strategischen Zielsetzung und Positionierung ist das Steuerungssystem an die Organisation und Produkte anzupassen, sodass die spezifischen Besonderheiten des Energiegeschäfts und deren Interdependenzen erfasst werden. Dabei gilt es auch, die finanzwirtschaftlichen, strategischen und organisatorischen Aspekte abzubilden.

Ein kontinuierliches Controlling über eine wertschöpfungsgetriebene Unternehmens- und Risikosteuerung bildet dabei ein wertvolles Instrument zur Erreichung der strategischen Ziele. Aus dem Projektbeispiel der Konzeption eines strategischen Risikomanagementsystems wurde deutlich, dass eine enge Verzahnung der Geschäftsfeldsteuerung mit dem Risikomanagement der entscheidende Erfolgsfaktor ist.

Es wird in den nächsten Jahren spannend sein zu beobachten, wie sich das Energiemarktsystem mit der Transformation von einer konventionellen zu einer dezentralen Energieversorgung auf die Industrie und den Chemiestandort Deutschland auswirken wird. Derzeit profitieren große Pharma- und Chemieunternehmen von der guten konjunkturellen Wirtschaftslage. Chemieparkbetreiber sollten heute ihre Unternehmens- und Risikosteuerungssysteme überprüfen, um für den zunehmenden Komplexitätsgrad im Energiemanagement gut aufgestellt zu sein und zum Erfolg ihrer Kunden weiterhin beitragen zu können.

Zu den Autoren:
Prof. Dr. Jörg Borchert lehrt Energiewirtschaft an der FH Aachen und ist darüberhinaus, wie Dr. Sebastian Rothe, Berater bei BET.

10
Unternehmensinfrastruktur als Erfolgsfaktor für den Chemiestandort – Modelle, Abhängigkeiten, Investitionen
Werner Mailinger

10.1
Einleitung

Die Herstellung chemischer, biotechnologischer und pharmazeutischer Produkte stellt aufgrund der Umwelt- und Gesundheitsgefahren und den damit verbundenen Risiken und Auflagen hohe Anforderungen an die Planung, den Bau und den Betrieb der Standorte. Chemiestandorte sind geprägt durch eine hohe Komplexität der notwendigen Infrastruktur, die durch die Veränderung in den Märkten und gesetzlichen Rahmenbedingungen und den dadurch notwendigen Anpassungen ständig weiter erhöht wird. Vor allem der aus den Veränderungen resultierende Kostendruck führt seit Jahren in der Industrie zur Notwendigkeit der permanenten wirtschaftlichen Optimierung. In Zeiten knapper werdender Ressourcen und Mittel wird deren Einsatz auf die wichtigsten Business Prozesse beschränkt. Mit dem Ziel der wirtschaftlichen Optimierung stehen vor allem die Nichtkerngeschäftsaktivitäten und damit auch die notwendige Infrastruktur der Unternehmen im permanenten Fokus von Restrukturierungsmaßnahmen und Kosteneinsparungsprogrammen. Was in den 1980er-Jahren mit den Überlegungen zur Effizienz von Unternehmen und effizienten Unternehmensgrenzen (Williamson, 1990) begonnen hatte, wurde in den 1990er-Jahren mit dem Konzept des Shareholder Values (Rapparot, 1999) verfeinert und hat auch die Chemieindustrie und deren Standorte nachhaltig verändert. Die Ideen der Enthierarchisierung, Dezentralisierung (z. B. Cost- und Profitcenter) und der Besinnung auf die Kernkompetenzen führten in Folge, größtenteils eher beiläufig, zur Ausprägung neuer Konzepte für die Infrastruktur. Industrieparks, wie z. B. der Industriepark Höchst, sind heute die sichtbaren Folgen der Restrukturierungen der Chemieunternehmen in den 1990er-Jahren. Aber das von den bekannten damaligen Managementgurus und Bestsellerautoren, wie Tom Peters und anderen geforderte Abreißen, Auseinanderbauen und Zerstückeln von Hierarchien und Unternehmen hatte auch Nebenwirkungen und führte in Folge nicht selten im Infrastrukturbereich zu Sanierungsstaus, Sicherheitsrisiken und Beeinträchtigung von Kerngeschäftsprozessen. Was als Lehre aus den letzten Jahrzehnten gezogen werden kann, ist, dass es keine allgemein optimale und effiziente Organisationsstruktur für Unternehmen gibt, insbesondere nicht für den Unternehmensinfrastrukturbereich, auch wenn dies durch die Managementliteratur und die neuesten Managementkonzepte angepriesen wird. Es gibt jedoch Modelle und Ansätze eine für ein Unternehmen und seine Standorte passende Strukturierung zu finden. Dies erfordert jedoch das Verlassen der ausgetretenen Pfade und eine ganzheitliche Sichtweise auf das Unternehmen und seiner Prozesse, insbesondere aber die Aufgabe der funktionalen Sichtweise. Denn die Infrastruktur eines Chemiestandortes ist mehr als nur Gebäude und eine ganzheitliche Sichtweise mehr als nur der Lebenszyklus von Gebäuden.

10.2
Das Unternehmen und seine Infrastruktur

Das Denken, Strukturieren und Organisieren in heutigen Unternehmen ist im Wesentlichen durch zwei Paradigmen geprägt: Dem „Reduktionismus" (mechanistisches Weltbild), vereinfacht ausgedrückt dem Denken in einfachen Ursache-Wirkungs-Beziehungen, und dem „Taylorismus", der Aufteilung der Arbeit in geistige und körperliche Arbeit sowie das Teilen der Arbeit in kleinste Einheiten (hierarchische Strukturierung und Aufteilung in Funktionen). Beide Paradigmen stehen vermehrt in der Kritik, der Realität und den modernen Anforderungen an Unternehmen nicht mehr gerecht zu werden. Vor allem im Infrastrukturbereich können die negativen Auswirkungen dieser Denkweisen an zahlreichen Beispielen illustriert werden. So führen häufig die Bedarfsprognosen und deren Umsetzung in konkreten Infrastrukturerweiterungsprojekten zu einer starken Erhöhung des Bedarfes (selbsterfüllende Bedarfsprognosen) und damit zum Anstieg der Kosten. Bekannt wurde dieser Effekt bereits in den 1960er-Jahren als „Say's law for hospital beds", wo festgestellt wurde, dass das Angebot an Krankenhausbetten die entsprechende Nachfrage verursachte, weil die Ärzte mehr Patienten in Krankenhäusern einwiesen und sie länger dort behalten, wenn das Wachstum der Kapazitäten dies erlaubt (vgl. Reeder, 1965) Ein weiteres Beispiel ist der Versuch in den 1990er-Jahren dem Anstieg der Komplexität in den Firmen durch die Tendenz zum Outsourcing und der Besinnung auf die Kernkompetenzen zu begegnen, was zu einer Verlagerung der Komplexität aus dem Feld der internen Struktur in den Bereich der dynamischen Koordination zwischen Unternehmen und in Folge zu einem drastischem Komplexitätsanstieg führte. Zwei simple Beispiele, die illustrieren, dass viele etablierte und gebräuchliche Modelle und Denkweisen die Realität nicht wiedergeben und deren Nutzung zu suboptimalen Lösungen und teilweise zu einer Verschlechterung des Ausgangszustandes führen.

10.2.1
Unternehmensinfrastruktur im Kontext des Unternehmens

Aus moderner Sicht wird eine Unternehmung als komplexes System betrachtet, in dem die Systemelemente in vielfältiger Weise interagieren und zueinander in einer spezifischen und dynamischen Beziehung stehen, was zu einem nichtlinearen Verhalten des Systems führt. Dieses Systemverhalten wird durch dynamische Feedback-Schleifen verursacht (auf sich selbst zurückwirkende zirkuläre Verknüpfungen) die sich im Zeitablauf ändern können und vom Ausgangszustand abhängig sind. Die Folge ist, dass, entgegen der gebräuchlichen Paradigmen, aus der Beobachtung einzelner Ursache-Wirkungs-Beziehungen nicht auf das Verhalten des kompletten Systems geschlossen werden kann. Für das Verständnis und das Management solcher Systeme wird ein ganz anderes Set von Werkzeugen benötigt, als es die klassische Managementlehre zur Verfügung stellt.

Der Ansatz zum Verständnis setzt die Betrachtung des gesamten Systems und seiner Umwelt, also eine ganzheitliche Sicht- und Denkweise voraus, wie sie im neuen St. Galler Management-Modell beschrieben und dargestellt wird (siehe Abb. 10.1). Bezogen auf die Unternehmensinfrastruktur bedeutet dies, dass die

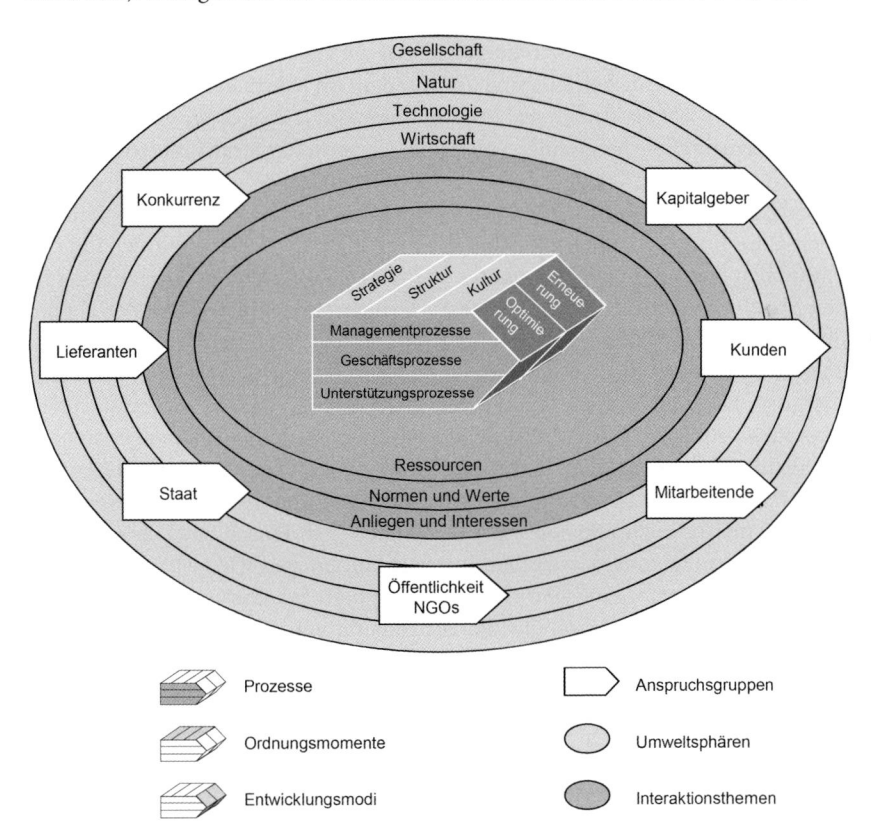

Abb. 10.1 Neues St. Galler Management-Modell (Rüegg-Stürm, 2003, S. 22).

Infrastruktur im Kontext des Unternehmens und dessen Wertschöpfungstätigkeit sowie seiner Unternehmensumwelt definiert und betrachtet werden muss. Die Schöpfung von Wert ist ein notwendiges Ziel für jedes Unternehmen und direkt mit seinem Zweck und dessen Erhaltung und erfolgreichen Weiterentwicklung verbunden. Der Wertschöpfungsprozess ist eine komplexe Verknüpfung von Aktivitäten und Ressourcen, die arbeitsteilig an unterschiedlichen Standorten erbracht werden. Für die Verknüpfung der Aktivitäten ist eine mehr oder weniger komplexe Infrastruktur notwendig, die u. a. mit der Art der herzustellenden Produkte und der Branche zusammenhängt. Die Unternehmensinfrastruktur am Standort ist dabei über ein Netzwerk mit der externen, öffentlichen Infrastruktur, den anderen Standorten und den Märkten verbunden. Sie endet nicht an der Standortgrenze.

10.2.2
Was ist Unternehmensinfrastruktur?

Zur Definition und Abgrenzung der Unternehmensinfrastruktur muss die Wertschöpfungstätigkeit des Unternehmens genauer betrachtet werden. Das allgemeine Sachziel eines Unternehmens besteht in der Bereitstellung von Gütern und/oder Dienstleistungen, zusammengefasst als Produkte bezeichnet. Das Ziel ist dabei die Bedürfnisbefriedigung der Kunden. Im Wertkettenmodell von Porter wird jedes Unternehmen als Ansammlung von Tätigkeiten, durch die sein Produkt entworfen, hergestellt, vertrieben, ausgeliefert und unterstützt wird, gesehen (vgl. Porter, 2000, S. 67). Hierbei werden die Wertaktivitäten in zwei allgemeine Typen, in primäre (Core Business) und unterstützende Aktivitäten (Non-Core Business), unterteilt. Die primären Aktivitäten befassen sich mit der physischen Herstellung des Produktes und dessen Verkauf und Übermittlung an den Abnehmer sowie den Kundendienst. Die unterstützenden Aktivitäten sorgen für die Aufrechterhaltung der primären Aktivitäten durch den Kauf von Inputs, Technologie, menschlichen Ressourcen und durch verschiedene Funktionen für das gesamte Unternehmen (vgl. Porter, 2000, S. 69). Zu den unterstützenden Aktivitäten zählt Porter die Unternehmensinfrastruktur, die Personalwirtschaft, die Technologieentwicklung und die Beschaffung. Im Gegensatz zu anderen unterstützenden Aktivitäten trägt die Unternehmensinfrastruktur in der Regel die ganze Kette und nicht die einzelnen Aktivitäten (vgl. Porter, 2000, S. 74). Hierzu zählen also auch die klassischen Infrastrukturanlagen wie Gebäude, Straßen und Ver- und Entsorgungseinrichtungen in einem Standort, auch wenn diese nicht explizit in der ursprünglichen Aufzählung von Porter enthalten waren. Diese war rein funktional orientiert und zur Beschreibung und Verdeutlichung von Wettbewerbsvorteilen durch die entsprechenden Aktivitäten und deren Verknüpfungen gewählt. Der Begriff der Infrastruktur im Allgemeinen ist relativ weit gefasst (lat.: infra „unterhalb" und structura „Zusammenfügung", im übertragenen Sinn „Unterbau") und umfasst alle langlebigen Einrichtungen materieller und institutioneller Art, die das Funktionieren einer arbeitsteiligen Volkswirtschaft begünstigen (vgl. Jochimsen, 1966, S. 100). Diese weitreichende Definition des

Begriffes Infrastruktur stammt von Reimut Jochimsen und umfasst neben den materiellen Dingen auch die gewachsenen und gesetzten Normen, Einrichtungen und Verfahrensweisen (Institutionen). Wendet man diese Klassifizierungen und Definitionen auf die Infrastruktur des Unternehmens als Fortführung der öffentlichen Infrastruktur an, ergibt sich nachfolgende Definition:

Die Unternehmensinfrastruktur im speziellen ist die Gesamtheit der materiellen, institutionellen und personellen Einrichtungen und Gegebenheiten, die dem arbeitsteiligen Unternehmen zur Verfügung stehen und dazu beitragen, dass die wachstums-, integrations- und versorgungsnotwendigen Basisfunktionen gewährleistet werden, damit das Unternehmen seinen Unternehmenszweck erfüllen kann.[1]

Dabei umfasst die materielle Unternehmensinfrastruktur die Gesamtheit aller Grundstücke und Gebäude sowie Anlagen, Ausrüstungen und Betriebsmittel in einem Unternehmen die zur Ver- und Entsorgung, IT und Kommunikation, Verkehrsbedienung und zu deren Betrieb und Konservierung dienen. Ferner sind ihr die Einrichtungen der Aus- und Weiterbildung, des arbeitsmedizinischen Fürsorgewesens und ähnlichen unterstützenden Einrichtungen zuzuordnen.

Die materielle Infrastruktur ist damit der Teil des Anlagevermögens einer Unternehmung, der dazu dient, Nutzungen zu erzeugen (Infrastruktur-Outputs), die überwiegend als Vorleistungen in den Wertschöpfungsprozess (Produktion von Gütern und Dienstleistungen) eingehen. Eine essenzielle Eigenheit der materiellen Unternehmensinfrastruktur ist deren wesentliche Voraussetzung für die betriebliche Wertschöpfung. Die Bedürfnisse des Unternehmens, die sich aus der betrieblichen Leistungserstellung ergeben, werden durch Infrastruktur-Outputs (Güter und Dienste) befriedigt, die mit den zugehörigen, nicht zirkulierenden und am Boden fixierten Kapitalgütern erzeugt werden (z. B. Immobilien, Straßen, Häfen, Energie- und Medienversorgungsanlagen, Abwasser- und Ablufteinigungsanlagen usw.). Dies unterstreicht vor allem auch den nicht materiellen Aspekt, nämlich die Erleichterung oder die Ermöglichung des Kerngeschäftes. Die grundlegende Bedeutung der aufgezeigten Infrastrukturgüter und -dienste und der zugehörigen materiellen Unternehmensinfrastruktur wird eindeutig sichtbar bei temporären Notfällen wie z. B. dem Ausfall von Ver- und Entsorgungsanlagen und offenbart die Komplementarität von Unternehmensinfrastruktur und Kerngeschäftsanlagen. Ein Output der materiellen Infrastruktur ergibt sich aus dem Zusammenspiel von Angebot und Nachfrage, die auf körperliche, materielle, aber auch soziale Bedürfnisse des Kerngeschäftes bzw. deren Mitarbeiter zurückgeht. Hierbei wird die Angebotsseite durch die betriebliche Leistungserstellung, finanzielle Situation und Organisationsstrukturen (einschließlich der Regelungen des Eigentums) des Kerngeschäftes (Produzent der Infrastrukturoutputs) bestimmt (vgl. Buhr, 2010). Dies macht deutlich, dass es beim Unternehmensinfrastrukturbereich nicht nur um das Kümmern um Anlagen und Gebäude geht, sondern vielmehr um das Strukturieren von Leistungsbeziehungen zwischen Kerngeschäft

---

[1] Die Definition der Unternehmensinfrastruktur erfolgt in Anlehnung an die Definition der Infrastruktur von Jochimsen (1966, S. 100) und Jochimsen und Gustafson (1977, S. 38).

und Unterstützungsleistungen (Prozesse und Ressourcen), und gerade hier liegt auch deren Mehrwert, wenn er nicht durch funktionale Fragmentierung zerstört wird.

10.3
Unternehmensinfrastruktur und deren Auswirkungen auf die Unternehmenseffizienz und -effektivität

Die Unternehmensinfrastruktur an den Standorten ist durch eine Vielzahl von Eigenschaften und Merkmalen gekennzeichnet, die wiederum Effekte aufweisen, die sich in der Effizienz und der Effektivität des Gesamtunternehmens niederschlagen.

10.3.1
Unternehmenseffizienz und -effektivität

Beide Begriffe, die Effizienz wie auch die Effektivität, stehen in enger Beziehung zueinander, sowohl innerhalb der Unternehmensbereiche als auch in Bezug auf das Gesamtunternehmen. Das Drei-Ebenen-Modell (siehe Abb. 10.2) bringt diese Beziehungen von Effizienz und Effektivität im industriellen Wertschöpfungskontext zum Ausdruck. Die Effektivität kann als Grad der Zielerreichung definiert werden und ist dementsprechend ein Grad für den Outcome oder auch die Wirkung („Die Dinge richtig tun"). Sie wird bestimmt durch die Erwartungen (Expectations) der Anspruchsgruppen wie Kapitalgeber, Kunden (auch interne Kunden), Staat, Öffentlichkeit, Konkurrenz, Lieferanten und nicht zuletzt durch die Mitarbeitenden im Unternehmen. Typische Erwartungen sind hierbei die Renditeerwartungen der Kapitalgeber (z. B. Verzinsung des Eigenkapitals), die gesetzlichen Rahmenbedingungen (wie z. B. Umweltauflagen und -grenzwerte) oder die Kundenzufriedenheit (auch die Zufriedenheit der internen Kunden). Alle diese Erwartungen müssen in die Strategie des Unternehmens einfließen und in Zielen zur Nachverfolgung festgelegt werden. Für die Betriebsbereiche werden diese Ziele heruntergebrochen und mit bereichsspezifischen Zielen angereichert. Hierbei sind die bereichsspezifischen Ziele natürlich nicht unabhängig von den Gesamtunternehmenszielen zu sehen, denn das Hauptziel z. B. des Unternehmensinfrastrukturbereiches ist die Unterstützung oder Ermöglichung des Kerngeschäftes. Im Fokus steht hierbei immer das Kerngeschäft und damit auch der Geschäftszweck des Unternehmens. Dies ist vor allem bei der Wahl des Organisationsmodells für die sekundären Bereiche zu beachten, denn gegebenenfalls ist die Attraktivität der externen Kunden größer als die der internen, was zu Effizienzverlusten im Kerngeschäft führen kann.

Die Effizienz als mögliches Unterziel der Effektivität stellt eine Relation von Input zu Output dar und kann als Maßstab für die Ressourcenwirtschaftlichkeit dienen („Die Dinge, die getan werden, richtig tun"). Effizienz ist hierbei weder hinreichend noch notwendige Bedingung für Effektivität (man kann auch sehr effizi-

10.3 Unternehmensinfrastruktur und deren Auswirkungen auf die Unternehmenseffizienz und -effektivität

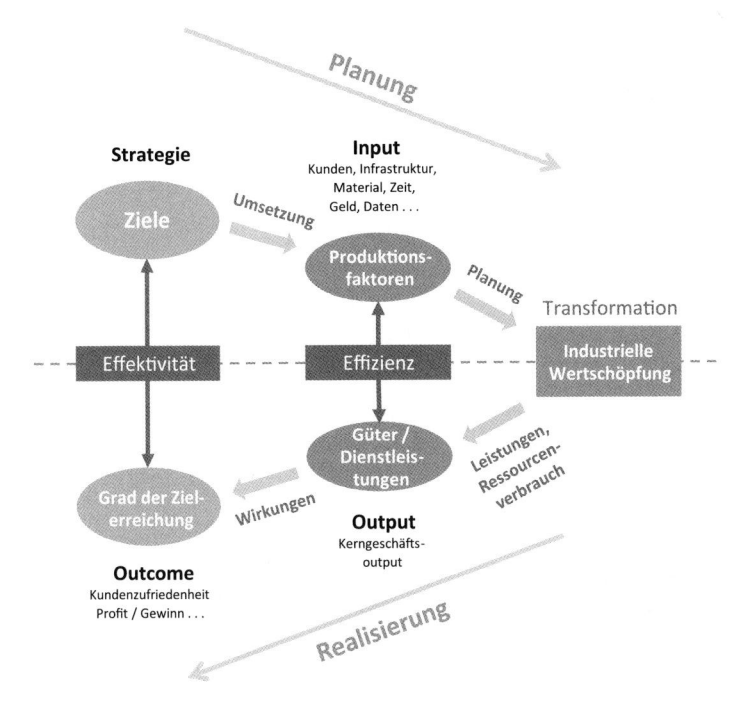

Abb. 10.2 Drei-Ebenen-Modell der industriellen Wertschöpfung. Eigene Darstellung in Anlehnung an Budäus und Buchholtz (1997, S. 328).

ent in die falsche Richtung laufen). Sie ergibt sich jedoch aus der Umsetzung der Ziele (und damit der abgeleiteten Strategie) und erzielt ihre Wirkung durch den Output der industriellen Wertschöpfung (Güter und Dienste, aber auch Abfälle, Abluft usw.). Einen wesentlichen Aspekt in Bezug auf die Ermittlung der Effizienz im Infrastrukturbereich gibt es zu beachten: Sie erfolgt nicht auf Basis von z. B. Quadratmetern, sondern bezieht sich auf den Kerngeschäftsoutput (ergibt sich aus den primären Effektivitätszielen des Infrastrukturbereiches)!

$$\text{Effizienz}_{\text{allgemein}} = \frac{\text{Output}}{\text{Input}} \quad \text{Effizienz}_{\text{Infrastruktur}} = \frac{\text{Kerngeschäftsoutput}}{\text{Ressourcenverbrauch}}$$

Die Gesamtproduktivität des Unternehmens errechnet sich aus der erzielten Wertschöpfung (Output) dividiert durch alle eingesetzten Betriebsmittel (Input = Ressourcenverbrauch).

Die Unternehmensinfrastruktur (Abb. 10.3) zählt hierbei, neben Maschinen, Anlagen, Arbeitskräften und Werkstoffen, zu den Betriebsmitteln. Sie darf jedoch nicht nur als Gemeinkostenfaktor betrachtet werden, sondern erfüllt einen eigenen strategischen Zweck, was in der Strategie und den Zielen berücksichtigt werden muss (Infrastrukturmanagement als eigene Management Disziplin innerhalb des Unternehmens).

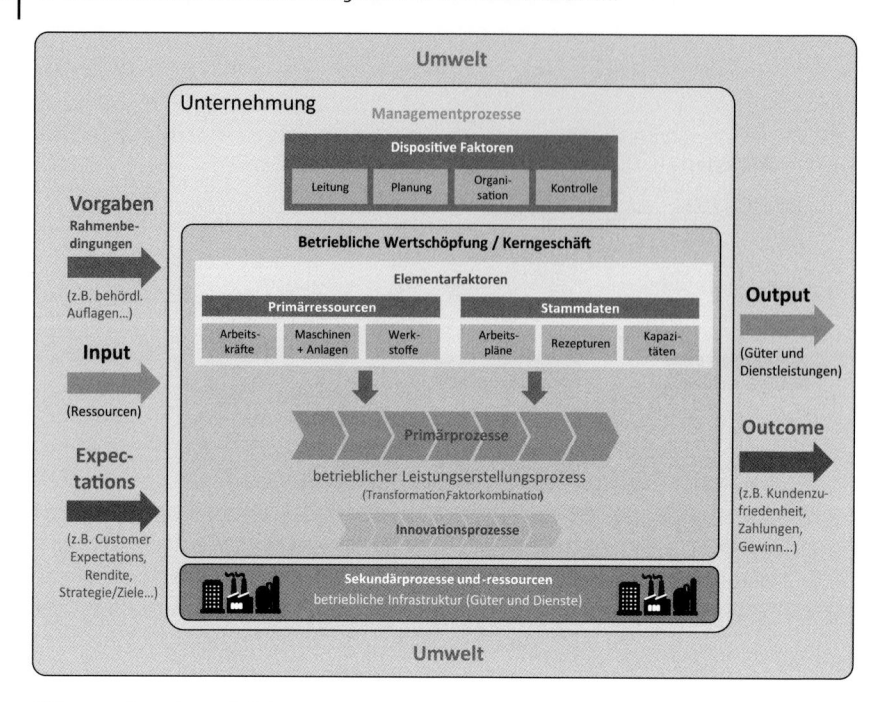

Abb. 10.3 Betriebsmodell der Unternehmung.

10.3.2
Kategorien der Infrastrukturleistungen in einem Standort

Die notwendigen Infrastrukturleistungen in einem Standort können in die drei Kategorien, Basis-Infrastrukturleistungen, standortgebundene Leistungen und standortungebundene Leistungen, eingeteilt werden (vgl. Bode und Schwerzmann, 2005, S. 136). Diese Betrachtung ist zunächst unabhängig vom Standortbetreibermodell, da alle Leistungen in jedem Modell erbracht werden müssen und nur der Leistungserbringer und die Art der Koordination unterschiedlich sind.

Die Basisinfrastrukturleistungen (Güter und Dienste) stellen die notwendigen Basisleistungen für den Standort zur Verfügung (Abb. 10.4). Sie dienen der Koordination und der Vernetzung (Verkehrs-, Versorgungs- und Energienetze) des Standortes und müssen notwendigerweise vom Standortbetreiber erbracht werden, was aber auch andererseits eine Abnahmepflicht der Standortnutzer voraussetzt. Diese Betrachtung entspricht in seiner Ausprägung dem Shared-Service-Modell und bringt auch alle Vor- und Nachteile dieses Modells mit sich. In der Ausprägung des „integrierten Standortmodells" werden häufig diese Kosten in Form von Gemeinkosten verrechnet, mit allen bereits diskutierten Nachteilen für die Gesamtunternehmenseffizienz. Aber auch in einem eigenständigen Multi-User-Standort (Eigentümer-, Betreiber- und Servicegesellschaft) sollte der Umfang dieser Leistungen (Plattformbetrieb) möglichst minimal gehalten werden,

Chemiestandort

Basis-Infrastruktur
- Grundstücke
- Verkehrsbedienung
- Versorgungsnetze
- Entsorgungsnetze
- Daten-/Komm. Netze

Basis-Infrastruktur abhängige Leistungen
- Planung/Parzellierung
- Werkschutz
- Notfallmanagement
- Werkfeuerwehr
- …

Standort gebundene Leistungen
- Gebäude, Raummieten
- Gebäudebetrieb
- Energieversorgung
- Entsorgung
- Werkslogistik
- …

Standort ungebundene Leistungen
- Instandhaltung
- Aus- und Weiterbildung
- Kantine/Verpflegung
- Labordienstleistungen
- Verkehrswerkstätten
- …

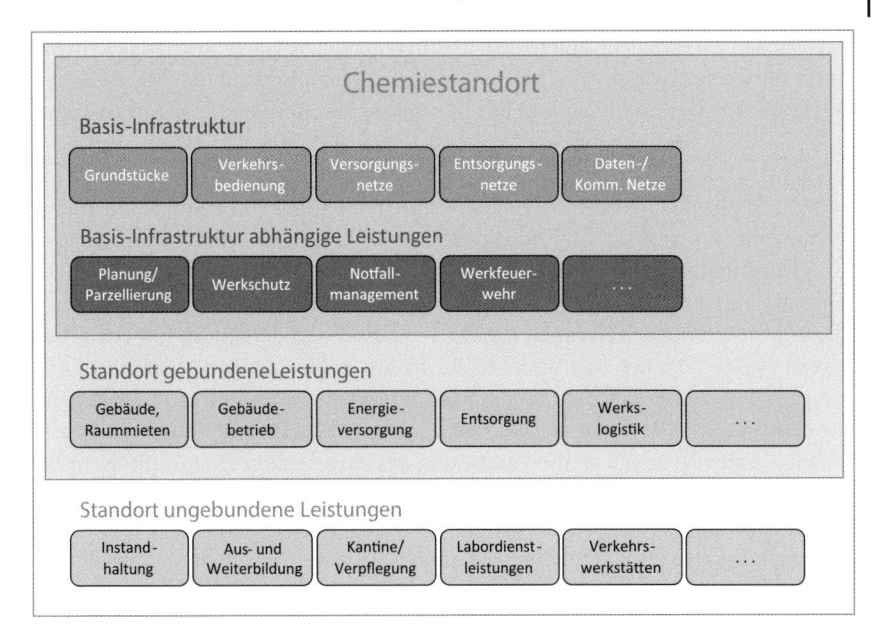

Abb. 10.4 Klassifizierung der Infrastrukturleistungen in einem Chemiestandort. Eigene Darstellung in Anlehnung an Bode und Schwerzmann (2005, S. 136).

da durch die fehlende Wahlmöglichkeit der Nutzer auch Leistungen bezahlt werden müssen, die von ihnen ggf. nicht in Anspruch genommen werden. Je nach Standortbetreibermodell können auch Externalitäten und Allmende-Problematiken hervorgerufen werden. Die durch das „Trauerspiel der Allmende" bekannt gewordene Problematik beschreibt das hervorgerufene Problem der Überbenutzung und Unterinvestition in gemeinsam genutzte Ressourcen.

Die Kategorie der standortgebundenen Leistungen können, je nach Standortbetreibermodell, sowohl durch den Standortbetreiber, externen Dienstleistern oder den Nutzern selbst erbracht werden. Hierbei sind die Leistungen zwar an den Ort des Standortes, aber von der Ausführung her nicht an den Standortbetreiber gebunden. Die Art der Leistungen macht vom Prinzip auch eine aus Standortbetreiber Sicht externe Erbringung der Leistungen möglich.

Die letzte Kategorie umfasst alle standortungebundenen Leistungen, die völlig unabhängig vom Standortbetreiber (sowohl Nutzer, wie auch externe Dienstleister) erbracht und bezogen werden können. Diese Leistungen sind Marktleistungen, für die ein externer Markt und, je nach Leistungsart, spezialisierte Dienstleister existieren.

10.3.3 Merkmale, Eigenschaften und Effekte der Unternehmensinfrastruktur

Die Merkmale, die die Unternehmensinfrastruktur kennzeichnen, können grob in technische, ökonomische und institutionelle Merkmale unterteilt werden. Zu den technischen Merkmalen zählen die Unteilbarkeit der Anlagen, ihre lange Lebensdauer, die wechselseitige Abhängigkeit (ausgeprägte Komplementarität) zwischen den einzelnen Bestandteilen jeweils eines sektoralen Bereiches der Infrastruktur (z. B. Gebäude und notwendige Ver- und Entsorgungseinrichtungen), der heterogene Charakter der Leistungen der einzelnen Infrastruktursektoren sowie eine Nachfrage nach den betreffenden Leistungen, welche von zahlreichen Sektoren ausgeht (vgl. Stohler, 1977, S. 17). Gerade die lange Lebensdauer der Anlagen bringt eine Reihe von Einflüssen und Probleme in Bezug auf die Gesamtunternehmenseffizienz mit sich. Verursacht werden sie u. a. durch die unterschiedlichen Planungshorizonte des Kerngeschäftes (2–5 Jahre) und denen des Infrastrukturbereiches (10–50 Jahre, begründet in der langen Lebensdauer der Infrastrukturanlagen). Hierbei spielen die Einflüsse der modernen Management Philosophien, wie dem Shareholder-Value-Ansatz und dem darin begründeten Kurzfristdenken und den Anforderungen an die Verzinsung des eingesetzten Eigenkapitals im Infrastrukturbereich eine wesentliche Rolle. Notwendige Investitionen werden häufig aus Gründen der fehlenden Attraktivität nicht getätigt. Dies führt u. a. zu Instandhaltungsstaus und ähnlichen bekannten Problemen, welche sich wiederum langfristig negativ auf die Performance des Kerngeschäftes auswirken.

Ein weiteres bekanntes Phänomen ist die Problematik der Prognose des zukünftigen Bedarfes an langlebigen Infrastrukturgütern. Die Prognose wird umso schwieriger, je länger die Lebensdauer einer Investition ist. Dies führt zu einem Über- oder Unterangebot an Infrastrukturgütern (z. B. Reserveflächen in Gebäuden). Hierzu zählt auch das eingangs erwähnte Phänomen der „selbsterfüllenden Bedarfsprognosen" (Say' law for hospital beds). Bei beiden Problematiken spielt das Nutzerverhalten des Kerngeschäftes eine dominante Rolle. Dieses kann aber durch die Wahl eines geeigneten Organisationsmodells und der damit induzierten Anreizwirkungen beeinflusst werden.

Neben den technischen Merkmalen sind Infrastrukturanlagen durch eine Reihe weiterer ökonomischer Merkmale gekennzeichnet. Hervorzuheben ist der hohe Investitionsumfang (hoher Kapitalkoeffizient) und/oder das hohe Risiko der Investitionen, welche sich auch in den möglichen Organisationsformen und Betreibermodellen widerspiegeln. Da die Anlagen durch einen hohen Fixkostenanteil gekennzeichnet sind, erfordern sie die Produktion großer Output-Mengen. Diese Tatsache spricht dafür, entsprechende Standort- bzw. Betreibermodelle zur Erreichung der Fixkostendegression bzw. Economy of Scales zu wählen. Typische Beispiele hierfür sind die Zusammenfassung von Aktivitäten in Multi-User-Standorten bzw. Industrieparks für Betriebe mit komplexer Infrastruktur. Ein Problem ergibt sich aus der Schwierigkeit oder teilweisen Unmöglichkeit für bestimmte Infrastrukturleistungen den Nutzen der betreffenden Anlagen nur einem genau umgrenzten Kreis von Konsumenten zukommen zu lassen (Nutzendiffusion). Dies führt in Folge zu einem Gemeinkostenansatz für die betreffenden Leistungen (falsche Zurechnung von Kosten und Erträgen), sowie zu einer Shared-Service-Idee für Basisinfrastrukturleistungen. Basisinfrastrukturleistungen koordinieren und vernetzen u. a. den Standort und sind durch den Gemeinkostenaspekt Ziel häufiger Diskussionen um die Notwendigkeit und damit der Höhe der Kosten und der gerechten Zuordnung der Kosten zu den jeweiligen Konsumenten im Kerngeschäft. Dieser Aspekt der Unternehmensinfrastruktur führt fast Zwangsweise zu externen Effekten (Externalitäten). Als externe Effekte werden in der Volkswirtschaft nicht kompensierte Auswirkungen ökonomischer Entscheidungen auf unbeteiligte Marktteilnehmer bezeichnet. Als Beispiel im Unternehmensbereich kann hier der unkontrollierte Konsum von Sekundärleistungen und -ressourcen einzelner Kerngeschäftsbereiche genannt werden, der über die Gemeinkostenverteilung auf alle Kerngeschäftsbereiche verrechnet wird. Dies führt direkt zur Verschwendung von Ressourcen und Mitteln (bzw. zur falschen Allokation der Ressourcen), da der Verursacher nicht mit den tatsächlichen Kosten seiner Entscheidungen und seines Konsumverhaltens konfrontiert wird. Auch hier besteht die Möglichkeit durch entsprechende Organisationsmodelle gegenzusteuern und die Ressourcenverschwendung zu minimieren. Wichtig ist, dass das Kerngeschäft die freie Wahl bekommt, entweder das Geld für den Konsum von Sekundärleistungen auszugeben oder die eingesparten Mittel für seine Kerngeschäftsaktivitäten zu verwenden. Werden die eingesparten Mittel im Sekundärbereich einfach durch Budgetkürzungen entzogen, fehlt dem Kerngeschäft der Anreiz zur Kosteneinsparung. Dann werden die Budgets jedes Jahr einfach verbraucht und durch entsprechende Diskussionen beim jährlichen Business Review verteidigt.

Dieser Aspekt ist bereits Bestandteil der institutionell relevanten Merkmale der Unternehmensinfrastruktur. Die Unternehmensinfrastruktur ist meist gekennzeichnet durch eine defizitäre Betriebsführung, da entsprechende Organisationsmodelle, Kennzahlen und Renditeerwartungen fehlen. Dies wird u. a. auch durch die Absenz von Marktpreisen für die Infrastrukturoutputs (Güter und Dienste) und durch eine zentrale Allokation der Sekundärressourcen bzw. dem Management der Unternehmensinfrastruktur im Kerngeschäft verursacht. Ein zentraler Reiz bürokratischer oder tayloristischer Unternehmensstrukturen ist nun einmal die Macht. Die persönliche Macht in diesen Strukturen nimmt zu, je mehr Ressourcen man kontrolliert. Genau aus diesem Grund geben Manger so ungern etwas von ihrem Personal, Budgets und der Macht über die materielle Infrastruktur ab, selbst wenn die Ressourcen an anderer Stelle gewinnbringender eingesetzt werden könnten (vgl. Hamel, 2013, S. 143). Die sichtbaren Zeichen im Infrastrukturbereich sind ein zu viel, eine schlechte Auslastung und ein schlechter Zustand der materiellen Ressourcen. Aus diesen Gründen forcieren die unterschiedlichen Ziel- und Anreizsysteme des Kerngeschäftes und des Sekundärbereiches eine Trennung beider Bereiche und die Etablierung entsprechend optimierter Organisationsmodelle.

10.4
Kriterien und Auswahl von Infrastrukturmodellen

Die Auswahl eines passenden Unternehmensinfrastrukturmodells geht weit über einen statischen Preis-Kosten-Vergleich der möglichen Modelle hinaus. In einer Bewertung von möglichen Infrastrukturmodellen besteht die Gefahr, dass gewisse Kriterien zu einseitig als Kostentreiber oder Gefahr angesehen werden und ihr Nutzen zu wenig beachtet wird. Als Beispiel können hier die Agency Costs als Effizienzmaßstab zu einseitig auf die Probleme aus der Agenturbeziehung reduziert werden, bis schließlich die Arbeitsteilung nur nachteilig erscheint und der Agency-Nutzen völlig aus dem Blickfeld verschwindet. Ähnliches gilt auch bei der Bewertung der strategischen Bedeutung von Infrastrukturoutputs, die allzu leicht als vorgeschobener Grund für eine Eigenfertigung missbraucht werden können.

Die einzelnen institutionellen Arrangements unterscheiden sich nicht nur im Hinblick auf die Produktions- und Transaktionskosten. Neben den monetären Bewertungskriterien spielen vor allem die Verfügungsrechtsstrukturen und die nicht monetären (qualitativen) Kriterien eine wesentliche Rolle. Was vielfach unterschätzt wird, ist der Einfluss des Verhaltens der Individuen und die Unternehmenskultur auf den Erfolg der gewählten Implementierungsmodelle. Der Ansatz zur Auswahl eines passenden Infrastrukturmodells, das die Verschwendung und die Wertvernichtung im Infrastrukturbereich einschränkt, ohne gleichzeitig aber den „Kampf" und die „Diskussionen" um Ressourcen zu entfachen und dabei keinen echten Mehrwert erzeugt, funktioniert überwiegend nur über ein Organisationsmodell, das die richtigen Anreize zum Nichtkonsumieren setzt und gleichzeitig aber auch den Nutzwert (Qualität und Wertigkeit) der Ressourcen in den Mittelpunkt stellt (siehe Abb. 10.5). Ein falscher Ansatz ist sicherlich, wie bereits im vorherigen Kapitel erwähnt, ein zwanghafter Versuch die Betriebskosten zu senken, die Instandsetzung „einzusparen"(das ist nicht „Sparen", sondern Wertvernichtung) und das Personal für die Bereiche zu kürzen, ohne die echten Wirkprinzipien zu verstehen und eine echte Optimierung herbeizuführen. Der richtige Ansatz führt über eine bessere Auslastung, eine Verbesserung bzw. Entwicklung der Ressourcen bei einer gleichzeitigen Verringerung des Ressourcenverbrauchs. Wesentlich hierbei ist das Verständnis der Wirkmechanismen der einzelnen Rol-

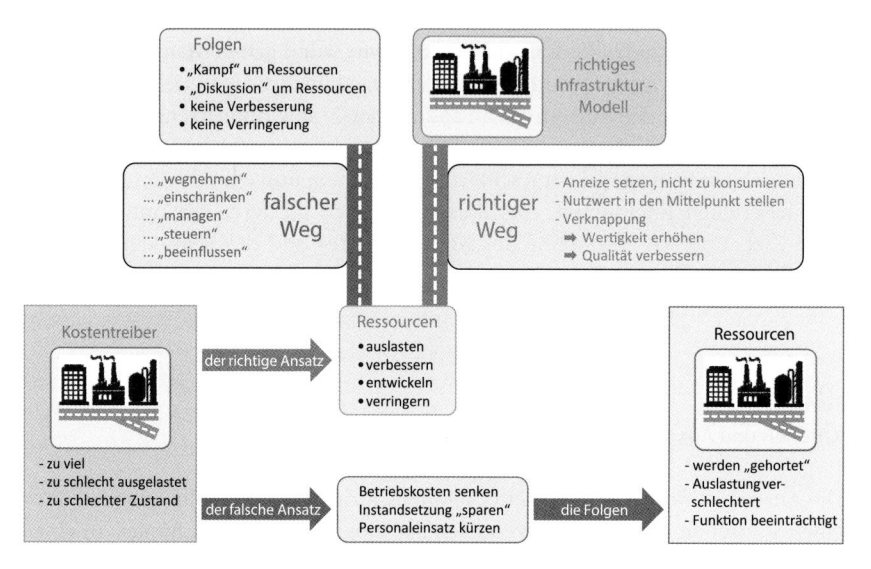

Abb. 10.5 Ansatz und Weg zum „richtigen" Infrastrukturmodell.

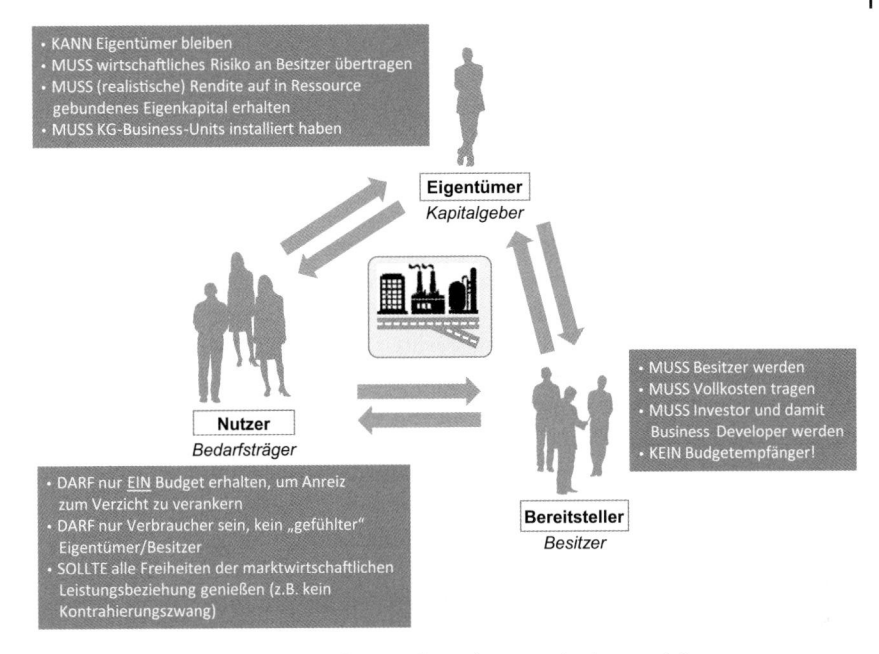

Eigentümer / Kapitalgeber
- KANN Eigentümer bleiben
- MUSS wirtschaftliches Risiko an Besitzer übertragen
- MUSS (realistische) Rendite auf in Ressource gebundenes Eigenkapital erhalten
- MUSS KG-Business-Units installiert haben

Bereitsteller / Besitzer
- MUSS Besitzer werden
- MUSS Vollkosten tragen
- MUSS Investor und damit Business Developer werden
- KEIN Budgetempfänger!

Nutzer / Bedarfsträger
- DARF nur EIN Budget erhalten, um Anreiz zum Verzicht zu verankern
- DARF nur Verbraucher sein, kein „gefühlter" Eigentümer/Besitzer
- SOLLTE alle Freiheiten der marktwirtschaftlichen Leistungsbeziehung genießen (z.B. kein Kontrahierungszwang)

Abb. 10.6 Inhalte der Rollenbilder für ein Infrastrukturorganisationsmodell.

len (Eigentümer, Nutzer und Besitzer, definiert im Verfügungsrechtsansatz) in Bezug auf den Infrastruktur- bzw. Sekundärbereich sowie deren Übertragung in ein entsprechendes Organisationsmodell.

Die Rollen und deren Basisvoraussetzungen sind in Abb. 10.6 dargestellt. Die Ausprägungen der Rollen können in den einzelnen Organisationsmodellen variieren.

10.4.1
Verfügungsrechtsstrukturen und Rollenbilder

Die Effizienz der Infrastrukturmodelle ist von der Verfügungsrechtsstruktur abhängig, welche im Verfügungsrechtsansatz beschrieben ist. Die Inhalte des Verfügungsrechtsansatzes (Property-Rights-Theorie) sind alle durchsetzbaren Verhaltensbeziehungen zwischen ökonomischen Akteuren, die aus der Existenz von Gütern (materiell und immateriell) resultieren und zu deren Nutzung gehören. Dabei untersucht der Verfügungsrechtsansatz (VR-Ansatz) die Auswirkungen verschiedener Verfügungsrechtspositionen auf das Verhalten der Individuen. Die Property Rights (Eigentum) an einem Gut können als ein Bündel von Einzelrechten verstanden werden, diese sind (vgl. Picot *et al.*, 2008, S. 46):

- Das Recht, eine Ressource zu nutzen (usus),
- das Recht, diese Ressource hinsichtlich Form und Substanz zu verändern (abusus),

- das Recht, sich entstandene Gewinne (z. B. durch Miete, Leasing, Pacht) anzueignen, bzw. die Pflicht, Verluste zu tragen (usus fructus) und
- das Recht, das Gut zu veräußern und die Liquidationserlöse (z. B. durch Verkauf, Schenkung, Erbe) einzunehmen.

Der Eigentümer hat alle genannten Rechte an einer Ressource. Der Nutzen einer Ressource hängt aber von den Nutzungsrechten und den Kosten der Bestimmung, Durchsetzung und Übertragung der Rechte ab, also den Nutzungskosten. Die Nutzungsrechte einer Ressource können z. B. durch gesetzliche Auflagen oder den Eigentümer eingeschränkt werden (Verdünnung von Verfügungsrechten). Von Verdünnung von Verfügungsrechten wird gesprochen, wenn das Ausmaß ausübbarer Handlungs- und Verfügungsrechte eingeschränkt ist (vgl. Göbel, 2002, S. 69). So hängt z. B. der Wert eines Grundstückes nicht nur von seiner Lage und Größe ab, sondern in einem entscheidenden Ausmaß von den Bebauungsrechten und den gesetzlichen Einschränkungen in Bezug auf die Möglichkeiten der (industriellen) Nutzung. Wesentlich ist auch der Unterschied zwischen Besitz und Eigentum, vor allem in Bezug auf die Rollen im Organisationsmodell (Eigentümer, Besitzer, Nutzer). Hierbei ist unter Eigentum eine rechtliche Position zu sehen und ist unabhängig vom Besitz. Eigentümer haben nach dem Gesetz das Herrschaftsrecht an einer Ressource (vgl. §903 BGB), während Besitzer „nur" die tatsächliche Sachherrschaft innehaben (vgl. §854 BGB). Besitzer haben aus diesen Gründen einen wesentlichen Einfluss auf die Effizienz von Ressourcen und Organisationsmodellen, was sich auch in den Inhalten der Rollen im Infrastrukturorganisationsmodell in Abb. 10.6 ausdrückt.

Eine weitere Möglichkeit ist, Güter gemeinsam zu nutzen (z. B. in einem Organisationsmodell, in dem die Verantwortung über die Ressourcen auf die Kerngeschäftsbereiche verteilt ist). Hierzu zählen Güter, die gemeinsam beschafft und genutzt werden, aber auch alle sog. öffentlichen Güter. Öffentliche Güter sind Güter, die frei zugänglich sind und niemand ein sanktioniertes Verfügungsrecht darüber hat (wie z. B. Luft Atmosphäre, Meer usw.). Als Gemeineigentum werden hierbei im engeren Sinne alle Güter im Eigentum einer genau definierten Gruppe von Individuen verstanden. Aus dieser Verfügungsrechtskonstellation ergeben sich neben diversen wirtschaftlichen Vorteilen der besseren Nutzung der Ressourcen vor allem aber auch große Nachteile. Bekannt wurden diese Nachteile als das „Trauerspiel der Allmende"[2], das im Wesentlichen das Problem der Überbenutzung und der Unterinvestition in Gemeineigentum beschreibt.

10.4.2
Koordinationsmöglichkeiten für den Unternehmensinfrastrukturbereich

Das Ziel für ein effizientes Unternehmensinfrastrukturmanagement muss neben der optimalen Unterstützung des Kerngeschäftes, die Zuordnung der Kosten für den Konsum von Ressourcen und Dienstleistungen zum Verursacher

---

2) Aufsatz von Hardin (1968), The Tragedy of the Commons.

unter Berücksichtigung der entsprechenden Verfügungsrechtsstrukturen und Transaktionskosten sein. Das Extremmodell der verteilten Unternehmensinfrastrukturleistungen (Güter und Dienste) stellt aufgrund der diskutierten Probleme (Externalitäten, Zielkonflikte usw.) keine in Betracht zu ziehende Alternative dar (Trennung von Kerngeschäft und Sekundärbereich, siehe hierzu auch Rollenbilder in Abb. 10.6). Die sich aus diesen Überlegungen ergebenden Infrastrukturgrundmodelle unter Berücksichtigung der Zentralisierung/Dezentralisierung sind in Abb. 10.8 dargestellt. Die Entscheidung für ein eher zentralisiertes oder dezentralisiertes Modell muss unter Berücksichtigung unterschiedlicher Kriterien getroffen werden. Die Kriterien sind u. a. die Höhe der Transaktionskosten/Hierarchiekosten, die Motivations-/Kontrollprobleme des jeweiligen Strukturmodells, die Auswirkungen der Verfügungsrechtsstruktur und natürlich strategische Überlegungen (strategische Bedeutung der Prozesse) für das Gesamtunternehmen.

Für den Aufbau und die Ausgestaltung eines Unternehmensinfrastrukturbereiches sind, wie in der Abb. 10.7 dargestellt, eine Anzahl von prinzipiell möglichen dezentralen bzw. zentralen Organisationsformen denkbar. Da die Hierarchiekosten durch die Veränderung der Organisationsstruktur (Dezentralisierung) verändert werden können, kompliziert sich die Entscheidung zwischen Markt und Hierarchie. Die Höhe der Transaktionskosten ist nicht nur davon abhängig, ob etwas gekauft oder selbst gemacht wird, sondern auch davon, mit welchen internen Strukturen (Organisationsformen) die Transaktion stattfindet. Bei einer Make-or-Buy-Entscheidung ist deshalb auch zu berücksichtigen, dass gegebenenfalls durch eine Veränderung der internen Organisationsstruktur bzw. Umstrukturierung des Unternehmens Voraussetzungen geschaffen werden können, die eine kostengüns-

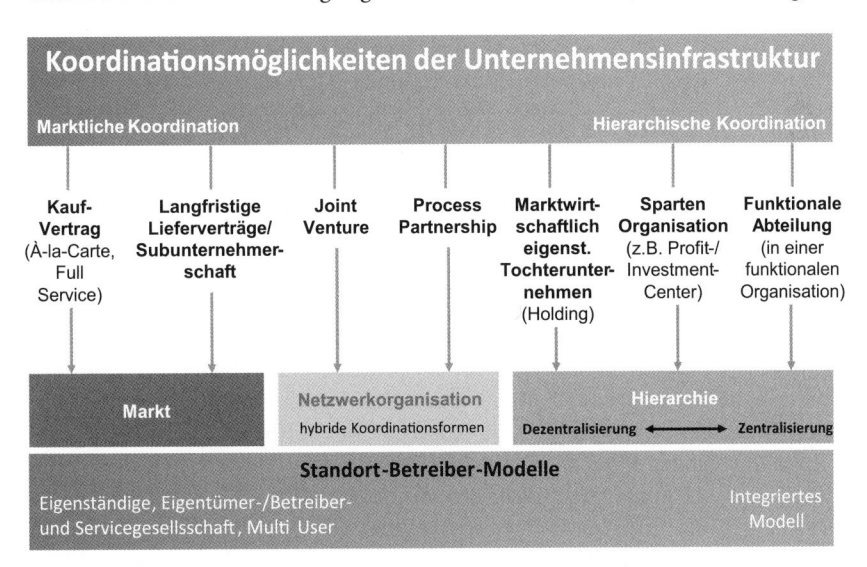

Abb. 10.7 Koordinationsformen und korrespondierende Standort-Betreiber-Modelle. Quelle: Eigene Darstellung in Anlehnung an Sydow (1992, S. 104).

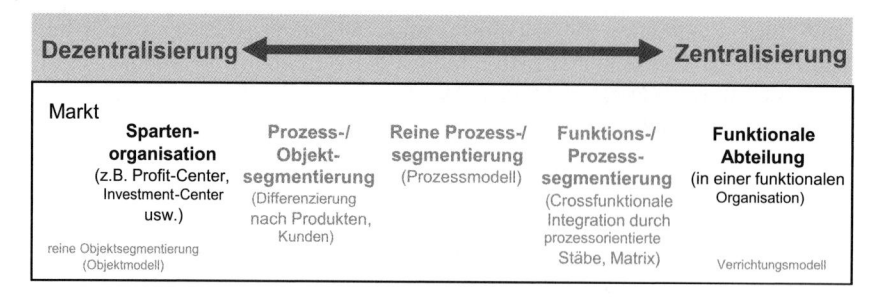

Dezentralisierung ⟵				⟶ Zentralisierung
Markt				
Sparten-organisation (z.B. Profit-Center, Investment-Center usw.)	**Prozess-/ Objekt-segmentierung** (Differenzierung nach Produkten, Kunden)	**Reine Prozess-/ segmentierung** (Prozessmodell)	**Funktions-/ Prozess-segmentierung** (Crossfunktionale Integration durch prozessorientierte Stäbe, Matrix)	**Funktionale Abteilung** (in einer funktionalen Organisation)
reine Objektsegmentierung (Objektmodell)				Verrichtungsmodell

Abb. 10.8 Prozessorganisation als hybride Segmentierungsalternative. Quelle: Eigene Darstellung in Anlehnung an Gaitanides (2007, S. 75).

tigere Leistungserbringung im Unternehmen im Gegensatz zu einem Outsourcing möglich machen. Dies gilt sowohl für das Kerngeschäft wie auch für die interne Organisationsstruktur des Infrastrukturbereiches.

Für die interne Strukturierung einer Organisation existiert eine Vielzahl von Modellen. Die persönliche Weisung (Hierarchie) ist neben den Institutionen, wie Werte, Kultur und Ziele, Pläne und Budgets, Programme und Routinen, Selbstabstimmung in Teams oder Verrechnungspreise, nur ein mögliches Koordinationsinstrument. Bereits Williamson unterscheidet die zentralisierte funktionale Struktur (U-Form) und die dezentralisierte Spartenstruktur (M-Form) (siehe hierzu Williamson, 1990). Die beiden bisher betrachteten grundlegenden Segmentierungsalternativen (horizontale Differenzierung) der funktionalen Abteilung und der Spartenorganisation arbeiten nach dem Prinzip der Aufgabenteilung nach dem Verrichtungsprinzip bzw. andererseits nach Objekten, d. h. Aufgabenteilung nach Produkten, Kunden oder Projekten (Abb. 10.8). Zwischen beiden Alternativen existiert ebenfalls eine Reihe hybrider Strukturmuster.

Unter dem Aspekt, dass möglichst vollständige Rechtebündel mit der Nutzung ökonomischer Ressourcen verbunden sein sollen, beschränkt sich eine Konzentration von Handlungs- und Verfügungsrechten nicht nur auf die Ebene einzelner Arbeitsplätze bzw. Individuen. Vielmehr können durch Modularisierung des Unternehmens relativ unabhängige Aufgabensegmente geschaffen werden, die von möglichst autonomen Gruppen ganzheitlich erfüllt werden. Die in einer funktional und streng hierarchisch strukturierten Organisation horizontal breit verteilten Handlungs- und Ausführungskompetenzen können prozessbezogen in den Modulen konzentriert werden. Die Entscheidungskompetenzen werden dabei in vertikaler Richtung vom Management auf prozessnähere Ebenen verlagert. Die Übertragung von Property Rights auf die Module bezieht sich primär auf die Nutzung der zur Verfügung gestellten Ressourcen. Dies bestimmt wiederum die Effizienz des jeweiligen Modells.

Die Unterscheidung der Modelle bei ansonsten gleichen Bedingungen liegt in den Produktions- und Transaktionskosten (Koordinations- und Motivationskosten). Die Vorteile der funktionalen Spezialisierung liegen in den erzielbaren Skalenerträgen, den geringen Einarbeitungs- und Anlernkosten und der Stabilität der Organisation. Neben diesen Vorteilen ergeben sich jedoch auch Nachteile, die überwiegend in den Barrieren der Hierarchie und der Funktion begründet liegen. Durch die sich daraus ergebenden „operativen Inseln" wird die Zusammenarbeit mit anderen Funktionsbereichen erschwert (Bereichsegoismen, fehlende Kunden-/Marktorientierung). Eine Optimierung führt häufig nur zu einer Verbesserung der Abläufe in den operativen Inseln, die Wirkung verpufft meist an den Schnittstellen. Gerade für einen Dienstleistungssektor ist eine fehlende oder wenig ausgeprägte Kunden- bzw. Marktorientierung von großem Nachteil. Hierfür bietet sich die Struktur der objektorientierten Spezialisierung an.

Bei der objektorientierten Spezialisierung liegen die Vorteile in einer besseren Kunden- bzw. Marktorientierung und im geringen Koordinationsaufwand. Die Verringerung des Koordinationsaufwandes liegt in den geringeren Interdependenzen und Leistungsverflechtungen zwischen den Bereichen begründet (Entkopplung durch interne Märkte). Die kleineren Einheiten sind überschaubarer (höhere Transparenz) und führen zu einer Reduktion von Zielkonflikten zwischen den Einheiten. Neben der höheren Flexibilität führt vor allem die größere Anreizintensität (größere vertikale und horizontale Handlungsspielräume) zu einer höheren Motivation der Mitarbeiter.

Die Vor- bzw. Nachteile der Funktional- und Spartenstruktur kompensieren sich im hybriden Strukturmuster der Prozessorganisation. Die Ausprägungen einer Prozessorganisation können hierbei, je nach Gewichtung der Funktions- bzw. Spartenstruktur, in Form prozessorientierter Stäbe, einer Matrix oder als reine Prozessstruktur ausgebildet sein. Neben den großen Vorteilen eine Prozessorganisation liegen die Nachteile vor allem im Verlust der Effizienzvorteile einer funktionalen Orientierung, die durch andere Synergien kompensiert werden müssen.

Neben den Überlegungen zur Gestaltung der Eigenfertigung stehen auch prinzipiell immer die Überlegungen, die Leistung an einen externen Dienstleister/Standort Betreiber auszulagern. Dabei stellen der Markt (Fremdfertigung) und die Hierarchie (Eigenfertigung) aber nur zwei Extrempole auf einem Kontinuum möglicher Kooperationsformen dar. Zwischen Markt und Hierarchie existieren eine Reihe hybrider Organisationsformen, welche Merkmale des Markttausches und der Hierarchie vereinigen und weitere alternative Kooperationsformen für ein Strukturmodell darstellen. Hybride Formen der Kooperation entstehen, wenn ehemalige Transaktionen in einem Unternehmen ausgelagert, aufgrund ihrer Spezifität aber nicht komplett über den Markt bezogen werden sollen. Typische Merkmale dieser hybriden Kooperationsformen sind:

- Die rechtliche Selbständigkeit der Kooperationspartner,
- die enge und partnerschaftliche Zusammenarbeit,
- das wechselseitige Interesse am Erhalt der Beziehung,
- die gegenseitige (zweiseitige) Kontrolle,
- das Interesse an außergerichtlicher Kontrollen und
- die große Bedeutung von wechselseitigem Vertrauen.

Eine Auswahl möglicher Strukturmodelle ist ebenfalls in Abb. 10.7 dargestellt. Die Modelle unterscheiden sich durch den Grad der Integration in die Unternehmensorganisation, der Nutzung eines oder mehrerer Dienstleister sowie dem Anteil an Shared Services am gesamten Dienstleistungsanteil.

10.4.3
Auswahlkriterien für ein Infrastrukturmodell

Neben dem Preis-Kosten-Vergleich, in den auch zwingend Remanenzkosten mit einzubeziehen sind, spielen vor allem die Transaktionskosten eine wesentliche Rolle. Grundsätzlich wird die Höhe der Transaktionskosten durch die vier wesentlichen Einflussgrößen Spezifität, strategische Bedeutung, Unsicherheit und Häufigkeit der Transaktion charakterisiert.

Spezifität
Die Spezifität eines Faktors ergibt sich aus seiner Austauschbarkeit und seinen Eigenschaften. Nach Williamson werden sechs Arten von Spezifität unterschieden: Standortspezifität, Sachkapitalspezifität, Humankapitalspezifität, abnehmerspezifische Investitionen, Zeitspezifität und Markenspezifität. Bei der Auslagerung hochspezifischer Leistungen an ein externes Unternehmen besteht z. B. die Gefahr des „Hold up". Die mächtigere Partei kann versuchen, sich in Nach- und Neuverhandlungen einen Teil der Quasirente der schwächeren Partei anzueignen. Je geringer deshalb die Spezifität der Leistung ist, desto standardisierter ist diese und kann in großen Mengen und kostengünstig vom Markt erbracht werden. Diese Leistungen eignen sich in besonderer Weise für einen Marktbezug (Abb. 10.9). Die Spezifität ist ein wichtiges Kriterium in Bezug auf die Wahl des Standortmodells und der Entscheidung über einen Fremdbezug der Leistungen, da gerade bei Chemiestandorten die Spezifität der Infrastrukturleistungen sehr hoch sein kann. Beispielhaft kann dies an der Abwasseraufbereitung für einen Galvanikbetrieb dargestellt werden. Hierbei werden vom Gesetzgeber detaillierte Forderungen an die Art der Entgiftung (Aufbereitung) des Abwassers und die einzuhaltenden Grenzwerte für eine Einleitung in das kommunale Abwassersystem gestellt (AbwV, Anhang 40).

Strategische Bedeutung
Eine wichtige und relevante Größe bei der Betrachtung einer möglichen Auslagerung von Leistungen ist die strategische Bedeutung der Prozesse im Fokus. Sie nimmt direkten Bezug auf die Unternehmensstrategie des Corporate-Unternehmens. Der Unterschied, ob ein Prozess Kern- oder Supportprozess ist, ergibt sich allein aus seiner unternehmensspezifischen strategischen Funktion und Bedeutung und welchen maßgeblichen Beitrag er zur Wettbewerbsposition des Unternehmens beiträgt. Dies ist jedoch keine statische Definition, sondern kann sich durch Veränderungen in der Umwelt des Unternehmens oder in den Ressourcenpotenzialen selbst ändern. Diese Veränderungen können es notwendig machen, etablierte Geschäftsmodelle zu überdenken und Supportprozesse zu Kernprozessen aufzuwerten. Das Modell der strategischen Relevanz entspricht weitge-

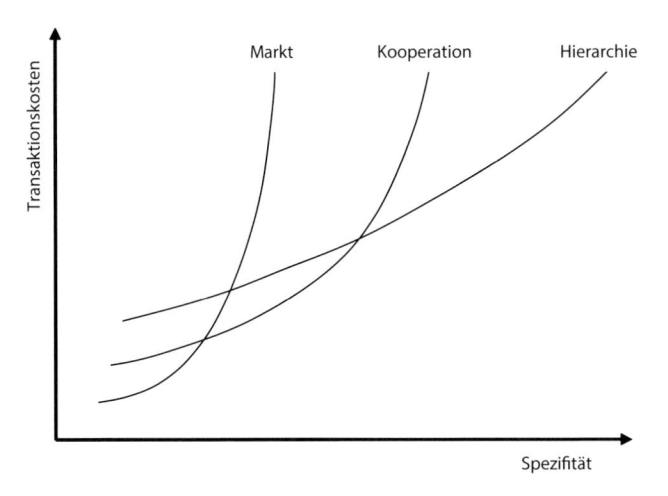

Abb. 10.9 Zusammenhang zwischen Transaktionskosten, Spezifitätsgrad und Integrationsform. Quelle: Picot et al. (2008, S. 70).

hend dem Modell der Kernkompetenzen.[3] Leistungen mit einer sehr hohen strategischen Relevanz sollten von einem Outsourcing ausgeschlossen werden. Als Beispiel kann wiederum ein Unternehmen aus dem Galvanikbereich dienen. Das Unternehmen bietet seinen Kunden die gesamte Bandbreite an Badchemikalien (chemische Produktion) für die galvanischen Prozesse sowie die dazu notwendigen Galvanikanlagen (Analgenbau) und die Applikationsentwicklung für die Kunden. Die Applikationsentwicklung wird kundennah in sog. TechCentern durchgeführt, die mit Galvanikanlagen aber auch der notwendigen, modernsten Abwassertechnik ausgestattet sind. Durch Veränderungen in den Umweltauflagen in Asien und den gestiegenen Anforderungen der lokalen Behörden an die Genehmigung und den Betrieb galvanischer Anlagen sieht das Unternehmen die Chance zukünftig schlüsselfertige Anlagen, einschließlich der notwendigen Abwasseraufbereitung, anzubieten. Das Know-how ist durch die TechCenter-Philosophie und die in Eigenleistung erbrachte Planung und dem Betrieb der Anlagen vorhanden. So wird durch die Strategieänderung aus einem typischen Sekundärprozess ein Kernprozess.

Unsicherheit
Ein weiteres wesentliches Merkmal einer Transaktion ist das erwartete Ausmaß an Unsicherheit. Es lassen sich hierbei zwei Formen unterscheiden, die Umweltunsicherheit und die Verhaltensunsicherheit. Die Umweltunsicherheit drückt sich in der Anzahl und Ausmaß nicht vorhersagbarer Aufgabenänderungen aus, die z. B. qualitativen, quantitativen, terminlichen oder technischen Ursprungs sein können. Die Verhaltensunsicherheit begründet sich auf dem Unwissen, wie sich der Vertragspartner verhalten wird. Durch strategisch geschicktes Verhalten kann

---

3) Siehe hierzu z. B. (Prahalad und Hamel, 1990).

z. B. eine Vertragspartei versuchen, für sich einen Vorteil herauszuschlagen und dabei auch auf opportunistische Praktiken zurückgreifen.

Häufigkeit
Die Häufigkeit einer Transaktionsbeziehung hat Einfluss auf Skalen-, Synergie- und Lerneffekte, was zu einer Transaktionskostendegression führen kann. Die Häufigkeit für sich ist noch kein Beurteilungskriterium für eine Handlungsempfehlung, vielmehr rechtfertigen weitere Faktoren wie z. B. die Spezifität und Unsicherheit in Verbindung mit der Häufigkeit spezialisierte Überwachungs- und Beherrschungssysteme.

Neben den Transaktionskosten sind auch die Anreizwirkungen (z. B. auf den Ressourcenverbrauch) und die daraus resultierenden Effizienzen der unterschiedlichen Szenarien zu bewerten. Dies erfolgt durch Untersuchung der Agency-Kosten/Nutzen und der Verfügungsrechtsstruktur im jeweiligen Szenarium. Wie in den vorherigen Kapiteln beschrieben, beeinflusst die Zuordnung der Verfügungsrechte innerhalb einer Organisation deren Verhalten maßgeblich. Das zukünftige Organisationsmodell (Infrastrukturbereich) sollte also so gewählt werden, dass es Ressourcenverschwendung und Übernutzung idealerweise durch Formen der Selbstdurchsetzung vermeidet. Die Effizienz der Modelle, in Bezug auf den Verfügungsrechtsansatz, steigt von der funktionalen Abteilung hin zum marktwirtschaftlich eigenständigen Tochterunternehmen und zum externen Dienstleister (Modell Full Service, A-la-Carte) an.

Die einzelnen Bewertungskriterien (Abb. 10.10) können in Checklisten zusammengefasst und mit entsprechenden Gewichtungsfaktoren versehen werden. Ne-

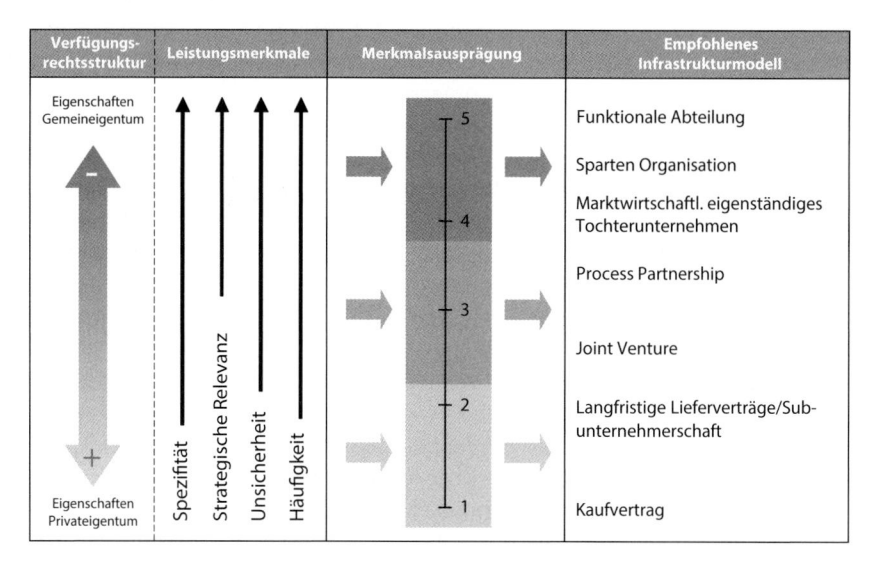

Abb. 10.10 Entscheidungsdiagramm zur Auswahl eines möglichen Organisationsmodells anhand unterschiedlicher Kriterien. Quelle: Eigene Darstellung in Teilen angelehnt an Pérez (2008, S. 143).

ben den beschriebenen Kriterien spielen noch eine Reihe weiterer wichtiger qualitativer Aspekte, wie z. B. Auslagerungsbarrieren u. ä. in einem zu erstellenden Bewertungskriterienkatalog eine Rolle, auf die im Detail nicht mehr eingegangen werden soll. Die Szenarien können anhand der erstellten Checklisten einheitlich bewertet und ein spezifisches Szenario über diese Selektionsvariante ausgewählt werden.

10.4.4
Der Weg zur Wahl des passenden Infrastrukturmodells

Der Zugang zur Auswahl eines für das Unternehmen und seiner Situation passenden Infrastrukturmodells läuft über die ganzheitliche Betrachtungsweise des Unternehmens, wie es im „Neuen St. Galler Management-Modell" dargestellt ist.

Die notwendigen Schritte sind hierbei die Analyse des Unternehmens im Hinblick auf alle drei Ordnungsmomente, nämlich der Strategie des Unternehmens, dessen Strukturen (Aufbau- und Ablauforganisation) und der Unternehmenskultur (Abb. 10.11). Wichtig dabei ist auch, die Wirkungsprozesse und Wirkungszusammenhänge nicht nur innerhalb des Unternehmens, sondern auch im Zusammenhang mit seiner Umwelt zu betrachten. Dies kann in Form von anzufertigenden Wirkungsdiagrammen erfolgen, die die Feedback-Schleifen mit ihren

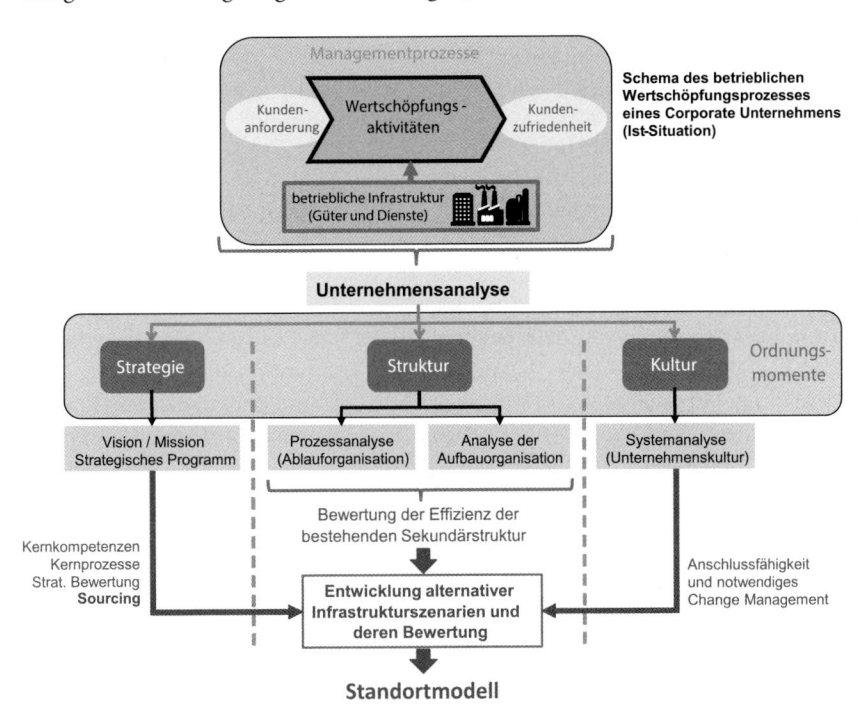

Abb. 10.11 Notwendige Schritte zur Auswahl eines Infrastrukturmodells. (Quelle: Mailinger 2012).

zentralen Regelgrößen darstellen und eine Analyse der Wirknetzwerke möglich machen (siehe hierzu Sherwood, 2011). Mithilfe dieser Informationen, den möglichen Koordinationsformen und den Rollenbildern aus den vorherigen Kapiteln können dann Infrastrukturszenarien gebildet werden. Nach der Bewertung der einzelnen Szenarien unter Zuhilfenahme der Bewertungskriterien (Verfügungsrechtsstruktur, Spezifität, strategische Bedeutung, Unsicherheit und Häufigkeit) erfolgt die Auswahl des passenden Szenarios und die Überführung in ein geeignetes Standortmodell (siehe hierzu Mailinger, 2012).

10.5
Fazit und Ausblick

Die Zukunftsfähigkeit von modernen Industriestandorten ist durch eine Vielzahl von Einflüssen geprägt. Neben den externen Faktoren, wie dem ungebrochenen Trend zur Globalisierung, dem harten internationalen Wettbewerb und den Renditeerwartungen der Shareholder spielen vor allem aber auch die unternehmensinternen Faktoren eine erfolgsrelevante Rolle. Gerade die unternehmensinternen Faktoren beeinflussen nachhaltig, ob und wie eine entwickelte Strategie überhaupt umsetzbar ist und der Outcome, und damit die Effektivität, die notwendig für ein Überleben ist, erreicht werden kann. Für die Wahl des „richtigen" Standortmodells ist deshalb eine ganzheitliche Sichtweise des Unternehmens notwendig, die nicht nur einseitig einzelne Ursache–Wirkungs-Beziehungen beleuchtet, sondern das Unternehmen im Kontext der Umwelt und aller wichtigen Wirknetzwerke betrachtet. Hierbei unterstützt die systemische Denk- und Betrachtungsweise die Bewältigung der zunehmenden Komplexität in den Unternehmen und deren Umfeld. Mit modernen Tools, wie sie z. B. die System Dynamics[4] zur Verfügung stellt, können komplexe Zusammenhänge dargestellt und besser verstanden werden. Dies ist vor allem in Bezug auf das Verständnis der Funktion und Wirkweisen der betrieblichen Wertschöpfung und der Unternehmensinfrastruktur notwendig. Gerade die Wirknetzwerke zwischen Core und Non-Core Bereichen bleiben bei der Wahl der entsprechenden Organisationsmodelle häufig ohne Beachtung, mit fatalen Auswirkungen auf Effizienz und Effektivität des Gesamtunternehmens. Ursachen hierfür finden sich u. a. in der Unternehmenskultur. Bestehende Machtstrukturen und Denkweisen, aber auch die Auswirkungen der Management-Paradigmen in Bezug auf den Wert und die Funktion der Unternehmensinfrastruktur spielen eine dominante Rolle. Die Zukunftsfähigkeit der Unternehmen ist deshalb mehr denn je davon abhängig, ob es gelingt, neue Denkweisen und Paradigmen im Unternehmen zu verankern, die effizientere und effektivere Organisationsmodelle, vor allem im Infrastrukturbereich, zulassen. Die Herausforderung besteht u. a. darin, Lösungen zu finden in einer Welt sich schein-

---

[4] Von Jay W. Forrester Mitte der 1950er-Jahre an der Sloan School of Management des MIT entwickelte Methodik zur ganzheitlichen Analyse und (Modell-)Simulation komplexer und dynamischer Systeme.

bar gegenseitig ausschließender Anforderungen an Flexibilität, Komplexität und Effizienz, welche normalerweise gegensätzliche Organisationsmodelle erfordern. Der Weg liegt sicherlich in einer Trennung von Kerngeschäft und Nichtkerngeschäft und in der Implementierung von Organisationsmodellen mit Selbststeuerungsmechanismen in den internen wie externen Leistungsbeziehungen, wie sie durch entsprechende Anreizstrukturen gegeben werden.

Literatur

Bode, M. und Schwertzmann, M. (2005) Outsourcing in der chemischen Industrie: Von Einzelleistungen zu Betreibermodellen, in *Praxishandbuch Outsourcing; Strategisches Potenzial; Aktuelle Entwicklung; Effiziente Umsetzung*, (Hrsg. A. Wullendorf), Verlag Vahlen, München, S. 129–149.

Budäus, D. und Buchholtz, K. (1997) Konzeptionelle Grundlagen des Controlling in öffentlichen Verwaltungen. *DBW*, **57** (3), S. 322–337.

Buhr, W. (2010) Zum Begriff der Infrastruktur, Universität Siegen, http://www.uni-siegen.de/infrastructure_research/infrastructure/ (8.11.2015).

Buhr, W. (2009) Infrastructure oft the Market Economy, Volkswirtschaftliche Diskussionsbeiträge, Discussion Paper No. 132-09, Fachbereich Wirtschaftswissenschaften, Wirtschaftsinformatik und Wirtschaftsrecht, Universität Siegen (vgl. http://ideas.repec.org/s/sie/siegen.html (8.11.2015)).

Gaitanides, M. (2007) *Prozessorganisation*, 2. Aufl., München.

Göbel, E. (2002) *Neue Institutionenökonomik; Konzeption und betriebswirtschaftliche Anwendungen*, Lucius & Lucius Verlagsgesellschaft mbH, Stuttgart.

Hamel, G. (2013) *Worauf es jetzt ankommt; Erfolgreich in Zeiten kompromisslosen Wandels, brutalen Wettbewerbs und unaufhaltsamer Innovation*, Wiley-VCH Verlag GmbH, Weinheim.

Jochimsen, R. (1966) *Theorie der Infrastruktur*, Mohr/Siebeck, Tübingen.

Jochimsen, R. und Gustafson, K. (1977) Infrastruktur – Grundlage der marktwirtschaftlichen Entwicklung, in *Infrastruktur*, (Hrsg. U.E. Simonis), Kiepenheuer & Witsch, Köln.

Mailinger, W. (2012) Modell zur Einführung von Facility Management in Corporate Unternehmen, in *Modellierung von Unterstützungsprozessen; Realisierung von Wettbewerbsvorteilen durch Facility Management*, (Hrsg. G. Brach), ISM Schriftenreihe, Bd. 21, MV Verlag.

Pérez, M.M. (2008) *Service Center Organisation; Neue Formen der Steuerung von internen Dienstleistungen unter besonderer Berücksichtigung von Shared Services*, Gabler/GWV Fachverlage, Wiesbaden.

Picot, A., Dietl, H. und Franck, E. (2008) *Organisation; Eine ökonomische Perspektive*, 5. Aufl., Schäffer-Poeschel Verlag, Stuttgart.

Porter, M.E. (2000) *Wettbewerbsvorteile – Spitzenleistungen erreichen und behaupten*, 6. Aufl., Campus Verlag, Frankfurt/Main.

Prahalad, C.K. und Hamel, G. (1990) The core competence of the corporation. *Harvard Business Review*, **3**, 79–91.

Rappaport, A. (1999) *Shareholder Value; Ein Handbuch für Manager und Investoren*, Schäffer-Poeschel Verlag, Stuttgart

Reeder, M.W. (1965) Some problems in the economics of hospitals, American Economics Review, Papers and Proceedings.

Rüegg-Stürm, J. (2003) *Das neue St. Galler Management-Modell*, 2. Aufl., Haupt, Zürich

Sherwood, D. (2011) *Einfacher Managen; Mit systemischem Denken zum Erfolg*, Wiley-VCH Verlag GmbH, Weinheim.

Stohler, J. (1977) Zur rationalen Planung der Infrastruktur, in *Infrastruktur*, (Hrsg. U.E. Simonis), Kiepenheuer & Witsch, Köln.

Sydow, J. (1992) *Strategische Netzwerke; Evolution und Organisation*, Gabler/GWV Fachverlage, Wiesbaden.

Williamson, O.E. (1990) *Die ökonomischen Institutionen des Kapitalismus; Unternehmen; Märkte; Kooperationen*, Mohr Siebeck Verlag, Tübingen.

Teil 5
Geschäftsmodelle und Organisation

11
Strategien und Geschäftsmodelle

Carsten Suntrop

Die Entwicklung von Strategien und neuen Geschäftsmodellen ist im Marktsegment der Chemiestandorte in vielen Fällen eine Herausforderung. Folgende Rahmenbedingungen zur Entwicklung von mittel- bis langfristigen Strategien für den Chemiestandort sind neben den unterschiedlichen beschriebenen Perspektiven von hoher Wichtigkeit:

- Rollendopplungen zwischen Chemiestandorteigentümern, -kunden und -betreibern,
- oligopolistische Marktstrukturen mit wenigen Kunden und heterogenem Leistungsportfolio,
- individuelle Standortgegebenheiten mit einzigartigen Historien,
- Bewahrungsmentalität in vielen Fällen vor Unternehmer- und Innovationskultur,
- größte Anforderungen an sicheren Umgang mit Gefahrstoffen.

Die historische Entwicklung von Chemiestandortmodellen zeigt, dass in der Praxis alle Geschäftsmodelle auftreten. Viele große Konzerne besitzen auch mehrere Chemiestandortgeschäftsmodelle (Abb. 11.1). Der Trend zeigt eine Konsolidierung von Chemiestandorten unter einem standardisierten Chemiestandortgeschäftsmodell mit einem oder wenigen Chemiestandortbetreibern.

Im Fokus der überwiegenden Strategieentwicklungen steht die Perspektive des Chemiestandortbetreibers. Im Gegensatz zu den Standort-Eigentümern und den Standort-Managern scheinen hier aus Sicht der Praxis die größten Gestaltungsmöglichkeiten und Bedarfe zu existieren. Im Folgenden wird sich daher auf die Strategiegestaltung und Entwicklung von Geschäftsmodellen von Chemiestandortbetreibern konzentriert.

11.1
Standortbetreiber Abnehmer- und Leistungsstrukturen

Für die Entwicklung von Geschäftsstrategien ist zunächst die Beantwortung der Frage nach dem Existenzgrund notwendig. „Der Grund für die Existenz des

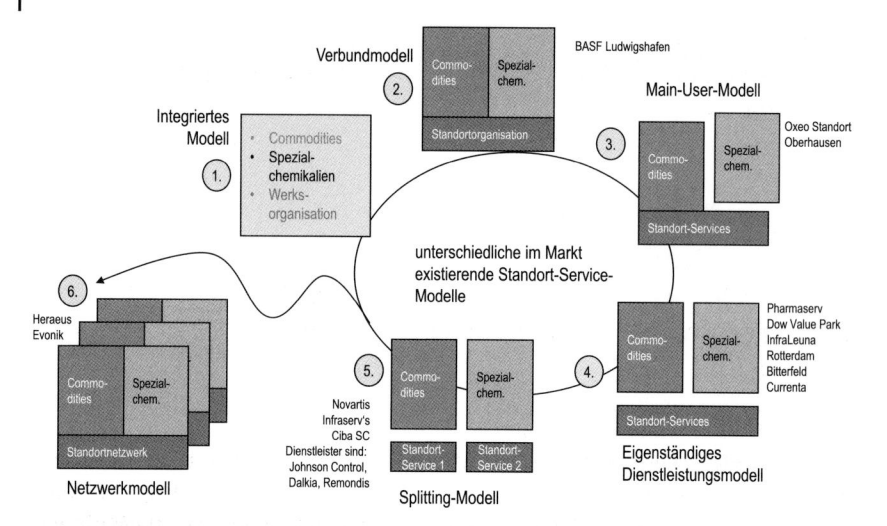

Abb. 11.1 Entwicklung von Chemiestandortgeschäftsmodellen.

Standortbetreibers (XYZ) ist das Bedürfnis der Kunden $(1-n)$ nach den Leistungen $(1-m)$ erstellt in der Qualität (Q) mit den Fähigkeiten (F)". Die Beantwortung dieses scheinbar einfachen Satzes sollte mit dem gesamten Führungsteam in differenzierter Art und Weise und ausreichend Zeit erfolgen.

Die Sicht auf das Kunden- und Leistungsportfolio eines klassischen Standortbetreibers ist überwiegend ähnlich. Hierbei ist es vorerst unerheblich, ob eine Rollenvielfalt zwischen dem Chemiestandortkunden, dem Eigentümer und dem Betreiber vorliegt. Die Kundenstruktur an einem Chemiestandort ist in den meisten Fällen in einer starken ABC-Struktur ausgeprägt. Sehr wenige Kunden, teilweise nur einer, ist für den Charakter und die Bedürfnissituation an einem Chemiestandort verantwortlich. Diese wenigen Nachfrager (1–5) machen in der Regel über 90 % des Umsatzes und Ergebnis des Standortbetreibers aus (Abb. 11.2). Dieser Kunde oder diese Kunden geben dem Chemiestandort den Charakter: eher forschend, mehr Petrochemie oder innovativer Spezialchemiestandorts. Im Anschluss gib es ca. 5–10 weitere Kunden, welche für weitere 10 % des Umsatzes und Ergebnisses des Standortbetreibers verantwortlich sind. In der C-Kategorie der Chemiestandortkunden befinden sich eher weitere Dienstleister am Chemiestandort, welche das Leistungsportfolio des Standortbetreibers ergänzen, jedoch nur marginale Umsätze und Ergebnisse für den führenden Standortbetreiber generieren. Damit entsteht eine sehr homogene Absatzmarktstruktur. Je kleiner der Chemiestandort ist, je spezifischer die Historie des Chemiestandortes auf wenige Wertschöpfungsketten ausgerichtet ist, desto homogener die Abnahmestruktur. Komplette chemische Wertschöpfungsketten und komplexe Produktionsverbünde sind entweder an sehr großen, historisch gewachsenen (siehe Ludwigshafen) oder an komplett neuen Chemiestandorten (siehe Nanjing) zu finden.

11.1 Standortbetreiber Abnehmer- und Leistungsstrukturen

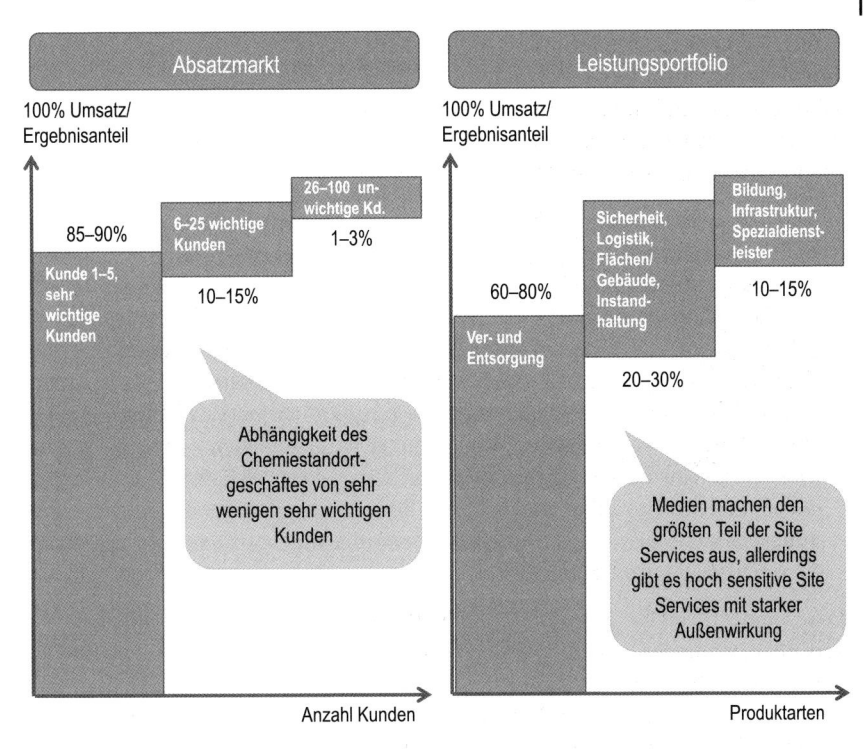

Abb. 11.2 Abnehmer- und Leistungsstruktur eines Standortbetreibers.

Das Leistungsportfolio eines integrierten Chemiestandortbetreibers ist dagegen sehr heterogen. Grundsätzlich ist zwischen Produkten (Dampf oder Kälte) und Dienstleistungen (Instandhaltung oder Abwasserreinigung) zu trennen. Darüber hinaus ist zwischen Dienstleistungen zu differenzieren, welche infrastrukturlastig sind (Abfallverbrennung oder Hafenumschlag), spezifisches Equipment benötigen (wie Standortfeuerwehr oder Fassabfüllung) und infrastrukturfreie Dienstleistungen (wie Gefahrgutbeauftragte oder Gebäudemanagement). Seitens der Umsatz- und Ergebnisstruktur der Standortbetreiberleistungen entfallen ca. 60–80 % auf die Versorgungs- und Entsorgungsleistungen. Trotz der hohen Ergebnisanteile dieser Leistungsbereiche gibt es im Leistungsportfolio hochsensitive Leistungen, welche alle Standortkunden direkt wahrnehmen, jedoch ergebnismäßig keinen hohen Anteil haben. Hierzu zählen Leistungen wie die Torkontrolle, Gebäudemanagement, werksärztliche Kontrolle oder Besucherempfang.

Diese Struktur aus Abnehmern und Leistungen ist entscheidend für die richtige Auswahl von Geschäftsstrategie und anschließend auch Organisationsstruktur. Die Dienstleistungen sind einzelnen Subbranchen wie technische Instandhaltung, Logistik oder Entsorgung zuzuordnen. Die Art der Leistungserstellung ist jedoch nicht so unterschiedlich, da es sich in der Summe um Industriedienstleistungen handelt. Die Anforderungen an den Vertrieb und die Erstellung von Industrieleistungen ähneln sich und folgen homogenen Mustern. Der übergreifende

Erfolgsfaktor für das Geschäft mit Industriedienstleistungen ist die Generierung von Vertrauen zum Industriekunden.

Für die Entwicklung der Geschäftsstrategie ist es wichtig, die Unterschiedlichkeit oder Homogenität von Subgeschäften zu identifizieren. In der idealtypischen Einordnung existieren drei Diversifikationsarten (Abb. 11.3):

- Die fokussierte oder konzentrische Diversifikation, wenn nur eine kleine Anzahl unterschiedlicher Geschäftsarten existiert – aus der Gleichartigkeit der Geschäftsaktivitäten sollen Effizienz und Know-how-Vorsprünge und damit letztlich Wettbewerbsvorteile generiert werden.
- Die konglomerate Diversifikation besteht, wenn ein Unternehmen mehrere Geschäftsfelder besitzt, die sich auf der einen Seite hinsichtlich ihrer Produkte und Märkte und auf der anderen Seite hinsichtlich ihrer Leistungsprozesse deutlich oder sogar vollständig voneinander unterscheiden.
- Die relationale Diversifikation liegt vor, wenn die Geschäftsfelder zwar unterschiedliche Produkte und Märkte bedienen und unterschiedliche Leistungsprozesse aufweisen, jedoch die Anforderungen an die Führung dieser Geschäftsfelder sehr ähnlich sind.

Das Standortbetreibergeschäft ist eindeutig der relationalen Diversifikation zuzuordnen, wenn das komplette Leistungsportfolio wie oben beschrieben vorhanden ist. Die strategische Ausrichtung sollte daher immer im Vergleich zu den jeweiligen heterogenen Subbranchen entwickelt werden, jedoch sollte auch eine einheitliche und standardisierte Führung der Leistungserstellungs- und Vermarktungsprozesse installiert bleiben. Diese Gegensätzlichkeit führt in Strategiediskussionen eines Standortbetreibers oft zu unklaren oder zu allgemeingültigen strategischen Aussagen wie mehr Effizienz und mehr Kundenorientierung. Eine klare strategische Ausrichtung zur kontinuierlichen oder sogar überproportionalen Wertentwicklung des Unternehmens wird insbesondere bei Standortbetreibern, bei denen die Eigentümer nicht Industriedienstleistungen als Kerngeschäft verstehen, nur selten formuliert.

Ein Standortbetreiber ohne Wachstums- und Entwicklungsziele degeneriert zu einem stetig kostensenkenden Übernahmekandidat für andere Industriedienstleister. Die relationale Diversifikation sollte als Chance und Triebfeder genutzt werden, indem den Standortkunden alles aus einer Hand angeboten werden kann, in unterschiedlichen Leistungssegmenten der Top Player zu sein und mittel- bis langfristig eine Wachstumsstory kommuniziert werden kann. Dies schafft Vertrauen bei den Standortkunden und auch bei den eigenen Mitarbeitern.

11.2
Geschäftsmodelle Standortbetreiber

Die Einordnung und Entwicklung des Standortbetreibergeschäftsmodells im relevanten Marktsegment der Chemiestandortdienstleister bleibt eine große Herausforderung. Decken sich das relevante Marktsegment und das Geschäftsmodell

11.2 Geschäftsmodelle Standortbetreiber

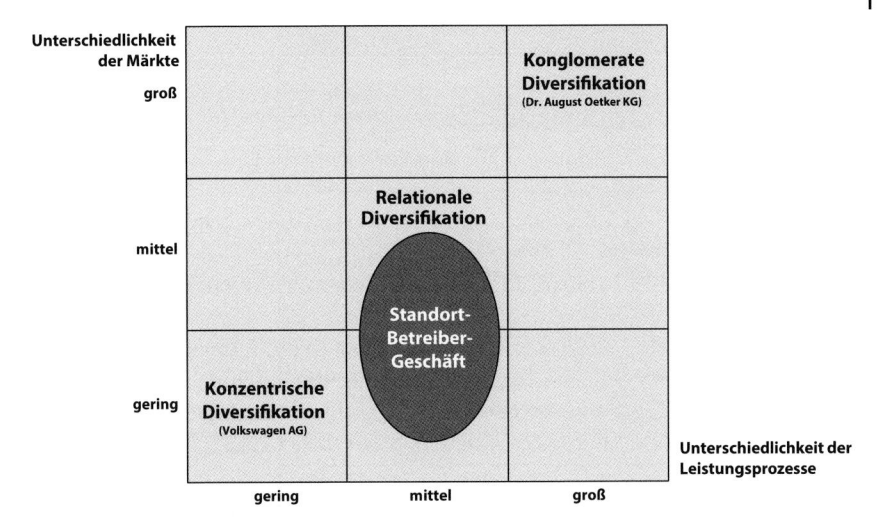

Abb. 11.3 Diversifikation im Markt der Standortbetreiber.

nicht, kommt es zu einer erheblichen Fehlsteuerung der gesamten Organisation. Im mittelfristigen Planungszeitraum sind regelmäßig folgende Themen zu bearbeiten:

- Festlegung des relevanten Marktsegmentes,
- Festlegung des idealen Geschäftsmodells,
- gemeinsames Bild der Führungsmannschaft zum Geschäftsmodell.

Der Markt von Chemiestandortdienstleistungen lässt sich in verschiedene, idealtypische Marktsegmente differenzieren (Abb. 11.4). Auf der x-Achse wird die Leistungstiefe bzw. die Integration in den Chemiekunden abgetragen. Die y-Achse hat die Kundentiefe bzw. die Abhängigkeit vom Kunden als auch die Größe des Kundennetzwerkes im Fokus. Auf der Leistungsachse ist die Spannbreite von spezifischen Chemiestandortdienstleistungen (z. B. Instandhaltung) bis hin zum voll integrierten Chemiedienstleistungsportfolio inklusive Forschungs- und Produktionsdienstleistungen (z. B. Übernahme der Erstellung eines Chemieproduktes). Auf der Kundenachse reicht die Spannbreite von internen Kunden bis zur Versorgung eines kompletten Kundennetzwerkes.

In diesen Marktsegmenten sind die Geschäftsmodelle sehr unterschiedlich. Vom funktionalen Spezialisten für Instandhaltung oder Logistik über den Betreiber eines oder mehrerer Standorte bis hin zum vollintegrierten Produktersteller gibt es Beispiele im Markt. Das Geschäftsmodell unterscheidet sich in seinen Bestandteilen Kunden, Leistungen, Leistungserstellung, Beschaffung (Outsourcing-Grad), Erlöse und Organisation/Steuerung/Fähigkeiten erheblich. In Abb. 11.5 ist eine Auswahl der derzeitig im Chemiestandortmarkt vorwiegend anzutreffenden Geschäftsmodelle dargestellt.

Für diese unterschiedlichen Arten von Standortbetreibergeschäftsmodellen gibt es in der Praxis verschiedene konkrete Unternehmen. Differenziert werden

Abb. 11.4 Segmentierung des Marktes Standortbetreiber.

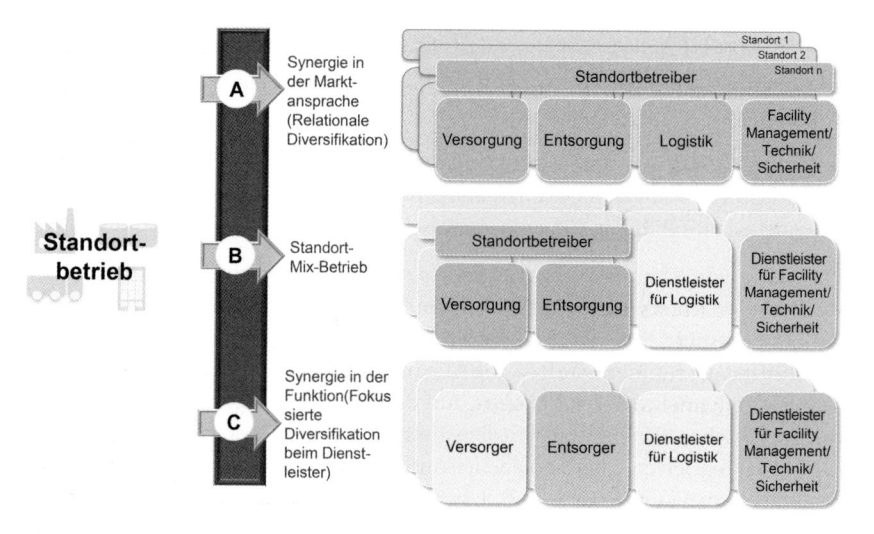

Abb. 11.5 Formen des Standortbetriebes.

die Geschäftsmodelle durch die Abnehmerstruktur, das Leistungsangebot, die Eigentumsverhältnisse und das resultierende Organisationsmodell (Abb. 11.6). Dabei gibt es im Markt auch Kombinationen von Geschäftsmodellen, insbesondere bei der Unterstützung durch spezialisierte Dienstleister.

Diese Geschäftsmodelle besitzen alle entsprechende Stärken und Schwächen und müssen sich verschiedenen Herausforderungen stellen. Diese sind im Folgenden im Überblick dargestellt:

- Geschäftsmodelle im Standortbetrieb sind (A) oder (B) und/oder (C)

	Marktansprache	Leistungsangebot	Kapitalverhältnisse	Organisationsmodell	Praxisbeispiele
A Standortbetrieb konzernintern	Konzentriert sich auf Branchen der Standortkunden (Chemie, Technologien, Health Care, Werkstoffe), stärkere Branchenkonzentration	komplettes Leistungsangebot wie Ver-/Entsorgung, Logistik, Facility Management, Instandhaltung/Engineering, Sicherheit, IT	Eigentumsverhältnis 100 % identisch mit den Standortkunden	Geschäftsfeldorientierte Organisation mit hohem Bedarf an übergreifender Prozessintegration (Kundenansprache, Geschäftsentwickl.)	DOW Valuepark® Heraeus BASF
B Standortbetrieb (teil-) externer Dienstleister	Konzentriert sich auf wenige Branchen (Pharma, Chemie, Werkstoffe, Pflanzenschutz, Logistik, Forschung)	komplettes Leistungsangebot wie Ver-/Entsorgung, Logistik, Facility Management, Instandhaltung/Engineering, Sicherheit, IT	Eigentumsverhältnisse sind bis zu 100 % nicht identisch zum Eigentümer der Standortkunden, oft verschiedene Eigentümer	Geschäftsfeldorientierte Organisation mit hohem Bedarf an übergreifender Prozessintegration (Kundenansprache, Geschäftsentwickl.)	infraserv höchst INFRALEUNA pharmaserv NUON CURRENTA
C Externe Einzeldienstleister	Verschiedene Märkte wie Automotive, Chemie, Maschinenbau	Fokussiertes Leistungsangebot wie Instandhaltung, Facility Management oder Logistik	Eigentumsverhältnis 100 % nicht identisch mit den Standortkunden	Regional- und gewerkeorientierte Organisation mit hohem Bedarf an standortübergreifender Vernetzung	BILFINGER BERGER WISAG MVV Energie REMONDIS

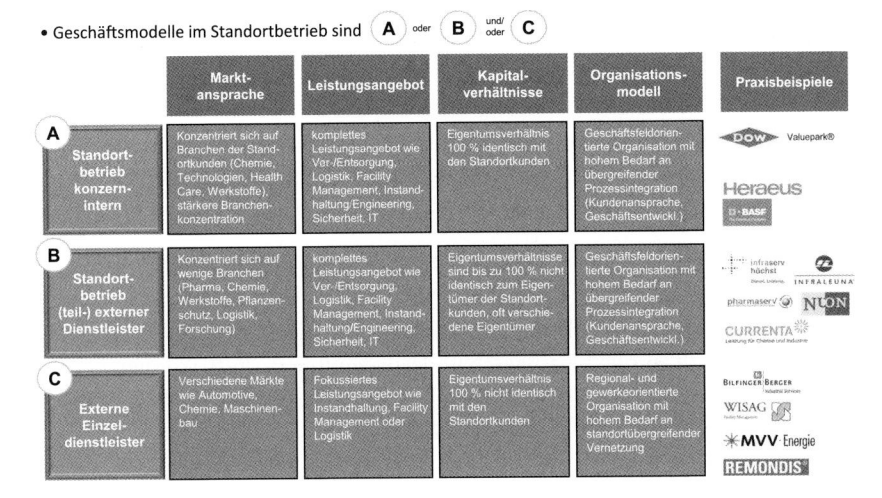

Abb. 11.6 Standortbetreiber-Geschäftsmodelle.

Standortbetrieb konzernintern

Stärken:

- Konsolidierte Kundeninformationen für alle Geschäfte nutzbar,
- Branchen Know-how führt zum integrierten Standortserviceexperten und höchstem Vertrauen beim Kunden,
- Erhöhte Planungs-/Steuerungsfähigkeit als priorisierter Industriedienstleister.

Schwächen:

- Mangelnde Wettbewerbsfähigkeit durch fehlenden Wettbewerb,
- Servicegeschäft ist nicht Kerngeschäft des Eigentümers (Restriktionen bei Investitionen und Business Development),
- fehlende professionelle Dienstleister-Mentalität.

Herausforderungen:

- Synergien zwischen den unterschiedlichen Geschäften nutzbar machen (standardisierte Prozesse, Kundenansprache, Geschäftsentwicklung, integrierte Leistungsangebote),
- Wachstum durch Multiplikation des Geschäftes Standortbetrieb an andere interne Konzern-Standorte (Lern- und Skaleneffekte),
- Erhöhung der Wettbewerbsintensität durch Operational-Excellence-Vergleiche und -Initiativen
- Entwicklung zu einer professionellen Servicekultur,
- Einzeleigentümerschaft zur Beschleunigung von Entscheidungen nutzen.

Standortbetrieb (teil-)externer Dienstleister
Stärken:

- Konsolidierte Kundeninformationen für alle Geschäfte nutzen,
- Branchen Know-how führt zum Standortserviceexperten und höchstem Vertrauen beim Kunden,
- größtmögliche Unabhängigkeit führt zu höchst wirtschaftlichen Entscheidungen.

Schwächen:

- Viele Eigentümer „entschleunigen" die Entscheidungsprozesse,
- Servicegeschäft ist nicht Kerngeschäft des Eigentümers (Restriktionen bei Investitionen),
- Wachstum nur in Stufen (ganze Standorte) oder funktional möglich.

Herausforderungen:

- Synergien zwischen den unterschiedlichen Geschäften nutzbar machen (standardisierte Prozesse, Kundenansprache, Geschäftsentwicklung, integrierte Leistungsangebote),
- Geschäft Standortbetrieb an andere externe Standorten multiplizieren (Lern- und Skaleneffekte),
- Erhöhung der Branchenvielfalt rund um die Kernbranchen (Produktverbund) durch Zonen am Standort und Verbesserung der Konjunkturunabhängigkeit.

Externe Einzeldienstleister
Stärken:

- Konzentration auf einen Servicebereich und damit großes Vertrauen der Kunden in diesem Bereich,
- große Expertise und hohe Wirtschaftlichkeit durch regelmäßige Ausschreibungsteilnahme,
- Investitionen im Kerngeschäft können auch strategisch erfolgen.

Schwächen:

- Branchenexpertise nur bei großer Anzahl gleichartiger Kunden vorhanden,
- hohe Markteintrittsbarriere zu überwinden,
- besondere Anforderungen an Sicherheit und Zuverlässigkeit kann nicht explizit mit Erfahrungen anderer Branchen nachgewiesen werden.

Herausforderungen:

- Über Pilotprojekte die Möglichkeit erhalten, in der chemischen Industrie einen Expertisennachweis zu tätigen,
- Unsicherheit der Chemiekonzerne im Umgang mit ihren margenschwachen Industriedienstleistungen ausnutzen und Outsourcing-Potenzial realisieren,
- Potenzial zur internationalen Abdeckung von Industriedienstleistungen ausnutzen,

- bei strategischen Investitionsentscheidungen erhöhte Flexibilität nachweisen und strategisch wichtige Stützpunkte „entern".

Die Wahl des richtigen Geschäftsmodells muss für jeden einzelnen Chemiestandort individuell geprüft werden. Insbesondere lokale Gegebenheiten und die Eigentümerinteressen sind entscheidend für die Wahl des richtigen Geschäftsmodells.

11.3 Erfolgreiche Geschäftsmodelle

Sowohl die erfolgreichen Geschäftsmodelle der Praxis als auch eine Reihe von Experten entwickelter idealtypischer Geschäftsmodelle legen einige Themen zielgerichtet fest. Zu diesen Themen zählen

- die „Wahl" des richtigen Eigentümers,
- das richtige Produktportfolio,
- immerwährende Ideen zur Effizienzsteigerung,
- Etablierung erfolgskritischer Unternehmensfähigkeiten und
- zukunftsgerichtete Gestaltung der Entwicklungen in der chemischen Industrie.

11.3.1 Bester Eigentümer

Viele der bereits entwickelten Ansätze und Lösungen hängen in großem Maße von der Wahl des richtigen Eigentümers ab. Der richtige Eigentümer zum einen für Flächen und Infrastruktur und zum anderen für den Standortbetrieb. Die Frage des richtigen Eigentümers für die Flächen stellt sich in vielen Fällen nicht oder nicht mehr, da es größtenteils um bereits vorhandene und nicht neue Flächen für Chemiestandorte geht (zumindest in Europa). Darüber hinaus ist die Veräußerung von Chemiestandortflächen wegen der Altlasten eine Herausforderung. An den Standorten, wo eine Veräußerung der Flächen und Infrastruktur möglich ist, könnten die Standortkunden, internationale Investoren oder Standortbetreiber potenzielle Erwerber sein.

Die Frage nach dem besten Eigentümer für den Betrieb des Chemiestandortes haben in der Praxis zahlreiche Chemiestandorte sehr unterschiedlich beantwortet. Aus Gründen des Zugriffs und der Beeinflussbarkeit haben sich viele Chemieproduzenten nicht von den Standortdienstleistungsgesellschaften getrennt. Das Geschäft des Chemiestandortbetreibers ist jedoch in großem Maße unterschiedlich zu dem Geschäft eines Chemieproduzenten (Margen, Kapitalrückfluss, Erfolgsfaktoren etc.). In diesem Fall sollte das Chemiestandortgeschäft vom Chemieproduzentengeschäft unterschiedlich behandelt und auch organisiert werden.

Als grundsätzliche Regel gilt für den besten Eigentümer eines Geschäftes, entweder dies kurzfristig als Investitionsobjekt und Kapitalanlage im kurzen Zeitraum im Wert zu erhöhen, um es dann wieder mit Ertrag zu veräußern. Oder es gilt als eigenes Kerngeschäft, welches zu einer langfristigen und nachhaltigen Wertentwicklung des Unternehmens beiträgt. Als kurzfristige Kapitalanlage sind Chemiestandorte nicht geeignet, die Risiken sind je nach Übernahme von Anlagevermögen nicht komplett überschaubar, das Geschäft sehr komplex und die Wachstumsmöglichkeiten an einem Chemiestandort begrenzt. Daher sind auch einige Versuche in der Vergangenheit gescheitert, das Chemiestandortbetreibergeschäft an einen Investor zu veräußern. Das Interesse ist dort aus den beschriebenen Gründen eher gering. Das Geschäft an einen Industriedienstleister zu veräußern, welcher den Chemiestandortbetrieb als Kerngeschäft sieht, wäre die idealtypisch gesehen beste Lösung. Dieser Markt ist noch nicht richtig entstanden – einige Industriedienstleister aus den Branchen Facility Management, Entsorgung oder Instandhaltung haben so ihr Portfolio erweitert, eine Übernahmewelle blieb aus, ggf. auch weil es nur wenige echte Bemühungen des Verkaufes von Standortbetreibern gab. Es besteht demnach noch ausreichend Raum für strukturelle Veränderungen im Markt der Chemiestandorte. Denn starke Standortmarken können sich gegen funktionale Spezialisten etablieren und die Wettbewerbsfähigkeit von deutschen und europäischen Chemiestandorte erhöhen. Dazu bedarf es Unternehmer in den Chemiestandorteigentümer- und betreiberstrukturen.

11.3.2
Umfang des Dienstleistungsportfolios

Der richtige Umfang des Standortdienstleistungsportfolio (Abb. 11.7) ist sowohl aus Sicht des Chemiestandortkunden als auch Chemiestandortbetreibers eine strategisch relevante Fragestellung. Beide müssen sich die Frage stellen, ob die Standortdienstleistung zum Kerngeschäft, also zu den Kernprozessen zählt, oder eher zu den Sekundärprozessen. Ist es Teil des Kerngeschäftes, bleibt die Frage, wie die Erstellung der Leistung optimiert werden kann. Die Fertigungstiefe kann auch bei einer Kernleistung variiert werden.

Es entsteht ein zweistufiges Verfahren, indem zu Beginn der Chemieproduzent alle Standortdienstleistungen prüft, inwiefern diese durch sein Organisation benötigt werden, wenn sie benötigt werden, inwiefern diese durch seine verantwortet und durchgeführt werden oder eine Verantwortung ausreicht und die Leistung outgesourct werden kann. Das Outsourcing kann dann an den Chemiestandortbetreiber oder einen dritten Dienstleister erfolgen. Diese Abwägung erfolgt über die Ausschreibung der Dienstleistung und ist für ca. 40–50 Service Level Agreements mit zahlreichen Einzelleistungen durchzuführen.

Vom Chemiestandortkunden sind einige Fragen zu klären (Tab. 11.1). Diesen Entscheidungsbaum durchlaufen idealweise alle Chemiestandortkunden, und es gibt ein spezifisches Chemiestandortbild, welche Dienstleistungen aus Sicht des

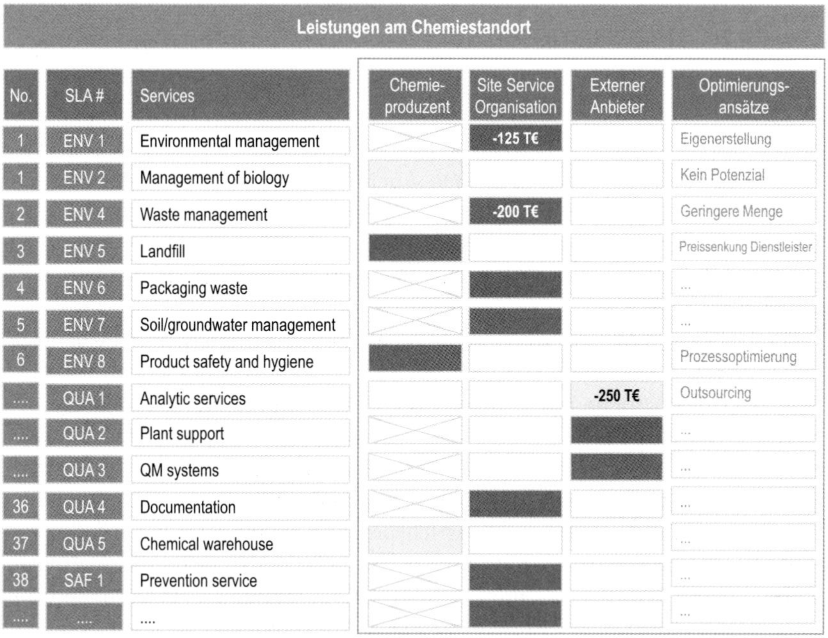

11.3 Erfolgreiche Geschäftsmodelle

Leistungen am Chemiestandort

No.	SLA #	Services	Chemie-produzent	Site Service Organisation	Externer Anbieter	Optimierungs-ansätze
1	ENV 1	Environmental management		-125 T€		Eigenerstellung
1	ENV 2	Management of biology				Kein Potenzial
2	ENV 4	Waste management		-200 T€		Geringere Menge
3	ENV 5	Landfill				Preissenkung Dienstleister
4	ENV 6	Packaging waste				...
5	ENV 7	Soil/groundwater management				...
6	ENV 8	Product safety and hygiene				Prozessoptimierung
....	QUA 1	Analytic services			-250 T€	Outsourcing
....	QUA 2	Plant support				...
....	QUA 3	QM systems				...
36	QUA 4	Documentation				...
37	QUA 5	Chemical warehouse				...
38	SAF 1	Prevention service				...
....	....	....				...

Abb. 11.7 Portfolio von Chemiestandortleistungen.

Tab. 11.1 Entscheidungsbaum für Chemiestandortkunden.

Entscheidungsbaum		Konsequenz
Is there a business need/legal requirement for the specific service?	if not	Eliminate
Is the full range of services necessary?	if not	Simplify/standardize
Do we have the best capabilities/competitive advantage to provide this service?	if not	Streamline/ outsource service
Do we have the best capabilities to manage our infrastructure?	if not	Outsource
Can we fully utilize our service functions and infrastructure?	if not	Insource
Are we the only customer for this specific service and infrastructure?	if not	Share service/ share facility

Chemiestandortbetreibers oder von Dritten angeboten werden können. Für das richtige Portfolio an Standortdienstleitungen durchläuft der Standortbetreiber einen ähnlichen Entscheidungsbaum wie der Standortkunde. Zusätzlich nutzt der Standortbetreiber die klassischen Instrumente wie finanzielle Kennzahlen und ein Dienstleistungsportfolio.

11.3.3
Prozessorientierung

Die Sichtweise auf die Prozesse an einem Chemiestandort sollte aus chemischer Sicht selbstverständlich sein, da chemische Reaktionen nur in klar systematischen Schritten erfolgreich verlaufen können. Aber insbesondere in der chemischen Industrie steht die funktionale Sichtweise auf Abteilungen wie Produktion, Marketing oder Forschung im Vordergrund. Durchgängige Prozessorientierung von der Artikulation des Kundenbedürfnisses bis zur Befriedigung des Kundenbedürfnisses ist eher selten.

Für die Einführung einer durchgehenden Prozessorientierung (Prozessmanagement) ist ausschlaggebend, sich mit den Bedürfnissen der Kunden auseinanderzusetzen. Idealtypische Prozessstrukturen beinhalten Management-, Kern- und Support-Prozesse. Die Kernprozesse lassen sich in der idealtypischen Prozessstruktur in die Standortmanagement- und Standortbetriebsprozesse sowie Prozesse zum Aufbau von Innovationen und Vertrauen differenzieren (Abb. 11.8).

Im Wesentlichen umfassen die Betriebsprozesse die Inbound- und Outbound-Kette der Chemieproduktion und die Sicherstellung der technischen Anlagen sowie weitere Forschungs- und Verwaltungseinrichtungen. Insbesondere bei monopolistischen Dienstleistungen ist der Aufbau von Vertrauen beim Chemiestandortkunden sehr wichtig. Daher sind die Betreuung der gesamten Kundenorganisation und das Managen jeder einzelnen Kundenbeziehung von herausragender Bedeutung. Die Annahme und Abwicklung von Abrufaufträgen sollten größtenteils digitalisiert sein, da im Kundenmanagementprozess bereits Rahmenverträge abgeschlossen sind. Die Weiterentwicklung der Kundenbeziehung und die Erhöhung der Wettbewerbsfähigkeit stellt der Chemiestandortdienstleister mit standardisierten Erneuerungs- und Effizienzsteigerungen sicher.

Damit Prozesse auf Unternehmensebene oder im Detail je Einzelleitung optimiert werden können, kann das Werteflussmodell eine Hilfestellung sein. In

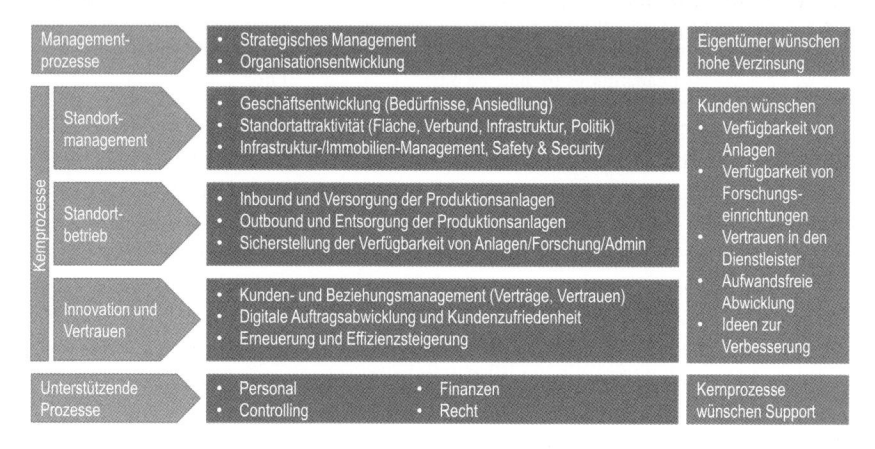

Prozesskategorie	Prozesse	Stakeholder-Wünsche
Managementprozesse	• Strategisches Management • Organisationsentwicklung	Eigentümer wünschen hohe Verzinsung
Kernprozesse: Standortmanagement	• Geschäftsentwicklung (Bedürfnisse, Ansiedllung) • Standortattraktivität (Fläche, Verbund, Infrastruktur, Politik) • Infrastruktur-/Immobilien-Management, Safety & Security	Kunden wünschen • Verfügbarkeit von Anlagen • Verfügbarkeit von Forschungseinrichtungen • Vertrauen in den Dienstleister • Aufwandsfreie Abwicklung • Ideen zur Verbesserung
Kernprozesse: Standortbetrieb	• Inbound und Versorgung der Produktionsanlagen • Outbound und Entsorgung der Produktionsanlagen • Sicherstellung der Verfügbarkeit von Anlagen/Forschung/Admin	
Kernprozesse: Innovation und Vertrauen	• Kunden- und Beziehungsmanagement (Verträge, Vertrauen) • Digitale Auftragsabwicklung und Kundenzufriedenheit • Erneuerung und Effizienzsteigerung	
Unterstützende Prozesse	• Personal • Finanzen • Controlling • Recht	Kernprozesse wünschen Support

Abb. 11.8 Idealtypische Prozessstrukturen der Chemiestandortdienstleister (Auszug).

11.3 Erfolgreiche Geschäftsmodelle

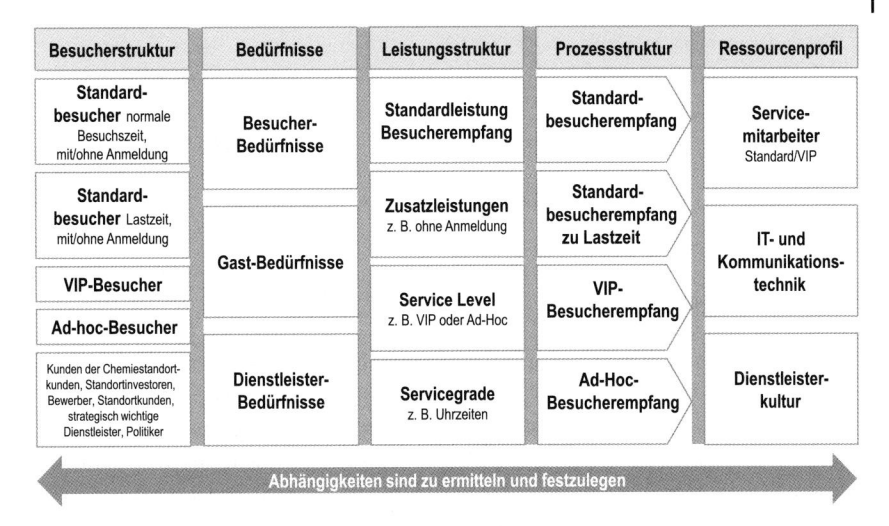

Besucherstruktur	Bedürfnisse	Leistungsstruktur	Prozessstruktur	Ressourcenprofil
Standard-besucher normale Besuchszeit, mit/ohne Anmeldung	Besucher-Bedürfnisse	Standardleistung Besucherempfang	Standard-besucherempfang	Service-mitarbeiter Standard/VIP
Standard-besucher Lastzeit, mit/ohne Anmeldung	Gast-Bedürfnisse	Zusatzleistungen z. B. ohne Anmeldung	Standard-besucherempfang zu Lastzeit	IT- und Kommunikations-technik
VIP-Besucher		Service Level z. B. VIP oder Ad-Hoc	VIP-Besucherempfang	
Ad-hoc-Besucher				
Kunden der Chemiestandort-kunden, Standortinvestoren, Bewerber, Standortkunden, strategisch wichtige Dienstleister, Politiker	Dienstleister-Bedürfnisse	Servicegrade z. B. Uhrzeiten	Ad-Hoc-Besucherempfang	Dienstleister-kultur

◄──── Abhängigkeiten sind zu ermitteln und festzulegen ────►

Abb. 11.9 Werteflussmodell am Beispiel Besucherempfang eines Chemiestandortes.

Abb. 11.9 ist das Werteflussmodell für den Prozess des Besucherempfangs dargestellt.

Entscheidend ist bei der Einführung von Prozessmanagement und der Optimierung von Prozessen von links nach rechts zu arbeiten. Jeder Prozess hat einen Kunden, welchen dieser Prozess mit seinem Output begeistern möchte. Im Fall des Besucherempfangs gibt es zahlreiche unterschiedliche Kunden in Form der Besucherstruktur. Diese Kunden haben unterschiedliche Bedürfnisse, welche in verschiedenen Leistungsangeboten seitens des Chemiestandortbetreibers gebündelt werden. Diese Leistungsangebote stellen den Output des Besucherempfangsprozesses dar – demnach müssen unterschiedliche Prozesse etabliert werden. Die Ressourcen für die unterschiedlichen Prozesse können dann ebenfalls sehr unterschiedlich sein. So entsteht nicht ein Standardprozess, mit dem die unterschiedlichen Fälle der Praxis nicht abgedeckt werden können. Es entsteht ein Standardprozess mit verschiedenen Varianten, welcher die unterschiedlichen Kundenbedürfnisse und damit Fälle der Praxis sehr gut abdeckt.

Aus der Prozessperspektive betrachtet stellt sich die Frage, auf welcher Stufe des Prozessreifegradmodells sich die Chemiestandortdienstleister befinden? Von Stufe 0 „chaotisch" über 1 „ansatzweise", 2 „fortgeschritten" bis hin zu 3 „durchgängig", 4 „Gesteuert" oder gar 5 „nachhaltig". Anhand dieses Reifegradmodells kann sich das Unternehmen selbst eine Perspektive aufbauen, welche durch Fremdperspektiven relativiert werden sollten. Wichtig ist dabei, dass deutlich wird, nicht das Managen von Funktionen macht den Chemiestandortdienstleister kundenorientierter, schneller, genauer, transparenter, nachvollziehbarer, fehlerfreier, sondern das Managen von Prozessen ermöglicht dies. In Business-Process-Management-Clubs und -Zirkeln gibt es Möglichkeiten, sich auszutauschen und so neue Perspektiven für den Betrieb eines Chemiestandortes einzusammeln.

Diese Prozessorientierung hilft den Standortdienstleistern, beim Finden einer geeigneten Aufbauorganisation erfolgreicher zu sein. In divisionalen Organisationsstrukturen sollte beispielsweise die Sekundärorganisation in Form eines Prozessmanagements eine große Wichtigkeit erhalten. Letztendlich soll die schlanke Ablauf- und Aufbauorganisation des Standortdienstleisters die Komplexität der Chemiestandortkunden vereinfachen und organisierbar machen.

11.3.4
Effizienzsteigerung

Die grundsätzliche Herausforderung der chemischen Industrie ist seit Jahren die Steigerung von Effizienz. Dazu haben die Chemiestandortkunden bereits viele Effizienz- und teilweise auch Restrukturierungsprojekte in ihren Unternehmen initiiert, um die internationale Wettbewerbsfähigkeit zu erhöhen. Die Chemiestandortbetreiber und -manager sind angehalten, ihre Effizienz in gleichem Maße zu verbessern. In Abb. 11.10 sind beispielhafte Ansätze und Kennzahlen zusammengefasst, wie in den verschiedenen Leistungsbereichen eine grundsätzliche Effizienzsteigerung initiiert werden kann.

Diese Grundsatzinformationen werden dann mit klassischen Restrukturierungswerkzeugen oder Operational-Excellence-Instrumenten verknüpft. „proaktiv", „nachhaltig" und „partnerschaftlich" sind die erfolgskritischen Größen, wenn der Chemiestandort Effizienz steigern möchte. Der Standortbetreiber erhöht das Vertrauen zu seinen Standortkunden erheblich, indem proaktiv Effizienzsteigerungsprogramme initiiert werden, um gemeinsam Kosten zu senken. Umfangreiche Kostensenkungen sind nur möglich, wenn langfristig von beiden Parteien Ideen zur Verbesserung entwickelt und umgesetzt werden.

Versorgungs-dienstleistungen	Entsorgungs-dienstleistungen	Sicherheits-/Standort-dienstleistungen	Technische Dienstleistungen	Logistische Dienstleistungen	Andere Dienstleistungen
• Market access • Stability of demand – peak avoidance • No take-or-pay	• Measuring points • Avoidance • Pre-processing • Capacity utilization	• Dezentral vs. centrale Fire Brigade • Structure of Facilities • Price per use • Salary type and tariff	• Maintenance frequency • Cost per hour • Idle hours • Market cost / outsourcing • Ordering process	• Service level • Transport mode • Market cost / outsourcing • Salary type and tariff	• Service standard • Pay per order

Übergreifende Ansätze
- Service cost comparison (in operations, on site with own staff, third-party)
- Product structure (Basic service, additional choice, service level)
- Price per unit, market price comparison
- Pay per order (no take-or-pay), fixed cost utilization
- Contract terms
- Investment need

Abb. 11.10 Überblick Ansätze zur Effizienzsteigerung.

11.3.5
Unternehmensfähigkeiten

Unternehmerische Fähigkeiten eines Standortbetreibers sichern langfristig die Überlebensfähigkeit des gesamten Chemiestandortes, da diese indirekt (z. B. keine Unfälle durch sicheren Umgang mit Gefahrstoffen) oder direkt (z. B. bessere Preise) die Wettbewerbfähigkeit der Chemiestandortkunden erhöhen. Die besonderen Fähigkeiten sind Kostenmanagement, Portfoliomanagement, Generierung von Wachstum und Service-/Innovationsmentalität und in Abb. 11.11 ausgeführt.

Als besondere Herausforderung können für den Standortbetreiber die Fähigkeiten Wachstum und Servicementalität gesehen werden. Die Entwicklung von Wachstumsideen ist an einem geschlossenen Chemiestandort mit sehr stabilem Abnehmerportfolio eine schwierige Aufgabe. Dennoch ist ein Unternehmen ohne Wachstumsideen und Möglichkeiten der unternehmerischen Weiterentwicklung auf lange Sicht kulturell und finanziell nicht wettbewerbsfähig. Das Wachstum muss die Chemiestandortkunden bei ihren Bedürfnissen nach Sicherheit, Zuverlässigkeit und Wettbewerbsfähigkeit unterstützen. Ideen für Wachstum entstehen aus der klassischen Ansoff-Matrix:

- Durchdringung existierender Märkte mit bestehendem Serviceportfolio durch attraktive Preisgestaltung,
- Entwicklung neuer Produktideen für die existierenden Kunden wie z. B. Verfügbarkeit für Anlagen sicherstellen,

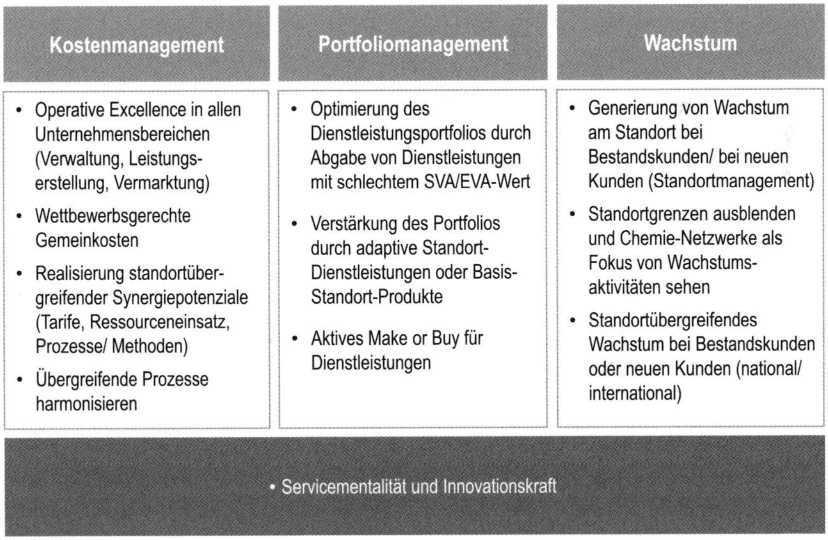

Kostenmanagement	Portfoliomanagement	Wachstum
• Operative Excellence in allen Unternehmensbereichen (Verwaltung, Leistungserstellung, Vermarktung) • Wettbewerbsgerechte Gemeinkosten • Realisierung standortübergreifender Synergiepotenziale (Tarife, Ressourceneinsatz, Prozesse/ Methoden) • Übergreifende Prozesse harmonisieren	• Optimierung des Dienstleistungsportfolios durch Abgabe von Dienstleistungen mit schlechtem SVA/EVA-Wert • Verstärkung des Portfolios durch adaptive Standort-Dienstleistungen oder Basis-Standort-Produkte • Aktives Make or Buy für Dienstleistungen	• Generierung von Wachstum am Standort bei Bestandskunden/ bei neuen Kunden (Standortmanagement) • Standortgrenzen ausblenden und Chemie-Netzwerke als Fokus von Wachstumsaktivitäten sehen • Standortübergreifendes Wachstum bei Bestandskunden oder neuen Kunden (national/ international)

• Servicementalität und Innovationskraft

Abb. 11.11 Unternehmensfähigkeiten eines Chemiestandortbetreibers.

- Entwicklung neuer Abnehmermärkte mit bestehenden Serviceportfolio wie z. B. Erbringung von Logistikdienstleistungen an anderen Standorten oder Durchführung von Energie-Contracting für andere Chemiestandorte,
- Generierung von neuen Produkten für neue Absatzmärkte wie z. B. „ein Stück Standortbetrieb" für neue Chemiestandorte.

Die Fähigkeit ein echter Dienstleister zu sein, ist für eine historisch gewachsene Werksorganisation mit großer Innenorientierung in einem Markt der chemischen Industrie, der lange Zeit ein Verkäufermarkt war, die größte Herausforderung. Die Aufgabe des Monopolistencharakters wegen der vermeintlich geschlossenen Chemiestandortzäune, die komplette Reduktion von Pflichtleistungen und das ausschließliche Verstehen von Kundenbedürfnissen und Hineindenken in jeden einzelnen Ansprechpartner beim Kunden sind die großen Hürden zur Servicementalität. Den Chemiestandortkunden zu begeistern und mit innovativen Ansätzen positiv zu überraschen, wird die Chemiestandorte auf allen drei Dienstleisterebenen (Eigentümer, Betreiber und Manager) das nächste Jahrzehnt beschäftigen.

Sachverzeichnis

a

ABC-Struktur 238
Abnahmepflicht, Dienstleistungen 45
Abnehmerbranchen 37
Abnehmerstrukturen 237–240
absatzbezogene Standortfaktoren 9
Absatzmarkt 238–239
Abwässer, Entsorgung 50
Agency-Nutzen 222, 230
Agrochemie 7–8, 12, 16, 78–79
aktive Expansion 150–151
aktive Nachfragesteuerung 183–186
A-la-Carte-Modell 230
allgemeine Standortfaktoren 9
Allmende-Problem 219, 224
Altlasten
– Eigentümerperspektive 18–19
Ankerinvestor 72
Anlagenbetrieb 127
Anlagenplanung 130–132
– mathematische Optimierer 138–139
Anlagensegmentierung 186
Anlagenservice 130–132
Ansiedlungskonzept, themenorientiertes 164–165
Ansoff-Matrix 251
ARA Ethylen-Pipeline 69
Arbeitnehmerüberlassungsgesetz (AÜG) 110
Assets
– Asset-Strategie 183–186
– innerer Wert 208
– Reduzierung der Asset-Basis 182
– technische 207
Audit, Chemiestandorte 6
Ausbildung 173
– Wissensverbund 147
Ausgliederung, *siehe* Outsourcing

b

Bad-Actor-Monitoring 187
Basischemikalienunternehmen 28
Basisinfrastruktur 46
– Leistungen 218
Bedarfsprognosen, selbsterfüllende 212, 220
Befähigerfunktion, chemische Industrie 37
Behördenmanagement 46, 51, 56
Bereinigung, Leistungsportfolio 57
Bereitsteller, Infrastrukturmodell 223
Beschäftigungsentwicklung
– chemische Industrie 38
„Best in Class"-Kompetenzen 181
Bestandskunden 25
Besucherempfang, Werteflussmodell 249
Betreibergesellschaft 40
Betriebskosten 52
Betriebsmodell 218
Bewertung
– Chemiestandorte 18
– Eigentumsveränderung 20
– Geschäftsmodelle 106–108
Biofeedstocks 76–77
Biotechnologie 16, 27, 39
– grüne 78–79
– weiße 79
„blühende Landschaften" 163
Break-Even-Analyse 27
Budget-Verantwortung 104–105
Bündelung
– Einkaufsmacht 147
– geografische 10
– Leistungen 188–189
Bundesnetzagentur 193
Business Review 221
Business-Process-Management-Clubs 249
Business-Unit-Modell 71–72

c

ChemCologne e. V. 144
Chemiekomplexe 61–82
Chemieparks 13, 35–59
– Definition 40–43
– Dienstleistungen 94
– Eigentümerstruktur 100–101
– Erfolgsfaktoren 53–54
– Fachvereinigung Chemieparks/Chemiestandorte 97
– globale Trends 80
– in Megaclustern 70
– Industriedienstleistungen 83–115
– Interessengruppen 43–45
– Kapitalfonds 72
– Multibetreiber- 74
– Multi-User- 89
– Optimierung 54–57
– regionale Vernetzung 170–173
– Relevanz 38–39
– Single-User- 89
– Stakeholder 123–124
– Standortbetrieb 74–75
– Struktur 45–46
– Ver-/Entsorgung, *siehe* Ver-/Entsorgung
– Wertschöpfungskette 40
Chemierevier Europa 145
Chemieschwerpunktregionen 19
Chemiestandorte, *siehe* Standorte
Chemiewende 77
chemische Grundstoffe 4
chemische Industrie 3–7
– Abnehmerbranchen 37
– Anforderungen an Chemieparks 47–51
– Bedeutung 35–36
– Befähigerfunktion 37
– Business-Unit-Modell 71–72
– China 68–69, 76–77
– Deutschland 35–37
– globale Trends 75–80
– Kernerfolgsfaktoren 16
– Spezialisierungsgrad 78
– Standortdienstleistungen 179–191
– Strukturwandel 7, 36–37, 58, 142
– Veränderungen 120–122
– Zukunftstrends 114
CHEMPARK 141–153
– Standortbetreiber 88
– Standort-Layer-Modell 27
China
– chemische Industrie 68–69, 76–77
– Standorte 152
Clean-Dark-Spread 193
Cluster, strategische 12, 65
Commodity-Produkte 4, 78–79
Compliance-Risiken 182
Condition-Monitoring 185
Controlling, und Risikomanagement 194–196, 203–204
Corporate Identity 136
Cracker-Feedstocks 76
Cracker-Standorte 67, 70
Cross-Selling Products 133
– CHEMPARK 99
– Dienstleistungen 144

d

DDR, Buna-Werke 159–160
Deutschland
– chemische Industrie 35–37
– klassische Chemieunternehmen 63–64
Dezentralisierung 211
– und Zentralisierung 226
Dienste 218
Dienstleister
– „echte" 252
– externe, *siehe* externe Dienstleister
– idealtypische Prozessstrukturen 248
– Spezialserviceunternehmen 165
– teilexterne 244
Dienstleistungen 10, 15
– Abnahmepflicht 45
– als Wettbewerbsfaktor 179–191
– Chemieparks 94
– Industrie-, *siehe* Industriedienstleistungen
– mitarbeiterbezogene 96
– produktionsnahe 83
– „Service aus einer Hand" 169
– Standort-, *siehe* Standortdienstleistungen
– Standortbetreiber 239
– technische, *siehe* technische Dienstleistungen
– unterstützende 180
Dienstleistungsportfolio, *siehe* Leistungsportfolio
Differenzierung, Standortbetreiber 119
Diversifikation
– Industriedienstleister 101–103
– intensive 142
– Risikosteuerung 202
– Standortbetreiber 240–241
DIW Instandhaltung 85–86
– mitteldeutscher Olefinverbund 162
Downside-Maße 201
Downstream-Produkte, Wertschöpfungskette 29

Drei-Ebenen-Modell 216–217
Duisberg, Carl 146

e
Economy of Focus 148
Economy of Scale/Scope 69
EEG-Gesetze 74–75, 175, 195
Effizienz
– Anlagenplanung 138–139
– Ansätze für Steigerung 250
– Standortbetreiberperspektive 25
– Unternehmensinfrastruktur 216–221
Eigentümer 90–92
– bester 245–246
– Eigentumsveränderung 20
– Infrastrukturmodell 223
– Perspektive 17–20
– und Kundenperspektive 19
– Struktur 100–101
Einkaufsmacht, Bündelung 147
einsatzbezogene Standortfaktoren 9
Eintrittswahrscheinlichkeit 202
Ein-Unternehmen-Standort 44
Einzelgewerke 103–106
Einzelproduktstandorte 64
endogene Risiken 198
endotherme Betriebe 144
energetischer Verbund 144–146
Energiehandel 207
– liberalisierte Energiemärkte 209
Energiemanagement, Chemieparks 193–209
Energieversorger
– Chemieparks 50
– Marktrisikosteuerung 207–209
– technische Assets 207
„Energieversorgung der Zukunft" 6
Energiewirtschaft 79
energiewirtschaftliche
  Unternehmenssteuerung 193–196
Engineering, Procurement and Construction
  Management (EPCM) 190
Engineering von Individualanlagen 131
Enthierarchisierung 211
Entscheidungsbaum 185–186
– Chemiestandortkunden 247
Entscheidungsdiagramm 230
Entscheidungsprozesse 244
Entsorgung 96, 179
– Chemieparks 46, 50, 56
– Total-Waste-Management 189–190
Entwicklungsgeschichte, Chemiestandorte 11
Erfolgsfaktoren
– Chemieparks 53–54

– „neue" Produkte 137–139
– Unternehmensinfrastruktur 211–234
europäische Standorte 152
– Chemierevier Europa 145
exogene Risiken 198
exotherme Betriebe 144
Expansion
– aktive 150–151
– geografische 136–137
Externalitäten 219, 221, 225
externe Dienstleister 114, 127–128, 179
– Standortbetrieb 244
externer Markt 123

f
Fachpersonal, Verfügbarkeit 53
Fachvereinigung
  Chemieparks/Chemiestandorte 97
Facility Management (FM) 95
Farbstoffe, synthetische 62
Feedstock-Preise 75
Fehlentscheidung 197
Fernleitungen, Chemieparks 47
Finanzmärkte 71, 74
– finanzwirtschaftliche Risiken 198
– globale Trends 77
Fixkostenverdünnung 148
Flächenbetreiber 92–93
Flächendifferenzierung 28–29
Flächeneigentümer 17, 101
Flächenmanagement, Chemieparks 47
flächenungebundene Industriedienstleister 100
fokussierte Diversifikation 240–241
Forschung und Entwicklung 8, 112
– Kundenperspektive 15
– regionale Vernetzung 171–172
– Standortmanagerperspektive 25, 27
Fortbildung, Wissensverbund 147
Fracking 75
Fraunhofer Pilotanlagenzentrum für
  Polymersynthese undPolymerverarbeitung 172
Fremdvergabe, siehe Outsourcing
Führungsmannschaft 241
Full-Service-Modell 230
„Full-Service-Provider" 103–106, 189
Funktionalstruktur 226–227

g
Gefahrindustrie 47–48
generelles Risikomanagement 199
geografische Bündelung 10
geografische Expansion 136–137

Gesamtprozesssteuerung, Optimierung 186–190
geschäftsfeldbezogene Privatisierung 42
Geschäftsmodelle 237–252
– Bewertung 106–108
– Chemiestandorte 179–234
– erfolgreiche 245–252
– Industriedienstleistungen 96–97
– unter Rendite und Risiko 201
Gewässeranbindung 47
Gewerbeparks 13
– Leerstand 167
globale Segmentführer 142
Globalisierung 7, 113–114, 232
„Greenfield Areas" 152
Gründerzeit 61–64
Grundstoffe, chemische 4
Grundstücksgrößenkonzept 165–166
grüne Biotechnologie 78–79
Grüne-Wiese-Überlegung 28–29
Güter 218

h

Hafencluster 65–66
Haftung, Eigentümerperspektive 18
Haupt-Nutzer-Prinzip, *siehe* Major-User-Standorte
Herrschaftsrecht 224
heterogenes Leistungsportfolio 21, 237–239
Hierarchie, Integrationsform 229
historische Produktionsstandorte 63
Hochdruckchemie 64
horizontaler Produktionsverbund 65
hybride Segmentierungsalternative 226
„Import-Ablösung" 158

i

Individualanlagen, Engineering 131
Individualisierung 138
– Standortbetreiberperspektive 25
Industrie
– chemische, *siehe* chemische Industrie
– pharmazeutische, *siehe* Pharmaindustrie
Industriedienstleister 93
– flächenungebundene 100
– Full-Service-Anbieter 103–106
– Kundenbranchen 126
– Perspektiven aus der Branche 108–112
– Service Levels 104–105
– Wahrnehmung 136
Industriedienstleistungen 83–115
– Geschäftsmodelle 96–97
– Marktsegmentierung 126

– Marktumfeld 125–130
industrielle Evolution 61
industrielle Wertschöpfung, Drei-Ebenen-Modell 216–217
Industrieparks 13, 83–115
Informationstechnologie 95
Infraserv 87
– Leistungsportfolio 131–134
Infrastruktur
– als Erfolgsfaktor 211–234
– Betreiber 92–93
– Definition 214–215
– Eigentümer 17, 101
– Modellauswahl 221–232
Infrastrukturfirma 72
Infrastrukturfonds 74
Infrastrukturgesellschaft 176
– selbstständige 44
Infrastruktur-Outputs 215
innerer Wert, Assets 208
Innovationen 89
Innovationsforschung 147
„Inseln", operative 227
Insourcing 182–183
Instandhaltung 104–105, 127
– Einsparpotenziale 148
– Planungssystem 110
– strategische Konzepte 138, 183–186
Institutionen, Unternehmensinfrastruktur 215
Integrationsform 229
Integrationshilfe Standortmanagement 170
integrierte Wertschöpfungskette 141
integrierter Materialfluss 141
integriertes Standortmodell 218
intensive Diversifizierung 142
Interessengemeinschaft (I.G.) Farbenindustrie AG 158
Interessensgemeinschaften 170
– Chemieparks 43–45
Interessenverbund 147
interne Kosten, Transparenz 188–189
Investitionen
– Chemiestandorte 5
– Unternehmensinfrastruktur 211–234
Investoren
– Auswahl 167–169
– Integration 157–176
– Mitspracherecht 168

k

Kapitalfonds 72
– globale Trends 77

Kapitalkoeffizient 220
Kapitalmarkt 71
Kernerfolgsfaktoren (KEF) 16
Kerngeschäft, profitables 71
Kernstandorte 63–65
Key-Account-Management 189
kleinere und mittelständische Unternehmen (KMU) 27–28
Kombinate 42, 159–161, 173
Komplementarität 220
Komplexität, Chemiestandorte 11
konglomerate Diversifikation 240–241
Konsolidierung, Standortbetreiber 74
Kontaktperson 17
KonTra-Gesetz 197
Kontraktorenmanagement 187
konzentrische Diversifikation 240–241
konzerninterne Verbundstandorte 71
konzerninterner Betrieb 243
Konzernstrukturen, Aufspaltung 142
Konzessionen 28
Kooperation, Integrationsform 229
Koordination der Unternehmensinfrastruktur 224–228
Kosten, interne 188
Kosteneffizienz, Energieversorgung 193
Kostenmanagement 251
Kostenoptimierung 148
– Outsourcing 181
Kostentreiber 222
Kreislauf, strategischer 203
„kritische Masse" 151
Kunden
– als Personen 24
– Anforderungen 32–116
– Chemiepark 90
– Entscheidungsbaum 247
– Investoren als 169–170
– Kundenmanagement 189
– Kundennetzwerk 241
– kundenorientierte Ausrichtung 55
– oligopolistische Marktstrukturen 237
– Perspektive 15–17
– Prüfmanagement 139
– und Eigentümerperspektive 19
– Unternehmensinfrastruktur 214
– Vertrauensaufbau 23
Kundenbranchen 126

l
Labordienstleistungen 95
Lagerleistungen 48–49
Leerstand, Gewerbeparks 167

Leistungskennziffern 186
Leistungsportfolio
– als Differenzierungsmerkmal 94–96
– Bereinigung 57
– Bündelung 188–189
– heterogenes 21, 237–239
– spezialisiertes 84
– Standortmanager 180
– Umfang 246–247
Leistungsqualität 53
Leistungsstrukturen 237–240
Leistungsvielfalt 129
leistungswirtschaftliche Risiken 198
Leitplanung 146
Leverkusen, Produktverbund 145
liberalisierte Energiemärkte 209
Logistik 96
– Chemieparks 46, 48–49, 56
– Dienstleister 103
– Einsparpotenziale 148
– Logistikketten 8
– lokales Logistiknetz 168
– Vernetzung 67

m
Main-User-Standort 28–29
Major-User-Modell 43–44
Major-User-Standorte 98, 120
„Make or Buy"-Entscheidungen 143
Management
– Chemiestandorte 117–177
– Managementfaktoren 9
– Nachfragemanagement 189
– Portfoliomanagement 251
– St. Galler Modell 213, 231
Marketing, Industriedienstleistungen 89–90
Markt
– externer 123
– Integrationsform 229
– oligopolistische Strukturen 237
– regionaler 168
Marktanforderungen 32–116
Marktausrichtung 134
Marktrisikosteuerung 207–209
Marktsegmente, Standortbetreiber 242
Marktumfeld, Industrieservices 125–130
Marktzugang 111
Materialfluss, integrierter 141
materielle Infrastruktur 215
mathematische Optimierer 138–139
Mediator, Standortbetreiber 149
Megacluster 67–69
Merseburger Innovations- und Technologiezentrum 169

M-Form 226
Mindestanforderungen an das Risikomanagement (MaRisk) 197
Misslingen einer Leistung 197
mitarbeiterbezogene Dienstleistungen 96
mitteldeutscher Olefinverbund 162–163
Monitoring
– Bad-Actor- 187
– Condition- 185
Multibetreiber-Chemieparks 74
Multistandort-Profit-Center 73
Multi-User-Standorte 89, 98, 218

n
Nachfrage 189
– aktive Steuerung 183–186
nachhaltige Stromerzeugung 55
– , siehe auch EEG-Gesetze, Energiewirtschaft
Nafta 76–77
Netzwerkeffekte, Chemieparks 38–39
„neue" Produkte 137–139
Nutzer, Infrastrukturmodell 223

o
Öffentlichkeitsarbeit 47–48
Öffnungsklauseln, Tarifvertrag 22
ökologische Altlasten 161–162
Olefinverbund, mitteldeutscher 162–163
oligopolistische Marktstrukturen 237
Ölleitungen 70
Open-Book-Policy 190
„operative Inseln" 227
operative Risiken 198
– Risikomanagement 207
operative Steuerung 203
Optimierung 54–57
– Gesamtprozesssteuerung 186–190
– Prozessstrukturen 249
– Standortdienstleistungen 181–183
Optionenraum 20
Organisation
– Chemiestandorte 179–234
– marktgerichtete 135–136
organisches Wachstum 150–151
Outsourcing 15, 83–84
– beim Kunden 128
– Potenziale 181–183
– technische Dienstleistungen 109

p
Partnerschaftsmodelle 133
Performance Partnership 104–105
Perspektive
– Eigentümer 17–20
– Kunden 15–17, 19
– Perspektiven-Integration 30–31
– Stakeholder 9–10, 14–30
– Standortbetreiber 20–25
– Standortmanager 25–30
Petrochemie 66
– globale Trends 76
Pharmaindustrie 4, 36–38
– Anforderungen 47–51
– historische Entwicklung 71
Pipeline-Netzwerke 68–70
Planungshorizonte 220
Plattformbetrieb 218
„Plug and Play" 168
Portfoliomanagement, Standortbetreiber 251
Power-to-Gas-Konzept 80
präventive Instandhaltung 184
Primärenergieverbrauch 6
Privatisierung
– geschäftsfeldbezogene 42
Produkte 239
– „neue" 137–139
– Unternehmensinfrastruktur 214
Produktion
– Industriedienstleistungen 89–90
– Verlagerung 113–114
Produktionsfläche 13
produktionsnahe Dienstleistungen 83
Produktionsstandorte, historische 63
Produktionsunternehmen 13
– Vollintegrierte 103
– Wertschöpfungskette 90
Produktionsverbund, horizontaler/vertikaler 65
Produktverbund Leverkusen 145
Produzent 90, 93
Professionalisierung, Chemieparks 51
profitables Kerngeschäft 71
Profit-Center-Energieversorgung 194
Prozessanalysentechnik 133
Prozesse, marktgerichtete 135–136
Prozessindustrie 83, 141
Prozessorientierung 248–250
Prozessreifegradmodell 189, 249
Prozesssteuerung, Optimierung 186–190
Prüfmanagement 139

q
Qualifikation 173
Quality, Health, Safety, Environment (QHSE) 94–95
quellennahe Standorte 65

r
Raffinerien 70
reaktive Instandhaltung 184
Reduktionismus 212
regionale Vernetzung 170–173
regionaler Markt 168
reine Risiken 198
relationale Diversifikation 240–241
Remondis 85–86
Ressourcen
– Nutzwert 222
– Ressourcenwirtschaftlichkeit 216–217
– Verfügungsrechtsstrukturen 224
Return on Assets 182
Rhein-Maas-Schelde-Supercluster 67–70
– Chemierevier Europa 145
„Risikokommode" 207
Risikomanagement
– Energiehandel 207
– generelles 199
– operatives 207
– Risikomanagementsysteme 197–204
Risikomessung 201–202
Risikopolitik 200
Risikosteuerung 202
– wertschöpfungsgetriebene 193–209
Risikosteuerungsmodell 206
Risikoüberwachung 202–203
Risk Appetite 200
Risk Map 201
Risk-Engineering 199
Rollenmodelle
– Infrastrukturmodell 223–224
– Rollendopplungen 237
– Standortbetreiber 15–18, 45, 90–91, 149–150

s
Sachherrschaft 224
Sachziel 214
„Say's law for hospital beds" 212, 220
Schaden, Definition 198
Schadenshöhe 202
Schweiz, klassische Chemieunternehmen 63–64
Seehäfen, Produktionsstandorte 65
Segmentführer, globale 142
Segmentierung
– Anlagensegmentierung 186
– hybride Alternative 226
– Markt für Industriedienstleistungen 126
– Standortbetreibermarkt 242
Sekundärleistungen 221
selbsterfüllende Bedarfsprognosen 212, 220

„Service aus einer Hand" 169
Service Level Agreements 246
Service Levels 104–105
Serviceabteilungen, Ausgliederung 42
Servicegesellschaft 43
Servicequalität 53
Shared-Services-Center 52, 179, 188–189
Shareholder Value 71, 211
Sicherheitsdienstleistungen 95, 180
sicherheitsrelevante
  Ansiedlungsbedingungen 167
Simulation von Risiken 206
Single-User-Chemiewerke 89
Single-User-Standorte 98
Site Operations 46, 48, 56
Site Services 73
Site-Service-Audit 30–31
Site-Service-Kosten 13, 17
– Wertschöpfungskette 21
Site-Service-Provider, siehe
  Standortbetreiber
Skaleneffekte 51
– Outsourcing 181
Skalenerträge 226
SKU (Stock Keeping Units) 70
Soda 61–63
Spartenstruktur 226–227
spekulative Risiken 198
spezialisiertes Leistungsportfolio 84
Spezialisierung, Industriedienstleister 101–103
Spezialisierungsgrad 78
Spezialprodukte 133
Spezialserviceunternehmen 165
Spezifität, Auswahlkriterien 228
St. Galler Management-Modell 213, 231
Stakeholder
– Chemiestandorte 3, 8–10
– Herausforderungen 13–14
Standardisierung von Leistungen 188–189
Standortbetreiber 86–87
– Differenzierung 119
– Diversifikation 240–241
– Grundkonzepte 120–121
– Konsolidierung 74
– Koordinationsformen 225–226
– Leistungsportfolio 131–134
– Leistungsstrukturen 237–240
– Marktsegmentierung 242
– Multi-User-Standorte 99
– Perspektive 20–25
– Rollenmodelle 15–18, 45, 90–91, 149–150
– unternehmerische Fähigkeiten 251–252
– Wachstumsstrategien 84–85, 122–125

Standortbetrieb
- als Geschäftsmodell 72–73
- Chemieparks 74–75
Standortdienstleistungen 24, 179–191
- Optimierung 181–183
- Synergiepotenziale 22
- Wettbewerb 26
Standorte 7–14
- Attraktivität 25–26
- Audit 6
- bester Eigentümer 245–246
- Betrieb 155–176
- Cracker- 67, 70
- Definition 10–13
- Entwicklung der Geschäftsmodelle 238
- Entwicklungsperspektiven 150–151
- Infrastrukturleistungen 218–219
- Investitionen 5
- Kernstandorte 63–65
- konzerninterner Betrieb 243
- Management 117–177
- quellennahe 65
- Stakeholder 3, 8–10
- Verbundstrukturen 141–153
Standorteigentümer
- , siehe auch Eigentümer
Standortfaktoren 9
- KMU 28
- weiche 55
Standortgemeinschaft 13
Standort-Layer-Modell 27
Standortmanagement, Integrationshilfe 170
Standortmanager 90, 92
- Leistungsportfolio 180
- Perspektive 25–30
Standortmodell, integriertes 218
Standortnutzer 90, 93
Standort-Nutzwert-Analyse 27
Standortsteckbrief 16–17
Standortverbund 25–26
Standortvollsortimenter 101, 107
Standortzugangskontrollsystem 166
Steuerung, operative/strategische 203
Stillstandsmanagement 133
Stock Keeping Units (SKU) 70
stofflicher Verbund 144–146
Strategie 237–252
- Asset- 183–186
- Bedeutung der Unternehmensinfrastruktur 228
- Instandhaltungs- 138, 183–186
- strategischer Kreislauf 203
- strategischer Steuerungsprozess 203

- und Risikomanagement 194–196, 205–206
- Wachstums-, siehe Wachstumsstrategien
strategische Cluster 12, 65–67
strategische Risiken 198
Stromerzeugung, nachhaltige 55
- siehe auch EEG-Gesetze, Energiewirtschaft
Strukturen, oligopolistische 237
Strukturwandel 7, 36–37, 58, 142
Subgeschäfte 240
Substitutionswettbewerb 61
Supercluster, Rhein-Maas-Schelde- 67
Synergiepotenziale 151
- Chemieparks 38
- konzerninterner Betrieb 243
- Standortdienstleistungen 22
- themenorientiertes Ansiedlungskonzept 164
- Verbundstrukturen 143
synthetische Farbstoffe 62

t
Tarifvertrag, Öffnungsklauseln 22
Taylorismus 212
TechCenter-Philosophie 229
„Technical Package" 147
technische Assets 207
technische Dienstleistungen 84, 88, 96
- als Wettbewerbsfaktor 180
- Anbieter 102–103, 107
- Outsourcing 109
Technologietransfer 172–173
teilexterne Dienstleister 244
Telekommunikationstechnologie 95
Textilindustrie 62
themenorientiertes Ansiedlungskonzept 164–165
Tiefwasserseehäfen, Produktionsstandorte 65
Tochterunternehmen 43
Tokio-Region-Megacluster 68–69
„Tool-Time"-Studie 189
Total Cost of Service (TCS) 187, 189
Total-Waste-Management 189–190
Trade-off 194, 205
Transaktionskosten 222, 225–231
Transparenz
- interne Kosten 188–189
- KonTra-Gesetz 197
- Site-Service-Audit 31
- Standortbetreiberperspektive 25
- zentraler Vertrieb 135
Treuhandanstalt 42, 160
Türöffner-Produkte 133

u

U-Form 226
Umlagefinanzierung 52
– , siehe auch EEG-Gesetze
Umnutzung 20
Umsatzeinbrüche 4
Umsatzentwicklung 38
umweltrelevante Ansiedlungsbedingungen 167
umweltrelevante Dienstleistungen 180
Unsicherheit 229–230
Unternehmenseffizienz 216–221
Unternehmensinfrastruktur 211–234
– Koordinationsmöglichkeiten 224–228
Unternehmenssteuerung, energiewirtschaftliche 193–196
Unternehmensstruktur 36–37
unternehmerische Fähigkeiten 251–252
unterstützende Dienstleistungen 180
Upstream-Produkte, Wertschöpfungskette 29
US-Golf-Megacluster 68

v

ValuePark 157–176
– regionale Vernetzung 170–173
Variabilisierung 25
Verbund 9
Verbundstandorte 42
– klassische Chemieunternehmen 64
– konzerninterne 71
Verbundstrukturen 141–153
– Definition 143–144
Ver-/Entsorgung 96, 179
– Chemieparks 46, 50, 56
– Energiemanagement 193–209
– Infrastruktur-Outputs 215
Verflechtungen, chemische Industrie 37
Verfügungsrechtsstrukturen 223–224
Verhaltensunsicherheit 229
Verkehrsanbindung, Chemieparks 47
Verlagerung der Produktion 113–114
Verlustgefahr 198
Verlustobergrenze 200, 204
Vermarktungsstrategien, Energiehandel 208
Vermietung 95
Vernetzung
– Megacluster 67
– regionale 170–173
vertikaler Produktionsverbund 65

Vertrauensaufbau 23
Vertrieb
– Industriedienstleistungen 89–90
– zentraler 135
Voith Industrial 85–86
Volatilität 200
vollintegrierte Produktionsunternehmen 103

w

Wachstum, organisches 150–151
Wachstumsprodukte 133
Wachstumsstrategie
– fehlende 124–125
– Standortbetreiber 84–85, 122–125, 251
Wartung, Einsparpotenziale 148
weiche Standortfaktoren 55
weiße Biotechnologie 79
Werkstattkapazitäten 137
Wert, innerer 208
Werteflussmodell 249
Werterhaltung/Wertsteigerung 18
wertschöpfungsgetriebene Risikosteuerung 193–209
Wertschöpfungskette 8–10
– Chemieparks 40
– Drei-Ebenen-Modell 216–217
– integrierte 141
– Kundenperspektive 15
– Petrochemie 76–77
– Produktionsunternehmen 90
– Site-Service-Kosten 21
– St. Galler Management-Modell 214
– Up-/Downstream-Produkte 29
– Veränderungen 113
Werttreiber 196
Wet Shale Gas 76–77
Wettbewerb, Standortdienstleistungen 26, 179–191
Wettbewerbsfähigkeit 53
Wirknetzwerke 232
Wirtschaftskrise, 2008 bis 2010, 3
Wissenstransfer 172–173
Wissensverbund 146–147
World-Scale-Anlagen 70

z

zentraler Vertrieb 135
Zentralisierung 226
Zielabweichung 197
Zonenpark 30